国家社科基金
GUOJIA SHEKE JIJIN HOUQI ZIZHU XIANGMU
后期资助项目

中国东南海洋性瓷业的历史进程

The History of Maritime Ceramics in Southeast China

王新天 著

U0213246

天津出版传媒集团

天津古籍出版社

图书在版编目（CIP）数据

中国东南海洋性瓷业的历史进程 / 王新天著. -- 天津 : 天津古籍出版社，2019.1
ISBN 978-7-5528-0789-9

Ⅰ．①中… Ⅱ．①王… Ⅲ．①陶瓷工业－手工业史－中国 Ⅳ．①TQ174-092

中国版本图书馆CIP数据核字(2019)第022611号

责任编辑：王海燕
美术编辑：鞠佳美

中国东南海洋性瓷业的历史进程
ZHONGGUO DONGNAN HAIYANGXING CIYE DE LISHI JINCHENG

王新天/著

出版人/张玮

天津古籍出版社出版

（天津市西康路35号　邮编300051）

http://www.tjabc.net

唐山鼎瑞印刷有限公司印刷

全国新华书店发行

开本 787 毫米×1092 毫米 1/16　印张 20.25　字数 330 千字
2019 年 2 月 第 1 版　2019 年 2 月 第 1 次印刷
ISBN 978-7-5528-0789-9　定价：76.00元

国家社科基金后期资助项目

出 版 说 明

　　后期资助项目是国家社科基金设立的一类重要项目，旨在鼓励广大社科研究者潜心治学，支持基础研究多出优秀成果。它是经过严格评审，从接近完成的科研成果中遴选立项的。为扩大后期资助项目的影响，更好地推动学术发展，促进成果转化，全国哲学社会科学工作办公室按照"统一设计、统一标识、统一版式、形成系列"的总体要求，组织出版国家社科基金后期资助项目成果。

全国哲学社会科学工作办公室

自　序

　　陶瓷是特定区域内人的文化创造。不同自然与人文环境造就了瓷器及瓷业生产技术鲜明的地域特征。中国东南地区独特的海洋文化背景造就了东南陶瓷鲜明的海洋性特征。要想全面、系统地重建东南海洋性瓷业体系发展史,既要系统地收集、整理中国东南沿海地区历代海洋性窑业、陶瓷考古资料,也要认真吸收几代古陶瓷学者在外销瓷、贸易陶瓷、海洋性陶瓷等领域的已有学术成果,通过考古学与历史学的整合研究,将东南沿海的陶瓷考古置于环中国海海洋社会经济史的宏观背景下思考、研究,挖掘中国东南沿海瓷业历史的海洋性特征。为此,本书主要围绕以下四个方面着手进行中国东南瓷业海洋性的历史进程的重建工作:

　　(一)梳理海洋瓷业产生、发展、变化的历史进程。系统地收集、整理东南沿海海洋性陶瓷窑口的考古资料,运用考古学基本方法并与历史文献相结合,阐述东南沿海海洋性瓷业初现、发展、扩张和变化的历史。海洋性瓷业格局初现于东汉六朝时期。三国西晋时期,原本集中分布于上虞曹娥江中游两岸的青瓷窑址沿江而下,向浙东古运河与曹娥江交汇处靠拢,以寻找便利的外贸水运通道;进而在东晋六朝时期,沿浙东古运河的流向在宁绍平原扩散并逐步向钱塘、句章等港市迁移。在陶瓷经东冶、梁安、番禺等东南港市转运舶出的过程中,青瓷窑业技术也随之传播到以上地区。隋唐五代时期,海洋性瓷业迅速发展,除明州港市附近的上林湖、里杜湖、东钱湖等地窑址群外,在台州、温州、福州、泉州、潮州、广州、合浦等地均有唐五代窑址的大量分布。海洋性瓷业大多位于港市周围或港市所在河流及其支系的两岸地区。宋元时期,东南海洋性瓷业极度扩张,东南海洋性瓷业技术中心已经由浙东地区转移到浙南龙泉等地。福建、广东等地的瓷器烧造技术与浙江的差距日益缩小。窑址分布与港市之间形成了兴衰与共的依存局面。明初,东南海洋性瓷业迅速萎缩,龙泉窑这一东南瓷业技术中心也趋于没落。明代中后期,在官方朝贡贸易体系瓦解、私商下海日趋频繁的情况下,东南海洋性瓷业又重新在浙南、闽南、粤东等私商猖獗之走私港市附近崛起。清代中后期,在陶瓷生产技术外传日本与欧洲之后,东南海洋性瓷业在世界市场中逐渐丧失竞争力而不断萎缩。

(二)分析环中国海海洋社会经济文化体系对海洋性瓷业格局的影响。重建中国东南海洋性瓷业格局,要从海洋人文的全新角度来看中国古代陶瓷的对外传播与影响,因此东南沿海海洋性瓷业要被纳入环中国海海洋社会经济文化体系的宏观视野之中进行研究,探索海洋性瓷业发展过程及海外贸易政策与历史、港市变迁、航海技术体系、航路网络发展等的关系。作为沿海手工业的一个有机组成部分,东南海洋性瓷业格局的初现、发展、繁荣以及变化都与中国海洋社会文化体系的大背景息息相关,因此有必要研究世界及中国海洋社会文化体系的大背景。瓷器的对外输出离不开港口、航海技术等体系的支撑。港口的兴衰反映了海洋经济文化圈体系的变迁,又直接影响着海洋性瓷业格局的分布。航海史、港史、海交史是认识海洋性瓷业研究的重要背景。

(三)考察海洋性陶瓷业的技术形态与文化内涵。窑址考古资料是进行陶瓷考古研究的基础。而且随着东亚大陆及其周邻窑炉、窑具资料的不断丰富,海洋性瓷业研究由肤浅的对表象特征的对比研究转向对窑业技术交流等的更深层次的探讨并成为可能。本文拟运用考古地层学和类型学的基本方法,系统整理、研究不同时期海洋性瓷业考古资料,分析东南海洋性陶瓷窑业技术的内在特征并比较其与内地瓷业的关系和差别,研究东南海洋性瓷业的文化内涵、典型器物的发展演变、与内地瓷业文化内涵的异同等。在陶瓷考古研究的基础上,通过历史学的整合,透物见人,探索内地瓷业与海洋性瓷业文化关系过程中的技术转移、人群移动等,分析历代海洋性瓷业发展的社会经济背景,尤其是东西海陆交通宏观形势的发展背景,研究海洋性瓷业发展过程中的港市集散、航路发展与海洋市场的变迁。我们还可以从东南海洋性瓷业窑址的分布变化来探讨港市发展在窑业格局调整中的作用,从窑场间瓷器烧造技术的转换与借用来探讨东南海洋性瓷业的发展模式,从大陆不同窑业体系技术的交流融合看东南海洋性瓷业技术的发展轨迹,从海洋性陶瓷釉色、纹饰的变化看中西文化交流对东南乃至整个中国瓷业发展的影响。

(四)研究东南区域地理与人文在东南海洋性瓷业形成过程中的

重要作用。东南陶瓷海洋性的形成实际上就是名窑瓷器在沿海窑场被仿烧而成为沿海手工业产品的过程。原料、水源、交通、人口、城镇、港市经济、海洋市场、海洋政策、消费习俗变迁等因素对这一过程的形成都起着重要作用。原料是制瓷业兴起的前提，也常常成为制瓷业衰落的主要原因。水源对制瓷业的影响表现在生产与运输两个方面，瓷器的生产离不开水，其产品运输也主要仰仗低廉的水运。瓷器在沿古代交通网络对外输出的过程中，会影响和带动当地瓷业的兴起，同时瓷业的兴盛对区域交通也有一定的改善作用。当瓷器成为普通日用品后，人口的增长扩大了社会对瓷器的需求，从而推动制瓷业的发展，如唐代九龙江口陶瓷业的兴起与宋代桂东南瓷业的勃兴就与汉人对这些区域大规模的开发有着莫大关系。城镇是瓷器手工业兴起不可忽视的社会因素。瓷器在尚为不易获取的稀有产品时，生产多接近大城市，以社会上层为主要服务对象。宋代，随着制瓷业的发展，市镇越来越成为一个与制瓷业密切相关的地理要素。景德镇、永和镇就是当时瓷器专业市镇的代表。以上因素均在东南陶瓷海洋性的形成中扮演着重要角色。每个窑系海洋性瓷业的形成，都是原有的瓷器品种在或深或浅的层次上被仿烧而导致窑系的扩展与扩大，而不是完全的迁移和代替。新的时空范畴形成后，原有的瓷器产品也被销往海上，但格局体系发生了重大变化。

陶瓷考古在中国开展已近百年，古外销陶瓷、贸易陶瓷等研究领域的相关学术成果更可谓汗牛充栋。本书从海洋人文的视角来研究中国东南古代瓷业是一次全新的尝试，书中定有不少谬误和错漏，盼望着学界同仁的批评指正。

王新天

2018 年 6 月

目　录

第一章

从古外销陶瓷
到海洋性陶瓷

一　"陶瓷之路"上古外销陶瓷的近百年探索

中国的古陶瓷科学研究起步于 20 世纪 20 年代。1920 年陈万里先生第一个将近代考古学方法引入到古陶瓷研究领域,他注重将文献、考古资料与窑址调查相结合,开辟了古陶瓷科学研究的新途径。陈先生主张陶瓷学者应当走出书斋,运用考古学的方法对古窑址进行实地考察。他认为:"照过去的老路——只靠点滴的文献史料进行研究,是无法取得显著成效的。"为考察浙江龙泉青瓷,自 1928 年夏,他曾"八去龙泉,七访绍兴",搜集了大量瓷片标本进行排比研究,从而使中国陶瓷学研究进入了一个崭新的阶段,为现代陶瓷学奠定了科学的基础。1946 年,陈万里撰著的《瓷器与浙江》一书,即是这一阶段的代表作,堪称是从传统的书斋考古迈向窑址考古的一座丰碑。[①] 从 1930 年起,周仁先生通过理化实验等自然科学手段分析古陶瓷胎釉化学组成及烧造工艺,为古陶瓷的科学鉴定提供佐证。[②] 自此以后,中国的陶瓷考古学者循着二位先生开辟的近代考古学和自然科学手段并重的研究道路不断前进,取得了一系列重要成果。

最早关注中国陶瓷外销的学者是长期旅居新加坡的南洋考古学家韩槐准先生。[③] 韩先生从 20 世纪二三十年代开始就在南洋从事收集和调查流传南洋的中国瓷器的研究工作。他曾在马来半岛南端柔佛河流域一个名为"马坎门索尔顿"的地方的古遗址中发现过不少中国东汉末期火候较高、烧结致密的波浪纹瓷片,说明东汉末期中国瓷器已经输出到马来半岛地区。[④] 韩槐准先生根据自己的搜集和研究,撰写了一系列的论文,如《军持之研究》(《南洋学报》第 6 卷第 1 辑,1951 年)、《在柔佛河流域发现的有款识我国残瓷》(1953 年)、《婆罗洲的中国古陶器》(1955 年)、《古代中国与南洋陶瓷贸易》(1960 年)、《旧柔佛出土之明代陶器研究》(《南洋学报》

---

① 李辉柄:《陶瓷研究的科学与求实——怀念先师陈万里先生》,《中国古陶瓷研究》第 4 辑,紫禁城出版社,1997 年,第 6 页。

② 刘毅:《我国古瓷研究的现状与展望》,《中国古陶瓷研究现状及展望》,《中国陶瓷工业》1994 年第 1 期,第 27～28 页。

③ 叶文程:《关于我国古外销陶瓷研究的几个问题》,《中国古外销瓷研究论文集》,紫禁城出版社,1988 年,第 5 页。

④ 李锡经:《中国外销瓷研究概述》,《中国历史博物馆馆刊》1983 年第 5 期。

第 10 卷第 2 辑,1960 年)、《中国古陶瓷在婆罗洲》(《南洋学报》第 11 卷第 2 辑,1960 年),等等。① 1960 年由新加坡青年书局出版的《南洋遗留的中国古外销陶瓷》一书,是韩槐准先生多年来在南洋调查踏访和苦心搜集研究的成果。该书结合了南洋地区有关博物馆的馆藏品,并通过与中国历代文献资料的对比,对许多南洋地区遗留的中国古陶瓷的窑口做出了初步推断。1962 年韩槐准先生回国任职于故宫博物院,进一步深入研究外销瓷,发表了《谈我国明清时代的外销瓷器》(《文物》1965 年第 9 期)等研究论文,对于 60 年代广东、福建等地沿海外销瓷窑址的调查起到了推动作用。

陈万里先生是中国近代陶瓷考古的第一人。中华人民共和国成立前后他曾经实地调查过许多窑址,发表了一系列论文,在其著作中也曾提到过中国古代青瓷的外销问题,但由于条件的限制,这一研究工作未能得到深入。1963 年,也就是南洋陶瓷考古学家韩槐准先生回国任职于故宫博物院的第二年,陈万里先生在当年的《文物》第 1 期上发表了一篇《宋末—清初中国对外贸易中的瓷器》,文章从宋元明清时代国内有关瓷器出口的文献资料入手,对中国宋末至清初瓷器外销的产地、类别、路线和对消费地的影响等方面进行综述,同时介绍了佛尔克所著《瓷器与荷兰东印度公司》一书中关于 17 世纪上半叶中国瓷器对外输出的一些史料。② 夏鼐先生在同期的《文物》上发表了《作为古代中非交通关系证据的瓷器》一文,文章主要介绍了 20 世纪 30 年代他在埃及福斯塔特遗址中见到的中国瓷器碎片和近年来东非各国出土的有关中国外销瓷研究的材料。③ 1964 年,陈先生发表了《再谈明清两代我国瓷器的输出》,文章依然是从《瓷器与荷兰东印度公司》等一些有关明清时期中国瓷器对外输出的史料入手,通过纹章装饰与绘画风格的对比,指出明清时期中国输出的瓷器同国内使用的瓷器不同,相当一部分是根据外来样式特别制作而专供出口的,这为我们了解明清两代瓷器外销的情况提供了一些重要的资料。④

20 世纪五六十年代,故宫博物院、中国历史博物馆等单位开始注意中国古代外销瓷的窑址调查等问题。⑤ 50 年代中期,为了寻找一种米黄色釉小开片瓷器,即所谓"漳窑器"的窑址,故宫博物院曾特派一个调查小组赴

---

① 刘洋:《二十世纪以来国内古外销瓷研究回顾》,《中国史研究动态》2005 年第 4 期。
② 陈万里:《宋末—清初中国对外贸易中的瓷器》,《文物》1963 年第 1 期。
③ 夏鼐:《作为古代中非交通关系证据的瓷器》,《文物》1963 年第 1 期。
④ 陈万里:《再谈明清两代我国瓷器的输出》,《文物》1964 年第 10 期。
⑤ 陈万里:《调查闽南古窑址小记》,《文物参考资料》1957 年第 9 期。

漳州地区进行调查。① 60 年代中期,中国历史博物馆等单位在福建省晋江地区等处进行了窑址调查,收集相关的图片资料,并初步绘制了中国外销瓷的区域和路线图。②

综观 20 世纪二三十年代至 60 年代中期中国的古外销瓷研究,我们不难发现,无论是南洋韩槐准先生的调查踏访,还是陈万里先生关于宋元明清中国瓷器的对外输出的概述,还是夏鼐先生有关非洲中国外销瓷资料的介绍,以及五六十年代外销瓷窑址的初步调查等工作,都没有触及海洋性陶瓷这一话题。

20 世纪七八十年代,在古外销瓷研究高潮迭起的背景下,外销瓷窑口调查扩大,研究深入,古代外销瓷业相对集中发展于东南沿海的文化地理格局显现出来。随着 70 年代中期泉州沉船、新安沉船等相继被发现及 80年代水下考古技术的西学东渐,外销瓷研究与海交史、港史、水下考古等专题研究迅速结合,在陶瓷之路、海上丝绸之路等研究范畴中,外销瓷的调查研究规模扩大,学术研究深入。

70 年代中期,中国外销瓷窑址的调查工作得以恢复。调查工作不再局限于对单个窑址的调查,而是扩展为对整个瓷窑体系的研究,摸清了一大批外销瓷窑系的地区分布范围和发展脉络。有关部门先后组织力量对五六十年代已经调查过的窑址进行复查,并结合沿海实际情况开展窑址的发掘工作,如对广州西村窑、潮州笔架山窑、浙江龙泉窑、福建德化窑、泉州磁灶窑等窑址进行了调查和试掘,对这些瓷窑的内涵、发展、时代和地理分布等问题进行了深入的研究。③ 这一时期沿海古外销瓷窑址的调查和发掘工作为中国培养了一大批从事陶瓷考古的专业人员,这些人员分布于东南沿海各省区的文博考古系统、研究机构和高等院校等单位,他们从各自所在区域和所接触到的窑口出发,撰写了一大批分区域、分窑口的外销瓷研究论文,如林士民的《试谈越窑青瓷的外销》④、蒋忠义的《略谈越窑和龙泉青瓷的外销》⑤,徐本章、叶文程等人的《略谈德化窑的古外销瓷器》⑥、

① 福建省博物馆:《漳州窑——福建漳州地区明清窑址调查发掘报告之一》,福建人民出版社,1997 年,见栗建安所著的"前言"部分。

② 李锡经:《中国外销瓷研究概述》,《中国历史博物馆馆刊》1983 年第 5 期。

③ 李锡经:《中国外销瓷研究概述》,《中国历史博物馆馆刊》1983 年第 5 期。

④ 林士民:《试谈越窑青瓷的外销》,《古陶瓷研究》第 1 辑,中国古外销陶瓷研究会编印,1982 年。

⑤ 蒋忠义:《略谈越窑和龙泉青瓷的外销》,《古陶瓷研究》第 1 辑,中国古外销陶瓷研究会编印,1982 年。

⑥ 徐本章、叶文程等:《略谈德化窑的古外销瓷器》,《考古》1979 年第 2 期。

《再谈德化窑的古外销瓷》①、《畅销国际市场的古代德化窑外销瓷器》②等,林文明的《泉州陶瓷外销问题的探讨》③,许清泉的《宋元泉州陶瓷的生产与外销》④,叶文程的《晋江泉州古外销陶瓷初探》⑤、《略谈古泉州地区的外销陶瓷》⑥,余家栋的《宋元明时期江西外销瓷初探》⑦等。在日益丰富的外销瓷窑址调查发掘资料的基础之上,一些学者再次对中国古代陶瓷的外销开展了宏观的、综述性的研究,如冯先铭的《中国古代外销瓷的问题》⑧、《元以前我国瓷器销行亚洲的考察》⑨,傅振伦的《中国古代陶瓷的外销》⑩,王文强的《我国陶瓷的外销及其影响》⑪,叶文程的《关于我国古外销瓷研究的几个问题》⑫、《明代我国瓷器销行东南亚的考察》⑬、《宋元明时期外销东南亚陶瓷初探》⑭等,苏垂昌、唐杏煌的《隋唐五代中国古陶瓷的输出》⑮等。此外,也有一些学者探讨了东南沿海以外地区部分窑口的瓷器外销情况,如萧湘的《试论唐代长沙铜官窑瓷器的对外传播》⑯、赵

---

① 徐本章、叶文程等:《再谈德化窑的古外销瓷》,《古陶瓷研究》第1辑,中国古外销陶瓷研究会编印,1982年。
② 叶文程、徐本章:《畅销国际市场的古代德化窑外销瓷器》,《海交史研究》1980年第2期。
③ 林文明:《泉州陶瓷外销问题的探讨》,《古陶瓷研究》第1辑,中国古外销陶瓷研究会编印,1982年。
④ 许清泉:《宋元泉州陶瓷的生产与外销》,《古陶瓷研究》第1辑,中国古外销陶瓷研究会编印,1982年。
⑤ 叶文程:《晋江泉州古外销陶瓷初探》,《厦门大学学报》1979年第1期。
⑥ 叶文程:《略谈古泉州地区的外销陶瓷》,《厦门大学学报》1982年史学增刊。
⑦ 余家栋:《宋元明时期江西外销瓷初探》,《古陶瓷研究》第1辑,中国古外销陶瓷研究会编印,1982年。
⑧ 冯先铭:《中国古代外销瓷的问题》,《海交史研究》1980年第2期。
⑨ 冯先铭:《元以前我国瓷器销行亚洲的考察》,《文物》1981年第1期。
⑩ 傅振伦:《中国古代陶瓷的外销》,《古陶瓷研究》第1辑,中国古外销陶瓷研究会编印,1982年。
⑪ 王文强:《我国陶瓷的外销及其影响》,《中国古代陶瓷的外销——中国古陶瓷研究会、中国古外销陶瓷研究会1987年福建晋江年会论文集》,紫禁城出版社,1988年。
⑫ 叶文程:《关于我国古外销瓷研究的几个问题》,《古陶瓷研究》第1辑,中国古外销陶瓷研究会编印,1982年。
⑬ 叶文程:《明代我国瓷器销行东南亚的考察》,《中国外销瓷研究论文集》,紫禁城出版社,1988年,第117~140页。
⑭ 叶文程:《宋元明时期外销东南亚陶瓷初探》,《中国外销瓷研究论文集》,紫禁城出版社,1988年,第63~96页。
⑮ 苏垂昌、唐杏煌:《隋唐五代中国古陶瓷的输出》,《古陶瓷研究》第1辑,中国古外销陶瓷研究会编印,1982年。
⑯ 萧湘:《试论唐代长沙铜官窑瓷器的对外传播》,《古陶瓷研究》第1辑,中国古外销陶瓷研究会编印,1982年。

青云的《河南唐三彩的创烧发展与外销》①、禚振西的《耀州窑外销陶瓷初析》②、宗毅的《试谈磁州窑在国外的影响及其传播》③等。再次，随着陶瓷考古研究队伍的扩大，尤其是沿海外销瓷研究队伍的扩大，中国古外销陶瓷研究会和中国古陶瓷研究会相继成立。1980 年 7 月，在福建德化县"德化窑学术讨论会"上，中国古外销陶瓷研究会首先成立。次年 10 月，在广东省新会县召开的"中国古外销陶瓷首届年会暨学术讨论会"期间又酝酿成立了中国古陶瓷研究会。1982 ~ 1990 年，两会相继在江西吉安、四川邛崃、河南郑州、陕西西安、福建晋江、湖南衡阳、江西高安、浙江杭州等地召开年会和研讨会，分别讨论了吉州窑、邛窑、钧窑、耀州窑、磁灶窑、长沙窑、高安元青花窖藏、越窑和龙泉窑等相关问题，每次年会都有一个侧重点，促进了中国古陶瓷和古外销瓷的深入研究。④ 中国古外销陶瓷研究会成立后，即组织人力从事翻译工作，收集国外研究动态，进行国外出土的中国古代外销瓷的研究，相继出版了《中国古外销陶瓷研究资料》（共 3 辑）、《中国古陶瓷和古外销瓷研究论文集》（共 7 本），三上次男先生的巨著《陶瓷之路》也在此时被翻译成中文。⑤ 1991 年 10 月社团登记时，中国古外销陶瓷研究会合并入中国古陶瓷研究会。⑥

　　1973 年和 1976 年，泉州后渚港宋代沉船和韩国新安沉船相继被发现。位于泉州后渚港海滩上的宋代沉船于 1974 年由福建省博物馆和厦门大学历史系的考古人员进行发掘。该沉船满载香料和药物，亦有少量龙泉青瓷、建窑黑釉瓷、景德镇窑系青白瓷，是环中国海海域保存最完整、规模最大的古代沉船遗存，引起了海内外各界的广泛关注。⑦ 该沉船的发掘对于促进泉州海交史、港史研究起到了重要作用。1977 ~ 1984 年，韩国海军和考古学家对新安沉船进行了陆续发掘，其数以万计的龙泉窑青瓷、景德镇窑青白瓷、建窑黑釉瓷、吉州窑白釉黑花器、磁州窑白釉褐花器等陶瓷器引

　　① 赵青云：《河南唐三彩的创烧发展与外销》，《中国古代陶瓷的外销——中国古陶瓷研究会、中国古外销陶瓷研究会 1987 年福建晋江年会论文集》，紫禁城出版社，1988 年。

　　② 禚振西：《耀州窑外销陶瓷初析》，《中国古代陶瓷的外销——中国古陶瓷研究会、中国古外销陶瓷研究会 1987 年福建晋江年会论文集》，紫禁城出版社，1988 年。

　　③ 宗毅：《试谈磁州窑在国外的影响及其传播》，《中国古代陶瓷的外销——中国古陶瓷研究会、中国古外销陶瓷研究会 1987 年福建晋江年会论文集》，紫禁城出版社，1988 年。

　　④ 瓯炀：《古陶瓷研究的回顾与瞻望——访中国古陶瓷研究会副会长叶文程先生》，《东南文化》1992 年第 3、4 期。

　　⑤ 李锡经：《中国外销瓷研究概述》，《中国历史博物馆馆刊》1983 年第 5 期，第 55 ~ 57 页。

　　⑥ 瓯炀：《古陶瓷研究的回顾与瞻望——访中国古陶瓷研究会副会长叶文程先生》，《东南文化》1992 年第 3、4 期。

　　⑦ 泉州湾宋代海船复原小组、福建泉州造船厂：《泉州湾宋代海船复原初探》，《文物》1975 年 10 期；福建省泉州海外交通史博物馆：《泉州湾宋代海船发掘与研究》，海洋出版社，1987 年。

起了中外陶瓷考古学者的广泛兴趣。两次沉船考古发现对于方兴未艾的外销瓷研究起到了促进作用,外销瓷研究也迅速与海交史、港史、航海史、海外贸易史等专题研究相结合,提出了"陶瓷之路"等具有相对独立性的概念。随着研究的深入,不少学者已经客观上注意到了外销瓷的产销与海洋世界的关联,但尚无学者提出外销瓷相对独立于大陆性陶瓷之外的海洋性本质。

20世纪80年代末,在政府决定开展中国自己水下考古工作的前提下,西方海洋考古学传入中国。1989~1990年,中国历史博物馆与澳大利亚阿德莱德(Adelaide)大学合办海洋考古培训班,为中国培养了首批水下考古工作者。水下考古技术的传入及其在中国沿海的初步实践,使得将陶瓷产地和消费地连接起来,勾画一幅陶瓷畅销海外、扬帆东西航路的完整景象成为可能,弥补了中国以往外销瓷研究中所存在的一个巨大缺环。但是由于中国海洋人文史学研究的长期缺失,海洋考古学的中国化过程中存在着重技术而轻理论,重沉船船货研究而轻海港、海洋人文聚落研究诸多问题。很长时间内,人们将作为田野考古发掘技术向水下埋藏环境延伸的水下考古技术手段和考古学文化二分体系中与大陆性文化考古相对应的海洋考古学混为一谈。缺乏海洋文化理论支撑的水下考古实践只是丰富了外销瓷研究的资料库,而很难在东南瓷业海洋性的理解与认识上有所突破。

二 东南海洋性社会经济文化体系与海洋性陶瓷

20世纪八九十年代以来,厦门大学杨国桢教授积极呼吁建立中国海洋社会经济史学科,强调从海洋思维的新视角来研究中国历史。杨国桢先生认为,虽然费孝通先生"中华民族多元一体"理论在历史学界也得到颇多人的认同,"但在中国史的研究模式上,仅仅限于承认和论述农业文明与游牧文明的二元冲突与互动,还没有跳出陆地史观的范畴。有关中国海洋的学术研究,都是附属在农业文明的框架内进行的"。海洋人文和农业人文、游牧人文一样是传统中国最基本的人文类型。海洋人文是中华文明的源头之一,虽然其最终汇合到以农业人文为主体的多元一体格局之中,但处于非主流地位的海洋人文并没有消失,而是在汉人移民开发东南与东南土著的族群互动中以文化积淀的方式得以传承。海洋人文的内质结构是其海洋性,运作机制是其流动性,社会价值取向则是其趋利性。杨国桢先生指出,中国海洋人文的历史研究应当"逐步摆脱陆地化的藩篱,发展出回归海洋本质,具有自身特色的理论和体系"。①

(一)"海洋性陶瓷"的提出

近年来,吴春明老师在东南海洋文化圈和以东南沿海为中心的环中国海海洋社会经济文化体系理论的基础上,在《中国东南海洋性陶瓷贸易体系发展与变化》一文中提出了以东南沿海为中心的海洋性瓷业格局初现、发展及变化的历史过程。② 吴春明老师认为,外销瓷的核心是"外销",强调的是古代瓷器输出国外,但是由于古代国家地理格局的变迁,内、外是相对的,海洋文化是流通的、跨界的文化形态,古代船家的海洋文化活动往往不考虑国界内外。而外销还有陆路和海路之别,海洋性陶瓷强调以海洋为媒介,以输出海洋市场为主要目的,从海洋人文视角,将海洋瓷业体系看成是以中国东南为中心的环中国海海洋社会经济文化体系的有机组成部分,更能真实反映中国东南瓷业格局变化的真正原因。该文初步梳理了中国东南的海洋性瓷业格局的发展过程。其初现于汉晋六朝时期,此时主要的窑址有浙江越窑、德清窑、瓯窑和婺州窑,福建福州怀安、晋江磁灶窑等窑址,其产品已经先后从海路传播到日本列岛和东南亚群岛。隋唐之际,中国的瓷器开始大规模从海上舶出,浙江越窑进一步发展,在浙南的温州,福建的福州、泉州,广东的潮州、广州、湛江等地附近兴起了一大批仿越窑青瓷的窑址,瓷器的销售范围也从东亚、东南亚而扩至南亚、西亚以及北非和东非。宋元时期,东南的海洋性瓷业极度扩张,温州、泉州、潮州、广州附近都分布有大片的窑址,仅福建一省就有宋元窑址 170 余处,舶出瓷器品种和数量激增,主要有浙、闽、粤的龙泉窑和仿龙泉窑的青瓷系,江西景德镇青白瓷和闽、粤、赣、皖仿青白瓷系,以及建窑的黑瓷系、定窑的白瓷系、磁州窑的白地黑花系等。明清,青花瓷取代了唐宋时期的青瓷、青白瓷、黑釉瓷、白瓷等单色釉瓷而成为海洋舶出的重要瓷种。东南海洋性瓷业是在自身宋元青瓷、青白瓷窑业技术基础之上,通过对景德镇青花瓷成型、上釉、绘画、装烧等工艺加以改造吸收而改烧青花瓷的。其销售地域因为有洋船

---

① 杨国桢:《海洋人文类型:21 世纪中国史学的新视野》,《史学月刊》2001 年第 5 期。

② 吴春明:《中国东南海洋性陶瓷贸易体系发展与变化》,《中国社会经济史研究》2003 年第 3 期。

东进所构筑的欧亚航路而扩展至欧美等地。该文虽然从宏观上构建了中国东南海洋性贸易陶瓷的研究框架,但由于这一研究刚刚起步,系统重建东南沿海海洋性瓷业发展史的工作尚未完成。本书拟在前人研究的基础上,做进一步的探索。

(二)海洋性瓷业的理论界定

海洋性陶瓷是指中国东南沿海以仿烧名瓷为主要内涵,以民窑为主体,以国内外海洋世界为市场,向海外用力的瓷业体系。海洋性陶瓷业是连接国内陶瓷产地与销售市场的中间环节,当某一国内名窑产品在市场上走俏时,港口附近的海洋性窑业群便大量仿烧并投入市场,海洋性陶瓷往往就是市场上走俏瓷种的仿烧品。海洋性瓷业是以海洋为媒介、以输出海外为目的的古代中国东南地区特殊的瓷业体系,是以中国东南为中心的环中国海海洋社会经济文化体系的有机组成部分。

海洋性瓷业是相对于大陆性瓷业的一个概念。两者之间既有联系又有区别。其联系在于海洋性瓷业是大陆性各陶瓷窑系在东南地区的扩展与延伸,大陆性瓷业是海洋性瓷业的母体和技术来源。大陆性瓷业瓷器的风尚变化及时影响着海洋性瓷业的产品风格。大多数东南瓷业窑口从成型技术和装饰技术入手,对流通于世的大陆性瓷窑产品进行外形的仿造。在东南一些与大陆性瓷业技术者有直接交流的窑场,中原窑工可能直接参与了瓷器烧造,并将其先进的配方技术和装烧技术传播至此。一些符合窑场主追求利益最大化目的的技术会被及时采用,如北宋中晚期闽北、浙南的青白瓷窑在吸收赣江流域青白瓷技术后,迅速完成了从泥点叠烧到漏斗形匣钵—垫饼或匣钵—垫圈再到支圈覆烧技术的两次技术革新。

海洋性瓷业与大陆性瓷业的区别在于其以海洋世界为市场的导向和逐利的海洋性本质。海洋性瓷业生根于植被茂盛、水源与瓷土资源丰富,同时人多地少矛盾又十分突出的东南地区,这里的人们有着娴熟的航海技术,早已习惯了以海为生、驾舟楫而梯航万国的海洋性生活方式。晚唐五代以来,中央政府官员和割据一方的地方势力也乐于鼓励其东南的子民利用东南地处中原与海外"岛夷"之间独特的地理空间交接地带的优势,将"陶器钢铁,泛于蕃国,取金贝而还",以缓解人口的日益增加与物产贫乏之间的矛盾。因此海洋性瓷业是以海洋世界为市场的,这一市场既有可能是与南宋对峙的辽、金,也有可能是占城、真腊、三佛齐、阇婆等海外诸番。海洋性瓷业产品还具有逐利的海洋性本质,其产品大多是中原名窑同类器的仿烧品,但是在瓷胎淘洗、成型、施釉、装烧工艺等各个环节都充斥着简化与缩减的痕迹。如漳州窑对原料的精工粉碎和淘洗不够,导致胎体结构疏松和胎质发灰;利坯整型不足,导致瓷器器型不甚规整,底足普遍带有放射状的跳刀痕;以浸釉或刷釉的方式给外壁施釉,导致釉不到底和釉层厚薄不均;装饰技法欠规整严谨,导致构图与线条的表现随意,画风朴实简陋;对青花钴料的锻炼不足,导致青花发色灰暗且有晕散现象;为节省成本,直接将器物放置于沙上而舍弃景德镇瓷质垫饼技术,导致"沙足器"的产生,无不体现了漳州窑瓷器生产急功近利的特点。

在中国古陶瓷研究中,与海洋性瓷业研究领域相关的还有"外销瓷""贸易陶瓷"等术语。"外销瓷"是中国学者研究古代陶瓷的对外传播时使用得最多的一个术语,但是说到底它仅仅是一个强调陶瓷在流通领域中的海外流通方向和消费市场的术语,强调的是古代瓷器输出国外,其核心是相对于内销而言的。然而由于古代国家地理格局的变迁,内外是相对的。如越南在汉武帝元鼎六年(前111)灭南越国后就一直并入中国版图,汉在此设交趾、九真、日南三郡。939年,吴权打败南汉军队,建立吴朝,定都古螺(今越南河内北部),自此越南开始独立于中国之"外"。其他如朝鲜、西域等地区也存在类似情况,更不用说三国两晋南北朝、五代与两宋辽金等分裂时期,"国内""国外"所指的地理空间与现今完全不同。而我们站在当代国内、国外的时空立场去审视、界定历史上不同时期的外销、内销问题,必然导致认识的差距与偏颇。

此外,陶瓷外销还有陆路和海路的差别,这一差别在外销瓷术语中并不能得到体现。明《万历野获编》"夷人市瓷器"条记载了鲜为人知的古代陶瓷对外陆路运输的方法:"……初买时,每一器内纳沙土及豆麦少许,迭数十个,辄牢缚成一片,置之湿地,频洒以水。久之,则豆麦生芽,缠绕胶固,试设之牢确之地,不损破者始以登车。临装驾时,又从车上扔下数番,其坚韧如故者始载之以往。"[1]因此,"外销瓷"这一术语是无法集中体现中国东南沿海面向海外市场的特殊的瓷业体系的。

"外销瓷"一词还是长期以来中国古陶瓷研究学者以中原王朝为中心,站在陆地看海洋的典型大陆文化史观的术语。外销瓷研究是从中原文化一统的角度出发,将东南沿海面向海洋世界的海洋性贸易陶瓷体系视为中国大陆性陶瓷体系的外销部分。在这一传统史观下,外销瓷难免成为中国大陆性陶瓷统一体中的旁枝末节,无法凸显东南沿海古代陶瓷业因海洋

---

[1]　(明)沈德符:《万历野获编》,北京燕山出版社,1998年,第78页。

文化圈的兴衰、消长而产生、发展、变化的独立的海洋性性格。海洋性瓷业格局的变迁、瓷器品种的变化都只能从海洋文化圈的变迁中去寻找本质原因,站在中原文化一统角度的外销瓷研究难于把握其全貌。作为大陆性陶瓷统一体中的外销瓷,很难割舍其与中原名窑之间的种种关系,因而对其研究难于发现东南陶瓷业的空间分布规律。如位于桂北永福县南约2千米的窑田岭窑是一座烧造年代始于北宋晚期,盛于南宋,衰于宋末元初之际,主烧青瓷,兼烧青绿釉和红釉瓷等瓷种的窑址。该窑址所出的青釉瓜棱罐,印花折枝牡丹纹、双鱼纹、放射状菊瓣纹碗等器物在釉色和纹饰取材方面与耀州窑青瓷十分相似,有的学者即认为该窑有受耀州窑的影响。但是对比该窑的窑炉结构、装烧工艺、成型和施釉手法诸多因素,我们不难发现,与其说它是受耀州窑的影响,倒不如说它是受广州西村窑的影响更为贴切。而其窑址的兴起很可能与北宋后期随着东南港市中心向泉州的转移,珠江口瓷业在与福建同类产品的竞争中日益衰败,其产业逐渐溯江而上,向内陆瓷土和燃料资源丰富、劳动力和瓷器生产成本更低的西江上游、桂北等中小城镇的转移直接相关。这种海洋经济文化圈变化所导致的东南海洋性瓷业的空间转移,从外销瓷研究的角度是难以发现的。外销瓷往往强调陶瓷的最终流向而忽视过程,对于陶瓷对外传播的途径、航路、航线,承担陶瓷外传任务的主体人群及其动机等环节更鲜有涉及。

"贸易陶瓷"是古陶瓷研究中与外销瓷相关的另一术语。贸易陶瓷无疑也包括了陆路贸易和海路贸易两大类,它强调陶瓷的商品交易性质,但是对于陶瓷的产地和产品的最终流向似乎并没有足够重视,极易将大陆性瓷业与海洋性陶瓷混为一谈。

因此,"外销瓷"和"贸易陶瓷"实际上都无法真实反映东南沿海地区面向海洋的瓷业格局。只有"海洋性瓷业"的概念是强调以海洋为媒介、以输出海外为主要目的,站在海洋人文的视角,将海洋性瓷业体系看成是以中国东南为中心的环中国海海洋社会经济文化体系的有机组成部分,才能反映海洋性瓷业格局初现、发展、扩张、变迁的真实轨迹,并为之寻找到深层的原因。

(三)海洋性瓷业形成的人文基础

陶瓷是特定区域内人的文化创造,是大地上的一种文化景观。制瓷业与自然环境间有着天然的紧密联系,它是最能体现人与环境互动的手工业。制瓷业仰赖于环境,瓷窑的选址不得不考虑原料、燃料、水源、交通等自然条件;其兴起又改变着环境,制瓷业的兴起会导致河流淤塞、植被破坏、空气污染、山体凿空、土地焦结、禾苗枯槁等后果。制瓷业还与区域人文环境有着千丝万缕的联系。不同区域的瓷器因面对不同文化与审美取向的消费人群而有着各异的风格。不同的区域自然与人文环境造就了瓷器及瓷业生产技术鲜明的地域特征。[①] 中国东南地区自史前、上古时期开始就有着不同于华夏内陆农耕文明的海洋文化,独特的自然与文化背景造就了东南陶瓷鲜明的海洋性特征。

黑格尔在《历史哲学》中提出"历史的地理基础",认为人类历史的地理条件有三种:一是干燥的高地与广阔的草地、平原,生活在这种地理条件下的居民主要从事畜牧业,他们没有法律关系存在,特性是好客和掠夺;二是巨川大江流过的平原流域,这里的人民主要经营农业,人们依附于土地之上,土地所有权和各种法律关系跟着发生,国家的根据和基础从这些法律关系开始有了成立的可能,于是这些区域筑起大国的基础,产生了伟大的王国;三是和海相连的海岸区域,宽阔无垠的大海挟着人类超越了那些极易对他们行动和思想产生制约的土地的束缚,生活在这一地理条件下的人们天生具有冒险精神,并时常在东西方文明的交流与碰撞中充当使者。他还提到,中国虽然也"以海为界",但以农为本的中国人却把海看作"陆地的中断和天限","和海不发生积极的关系",因此也就没有"分享海洋所赋予的文明"。[②]

其实黑格尔是误解中国文化了,在东亚大陆这片广袤的土地上同时并存着他所提到的三种不同地理条件的区域和文化。"农业人文、游牧人文和海洋人文是传统中国最基本的人文类型。"[③]而中国东南地区就是一个不同于农业人文的海洋人文存在。

20世纪30年代,中国著名的人类学家、考古学家林惠祥先生在对考古学材料和民族志材料分析研究的基础上,首次提出应当将史前到上古时期的东南土著置于海洋人文的框架中进行研究。他认为,中国东南地区是文化史上的"亚洲东南海洋地带",其土著人文有别于中原农耕文化,通过海上传播在亚洲东南及太平洋岛屿间扩散。[④] 台湾的凌纯声先生更是提出了中国文化的"二分法"——西部的"大陆文化"和东部的"海洋文化",

① 黄义军:《宋代青白瓷的历史地理研究》,文物出版社,2010年,第7、313页。
② 〔德〕黑格尔:《历史哲学》,生活·读书·新知三联书店,1956年,第132~135、146页。
③ 杨国桢:《海洋人文类型:21世纪中国史学的新视野》,《史学月刊》2001年第5期。
④ 林惠祥:《台湾石器时代遗物的研究》,《厦门大学学报》1955年第4期;《福建武平县新石器时代遗址》,《厦门大学学报》1956年第4期。

在强势的"大陆文化"的侵入与压迫下,"海洋文化"逐渐从中国东南退却而扩散至东南亚及太平洋岛屿,最终形成具有浓厚海洋文化色彩的"亚洲地中海文化圈"。① 当然海洋文化并未完全从中国大陆消失,而是在"黄色文明"的强权重压之下暂时隐退了,而在汉人移民开发东南、与东南土著的族群互动中,海洋发展的文化模式得以传承。中国考古学家苏秉琦先生也认识到中国考古学文化兼有大陆和海洋两种文化内涵,他所划分的六大区系,即面向海洋的三大块——以山东为中心的东方、以太湖为中心的东南部、以鄱阳湖—珠江三角洲为中轴的南方,以及面向欧亚大陆的三大块——以燕山南北长城地带为重心的北方,以关中、豫西、晋南邻境为中心的中原,以洞庭湖、四川盆地为中心的西南部。"中国在人文地理上这种'两半合一'和'一分为二'的优势在世界上是独一无二的。"②考古学界的新发现逐渐引起了部分历史学家的共鸣。20 世纪八九十年代以来,厦门大学杨国桢教授积极呼吁建立中国海洋社会经济史学科,强调从海洋思维的新视角来研究中国东南历史,并就该学科的范畴、框架提出了总体构想。在以杨国桢教授为首的学术群体的共同努力之下,"海洋与中国丛书"陆续出版。该丛书"挖掘民间和海上的各种海洋社会人文资料信息","从不同的角度展示先人向海洋发展的努力、成败和荣辱","重新审视中国海洋社会和海洋人文的价值",为今后中国海洋文化和海洋社会经济史的深入研究打下了坚实的基础。③

中国东南土著的海洋文化传统源远流长。旧石器时代,东南地区的传统文化核心是砾石石器工业,这与北方的石片工业传统大相异趣。④ 新石器时代,东南地区稻作与渔猎并重的经济生活、干栏与洞居的居住形态、土墩墓与崖葬的丧葬文化、水行而山处的交通方式、断发文身的装饰风格,与北方地区的旱地粟作农业、地穴与半地穴居住形态、竖穴土坑墓、车马、衣冠等迥异。⑤ 早在 8000 多年前的新石器早期后段,中国东南沿海的古越人就已经懂得建造和使用独木舟和木桨了,具有了初步在海洋上航行的能

---

① 凌纯声:《中国古代海洋文化与亚洲地中海》,《中国边疆民族与环太平洋文化》,台北联经图书,1979 年。

② 苏秉琦:《中国文明起源新探》,生活·读书·新知三联书店,1999 年,第 170 页。

③ 王日根、宋立:《海洋思维认识中国历史的新视角——评杨国桢主编"海洋与中国丛书"》,《历史研究》1999 年第 6 期。

④ 吴春明:《中国东南土著民族历史与文化的考古学观察》,厦门大学出版社,1999 年,第41 页。

⑤ 吴绵吉:《中国东南民族考古文选》,香港中文大学中国考古艺术研究中心,2007 年,第32 ~ 38页。

力。① 台湾"中研院"的陈仲玉先生认为："活动在中国东南沿海一带,在史前新石器时代有善于海上航行的居民,他们就是南岛语族之中善于生活在海洋环境又善于航海的族群,或是族群中生活在海上的居民。"② 如至少从距今 6000 年前后起,因姚江谷地生态环境恶化,又因族群繁衍、人口增加而对居地和海洋食物资源产生更多需求,河姆渡先民开始沿陆路和海路两条途径由北而南向外扩散,而海路传播因借助舟楫而跳岛式前进,其速度明显快于陆路,大约距今 6000 年时就已经到达福建平潭岛壳丘头遗址了。③ 商周时期,东南先民习于水战、便于用舟等不同于中原部族的文化特征频繁见于汉文史籍的记载之中。《越绝书·越绝外传·记地传》载:"夫越性脆而愚,水行而山处,以船为车,以楫为马,往若飘风,去则难从。"④ 吴越争战时,水战相当频繁。吴国的战船有大翼、小翼、突冒、楼船、桥船等等,"大翼者当陵军之重车,突冒当冲车,楼船当楼车,桥船当轻足骠骑"。越国在钱塘江两岸建有固陵、柳浦、定山浦、鱼浦等诸多军港以操练水军。越王勾践迁都山东琅琊时随行的有"死士八千、戈船三百"⑤。战国晚期,楚灭越后,越人四散,"诸族子争立,或为王,或为君,滨于江南海上,服朝于楚"⑥。越人南迁过程中分别与当地诸蛮相融合,如与原住福建的"七闽"融合生成"闽越",与浙南"瓯"融合生成"东瓯(越)",以及南越、骆越、干越等。⑦

秦汉以来随着北方中央王朝对百越地带的控制加强以及大量汉人的移民垦殖,人口与土地的矛盾激化所造成的物产相对不足迫使东南地区的人群(北方迁来的汉人、当地人及双方通婚后裔)不断吸收当地人航海术、陶瓷业、航海贸易等海洋性的生活方式,利用东南地处中原与海外"岛夷"之间独特的地理空间交接地带的优势,发展对外商业贸易。汉晋六朝时期,会稽、东冶、番禺等位于各自民族区域河流入海口处的百越都城依然得以延续发展,而这些都城所处的位置显然不符合中原农耕文化"江河之滨、广川之上"的选址规则,因此不能不说是东南民族海洋文化的历史传承。⑧

① 蒋乐平等:《跨湖桥遗址发现中国最早的独木舟》,《中国文物报》2002 年 3 月 21 日。
② 陈仲玉:《试论中国东南沿海史前的海洋族群》,《考古与文物》2002 年第 2 期。
③ 王海民、刘淑华:《河姆渡文化的扩散与传播》,《南方文物》2005 年第 3 期。
④ (汉)袁康、吴平辑录,乐祖谋点校:《越绝书》,上海古籍出版社,1985 年,第 58 页。
⑤ 吴绵吉:《中国东南民族考古文选》,香港中文大学中国考古艺术研究中心,2007 年,第 34 页。
⑥ (汉)司马迁:《史记·越王勾践世家》,延边人民出版社,1995 年,第 127 页。
⑦ 吴春明:《中国东南土著民族历史与文化的考古学观察》,厦门大学出版社,1999 年,第 11 页。
⑧ 吴春明、林果:《闽越国都城考古研究》,厦门大学出版社,1998 年,第 295～298 页。

随着航海实践经验的丰富和航海技术的日渐成熟,汉晋时期"四海"范畴的早期海道初步形成,南海、西海上的丝绸之路以及东海渡日航线均由秦汉时期的沿岸航行改为六朝时期的离岸航行。隋唐五代时期,大唐帝国以其空前繁盛的文化和国力构造了中古东亚文明圈,在与中西亚阿拉伯、波斯等帝国的互动中,陆上丝绸之路和海上丝绸之路并存。海上丝绸之路的航迹遍及东南亚、南亚、阿拉伯湾与波斯湾沿岸,甚至远达红海和东非海岸,形成了直接沟通亚非两大洲的长达万余里的远洋航线。东南沿海的扬州、广州、福州、泉州等百越故都进一步发展成为著名的贸易港口城市,扬州、广州等城市中大量阿拉伯人聚族而居形成蕃坊,富有浓厚的海洋性聚落特色。虽然隋唐五代中国的航海技术远高于其他国家,但是在整个海洋经济活动中最活跃的主角无疑是东来的阿拉伯人,他们直接将中西亚的市场带到了中国的沿海港市,对中国陶瓷史的发展产生了重要影响。宋元两朝政府鼓励海外贸易,以收市舶之利,东南沿海区域经济十分繁荣。指南针、量天尺等定量化航海工具的应用,为远洋航行奠定了坚实的科技基础。西、南洋诸番水道在隋唐的基础上进一步向纵深发展,并开辟了横渡印度洋的新航线。福建沿海东航菲律宾的东洋航路也在元代真正形成。宋元两代,阿拉伯人手中的世界海权落入中国船家之手,中国东南船家驰骋于东、西、南洋诸番水道数百年。明清两代海洋政策由积极转向保守,随着郑和下西洋的结束,官方逐渐从海洋退出。东南船家的海洋活动在海禁与海弛政策变幻无常更替的夹缝中艰难成长,多表现为走私活动。[1]伴随着明代中后期洋船的东进,中国的海上势力从印度洋全面退缩,海洋发展空间被压缩至马六甲海峡以东的海域。在明清官方的打压和西方洋船激烈竞争的双重作用下,中国东南船家的海上作为日渐减少。迨至西方人发明蒸汽动力轮船之后,中国的远洋帆船业最终走向没落。[2] 起源于中世纪地中海的欧洲海洋文化,将中国的指南针与炼钢术应用于航海技术和船舶制造之上,其航海能力得到了飞跃性的发展。欧洲人于 15 世纪末开始全球探航,大约于 16 世纪末就已经控制了世界大部分的海洋。[3] 在近现代科学技术的支持下,欧洲海洋文化达到了人类海洋文明的最高点,而明清以来不断走下坡路的东南远洋帆船业则相形见绌。明中期以后,中国东南船家主要活跃于文莱以东的东洋海域,与洋船东进所形成的亚欧主航路相衔接,将华瓷源源不断地运往欧亚非各地。晚清以来,随着中国东南船家在

---

①　杨国桢:《福建海洋发展模式的历史选择》,《东南学术》1998 年第 3 期。
②　徐晓望:《论古代中国海洋文化在世界史上的地位》,《学术研究》1998 年第 3 期。
③　徐晓望:《论古代中国海洋文化在世界史上的地位》,《学术研究》1998 年第 3 期。

中西海域纵横驰骋的背影逐渐远去,蓝色海洋成为了部分学者早已遗忘了的记忆。

三　东南海洋性瓷业的时空变化轨迹

制瓷业作为一种既满足民生需要又解决一部分人生计问题的手工业,是植被茂盛、水源与瓷土资源丰富,同时人多地少矛盾又十分突出的东南地区人们不二的生存选择。独特的自然与文化背景造就了东南陶瓷鲜明的海洋性特征。自汉晋六朝以至明清,中国东南沿海形成了一个以仿烧名瓷为主要内涵,以民窑为主体,以海洋世界为市场的瓷业体系,其相对集中发展于东南沿海的独特文化地理格局十分明显。东南瓷业格局的兴衰、瓷器种类的变化、产品面貌特征等,与海洋经济文化圈的异动、海洋政策变化、海外航路网络和消费习俗变迁等因素息息相关。

东汉瓷器烧造之初,窑址主要集中分布于上虞县曹娥江中游两岸,此外在杭州湾北岸的德清和太湖的宜兴、浙南的永嘉等地也有东汉晚期陶瓷窑址被发现。三国西晋时期,上虞的曹娥江两岸依然是东南制瓷业的中心,并以上虞为中心在宁绍地区形成了一个庞大的越窑窑系。此外,瓯窑、婺州窑、德清窑等窑场林立,也各自发展成为庞大的瓷窑体系。江苏宜兴丁蜀镇也在汉代的基础上形成了南山窑窑业体系。东晋南朝时期,随着厚葬之风的迅速消退,各类用于随葬的青瓷冥器到东晋已基本停烧,窑址数目锐减。[①] 处于越窑中心区的窑业暂时衰落,但是瓷窑的分布面却更为广泛,除浙江境内的越窑、瓯窑、婺州窑与德清窑继续烧造瓷器外,在闽江口的福州市怀安、晋江下游的泉州磁灶,珠江口的深圳步涌,西江上游支流水系的桂林上窑、象州牙村、藤县马鹿头岭等地均有设窑烧瓷。

隋唐五代,海洋性瓷业迅速发展,以越窑系为中心的青瓷产业从浙北钱塘江南岸地区迅速扩张,沿江、沿河发展到浙西、浙南山地,在海洋市场的拉动下,仿越窑的青瓷业还广泛分布于闽江、晋江、九龙江流域及岭南地区。隋唐五代越窑以慈溪上林湖为中心密集分布,部分分布于其周围的白洋湖、里杜湖、古银锭湖一带。在宁波和温州之间的浙江东南沿海台州市

---

① 浙江省博物馆:《青瓷风韵——永恒的千峰翠色》,浙江人民美术出版社,1999 年,第24 页。

等地也发现有众多的唐五代窑址。瓯窑窑址的集中分布区由东晋六朝瓯江北岸的永嘉罗溪乡和东岸乡进一步延伸至温州的西山等地。婺州窑的日用粗瓷生产进入鼎盛时期,制瓷作坊分布于金衢盆地的广大地区。地处浙南偏僻山区的丽水、龙泉等地,自南朝以至唐代,瓷业长久未有较大发展,青瓷质量低下,远不及同时期的越窑、婺州窑和瓯窑产品。闽江上游及其支流的建阳、建瓯一带,以福州为中心的闽江口流域和以泉州为中心的晋江流域及其外围港口同安一带也有大量唐五代青瓷窑址群分布。闽江上游及其支流的建阳、建瓯一带唐五代窑口分布十分密集,其产品质量及窑炉技术均较高,可能是唐代中、晚期越窑系统向闽北地区扩散的结果。①闽江下游及以福州为中心的闽江口流域唐五代窑址在工艺上都不同程度地继承本地六朝青瓷和模仿浙江越窑系统,同时还不同程度地兼烧黑釉瓷器。闽南晋江流域等地窑址的瓷器烧造技术严重滞后,在越窑普遍使用匣钵装烧时,这里却依然沿用六朝甚至三国时期常用的支钉和托座等装烧工具。② 岭南瓷窑密集分布于瓷土资源丰富、交通便利的沿海地区和江边城镇。③ 韩江流域的潮州、梅县等地是唐五代岭南海洋性瓷业的重要分布区,梅县水车窑的青瓷玉璧底碗、无耳罐等产品在东南亚地区多有发现。在珠江口的广州西村、佛山等地有唐五代馒头窑和少量龙窑分布。雷州半岛的雷州市通明河出口处,湛江市坡头镇、遂溪县和廉江县等地也都有唐五代龙窑和馒头窑烧造日用粗瓷。此外在东江流域,西江上游,桂东南以及沿海的阳江、合浦等地都有唐五代青瓷窑址。

宋元东南海洋性瓷业极度扩张,海洋性瓷业技术中心已经由浙东地区转移到浙南龙泉等地,福建、广东等地的瓷器烧造技术与浙江的差距日益缩小。北宋早期,由于吴越钱氏烧造贡瓷的特殊需要,越窑继续繁荣发展,窑址主要分布于绍兴的鄞县东钱湖、上虞窑寺前窑等地。北宋中期,宁绍地区极度繁荣的农业所导致的燃料短缺和工匠雇值上升,使得越窑在市场竞争中处于不利地位,规模日益缩小,在北宋晚期已奄奄一息。④ 此时越

---

① 福建省博物馆:《建阳将口唐窑发掘简报》,《东南文化》1990 年第 3 期;吴裕孙:《建阳将口窑调查简报》,《福建文博》1983 年第 1 期。

② 李德金:《古代瓷窑遗址的调查和发掘》,载《新中国的考古发现与研究》,文物出版社,1984 年;栗建安:《福建古瓷窑考古概述》,载《福建历史文化与博物馆学研究——福建省博物馆成立四十周年纪念文集》,福建教育出版社,1993 年。

③ 孔粤华:《唐代梅县水车窑青瓷的特色及对外贸易》,《中国古陶瓷研究》第 9 辑,紫禁城出版社,2003 年,第 330 ~ 333 页。

④ 浙江省博物馆:《青瓷风韵——永恒的千峰翠色》,浙江人民美术出版社,1999 年,第 30 页。

窑制瓷工艺渐趋衰退，产品质量明显下降，器物大多采用明火装烧，制作粗糙，宁绍平原瓷窑数量锐减，部分窑工向浙南丽水、龙泉等地迁移。浙南龙泉窑迅速崛起，在丽水地区形成庞大的青瓷窑系，还侵吞了原婺州窑和瓯窑的部分区域，并沿瓯江和飞云江流域而下形成以温州港为依托的产业基地。受龙泉窑影响，在福建闽江、晋江、九龙江等地区崛起一大批仿龙泉窑窑址，其中尤以同安窑珠光青瓷最为著名。景德镇在宋元时期被纳入到东南瓷业体系之中，其青白瓷技术在赣江、闽江、晋江及岭南、浙南部分地区广泛传播。定窑的芒口覆烧和支圈覆烧技法伴随着景德镇青白瓷技术传播于东南各地。磁州窑白地黑花等瓷种则对江西吉州窑、晋江磁灶窑及金衢盆地和雷州半岛部分窑址产生一定影响。耀州窑犀利的刻花在珠江口广州西村窑、西江上游广西永福窑等窑口均能见到踪迹。以金华铁店村窑为代表的部分金衢盆地窑址是宋元东南少见的仿钧瓷窑址。建窑和吉州窑的黑釉瓷迎合了宋元饮茶时尚而风靡东南，两窑还分别创烧出鹧鸪斑、油滴、玳瑁、木叶纹、剪纸贴花等新的黑釉品种。因此，宋元东南海洋性瓷业的瓷器品种异常丰富，中原各大名窑均被仿烧，部分瓷种还有所创新，达到了单色瓷业发展的鼎盛阶段。[①]

　　明初，在官方禁止私商下海通番的禁海政策之下，东南海洋性瓷业迅速萎缩。龙泉窑这一东南瓷业技术中心趋于没落，并最终被景德镇窑所取代。明代初期，浙南龙泉青瓷与景德镇瓷尚可相提并论，亦能烧造一些优质产品。明中期以后，其产品日趋粗糙，成型、施釉、装烧等各项工艺均甚草率，瓷器胎体粗笨、釉色灰暗，在与景德镇瓷器竞市中处于下风并最终在明代后期停烧。[②] 地处闽、浙、赣三省交界的浙江江山市，与景德镇相距甚近，两地陶瓷窑业素有往来，明中期后，在景德镇青花窑业的影响之下改烧青花瓷。福建各地窑址数量与规模远较宋元时期逊色，但闽南德化、永春、安溪、南安等地的瓷业却依然继续发展，尤其是德化白瓷的烧制成功，使得德化窑以"象牙白""鹅绒白""猪油白"等称号而闻名于世，成为明代景德镇之外的又一"瓷都"。[③] 除数量众多的青花瓷窑址外，闽南漳州亦新兴起一些烧造素三彩、五彩及米黄釉等瓷器品种的新窑场。明代中后期，在闽

① 中国硅酸盐学会编：《中国陶瓷史》，文物出版社，1982 年，第 227～231 页。

② 朱伯谦：《龙泉青瓷简史》，《龙泉青瓷研究》，文物出版社，1989 年，第 29 页；中国硅酸盐学会编：《中国陶瓷史》，文物出版社，1982 年，第 390～391 页；阮平尔：《浙江古陶瓷的发现与探索》，《东南文化》1989 年第 6 期。

③ 栗建安：《福建古瓷窑考古概述》，《福建历史文化与博物馆学研究——福建省博物馆成立四十周年纪念文集》，福建教育出版社，1993 年，第 179 页；冯先铭主编：《中国陶瓷》，上海古籍出版社，2001 年，第 536～537 页。

北武夷山主树垅、老鹰山、郭前,闽南安溪翰苑、银坑、平和五寨、漳浦坪水等地兴起了一大批仿烧景德镇青花瓷的窑址。明清广东陶瓷业全面复苏,大致可分为四大区域:粤东韩江流域在景德镇青花瓷向漳州月港寻求外销出路的过程中,在宋元青瓷窑业技术基础上仿烧景德镇青花瓷,在兴宁、大埔、饶平、潮州、揭阳等地涌现出大量青花瓷窑址;韩江流域与东江流域之间的广大区域,如惠来、陆丰、博罗、惠阳、惠东、河源、龙川等地继续延烧宋元间风靡浙闽的仿龙泉青瓷;珠江口的佛山石湾等窑址大量仿烧钧窑等名窑产品,清代珠江南岸等窑在景德镇白瓷坯上依照西洋画法施以彩绘,形成有名的"广彩";雷州半岛的廉江、遂溪等地,明清时期窑火依然兴旺,大量烧制民用酱褐釉、青釉或青白釉等瓷器。[①] 广西仅有全州、柳城、合浦、北海等地零星分布一些青瓷窑址,且多以日用粗瓷的生产为主。

---

① 曾广亿:《广东瓷窑遗址考古概要》,《江西文物》1991年第4期;广东省博物馆:《广东考古十年概述》,《文物考古工作十年》,文物出版社,1990年,第226页;冯先铭:《中国陶瓷史研究回顾与展望》,《中国古陶瓷研究》第4辑,紫禁城出版社,1997年,第4页。

第二章

东汉六朝东南
海洋性瓷业格局的初现

第一节　东汉六朝东南
海洋性瓷业格局初现的背景

一　东汉六朝东亚陆海交通的变迁

公元前 2 世纪初期,汉武帝派张骞出使西域,联络西域各国夹击匈奴,在卫青、霍去病等率领的大军驱逐之下,匈奴退至漠北,通往西域的大道得以敞开。此时中亚有康居、奄蔡、大夏、大月氏、罽宾诸国,西亚有安息、条支、乌戈山离诸国,南亚有身毒,更远的西方则有大秦等国。汉与中亚各国沿西域南北两道进行广泛的经济文化交流,大宛的马、乌孙的毡褥、严国的貂皮、大月氏的葡萄等物品传入中国,汉的丝绸、漆器、铁器等物品也通过丝绸之路输出到中亚直到被转运至罗马。安息、条支商人长期垄断中国丝绸至大秦的转运贸易,获利颇丰。大秦早就想与汉直接交往,安息人则因利益所在,常常从中作梗。《后汉书》记载:"其王常欲通使于汉,而安息欲以汉缯彩与之交市,故遮阂不得自达。"①永元九年(97),甘英出使大秦,也因安息人故意夸大海上困难而止步于条支。在海路交通上,汉武帝尽徙东瓯至江淮地,灭闽越、南越后,汉帝国北起渤海、南至交州的海上交通线变得畅通无阻。汉武帝还派出使者驶往印度洋,开辟了东起交州、西至已程不国(今斯里兰卡)的远洋航线。罗马帝国在与华交通陆路受阻后,也转向寻找海路通道。《后汉书》记载,东汉延熹九年(166),"大秦王安敦遣使自日南徼外,献象牙、犀角、瑇瑁,始乃一通焉"②。大秦入华海道有两条,一条为沿阿拉伯海、孟加拉湾、泰国湾、越南东海岸经交州、广州的全海岸航路,一条为沿海岸航行至缅甸后再与中印缅甸道相衔接,经云南达四川

① (南朝)范晔撰,(唐)李贤等注:《后汉书》卷八十八"西域传"第七十八,中华书局,1975年,第2920页。
② (南朝)范晔撰,(唐)李贤等注:《后汉书》卷八十八"西域传"第七十八,中华书局,1975年,第2919~2920页。

盆地。《魏略·西戎传》载:"大秦道既从海北陆通,又循海而南,与交趾七郡外夷比,又有水道通益州、永昌,故永昌出异物。"[①]三国六朝时期,北方先后出现匈奴的迁徙、柔然的兴起和突厥的扩张,造成了魏晋南北朝时期欧亚草原民族大规模的迁徙。此时西方的罗马帝国一分为二,新都迁至君士坦丁堡,中国人称之为"拂林",即拜占庭帝国。陆上丝绸之路因罗马与波斯经过两个世纪连续战争后于 5 世纪中叶达成的一项和平协议而重新畅通。而中国、印度与罗马的红海海上交通则在北魏时期因阿克苏姆王国的崛起而阻断。[②]

在南亚方面,身毒的入华通道除经克什米尔、于阗的罽宾道外,还有绕道巴克特里亚的中印雪山道,经四川、云南的中印缅甸道等。张骞出使大月氏时得知四川所产蜀布、邛竹杖可经中印缅甸道运抵印度再转运大夏。佛教则沿此道经云南传至四川盆地,再沿江而下播迁于长江中下游地区。

在东北亚方面,汉武帝灭卫氏朝鲜,于其地设真番、临屯、乐浪、玄菟四郡。东汉六朝末年,朝鲜半岛先后兴起高句丽、百济、新罗三国。[③] 三国均与东晋南朝有朝贡关系,其中百济与南朝关系最为密切,百济王"累遣使献方物"[④],南朝对其请求也一概许之,南朝的陵墓建筑技术及青瓷器等随葬品于此时传入百济。在鲜卑、高句丽梗断陆路和庙岛群岛航线后,百济和南朝间开辟了由成山角跨越黄海直航朝鲜半岛西海岸的新航线。汉代,日本列岛分布有一百多个部落小国,早在西汉时就通过海上与中国联系。《后汉书·东夷列传》载:"倭在韩东南大海中,依山岛为居,凡百余国。自武帝灭朝鲜,使驿通于汉者三十许国,国皆称王,世世传统。其大倭王居邪马台国。乐浪郡徼,去其国万二千里,去其西北界拘邪韩国七千余里。"[⑤]东汉建武中元二年(57),"倭奴国奉贡朝贺,光武赐以印绶",此时倭人来华"实自辽东而来"。[⑥] 三国时,魏国与日本关系密切,双方先后有七次使节往来。泰始元年(265),晋武帝代魏自立之后的近 150 年间中日双方官方联系长期断绝。直到东晋安帝义熙九年(413),倭国才重新向江南的建

---

① (晋)陈寿撰,(南朝)裴松之注:《三国志·魏书》卷三十"乌丸鲜卑东夷传",裴松之注引《魏略》"西戎传",中华书局,1959 年,第 861 页。

② 沈福伟:《中西文化交流史》,上海人民出版社,1995 年,第 87 页。

③ 朱寰主编:《世界上古、中古史》(下册),高等教育出版社,1997 年,第 202 页。

④ (唐)李延寿撰:《南史》卷七十九"列传"第六十九"夷貊"下,中华书局,1975 年,第 1973 页。

⑤ (南朝)范晔撰,(唐)李贤等注:《后汉书》卷八十五"东夷列传"第七十五,中华书局,1975 年,第 2820 页。

⑥ (元)马端临:《文献通考》卷三百二十四"四裔考"一"倭",中华书局,1986 年,第 2550、2554 页。

康遣使。① 南北朝时期,倭国插手朝鲜半岛的势力角逐,与高句丽相抵牾,为达到"远交近攻"的目的,与南朝保持了良好的关系。

在东南亚方面,汉武帝灭南越国后,"遂以其地为南海、苍梧、郁林、合浦、交趾、九真、日南、珠厓、儋耳九郡"②。其中交趾、九真、日南即位于今越南北部。三国时,孙吴还曾派朱应、康泰出使南洋,《三国志》载:"又遣从事南宣国化,暨徼外扶南、林邑、堂明诸王,各遣使奉贡。"③南朝,扶南、林邑等东南亚诸国一直与中国保持着良好的朝贡关系,南海至印度洋的海上航线也颇为畅通。

二　陶瓷业的发展与瓷器在东南的率先出现

在中国数千年陶瓷发展史和东南地区土著印纹陶文化发展的基础上,东汉以来青瓷在中国东南地区率先出现,为海洋性瓷业的初现奠定了重要的物质基础,浙江上虞等地在商周原始青瓷的技术基础上于东汉晚期终于烧成了成熟的青瓷。这一新产品在浙东问世之时,恰逢海洋人文在汉民与东南土著的互动中得以延续,会稽、东冶、番禺等东汉六朝早期东南港市形成,南海—印度洋航线,中韩、中日黄海南线等海道畅通,瓷器便作为一种新兴产品沿着上述海道向海外舶出。以上情况共同构成了东南海洋性瓷业初兴的背景。

瓷器在东汉晚期的烧制成功并不是一个偶然现象,它是在总结中国悠久的制陶经验的基础上,改进了窑炉结构,提高了窑炉温度,发现和利用了瓷土,并在器表施釉而创造出来的。④ 瓷器的起源实际上可以追溯到商代前期或更早。商代前期中国开始出现原始青瓷,这一点在陶瓷考古界基本上已达成了共识。不断出土的考古材料也印证了这一观点。仅在二里岗

---

① 王仲殊:《东晋南北朝时代中国与海东诸国的关系》,《考古》1989 年第 11 期。
② (宋)司马光:《资治通鉴》卷第二十"汉纪"十二,中华书局,1956 年,第 670 页。
③ (晋)陈寿撰,(南朝)裴松之注:《三国志·吴书》卷六十"吕岱传",中华书局,1959 年,第 1385 页。
④ 秦大树:《中国古代瓷器——石与火的艺术》,四川教育出版社,1996 年,第 7 ~ 10 页。

文化的中心分布区河南省郑州市就先后在二里岗商代遗址①、人民公园商墓②、郑州商城遗址③、铭功路商墓④、杜岭商代遗址⑤、郑州小双桥遗址⑥等墓葬或遗址中出土了原始青瓷。这些原始青瓷胎体坚硬，胎色多为灰白、青灰或黄白，釉层稀薄，薄厚不匀，釉色为淡绿色、灰绿色或黄绿色，器形主要是大口折肩尊、罐、罍等。与二里头遗址不同的是，在郑州铭功路已发掘的1500余平方米范围内，14座升焰式陶窑集中分布于其东部和南部，说明此时的陶器生产是集体协作的作坊式手工业。⑦ 遗憾的是在上述陶窑中未能发现原始青瓷碎片。因此二里岗文化原始青瓷的来源一直是学术界争论的一个焦点问题。一部分学者认为郑州商城等北方地区出土的原始青瓷应该是来源于南方⑧，一部分学者认为北方出土的原始青瓷器应该是在北方烧造的⑨，还有的学者提出南北方各地的原始青瓷都应当是在各自当地烧造的⑩。近年来的一些研究成果，特别是附有理化测试数据的成果，表明"南方出产说"可能更符合历史事实。⑪ 与北方尚未发现原始瓷窑址形成鲜明对比的是，中国长江中下游的浙江上虞、绍兴、萧山、诸暨、德清、吴兴，江西鹰潭，福建浦城，湖南岳阳等地都有发现商代原始瓷窑。2005年10月，为配合浦南高速公路建设，福建博物院考古研究所、南平市博物馆、浦城县文化馆组成联合考古队对浦城县仙阳镇猫耳弄山商代窑址进行抢救性考古发掘，清理发现商周时期窑炉遗迹9座，其中椭圆形升焰窑6座、圆形升焰窑1座、原始龙窑2座。升焰窑大小形状不一，但一般均

① 安志敏：《一九五二年秋季郑州二里岗发掘记》，《考古学报》1954年第8期。

② 郑州市文物工作组：《郑州市人民公园第二十五号商代墓葬清理简报》，《文物参考资料》1954年第12期。

③ 河南省文化局文物工作队第一队：《郑州商代遗址的发掘》，《考古学报》1957年第1期。

④ 郑州市博物馆：《郑州市铭功路西侧的两座商代墓》，《考古》1965年第10期。

⑤ 河南省文物考古研究所：《郑州市杜岭商代遗址和汉墓》，《中国考古学年鉴》（1994），文物出版社，1997年，第212页。

⑥ 河南省文物考古研究所等：《1995年郑州小双桥遗址的发掘》，《华夏考古》1996第3期。

⑦ 中国社会科学院考古研究所编著：《中国考古学·夏商卷》，中国社会科学出版社，2003年，第404~405页。

⑧ 周仁等：《张家坡西周居住遗址陶瓷碎片的研究》，《考古》1960年第9期；周仁：《张家坡西周陶瓷烧造地区的研究》，《考古》1961年第8期；程朱海等：《洛阳西周青釉器碎片的研究》，《中国古陶瓷研究》，科学出版社，1987年，第35~40页；陈铁梅等：《中子活化分析对商时期原始瓷产地的研究》，《考古》1997年第7期；廖根深：《中原商代印纹陶、原始瓷烧造地区的探讨》，《考古》1993年第10期；李家治主编：《中国科学技术史·陶瓷卷》，科学出版社，1998年，第111页。

⑨ 安金槐：《谈谈郑州商代瓷器的几个问题》，《文物》1960年第8、9期合刊；张剑：《洛阳西周原始瓷器的探讨》，《中国古陶瓷研究》第2辑，紫禁城出版社，1984年，第87~94页。

⑩ 李科友等：《略论江西吴城商代原始瓷器》，《文物》1975年第7期。

⑪ 罗宏杰等：《北方出土原始瓷烧造地区的研究》，《硅酸盐学报》1996年第3期。

有火膛、分焰柱、窑箅等窑炉结构,部分窑址还保存了窑前工作面和拱形窑顶。原始平焰龙窑依山势而建,保留部分窑顶和烟囱,窑炉尾部未见挡火墙等结构,其中一座窑底前后倾斜度基本一致,另一座虽前后稍有变化,但也大体一致。窑址中均未发现窑具。出土陶器主要有罐、盆、釜、盅等,器表多施黑衣,其中盆、罐等物多与邻近的福建光泽、浙江江山等地器物相似,初步推测猫耳弄山窑址年代可能相当于中原地区夏商之际,并可能进入商代早期。猫耳弄山发现存在叠压关系的圆形窑、椭圆形窑和长条形龙窑,表明圆形升焰窑与长条形平焰窑之间有一定的传承发展。其中的长条形龙窑还残留着部分窑顶和烟囱,这样的早期窑炉在中国尚属首次发现,为研究中国南方地区早期窑炉特别是龙窑的起源、结构和发展演变提供了非常珍贵的实物资料。[①] 二里头和二里岗文化时期夏人和商人相继由豫东越过桐柏山,顺溠水、滠水而到达鄂东北地区,实现了对长江中游北岸的控制。二里岗时期商人在湖北黄陂盘龙城设立军事重镇,势力触角已经波及长江南岸地区,在此基础上中原和长江中游地区的文化交流和融合得以加强。[②] 此时北方窑业技术随夏人和商人的南下而向南方地区的扩散可能对于几何印纹硬陶和原始瓷器的产生起到了某种推动作用,因为从几何印纹硬陶和原始瓷器的分布范围来看,其产生区域和主要的分布范围大多位于长江中下游这个中原夏商文化和南方古越人文化相接触和碰撞的地区。在江西清江吴城、浙江上虞百官镇、福建浦城猫耳弄山等地所发现的升焰圆窑与原始龙窑的共存,反映了北方升焰窑业技术向南方的移植和南方古越人依据本地湿热、地下水位较高等自然环境对北方窑炉结构的改造吸收。[③]

殷墟文化的陶器虽然仍以灰陶为主,但一般灰陶器的制作工艺不及商代中期,红陶有渐增的趋势。晚商灰陶制作工艺的衰落可能与此时青铜器、原始瓷器、白陶器、硬陶器以及木漆器等器皿在人们日常生活中逐渐较多使用有关。殷墟一期文化之后商文化的前沿退缩至今河南境内桐柏山以北的罗山一线,盘龙城等商代"南土"被遗弃。而在此前商文化的影响之下,南方地区出现了包括三星堆、吴城文化在内的不同的青铜文化。[④]

① 福建博物院:《浦城仙阳商周窑址发掘的初步收获》,《福建文博》2006年第1期;高建进:《福建浦城猫耳弄山发现商代窑址群》,《光明日报》2006年6月11日。

② 张昌平:《夏商时期中原与长江中游地区的文化联系》,《华夏考古》2006年第3期。

③ 李玉林:《吴城商代龙窑》,《文物》1989年第1期;浙江省文物考古研究所:《浙江上虞县商代印纹陶窑址发掘简报》,《考古》1987年第11期;高建进:《福建浦城猫耳弄山发现商代窑址群》,《光明日报》2006年6月11日。

④ 张昌平:《夏商时期中原与长江中游地区的文化联系》,《华夏考古》2006年第3期。

技术传统越薄弱和文化交流碰撞越激烈的地方就越容易有创新。至少从商代中期开始，为了延长火焰在窑炉中的停留时间，南方窑工就采取了利用山坡地势加长窑身的方法，从而导致了龙窑这一南方庞大窑业技术体系的产生。江西清江吴城商代晚期的长条状窑炉是南方龙窑发生期的原始形态，尤为特别的是，在窑炉一侧的窑壁之下有9个等距离的投柴口，这似乎是为以后窑身增加投柴孔作了一次尝试，体现了南方龙窑技术成熟前的探索阶段的状况。① 而福建浦城猫耳弄山窑址和浙江上虞百官镇李家村商代窑群长条形依山势倾斜的窑身、分段明显的燃烧室和烧成室等特征则体现了中国南方早期龙窑的产生。

西周晚期，北方窑工为了延长火焰在窑炉中停留的时间采用了改变火焰流向的方法，从而发明了半倒焰的马蹄形窑，自此黄河流域与长江流域的窑业技术开始分道扬镳，逐渐形成中国南北风格迥异的两个庞大体系。楚灭越后，越地的经济文化遭到严重破坏，原来吴越地区发达的印纹硬陶和原始青瓷在战国晚期突然消失。② 从战国到六朝在浙江萧山县一带普遍使用过馒头窑，说明在平焰龙窑一度式微的情况下北方系统的半倒焰技术深入到了越地的中心区。③ 到战国末年与秦汉之际，越人又烧制了一种从成型、装饰到胎釉工艺都与前有别的原始瓷，最终在东汉时期烧制成真正的瓷器。④ 上海硅酸盐研究所曾对上虞小仙坛东汉越窑址中出土的青釉印纹罍瓷片进行测试化验，并与上虞龙泉塘西晋越窑青釉瓷片的测试数据进行对比研究，证实这些青瓷片瓷质光泽，透明性较好，吸水率低，烧成温度达1300℃左右，胎釉结合紧密，已达到瓷器的标准。浙江地区在1~2世纪的东汉即已出现瓷器，因而中国是世界上出现瓷器最早的国家。⑤ 瓷器较陶器而言，具有胎体坚固耐用、表面光滑不吸水、接触污物后易洗净等众多优点，⑥自其产生之日起，便为远近诸番所仰羡。善于向海外用力、重利轻生的东南船家在瓷器产生之初便已将其通过畅达的中西、海东航路输出牟利。

---

① 熊海堂:《东亚窑业技术发展与交流史研究》,南京大学出版社,1995年,第82页。
② 朱伯谦:《战国秦汉时期的陶瓷》,《朱伯谦论文集》,紫禁城出版社,1990年,第14页。
③ 熊海堂:《东亚窑业技术发展与交流史研究》,南京大学出版社,1995年,第63页。
④ 朱伯谦:《战国秦汉时期的陶瓷》,《朱伯谦论文集》,紫禁城出版社,1990年,第14页。
⑤ 李家治:《我国瓷器出现时期的研究》,《中国古陶瓷论文集》,文物出版社,1982年,第94~102页。
⑥ 冯先铭主编:《中国陶瓷》,上海古籍出版社,2001年,第238页。

三　东南海洋经济文化传统的传承与早期航海术

在中国东南沿海,汉武帝徙东瓯,灭闽越、南越,结束了百越土著割据东南的政治形势,南北海道畅通无阻,但东南土著海洋发展的文化模式并没有被完全根除,而是以文化积淀的方式在与汉民融合的过程中得以传承。会稽、东冶、番禺等百越故都依然得以延续发展,并逐步成为汉晋六朝时期最重要的港市和东南沿海早期海洋经贸体系的中心。如南依会稽山、北临杭州湾的会稽郡,境内河道纵横,湖塘密布,并经横贯宁绍平原、开凿于西晋的浙东古运河与钱塘、句章等港口相衔接,水运交通极为发达,数千年来一直是浙东政治、经济和军事中心。地处闽江出海口的东冶,既有广阔的经济、资源腹地,又是最便捷的出海、泊船基地,是闽地东汉六朝时期的航海中心。①《后汉书·郑弘列传》载"建初八年……旧交趾七郡贡献转运,皆从东冶泛海而至"②,说明东冶是东南沿海重要的海运枢纽。广州则自秦汉以来一直是南海一大都会。《史记·货殖列传》说:"九疑、苍梧以南至儋耳者,与江南大同俗,而杨越多焉。番禺亦其一都会也,珠玑、犀、瑇瑁、果、布之凑。"③《汉书·地理志》载:"处近海,多犀、象、毒冒、珠玑、银、铜、果、布之凑,中国往商贾者多取富焉。番禺,其一都会也。"④

东汉六朝时期,船舶已成为东南地区广泛使用而行不可缺的交通工具。⑤ 在长江口以至交趾、日南诸郡的东南早期港市及其周围均分布有大的造船基地,如在长江口附近的有吴和会稽,在瓯江流域的有永宁县和横屿船屯,在闽江流域有建安郡的典船校尉和温麻船屯,在珠江口流域有番禺县,另外南方的交趾、日南两郡也是当时重要的造船地。⑥ 其中温麻五

① 吴春明、林果:《闽越国都城考古研究》,厦门大学出版社,1998 年,第 295～298 页。
② (南朝)范晔撰,(唐)李贤等注:《后汉书》卷三十三"朱冯虞郑周列传"第二十三,中华书局,1975 年,第 1156 页。
③ (汉)司马迁:《史记》卷一百二十九"货殖列传"第六十九,岳麓书社,2001 年,第 735 页。
④ (汉)班固撰,(唐)颜师古注:《汉书》卷二十八下"地理志"第八下,中华书局,1962 年,第 1670 页。
⑤ 王冠倬:《中国古船图谱》,生活·读书·新知三联书店,2000 年,第 61 页。
⑥ 章巽:《我国古代的海上交通》,商务印书馆,1986 年,第 22～23 页。

会船在当时颇负盛名,"温麻五会者……合五板以为大船,因以五会为名也"①,实际上就是指其船身乃是由若干木板、木料交错重叠而构成的,它突破了以往由几块整板木材造船的局限,使得造船业可变小材为大用,扩大了造船业木材选择范围的同时也增强了船身抗扭曲和侧向冲击的能力。加之,船体各部构件已使用铁钉、木钉和竹钉来进行连接,大大提高了船体的牢固性。因此,东汉六朝时期已能打造具有多重甲板和上层建筑的较大型船舶,楼船"高十余丈,旗帜加其上,甚壮"②,其第一层"曰庐,象庐舍也;其上重屋曰飞庐,在上故曰飞也;又在其上曰爵室,于中候望之若鸟雀之警视也"③。这种可能已采用了横梁和隔舱板形成的分隔舱结构技术的较大型船舶,船体的抗冲击强度与抗沉没能力大为提高,已能适应远洋航行。④

东汉六朝时期,风帆的熟练使用使船舶的行进直接借助于自然界的风力,减轻了人的辛劳,提高了船的行进效能,也使得东南海舶具有了远程续航能力。中国风帆的使用至少始于商周时期,甚至可以追溯到新石器时代晚期⑤,东汉六朝风帆技术趋于成熟。东汉刘熙《释名·释船》对帆定义为:"随风张幔曰帆。帆,泛也,使舟疾泛泛然也。"⑥早期的帆不能转动以调整方向,只能利用顺风;从东汉开始已能根据风向及风力之大小,通过转动帆面改变其夹角,使船帆能利用不同方向的来风。三国时,吴国丹阳太守万震著的《南州异物志》详细描述了当时南海海船上的风帆技术:"外徼人随舟大小或作四帆,前后沓载之。有卢头木叶如牖形,长丈余,织以为帆。其四帆不正,前向皆使邪移相聚,以取风吹,风后者激而相射,亦并得风力。若急,则随宜增减之。邪张相取风气,而无高危之虑,故行不避迅风激波,所以能疾。"⑦南海船舶风帆使用后,在航行调整航向、使船舶趋利避险的尾舵也应当随之出现。除主要依赖风力前进外,人力推动船舶前进的篙、桨和橹等工具在东南海舶中也是必不可少的,如在浅水行进、险滩规避、撑船离岸及停船靠泊等方面均需用到上述人力工具。

东汉六朝造船技术的进步为早期航路开辟提供了最基本的物质保障。

---

① (宋)李昉等撰:《太平御览》卷七百七十"舟部"三"舟"下,引周处《风土记》,上海古籍出版社,2008年,第774页。

② (汉)司马迁:《史记》卷三十"平准书"第八,岳麓书社,2001年,第183页。

③ (清)毕沅疏证:《释名疏证》卷第七"释船"第二十五,中华书局,1985年,第241页。

④ 孙光圻:《中国古代航海史》,海洋出版社,1989年,第118页。

⑤ 孙光圻:《试论公元前中国风帆存在的可能性及其最早出现的时限》,《海洋交通与文明》,海洋出版社,1993年,第28~40页。

⑥ (清)毕沅疏证:《释名疏证》卷第七"释船"第二十五,中华书局,1985年,第240页。

⑦ (宋)李昉等撰:《太平御览》卷七百七十一"舟部"四"帆",引万震《南州异物志》,上海古籍出版社,2008年,第785页。

利用北斗星与北极星等日月星辰来进行定向导航技术的应用,则使得汉晋船家开始了由沿岸或逐岛航行向离岸跨海航行的尝试。《淮南子·齐俗》说:"夫乘舟而惑者不知东西,见斗极则寤矣。"①东晋高僧法显《法显传》载:"大海弥漫无边,不识东西,唯望日、月、星宿而进。若阴雨时,为逐风去,亦无准","至天晴已,乃知东西,还复望正而进",偶尔"天多连阴,海师相望僻误"。②《谈薮》曰:"梁汝南周舍,少好学,有才辩。顾谐被使高丽,以海路艰,问于舍,舍曰:'昼则揆日而行,夜则考星而泊。'"③

第二节　东汉六朝东南海洋性瓷业格局

一　东汉六朝东南海洋性瓷业的分期

综合考古调查和发掘资料,东汉六朝时期东南沿海地区已经出现了一批面向海洋、产品输出海外的陶瓷窑口。以河流等地理单元为主要标志,可将这些窑口分为杭嘉湖平原、宁绍平原、金衢盆地和瓯江、闽江、晋江、珠江流域等不同分区,年代上可以分为东汉晚期、三国西晋和东晋南朝三个时期。

(一)东汉晚期

东汉瓷器烧造之初,窑址主要集中分布于宁绍平原,在杭嘉湖平原和瓯江流域也有少量分布。宁绍平原陶瓷窑址集中分布于上虞县曹娥江中游两岸,主要有上浦乡小仙坛、凤凰山、龙池庙后山、大陆岙、联江乡帐子山、倒转背、畚箕岙等。东汉晚期,青瓷窑址逐步向慈溪、余姚、宁波、鄞县、

---

① (汉)刘安撰,顾迁译注:《淮南子》卷十一"齐俗",中华书局,2009 年,第 182 页。
② (晋)法显:《法显传》,文学古籍刊行社,1955 年,第 102、103、105 页。
③ 《渊鉴类函》卷三十六,转引自孙光圻:《中国古代航海史》,海洋出版社,2005 年,第 190 页。

绍兴等地扩散,窑址有慈溪县上林湖桃园山、周家岙、黄婆山、横塘山、吴石岭、大庙岭,宁波市郊鸡步山、郭塘岙、八字桥、季岙,余姚县历山柏家岭,鄞县韩岭郭家峙谷童岙、上水乡老鼠山,横溪镇栎斜玉缸山,绍兴夏履镇外潮山等。早期瓷窑址多为原始瓷和成熟瓷器合窑烧造,有些窑口还生产少量印纹硬陶,釉色除青色外,酱色釉亦占有较大的比例。在杭州湾北岸的德清和太湖的宜兴也有东汉晚期陶瓷窑址的发现,主要是在浙江德清县二都乡青山坞、城关镇戴家山,江苏宜兴丁蜀镇等。这些远离中心区的窑址,瓷器质量略为粗糙,如德清窑瓷胎胎壁普遍较厚,釉层厚薄不均,为掩饰其粗糙的胎质,釉色也以黑釉见多;宜兴丁蜀镇汉代多为原始瓷窑,烧造成熟瓷器约在三国至西晋之间,釉面普遍开冰裂纹,胎釉结合较差,常有脱釉现象。浙南永嘉县东岸乡箬岙也于东汉时期烧造瓷器,其产品虽然胎骨坚硬,但釉面厚薄不均,釉层龟裂明显,易剥落。

(二)三国西晋

三国西晋时期,上虞的曹娥江两岸依然是东南制瓷业的中心,共发现窑址约 140 处,主要分布于联江乡的帐子山、鞍山,上浦乡的大陆岙、凤凰山、尼姑婆山,皂湖乡的庙后山、多居山、朱家,梁湖乡的猪头山,路东乡的回龙山,横塘乡的马山、夹坝山、蛤蟆山等地。① 以上虞为中心,在宁绍地区形成了一个庞大的越窑窑系。在绍兴县九岩、王家娄、古窑庵、新民、下青塘,萧山县上董、石盖村,余姚县竺山、陈家岙、贺墅堰、枫树弄、乐安湖,慈溪县翁家坟头、大坪里、金鸡岙、冯家山、獾猪坪、大池墩和鳖裙山,鄞县韩岭、小白市,宁波云湖以及临海县铁场、安王山、马岙、西岙、五孔岙等地均有这一时期的瓷窑遗迹。此外,瓯窑、婺州窑、德清窑等窑场林立,也各自发展成为庞大的瓷窑体系。江苏宜兴丁蜀镇也在汉代的基础上形成了南山窑窑业体系。此期,越窑等窑业体系进入繁荣阶段,器物种类丰富多样,纹饰繁缛,随葬冥器大量生产,瓷器胎质细腻坚硬,釉多呈青色。

---

① 马志坚:《越窑中心论》,《东南文化》1991 年第 3、4 期。

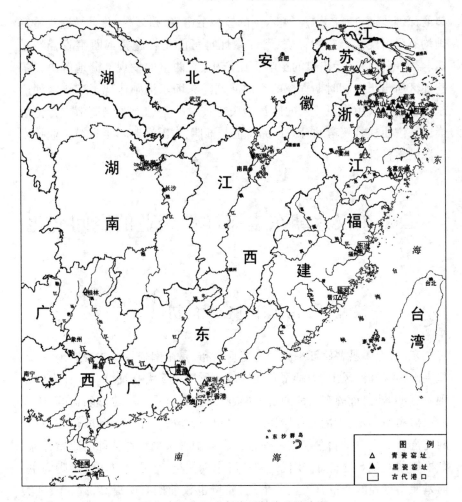

图 2-1　东汉六朝海洋性瓷业分布图

(三)东晋南朝

东晋南朝时期,随着厚葬风的迅速消退,各类用于随葬的青瓷冥器到东晋已基本停烧,窑址数目锐减。[①] 上虞、宁波两地窑址从三国西晋的 145 处一下子锐减到 16 处,处于发展期的东晋南朝越窑中心区的窑业暂时衰落,但是瓷窑的分布面却更为广泛,除浙江境内的越窑、瓯窑、婺州窑与德清窑继续烧造瓷器外,在闽江口的福州市怀安,晋江下游的泉州磁灶,珠江

---

① 浙江省博物馆:《青瓷风韵——永恒的千峰翠色》,浙江人民美术出版社,1999 年,第 24 页。

口的深圳步涌,西江上游支流水系的桂林上窑、象州牙村、藤县马鹿头岭等地均有设窑烧瓷。福州怀安、晋江磁灶窑可能是在越窑或瓯窑青瓷经东冶、梁安等港口转运出口的影响下而产生的,两窑的发现部分地解决了福建地区所出土六朝时期青瓷的产地问题。深圳步涌则体现了东晋六朝广东在吸收汉代由中原传入的砖瓦馒头窑技术的基础上对烧造南方青瓷的尝试。广西桂林等窑的青瓷产品特征与湘阴窑相仿,暗示了东南窑业技术来源的多样性。

二　东汉六朝东南海洋性瓷业的空间变化

(一)东汉晚期东南海洋性瓷业的初现

东汉,上虞县曹娥江中游两岸窑址密布,是东南瓷器的主要产地,在大顶尖山、龙松岭、凤山、大湖岙和四峰山还形成了 5 大窑址群。大顶尖山发现了有 11 处窑址的东汉前期窑址群,产品主要有罍、瓿、罐、壶、盆等,绝大多数器物不上釉,少量上釉器物胎质也粗松,尚属于印纹硬陶或釉陶,只有两处窑址生产少量胎壁烧结坚硬,口、肩部刷青灰釉和青黄釉的原始瓷器。龙松岭共发现 6 处窑址,年代约属东汉中期偏早,产品仍以印纹硬陶为主,但是原始青瓷的产量有了显著增加,质量也较前期有所提高,罐、壶、钟类的器物胎质细腻,器物口、肩和腹部刷有厚薄不均的青黄色釉。凤山约属于东汉中期的 5 处窑址,产品主要有壶、盘、盆、钟、罐、钵、耳杯、镺斗和五联罐等,原始瓷的比重又有明显增加,随着制瓷技术的提高,胎体逐渐变薄而釉层逐渐加厚,产品种类也较前期丰富,釉色除青色外,酱色釉亦占有较大的比例。大湖岙和四峰山窑群的瓷器胎体细腻坚硬,呈灰白色或淡黄色,器表的施釉方法由刷釉改为浸釉,釉层厚薄均匀。此时大多数窑已完全生产瓷器,成为名副其实的瓷窑了。如上虞小仙坛、帐子山、畚箕岙等窑口所产之青瓷,胎质细腻,色呈灰白,胎体完全烧结,不吸水,击之有铿锵声,釉呈青黄、淡黄、纯青等色,以青色为主。经上海硅酸盐研究所的理化实验数据证实,这些青瓷片在瓷质、光泽、透明性、吸水率、显气孔率、烧成温度等方面均已达到瓷器的标准。①

　　东汉晚期,青瓷窑址逐步向慈溪、余姚、宁波、鄞县、绍兴等地扩散。慈溪上林湖共有 6 个地点发现东汉晚期瓷窑,分别为横塘山、吴石岭、大庙岭、黄婆山、周家岙、桃园山,前 4 处窑址以原始瓷和成熟瓷器合窑烧造为主,大庙岭汉窑还有一定比例的印纹硬陶,产品主要有罐、罍、壶、盘、洗等,胎质皆灰,釉色以青釉为主,少量酱褐釉,釉层较薄且厚薄不均,可能是采用刷釉法上釉所致,器表多拍印几何纹。周家岙与桃园山两处窑址所出基本上都是成熟瓷器了,其胎骨、釉色都较前 4 处窑址大为改善,产品种类也逐渐丰富,主要有碗、盏、洗、缸、罐等,新出现水盂、砚台等器形,胎质细腻,胎色灰白,成型规整,釉层均匀,釉色以青色、青灰居多,也有酱褐釉、灰褐釉等。慈溪上林湖的 6 处东汉窑址均为龙窑,窑炉建于上林湖边两岸的山麓平缓地带,产品可沿湖经姚江以达宁波。余姚县历山镇柏家岭窑址位于慈溪县上林湖的西面,其产品主要有罍、罐等,釉色以酱褐色为主。宁波江北区共发现 4 处东汉晚期窑址,分别为鸡步山、郭塘岙、季岙、八字桥,前 3 处窑址多为原始瓷和青瓷、黑瓷等合窑烧造,产品主要有罍、壶、罐、盘等,器表饰以青薄釉、酱釉等;八字桥窑址的瓷器产品较前 3 处窑址有明显进步,器形主要有壶、罐、洗、钵、碗、缸等,釉色以青釉为主,也有酱褐釉。鄞县东汉窑址都位于东钱湖附近,谷童岙窑址的产品类型、釉色等与宁波江北区八字桥、余姚县历山柏家岭基本相同,而横溪镇栎斜玉缸山、老鼠山等窑址的瓷器胎骨、釉色、釉层等方面都大为改善,新出现水盂、砚台、三足支具等,年代较谷童岙窑址稍晚。老虎岩窑址位于浙江省宁波市鄞州区横溪镇栋斜村东南 500 米的西山坡上,西南距横溪镇约 2 千米。老虎岩窑出土瓷器胎质粗疏,含砂较多;胎色有红、灰、红褐三色;釉色呈酱色或黄褐色,釉层薄而不匀,有聚釉现象;器物表面多无装饰,但在部分覆盆锯齿形窑具上发现有刻划符号和文字;器形主要为大件的罐、缸、盆和坛等粗大容器。② 绍兴是越窑的故乡,绍兴的富盛、吼山等地发现了多处春秋战国时

---

① 浙江省文物考古所、上虞县文化馆:《浙江上虞县发现的东汉瓷窑址》,《文物》1981 年第 10 期;李家治:《我国瓷器出现时期的研究》,《中国古陶瓷论文集》,文物出版社,1982 年,第 94～102 页。

② 林士民:《青瓷与越窑》,上海古籍出版社,1999 年,第 2～16 页;浙江宁波市文物考古研究所、浙江宁波市鄞州区文管办:《浙江宁波鄞州栎斜老虎岩窑址发掘简报》,《南方文物》2011 年第 1 期。

期的原始瓷窑,是钱塘江沿岸原始瓷窑的主要分布区。① 东汉晚期这里依然烧造瓷器,但窑址只是零星分布。外潮山古窑址位于绍兴城西夏履镇新民村外潮山西坡,总面积约 1500 平方米,产品以成熟瓷器为主,原始瓷次之,尚有少量印纹硬陶。器形主要有罍、钵、罐、洗、壶等。成熟瓷釉色多为青绿或青黄,釉层均匀,釉面光亮,胎质细腻致密;原始瓷釉层薄而不均,玻化程度差,容易剥落;酱褐釉瓷质地粗糙,断面有肉眼可见的杂质和小气孔。装饰纹样有弦纹、水波纹等,罍、罐的肩、腹部普遍拍印几何块状纹。该窑的烧造年代应在东汉晚期偏早。外潮山山前即为遮翠岭,对面为陶官山,遮翠岭南面约 500 米处,有西河蜿蜒流过注入萧绍古运河,外潮山青瓷可能主要依赖这条水道向外输出。②

东汉瓷窑除了主要分布在钱塘江南岸的上虞、绍兴、慈溪、余姚、宁波、鄞县等地外,在钱塘江北岸的德清县二都乡联胜村青山坞、城关镇戴家山和江苏宜兴丁蜀镇等地均有分布。青山坞窑址的产品主要有罍、罐、壶、钟等,瓷胎胎壁较厚,釉色主要有青、黄绿和酱褐等色,釉层厚薄不均。③ 江苏宜兴丁蜀镇共发现 16 处汉代原始瓷窑址,除茅山庵、西獾墩两处汉窑在丁蜀镇外,其余都在南山北麓,产品主要有原始瓷罍、罐、壶等,釉色为黄绿或灰棕色。丁蜀镇烧造成熟瓷器大约在三国至西晋之间,产品主要有碗、盏、洗、钵、盘口壶、水盂等,瓷胎呈青灰、灰白、黄白等色,釉色多偏青灰或青黄,外壁近底处无釉,釉面普遍开冰裂纹,胎釉结合较差,常有脱釉现象。④

浙南瓯江下游的温州市永嘉县东岸乡芦湾小坟山、箬隆后背山也发现了东汉瓷窑址,产品主要有罍、罐、壶、钵、盆、洗等,胎骨坚硬,胎色灰白,釉面多施青色、酱褐色、黑色等釉,釉面厚薄不均,釉层龟裂明显,易剥落,器表多拍印网纹、三角纹、窗棂纹、蕉叶纹、斜格纹以及刻划水波纹等。这些窑址主要分布在楠溪江下游北岸的罗溪、东岸一带,楠溪江自北而南注入瓯江,最终通往东海,水上交通十分便利。⑤

---

① 绍兴县文物管理委员会:《浙江绍兴富盛战国窑址》,《考古》1979 年第 3 期;沈作霖、高军:《绍兴吼山和东堡两座窑址的调查》,《考古》1987 年第 4 期;符杏华:《浙江绍兴两处东周窑址的调查》,《东南文化》1991 年第 3、4 期。

② 绍兴县文物保护管理所:《浙江绍兴外潮山、馒头山古窑址》,《江汉考古》1994 年第 4 期。

③ 冯先铭主编:《中国陶瓷》,上海古籍出版社,2001 年,第 270 页。

④ 冯先铭主编:《中国陶瓷》,上海古籍出版社,2001 年,第 271~272 页。

⑤ 林鞍钢:《永嘉县古窑址调查》,《东方博物》第 9 辑,浙江大学出版社,2003 年;王同军:《东瓯窑瓷器烧成工艺的初步探讨》,《东南文化》1992 年第 5 期;张翔:《温州西山窑的时代及其与东瓯窑的关系》,《考古》1962 年第 10 期;王同军:《浙江温州青瓷窑址调查》,《考古》1993 年第 9 期。

（二）三国西晋时期东南海洋性瓷业在浙东、浙南的扩展

三国西晋时期上虞瓷业进入繁荣阶段，器物种类丰富多样，纹饰繁缛，随葬冥器大量生产。凤凰山窑位于上虞县上浦乡，遗存堆积丰厚，主要器物有碗、碟、钵、罐、盘口壶、堆塑罐、洗等，器表一般饰网格带纹、联珠纹、凹弦纹等，胎质细腻，呈灰白色，烧结坚硬，釉多呈青色。尼姑婆山窑的烧造规模与产品同凤凰山窑基本一致。此二窑的年代上限为东吴时期，下限可延续到西晋。① 皂李湖窑址位于上虞县中部皂李湖畔的山坡上，共有老鼠山、多柱山、龟山、祝家山4处窑址。老鼠山窑址，位于上虞县梁湖镇罗岭村皂李湖东岸的老鼠山西南坡，瓷片分布范围在2000平方米以上，共有7条窑床，是一处西晋时期越窑青瓷窑群。器物以碗、钵、罐为主，还有洗、砚台、虎子、盘口壶、狮形烛台、俑形灯盏等。多柱山窑址在上虞县梁湖镇罗岭村多柱山西麓的缓坡上，窑址紧邻皂李湖，瓷片分布范围约500平方米，窑址废品堆积厚度约1米。器物主要有碗、罐、虎子、盘口壶、狮形烛台等。釉色以青绿、青灰色为主，少量青中泛黄。纹饰以网格纹、联珠纹为多见。龟山窑址，在梁湖镇倪刘村皂李湖边的乌龟山西南坡，窑址三面环湖，规模不大，可能烧造时间也不长，产品以碗为主，还有罐、砚台、盘口壶等种类。釉色以青灰色多见，也有青黄色。祝家山窑址，位于上虞县梁湖镇罗岭村皂李湖边的祝家山西麓，该窑瓷片堆积丰富，但产品种类仅见碗、罐、钵三种，釉色以青绿、青灰为主，纹饰有网格纹、弦纹等。4处窑址年代相当，都在孙吴时期至西晋末，产品类型多为碗、罐、钵、盘口壶等日常生活用具，未发现孙吴时期常见的随葬冥器类产品，瓷胎普遍呈灰白或浅灰色，胎质细腻坚硬，烧成温度较高。胎料中的含铁量较东汉三国时期有所增加，似为有意识地在瓷胎中加入了紫金土等物。器物上釉采用浸釉法，釉层厚而均匀。大多上腹施釉，近底处露胎。釉色以青灰色为主，也有青黄色的。釉面光泽润亮，玻化程度高，胎釉结合紧密，鲜有剥釉现象，流釉的情况也少见，说明在釉料配方和烧造工艺上有所改进。纹饰繁缛，在碗、罐、钵、洗、盆等器物上普遍装饰各种弦纹、网格纹、联珠纹、花蕊纹，在有些器物的肩、腹部还贴模印的铺兽衔环、虎头及其他装饰物。②

绍兴西部的娄宫镇、夏履乡等地也发现了这一时期的窑址。畚箕山窑

① 林士民：《青瓷与越窑》，上海古籍出版社，1999年，第90页。
② 章金焕：《浙江上虞皂李湖古窑址调查》，《南方文物》2002年第1期；章金焕：《浙江上虞凤凰山青瓷窑群调查》，《南方文物》2006年第3期。

址位于绍兴城西南 14 千米的娄宫镇娄家坞村以东约 300 米处的畚箕山东北麓,窑址南面约 200 米处,就是著名的兰亭江。窑址由于农耕生产而遭破坏,现存堆积厚度在 0.3 米以上,宽约 10 米。青瓷产品以碗、碟为主,罐、钵、盆次之。畚箕山瓷器胎体多呈浅灰白或灰白色,胎质致密坚实,釉层均匀,釉面光洁,釉色以青绿为主,青黄次之,由于釉料配方、窑温控制等原因,釉色很不稳定,器物均上腹施釉,近底部露胎,胎釉分界明显,黏合牢固。碗、罐、钵、盆等器物的外口沿下及肩腹部,多刻划和压印弦纹、斜方格网纹以及花蕊纹。畚箕山窑址的烧造年代为西晋时期。① 陶官山窑址位于绍兴城西约 30 千米的夏履乡新民村车水岭下的陶官山东坡,窑址分布面积约 300 平方米,堆积厚度约 1 米。产品以碗、碟为主,壶、罐、盆、钵次之。瓷器胎体较白,胎壁较薄,采用浸釉法上釉,胎釉结合良好,釉面光滑润泽,釉色多呈较纯的青色,显得淡雅明亮。产品大多上腹施釉,近底部露胎。陶官山窑址的年代上限应为三国,下限则在西晋前期。②

萧山境内的三国西晋窑址主要位于永兴河流域沿岸。戴家山窑址,位于萧山戴村区戴家山东麓,东距永兴河约 30 米。窑址破坏严重,无法确定其主要烧制品种,采集到的少量青瓷标本,釉色以青黄色为主,淡青、灰青色次之;施釉多不及底;釉面多呈细碎龟裂状,暗淡无光泽,有的胎釉结合差,剥落较甚;胎色多为灰、灰白。采集的器形有碗、钵、盏。年代约在西晋至东晋初期。③ 石盖窑址,又称"马鞍山窑",位于萧山戴村区石盖村的马鞍山南麓,西距永兴河约 750 米。窑址遭破坏,在东西长约 200 米的范围内发现了青瓷残片、窑具和红烧土堆积等遗迹。器形以碗、钵个体为多。釉色多呈青或青黄,有龟裂现象,有些器物釉的玻化程度相当高,器物施釉多不及底。石盖窑址至迟于西晋时已烧瓷,东晋时期则产量更大。④

鄞县小白市窑址位于鄞县东部小白市和东吴市之间的饭甑山西北麓,共发现窑址 5 座。其中 3 号窑址范围最大、堆积层最厚,且有早晚两期堆积层。早期堆积中器形主要有碗、碟、盆、罐、壶、盒和砚等,瓷器胎骨厚重,呈浅灰色,质地坚硬;釉层薄而不匀,流釉和聚釉现象普遍,釉面多开冰裂纹;釉色清亮,呈浅青色或青中闪黄。小件器物一般内壁满釉,外壁施釉近

① 周燕儿:《浙江绍兴畚箕山、庙屋山古窑址》,《南方文物》1993 年第 2 期。

② 周燕儿、符杏华:《绍兴两处六朝青瓷窑址的调查》,《东南文化》1991 年第 3、4 期。

③ 王屹峰:《浙江萧山永兴河流域六朝青瓷窑址》,《东方博物》第 13 辑,浙江大学出版社,2004 年。

④ 王屹峰:《浙江萧山永兴河流域六朝青瓷窑址》,《东方博物》第 13 辑,浙江大学出版社,2004 年。

底处,大件器物如壶、罐等内壁不施釉。瓷器的无釉部分,胎面都呈朱色。[①]

三国西晋时期,浙南瓯江、楠溪江沿岸的瓷窑址也步入了繁荣时期。小坟山窑址位于永嘉东岸乡芦弯村小坟山南山脚,面积约 1000 平方米,瓷片堆积层厚约 1~1.5 米,1986 年发现,保存完整。窑址年代为东汉至西晋。西晋产品有钵、碗等日用器。胎骨细腻、致密、厚而坚硬,呈浅灰色。釉色为青中闪绿、青中闪黄的淡青釉,施釉不至底。纹饰有弦纹、水波纹和叶脉纹等。殿岭山窑址在永嘉东岸乡殿岭山北坡,面积 500 平方米,瓷片堆积层约 1.2~1.5 米,1958 年发现,1985 年进行局部清理。产品主要有青瓷和褐色瓷两种。采集到的器物有罐、钵、洗、瓿等。以高岭土为胎,瓷化程度甚高,击音清脆。纹饰普遍使用方格、"米"字、重线三角和水波等纹样,造型和装饰手法尚未形成独特风格。建窑时间为东汉。

(三)东晋南朝时期海洋性瓷业在东南港市的播迁

东晋南朝,越窑数量锐减,进入所谓的"黑暗期",但窑址分布范围更为广泛。上董窑址位于萧山戴村区上董村北的圆盘庵山、庵头山等处,东距永兴河约 1500 米。绝大多数器物釉色青或青黄,釉层龟裂,施釉不及底。主要种类有碗、莲瓣碗、罐、砚等。庵头山东侧山沿的青瓷产品以素面为主;而沿庵头山山沿转向南麓时,刻划莲瓣纹逐渐增多;至南侧山沿则堆积完全以莲瓣纹为主了。说明上董窑址烧造时间较长,沿庵头山不断选择地点筑窑烧瓷。上董窑址的兴盛期相对略晚,约在东晋、南朝间。[②]

馒头山古窑址位于绍兴富盛镇青塘村下青塘以东的麻地岙馒头山南坡,窑址散存范围东西长 30 米,南北宽 20 米。产品以碗、碟为多,盆、钵、罐、壶次之,盘、砚、虎子较少见。瓷器胎骨普遍呈灰白色,细腻坚硬。釉色多呈青绿色,青黄色釉较为少见,釉面青亮莹润,胎釉结合紧密。装饰纹样比较简单,一般口沿外饰 1~2 周宽凹弦纹,少量器物口沿及腹壁上有 1~2 处大块点彩,说明东晋时新兴的施点褐彩工艺在此窑中尚未普及。该窑的烧造年代为东晋早期。窑址东、西两面约 1.5 千米处,各有乘凤江和乌石

---

① 浙江省文物管理委员会:《浙江鄞县古瓷窑址调查纪要》,《考古》1964 年第 4 期。
② 王屹峰:《浙江萧山永兴河流域六朝青瓷窑址》,《东方博物》第 13 辑,浙江大学出版社,2004 年。

江流经,并与萧绍运河相接,为古代水上运输线。①

凤凰山窑址位于绍兴县平水镇上灶村羊山自然村凤凰山南坡上,一条小溪流经羊山村口后汇入平水江,并与浙东大运河贯通,水上交通十分便利。窑址分布面积约 100 平方米。产品主要有碗、碟、盘、罐、钵、盘口壶和鸡首壶等。瓷胎断面呈灰白或浅灰色,有较多肉眼可见的小气孔,碗、盘、碟等器物已施满釉。釉色以较深沉的青绿为主,青黄次之。碗、盘类产品上出现象征佛教的莲瓣纹,东晋时流行的点褐彩工艺,在部分器物中仍有出现,但褐点通常稀疏细小,与东晋大块浓重的点彩明显有别。该窑的年代大约为南朝早中期。②

庙屋山窑址位于绍兴县东南 14 千米的平水区上灶乡庄前村庙屋山西坡。若耶溪自南而北流经窑址东侧,最后注入浙东大运河,因此,自古以来水运极为便利。窑址遭破坏,残存堆积呈环状扇面分布,长 15 米,宽 30 米。青瓷产品以碗、碟为主,其他尚有壶、罐、盘、钵等多种。瓷器胎体多呈浅灰白或灰白色,胎质致密坚实,釉层均匀,釉面光洁,釉色以青绿为主,青黄次之,色调较为深沉,部分器物出现施满釉的现象,产品釉面多呈玻化状的透明体。器物的口、颈、肩部仅划饰一道或数道粗细不等的弦纹,西晋时的繁缛纹样早已消失,受佛教文化的影响,产品中出现了莲花装饰,部分产品还有大小不一、形式多样的点彩装饰。庙屋山窑址的年代约在南朝齐、梁、陈之间。③

慈溪 7 处东晋窑址均分布在古银锭湖一带,其中彭东乡 3 处,编号为Y1、Y8、Y31;樟树乡 2 处,编号为 Y1、Y2;彭桥乡 2 处,编号为 Y1、Y2。彭东 Y1、Y8、Y31 分别位于赵家池村的南山脚、东岙南山脚村西侧的钩头山北坡和妙山村金鸡岙浪网山南坡,地表散布遗物的面积分别为 600、1200 和 2000 平方米。Y31 的堆积断面厚度为 1 米,部分堆积被 Y32 唐代遗物所压。产品以碗为大宗,还有罐、壶、钵、洗、盘、盆、砚、尊、槅等;釉色有青、青灰、青泛黄,还有少量的黑釉;器表装饰主要是弦纹,Y8、Y31 有褐色点彩。彭东 Y31 的文化内涵与樟树 Y1 相同,上限可到东晋早期,下限到东晋晚期。彭东 Y8 的标本都为平底器,还有少量的假圈足器型。不见足底边缘有一周弦线的假圈足器型和满釉器。这些器物的造型、釉色、装饰都与樟树 Y1 相同。标本 I 式壶与镇江黄山东晋早期墓 M3 出土的 III 式盘口

① 绍兴县文物保护管理所:《浙江绍兴外潮山、馒头山古窑址》,《江汉考古》1994 年第 4 期;周燕儿、符杏华:《绍兴两处六朝青瓷窑址的调查》,《东南文化》1991 年第 3、4 期。
② 周燕儿:《绍兴凤凰山、羊山越窑调查记》,《考古与文物》2001 年第 2 期。
③ 周燕儿:《浙江绍兴畚箕山、庙屋山古窑址》,《南方文物》1993 年第 2 期。

壶相同。由此推断彭东 Y8 的年代为东晋早期至中期。樟树 Y1 位于龙舌村横山南坡,破坏严重。Y2 在 Y1 的西侧,相距约 50 米。两处窑址瓷片散布的面积分别为 3000 和 2000 平方米。两窑的产品相同,器形有碗、罐、壶、钵、洗、砚、盆、灯、唾盂、器座等;釉色以青釉为主,也有青灰、青黄;器表装饰除弦纹外,还有褐色点彩。窑具有筒形垫具和锯齿形间隔具。樟树 Y1 的上限可到东晋早期,下限到东晋晚期。彭桥 Y1 位于长埭村西侧的獐猎坪山南坡,遗物散布面积 2000 平方米。断面堆积厚度 1 米。产品有碗、罐、壶、砚等;釉色以青釉为主,也有青绿、青灰、青黄;装饰以弦纹为主,还有少量的莲瓣纹,不见褐色点彩。彭桥 Y1 的标本中,大多数为足底边缘处有一周凹弦线的假圈足器型,平底器较少,不见褐色点彩,出现了内外壁划莲瓣纹和深腹假圈足碗,由此推断彭桥 Y1 的年代为东晋中期至南朝。Y2 在村东北的翁家坟头山南坡,面积为 1200 平方米,产品种类、造型、装饰与樟树 Y1 和彭东 Y31 相同。因此彭桥 Y2 的年代也应为东晋中期至晚期。

　　浙南六朝窑址主要分布在罗溪乡夏甓山,器物标本有罐、盘口壶、鸡头壶、砚、缸、洗、碗、盘、碟等。器物大多施青色釉,其余为酱黑和黑色釉,釉色青中闪土黄、青绿,或青中闪酱褐色。釉下有龟裂纹。器物的口部、腹部施有点彩,盘、洗、碗、碟施釉不到底。胎骨薄,色灰白,质坚细腻。

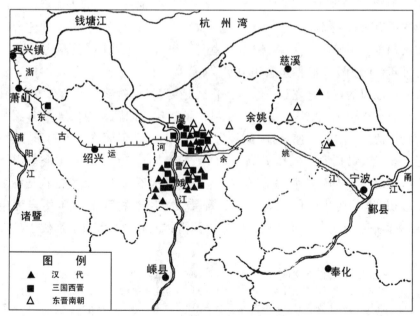

图 2-2　汉代—六朝越窑窑址分布图①

---

　　① 马志坚:《越窑中心论》,《东南文化》1991 年第 3、4 期。

闽江下游的福州怀安最迟在南朝晚期已经开始设窑烧瓷了,其青瓷产品既与越窑有着共同的时代风格,又有浓厚的地方特色,该窑是在越窑的影响下而发展起来的。福州怀安窑址位于福州市仓山区建新镇怀安村天山马岭,窑址濒临闽江,破坏严重,现存范围约 10 万平方米。该窑址于 1959 年文物普查时被发现,1982 年由福建省博物馆和福州市文物管理委员会联合进行发掘,清理出龙窑残基 1 座,出土瓷器标本 15000 多件,器形主要有盘口壶、双耳罐、敛口钵、实足深腹碗、托杯、八足砚等,其中变化多样的博山炉、单管和多管烛台等颇具地方特色。窑具上梁有"大同三年"和唐"贞元"纪年铭款,说明该窑烧造年代上限不迟于南朝,下限可至唐代中晚期。[1] 怀安窑出土瓷器瓷土中二氧化硅含量高达 86.7%,比越窑瓷胎 74%~78% 的高硅质含量还要高;而瓷土中三氧化二铝的含量远较越窑低,影响了怀安窑瓷器烧成质量而使瓷器易于变形。怀安窑的发现,部分地解决了福州地区所出土六朝时期青瓷的产地问题。福州地区六朝墓葬中一部分青瓷的化学成分含量与怀安窑所出青瓷恰好相反,其三氧化二铝的含量较越窑高,而二氧化硅含量较越窑低,瓷胎致密,造型精致,这部分瓷器的窑口仍然不明。[2]

磁灶窑址位于晋江下游的磁灶镇下官路村溪口山的西坡之上,遗址分布范围约 3600 平方米,破坏严重,仅存部分零散而被扰乱的表面堆积。器形主要有盘口壶、钵、碗、罐、盘、灯盏、缸、釜等。器物多施半釉,釉色青绿或黄褐色。胎质灰白,结构疏松,与南安丰州六朝墓所出同类器物近似。[3]窑址年代约为南朝晚期至唐代初期。[4]

珠江口的瓷窑址究竟开始于西晋还是南朝,目前学术界尚有争论,其焦点就在于位于宝安区沙井镇岗头村窑址的年代问题。1984 年 9 月深圳博物馆清理了其中一座窑址,编号为沙岗 Y1,窑室平面略呈半圆形,最短径 1.25 米,最长径 1.6 米,残高 0.23 米,窑壁厚 0.2 米。窑底平整。出土锥状支烧窑具 100 多件、残瓷碗 2 个。在窑址旁不远处有数堆锥状支烧窑具堆积,其中夹杂少量的瓷片。发掘者认为岗头村瓷窑的年代当为南朝,[5]而一部分广东学者则认为应当为西晋馒头窑。[6] 步涌窑址位于深圳

① 朱伯谦:《朱伯谦论文集》,紫禁城出版社,1990 年,第 73 页。
② 曾凡:《福建南朝窑址发现的意义》,《考古》1989 年第 4 期。
③ 曾凡:《福建南朝窑址发现的意义》,《考古》1989 年第 4 期。
④ 何振良、林德民编著:《磁灶陶瓷》,厦门大学出版社,2005 年,第 18 页。
⑤ 深圳市文物管理委员会编:《深圳文物志》,文物出版社,2005 年,第 75 页。
⑥ 广东省博物馆:《广东考古十年概述》,《文物考古工作十年》,文物出版社,1990 年,第 225 页。

市宝安区沙井镇步涌小学西侧荒坡上,是广东发现的年代较为确切的南朝窑址。共发现三座馒头窑,窑壁用砖砌筑,均已残破不全。中间的一座窑用砖砌成椭圆形,窑壁砖呈红色,上饰大方格和菱形纹。窑内填土中发现有长条形和圆锥状的支垫窑具以及一些青瓷片。① 东晋南朝广东青瓷器具有鲜明的地方特色,器形多为四耳罐和大小配套的瓷碗,而长江中下游常见的鸡首壶、莲花壶、盘口壶、虎子以及鸡、狗和圈舍等冥器在这里甚为罕见。

西江上游及其支流流域的桂林市郊上窑村、象州牙村、藤县马鹿头岭等窑址在南朝时亦开始烧瓷。桂林上窑遗址位于桂林市南郊约 5 千米的漓江西岸,窑址位于一长条形土坡之上,窑炉结构为一斜坡式龙窑,堆积丰富,瓷片、窑具随处可见。器形主要有罐、碗、钵、杯、盘、洗、瓶、盒、壶等,胎质坚硬致密,胎色灰或灰白,胎体可见少量白色斑点,釉色多见青中泛绿者,亦有青黄、青灰或青酱等色,施釉均匀,釉面为细开片。窑具有匣钵、匣钵盖、蘑菇状垫托、齿状垫饼等,亦为高岭土制成,但胎质较器皿稍粗。桂林窑可能始烧于南朝后期,盛于隋代。其产品特征与湘阴窑相仿,可能受其影响较大。② 在藤县马鹿头窑址中采集的碗、盘等青瓷器胎质与釉色同广西六朝墓中出土的青瓷器基本相同。象州牙村一处汉至六朝陶瓷窑址中采集的一部分瓷片,与广西南朝墓所出也极为相似。③

三　东汉六朝东南海洋性瓷业的技术构成

汉晋南朝时期,龙窑技术促进了东南沿海早期海洋性瓷业的形成,在浙江等早期青瓷瓷业的中心,龙窑是主要的窑炉形态,竖穴式窑和馒头窑等仅见于岭南的少数瓷窑中。

东汉瓷窑多采用龙窑烧造瓷器,龙窑的结构特点是短、宽、矮(图 2-3:

---

① 深圳市文物管理委员会编:《深圳文物志》,文物出版社,2005 年,第 75 页;广东省文化厅编:《中国文物地图集·广东分册》,广东省地图出版社,1989 年,第 237 页。

② 李铧:《广西桂林窑的早期窑址及其匣钵装烧工艺》,《文物》1991 年第 12 期。

③ 桂林市文物工作队:《桂林市东郊南朝墓清理简报》,《考古》1988 年第 5 期;广西壮族自治区文物工作队:《广西壮族自治区融安县南朝墓》,《考古》1983 年第 9 期;广西壮族自治区文物工作队:《广西融安安宁南朝墓发掘简报》,《考古》1984 年第 7 期;广西壮族自治区文物工作队:《广西永福县寿城南朝墓》,《考古》1983 年第 7 期;广西梧州市博物馆:《广西苍梧倒水南朝墓》,《文物》1981 年第 12 期。

1)。这一时期龙窑的窑体较短,基本上都在 10 米以内;受瓷窑建筑技术和龙窑高度的影响,为了提高装烧量,很多龙窑向横向发展,所以龙窑常显得宽、短;为了保持窑内温度,龙窑一般不会砌得太高。为了增强窑内的自然空气抽力,龙窑的坡度一般在 20°左右,最大的达 31°。[①] 由于坡度过大,抽力较大,火焰流速也较快,加上燃烧室的火焰难以到达窑尾,所以瓷器的烧成部位主要位于窑室的中部。为了争取好的烧成窑位,使产品达到正烧,东汉龙窑普遍使用筒形、喇叭形垫座,二足垫座等支烧具。为了增加装烧量,碗、盘等器物间常用齿口盂形间隔具叠烧。[②]

三国西晋时期龙窑正处于不断探索并逐步趋于成熟的阶段。上虞县联江乡鞍山北麓的一座三国时期的龙窑(图 2-3:2),全长 13.32 米,窑室长 10.29 米,窑室前段较宽,后段逐渐缩小,倾斜度前段 13°,后段 23°,窑的倾斜度前段小,后段大,与同地汉晋时期的一般龙窑倾斜度恰好相反,说明龙窑结构尚未定型,处于不断的探索中。将窑床前段倾斜度调小,是为了避免前段火焰升温和流速过快,造成器物单面偏烧,后段倾斜度变陡是想从窑床中部提高抽力,将逐渐变弱的火势引到窑的后半部位,但即使如此,窑尾的温度依然很低。与鞍山南北相对的帐子山南麓的一座晋代龙窑(图 2-3:3),仅存窑尾一部分,残长 3.27 米,宽 2.4 米,其中窑床残长 2.05 米,窑床后段的倾斜度为 10°,与现代龙窑相似,窑位还纵横成行地排列着窑具,说明西晋龙窑已经设立了投柴孔,中途追加燃料后龙窑后段的空间得以利用,龙窑窑身逐渐加长,龙窑青瓷生产实现了量产化。化妆土的使用使得一些瓷土质量不是很高的地区利用劣质原料生产瓷器成为可能,扩大了青瓷生产的区域。三国时期的窑具与东汉晚期的相似,主要有筒形座、喇叭形座、钵形座等支烧具和三足支钉等垫烧具。西晋时喇叭形座显著增加而筒形座减少,垫烧具以盂形锯齿口为主,三足支钉被淘汰。三国西晋时期支烧具的总体变化趋势是体积由大变小、由高到矮,这与这一时期因追求产量而坯件变小以及窑身加长、火焰流速减慢、窑内温度均匀,以致无须再追求高支烧窑位的状况相适应。[③]

东晋南朝,闽江、晋江及西江上游地区的窑业技术来源较为单纯,闽

---

① 冯先铭主编:《中国陶瓷》,上海古籍出版社,2001 年,第 252 页。

② 林士民:《浙东的汉代窑址》,《青瓷与越窑》,上海古籍出版社,1999 年,第 13~15 页;冯先铭主编:《中国陶瓷》,上海古籍出版社,2001 年,第 252 页;李刚:《古代龙窑研究》,《东方博物》第 12 辑,浙江大学出版社,2004 年;熊海堂:《东亚窑业技术发展与交流史研究》,南京大学出版社,1995 年,第 84~88 页;刘振群:《窑炉的改进和我国古陶瓷发展的关系》,《中国古陶瓷论文集》,文物出版社,1982 年,第 166~167 页。

③ 冯先铭主编:《中国陶瓷》,上海古籍出版社,2001 年,第 290~291 页。

江、晋江流域瓷业主要是在越窑和瓯窑等窑业的影响之下而兴起,西江上游瓷业则受湖南湘阴窑的影响较大,两地均是采用南方常见的龙窑烧造技术。

珠江口的窑业技术面貌则要复杂得多。早在西周时期中原地区流行的竖穴式窑炉技术就已经传播到岭南,1974 年在广东平远县石正镇安仁村水口窑址清理了 4 座圆形竖穴式陶窑。[1] 春秋战国之际南方常见的龙窑技术在岭南也十分流行,在博罗园洲梅花墩、增城西瓜岭和始兴白石坪均有发现烧造印纹硬陶的龙窑。[2] 汉代岭南窑址多为竖穴式窑和馒头窑,博罗圆洲塘角村、云浮安塘古宠村、高州新垌蒲杓岭和分界额子岭等地均有发现这种具有中原特色的窑炉遗迹。[3] 南朝,在广东封开杏花、电白七径瓦煲岭和麻岗热水村等地都有发现馒头形陶窑,其中封开杏花陶窑窑室呈馒头形,窑底呈倾斜度为 17°～23°的斜坡式,体现了南方龙窑技术与北方馒头窑技术的融合。[4] 位于珠江口的深圳步涌南朝窑址利用半倒焰馒头窑来烧造青瓷,说明珠江口青瓷窑业可能是在越窑青瓷经广州转运输出的过程中受影响而产生的。岭南青瓷窑业面貌的复杂多样为以后多种窑炉技术融合从而产生新的变种打下了基础。

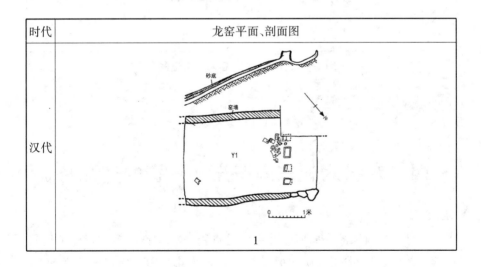

时代	龙窑平面、剖面图
汉代	1

---

① 广东省文化厅编:《中国文物地图集·广东分册》,广东省地图出版社,1989 年,第351 页。
② 申家仁:《岭南陶瓷史》,广东高等教育出版社,2003 年,第 221～222 页。
③ 广东省文化厅编:《中国文物地图集·广东分册》,广东省地图出版社,1989 年,第 351、361 页;申家仁:《岭南陶瓷史》,广东高等教育出版社,2003 年,第 222 页。
④ 广东省文化厅编:《中国文物地图集·广东分册》,广东省地图出版社,1989 年,第448 页。

时代	龙窑平面、剖面图
三国	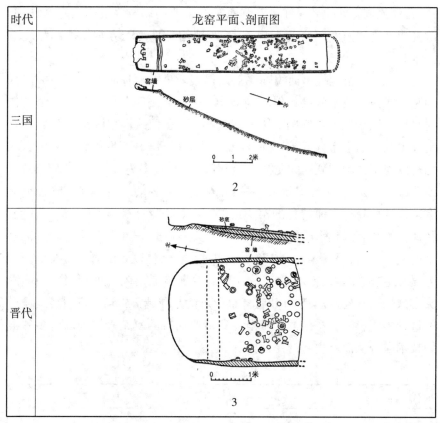
晋代	

图2-3　上虞早期龙窑形态变迁图①

1. 帐子山东汉 1 号龙窑平面、剖面图　2. 鞍山三国龙窑平面、剖面图　3. 帐子山晋代龙窑平面、剖面图

四　东汉六朝东南海洋性陶瓷的产品特征

东汉六朝时期的外向型瓷种主要是青瓷,较少黑瓷,多数青瓷窑址兼烧黑瓷,瓷工们一般用优质的细泥做青瓷坯,而用较粗的坯料做黑瓷,也有个别瓷窑以生产黑瓷为主。

---

① 图中各图均采自朱伯谦:《试论我国古代的龙窑》,《文物》1984 年第 3 期。

（一）青瓷

1. 胎釉

东汉时越窑青瓷胎色较白,呈淡灰色,多数达到正烧,胎质坚硬,少数胎质较松,呈淡淡的土黄色。釉色以淡青色为主,淡雅明亮,少有黄釉或青黄釉。东汉中期以前,多在器物口、肩和腹部刷有青黄色釉,釉层厚薄不均且容易脱落,中期以后,上釉普遍采用浸釉法,外壁施釉不及底,釉层均匀,胎釉结合紧密,极少有脱釉现象。东汉,越窑中心分布区的瓷窑瓷器烧造质量都较高,多数瓷器质地坚硬,在烧成过程中达到了正烧,胎釉结合也较紧密。越窑中心分布区外的一些窑址则往往因为瓷土微量元素的一些变化未能引起瓷工足够的注意力,在依旧套用越窑的瓷器施釉和装烧技术的同时,瓷器难免出现一些因胎釉膨胀系数不一而造成的瑕疵。钱塘江北岸的德清县二都乡联胜村青山坞窑的产品胎壁较厚,釉层厚薄不均。[1] 浙南温州市永嘉县东岸乡芦湾小坟山、箬隆后背山的东汉瓷窑址,产品虽然已经达到了正烧,胎骨坚硬,胎色灰白,但是存在着釉面厚薄不均,釉层龟裂明显、易剥落等问题。[2]（表 2 - 1、2）

三国西晋时期越窑瓷器的胎体稍厚,胎色较深,呈灰色或深灰色,釉层厚而均匀,普遍呈青灰色。胎体较厚的原因与瓷土中氧化铝的含量低直接相关,氧化铝含量低时瓷器在高温烧成的过程中容易变形,而碗、盏、盘等器物采用叠烧法装烧时瓷坯底部要承受一定的重压,故坯壁一般较厚。

---

[1]　冯先铭主编:《中国陶瓷》,上海古籍出版社,2001 年,第 270 页。
[2]　林鞍钢:《永嘉县古窑址调查》,《东方博物》第 9 辑,浙江大学出版社,2003 年;王同军:《东瓯窑瓷器烧成工艺的初步探讨》,《东南文化》1992 年第 5 期;张翔:《温州西山窑的时代及其与东瓯窑的关系》,《考古》1962 年第 10 期;王同军:《浙江温州青瓷窑址调查》,《考古》1993 年第 9 期。

表2-1 东汉六朝东南青瓷器胎的化学成分比较表①

时代	编号	名称	氧化物含量%										
			SiO_2	TiO_2	Al_2O_3	Fe_2O_3	MnO	K_2O	Na_2O	CaO	MgO	P_2O_5	FeO
东汉	H5	浙江上虞小仙坛窑青瓷印纹罍片	75.85	0.97	17.47	1.64	0.03	2.66	0.54	0.20	0.52	—	—
三国	SHT1-(2)	浙江上虞帐子山窑青瓷碗片	75.83	0.84	16.6	2.23	0.02	2.90	0.60	0.33	0.54	—	1.78
西晋	J5	浙江上虞帐子山窑青瓷片	76.82	0.71	15.71	2.38	0.01	2.72	0.70	0.19	0.52	—	—
西晋	J1	江苏宜兴均山窑青瓷片	77.16	1.23	15.98	1.74	—	1.66	0.45	0.18	0.48	0.99	—
东晋	J7	浙江金华竹马馆东晋青瓷片	73.85	1.02	17.13	3.02	0.03	2.39	1.22	0.65	0.63	—	—
东晋	J6	浙江绍兴东晋墓青瓷四系罐片	78.00	0.76	15.65	1.83	0.02	2.44	0.50	0.26	0.53	—	—
南朝	NB4	浙江上虞帐子山窑青瓷碗片	76.90	0.77	16.20	2.00	0.01	2.89	0.50	0.22	0.56	—	—
南朝	NB1	浙江瑞安桐溪青瓷片	72.31	0.97	20.18	1.96	0.03	2.89	0.85	0.23	0.47	—	—
南朝	L1	福建福州怀安窑大同三年瓷片	86.70	0.68	8.72	0.68	0.01	2.21	0.45	0.20	0.34	0.01	—

---

① 表中H5、J6、J7、NB₁、NB₄的化学组成数据来自于李家治:《我国瓷器出现时期的研究》,《硅酸盐学报》1978年第3期;SHT1-(2)的化学组成数据来自于郭演义、王寿英、陈尧成:《中国历代南方青瓷的研究》,《硅酸盐学报》1980年第3期;J1、J5的化学组成数据来自于李家治:《我国古代陶器和瓷器工艺发展过程的研究》,《考古》1978年第3期;L1的化学组成数据来自于陈显求、黄瑞福、陈士萍:《公元六世纪出现的分相釉瓷——梁唐怀安窑陶瓷学的研究》,《硅酸盐学报》1986年第2期。

表2-2　东汉六朝东南青瓷器釉的化学成分比较表①

时代	编号	名称	氧化物含量%												
			SiO₂	TiO₂	Al₂O₃	Fe₂O₃	MnO	K₂O	Na₂O	CaO	MgO	P₂O₅	FeO	PbO	CuO
东汉	H5	浙江上虞小仙坛窑青瓷印纹罍片	59.66	—	13.70	1.84	0.45	1.85	0.49	18.20	1.55	—	—	—	—
三国	SHT1-(2)	浙江上虞帐子山窑青瓷碗片	58.95	0.73	12.75	2.03	0.17	2.17	0.81	19.56	1.89	0.82	0.41		
西晋	J1	江苏宜兴均山窑青瓷片	61.30	0.97	11.30	1.87	0.30	1.23	0.54	17.92	2.03	1.07		0.02	
东晋	J6	浙江绍兴越窑四系罐残片	59.31	—	—	2.53	0.28	1.48	0.65	18.43	1.97			0.01	
东晋	J7	浙江金华竹马馆东晋青瓷片	60.56			2.00	0.22	2.33	0.57	18.14	1.28			0.04	
南朝	NB₄	浙江上虞帐子山窑青瓷碗片	57.37			2.40	0.34	2.05	0.64	19.69	2.07			0.01	

　　浙南的瓯窑无论是在器物的造型特征、装饰风格,还是在窑具的种类与使用、窑炉的结构等方面,与越窑、婺州窑相比较,差别都不是太大,瓯窑自身的特色不是非常明显。② 所不同的是,瓯窑所在地域的瓷土中三氧化二铝较高,烧成温度也较高,胎体烧结坚硬,胎色较越、婺等窑为白。③ 江苏宜兴丁蜀镇的青瓷产品在三国至西晋时期存在着釉色多偏青灰或青黄,釉面普遍开冰裂纹,胎釉结合较差、常有脱釉现象等问题。④ 三国时婺州窑胎料处理不细,胎内往往含有较大的粗颗粒,胎色灰白。(表2-1、2)

　　东晋南朝时期,随着制瓷技术的提高,瓯窑的釉色逐渐趋于稳定,因为瓷胎白中微带灰反衬出釉色以淡青为主,亦有青黄色,与西晋后越瓷的灰胎深青釉明显有别,逐渐形成了自己的特色。东晋时婺州窑部分窑址直接

　　① 表中H5、J6、J7、NB₄的化学组成数据来于李家治:《我国瓷器出现时期的研究》,《硅酸盐学报》1978年第3期;SHT1-(2)的化学组成数据来于郭演义、王寿英、陈尧成:《中国历代南北方青瓷的研究》,《硅酸盐学报》1980年第3期,1980年;J1的化学组成数据来于李家治:《我国古代陶器和瓷器工艺发展过程的研究》,《考古》1978年第3期。
　　② 王同军:《东瓯窑瓷器烧成工艺的初步探讨》,《东南文化》1992年第5期。
　　③ 阮平尔:《浙江古陶瓷的发现与探索》,《东南文化》1989年第6期。
　　④ 冯先铭主编:《中国陶瓷》,上海古籍出版社,2001年,第271～272页。

用金衢盆地常见的粉砂岩做坯料,由于含铁量较高,烧成后瓷胎呈深灰或紫色,为了不影响青釉的呈色,瓷坯表面常饰以白色化妆土。由于使用了白色化妆土,婺州窑釉层滋润柔和,釉色在青灰或青黄中微泛褐色,但釉面开裂处及胎釉结合不紧密的地方往往有奶黄色或奶白色的结晶体析出。受地域矿脉影响所致,自东汉以降的各个历史时期婺州窑瓷器普遍存在着所谓的"乳浊釉"现象,成为婺州窑瓷器的另一大特点。①(表2-1、2)

福建东晋六朝青瓷明显分为两类,一类与浙江越窑所产相似,釉色青绿,胎釉结合较好,如堆塑罐、三足砚、蛙形水盂等;另一类釉色较杂,有青黄、青灰、苍青等不同色调,胎釉结合较差,易脱落,应当是福建本地瓷窑烧造的,如博山炉、多管烛台等。南朝福州怀安窑青瓷的二氧化硅含量高达86.70%,远较74%~78%的平均含量高,而其三氧化二铝的含量仅为8.72%,远低于14%~17%的平均含量,影响了瓷器的烧成质量,瓷器易于变形。② 岭南地区部分六朝瓷器胎质釉色均与长沙西晋墓所出的同类器十分近似,可能来源于湖南湘阴窑和江西洪州窑等窑口;③另一类如四耳罐、盅、簋、耳杯盘、豆形灯、灶等,器型与广州东汉墓所出的同类陶器相似,质地粗疏,烧结欠佳,胎色灰白,釉呈青黄色,开细片,易脱落,应是沿袭东汉制陶工艺在本地设窑烧造的。

2. 器型

东汉晚期以前越窑瓷器器形多仿自青铜器和漆器,主要有罍、瓿、罐、壶、盆、碗、盏、钵、耳杯、盘口壶、唾壶、钟、虎子、洗、香薰、镳斗和五联罐等。青铜器上常见的铺首经常被贴于盘口壶、罐等器物的肩、腹部,洗的三足也常被做成龙首、虎头、熊等形状,说明东汉中晚期青铜制作技术对早期瓷器生产的深刻影响。东汉晚期慈溪周家岙与桃园山两处窑址,新出现了水盂、砚台等器形,说明瓷器生产正逐步走上摆脱青铜生产影响的自我创新之路。因主要用三足支钉叠烧,故盘、碗内底常留有三足支钉痕。(图2-4)

三国西晋是越窑青瓷的第一个发展高峰,产品种类十分丰富,既有碗、壶、罐、罍、钵、盏、盆、盘、耳杯、薰炉、唾壶、扁壶、鸡首壶、灯、槅、虎子、水盂、砚台等日常生活用具,也有鸡笼、狗圈、猪圈、男女俑、镳斗、狮形烛台、

---

① 阮平尔:《浙江古陶瓷的发现与探索》,《东南文化》1989 年第 6 期。

② 曾凡:《福建南朝窑址发现的意义》,《考古》1989 年第 4 期;泉州市文物管理委员会:《福建南安丰州狮子山东晋古墓(第一批)发掘简报》,《文物资料丛刊》第 1 辑,文物出版社,1977 年。

③ 广州市文物管理委员会考古组:《广州沙河顶西晋墓》,《考古》1985 年第 9 期;湖南省博物馆:《长沙两晋南朝隋墓发掘报告》,《考古学报》1959 年第 3 期。

火盆、鬼灶、碓、磨、砻、井、堆塑罐等冥器。越瓷制品已经渗入到人们生活的方方面面，并逐渐取代了青铜、漆、陶、竹诸器而居主导地位。①　瓯窑瓷器的种类丰富，计有壶、罐、钵、碗、碟、笔筒、砚、水盂、槅、洗、烛台、灯、薰炉、唾壶、虎子等。西晋后越窑中几乎绝迹的冥器在瓯窑中虽仍有生产，但只是一些磨、碓、砻等谷物加工工具和狮形烛台，扁壶等日常器物少见。三国西晋时期婺州窑的器形种类丰富，日常生活用具和冥器诸器造型与越窑基本相似。但婺州窑毕竟多属民间用瓷，器类还是少于越窑。（图2－4）

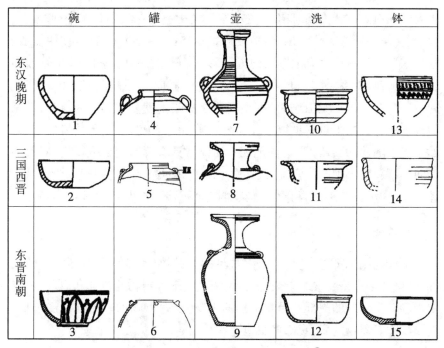

图2－4　汉六朝越窑青瓷器形演变图②

1.碗(鄞县谷童岙东汉窑址) 2.碗(绍兴陶官山西晋窑址) 3.碗(宁波云湖南朝窑址) 4.罐(鄞县谷童岙东汉窑址) 5.罐(绍兴陶官山西晋窑址) 6.罐(上林湖鳌裙山南朝窑址) 7.壶(鄞县玉缸山东汉窑址) 8.壶(绍兴陶官山西晋窑址) 9.壶(宁波云湖南朝窑址) 10.洗(鄞县玉缸山东汉窑址) 11.洗(绍兴陶官山西晋窑址) 12.洗(绍兴馒头山东晋窑址) 13.钵(鄞县谷童岙东汉窑址) 14.钵(绍兴陶官山西晋窑址) 15.钵(宁波云湖南朝窑址)

① 冯先铭主编：《中国陶瓷》，上海古籍出版社，2001年，第256页。
② 1、4、7、10、13采自林士民：《青瓷与越窑》，上海古籍出版社，1999年，第20～21页；2、5、8、11、12、14采自周燕儿、符杏华：《绍兴两处六朝青瓷窑址的调查》，《东南文化》1991年第3、4期；3、9、15采自林士民：《青瓷与越窑》，上海古籍出版社，1999年，第113～114页；6采自林士民：《青瓷与越窑》，上海古籍出版社，1999年，第118页。

东晋南朝时,随着厚葬风俗的衰退,越窑模型冥器生产大量减少,瓷器造型趋向简朴、实用,装饰也大大减少,器型由矮胖端庄向清瘦秀丽方向发展。常见的产品有罐、壶、盘、碗、钵、匜、盆、洗、灯、槅、砚、水盂、香熏、唾壶、虎子和羊形烛台等,其中尤以鸡首壶、盘口壶和四系罐为最多。这些器形中,带系罐、盘口壶、板沿洗、双耳杯等是东汉青瓷造型的继承和延续,鸡首壶则由三国西晋时的尖嘴无孔向圆啄有孔转变。① 饮食器皿大都大小配套。三国西晋时期大量生产的堆塑罐、鸡笼、狗圈等冥器此时已不多见。动物形状的器皿亦大大减少,而且这些动物造型大多呆板无生气,艺术效果大不如前。东晋南朝时期,在婺州窑瓷器中,盘口壶、鸡首壶、羊型烛台、唾壶、虎子等器亦十分常见,模型冥器基本绝迹,主要生产日常使用器皿。福建东晋六朝青瓷具有浓厚的地方色彩,如变化多样的博山炉、单管和多管烛台、带嘴双系罐、敛口深腹钵等,这类瓷器应当是福建本地瓷窑烧造的。② 长江中下游几近绝迹的模型冥器在福建南朝墓中仍甚为流行,常见的有镶斗、火盆、带盘三足炉、五盅盘、提桶、虎子和鬼灶等,形体皆短小,显然是专供随葬的冥器。③ 岭南地区六朝瓷器具有鲜明的地方特色,器形多为四耳罐和大小配套的瓷碗,长江中下游常见的深盘口、修长腹的盘口壶、莲花壶、虎子以及鸡、狗和圈舍等冥器在这里十分罕见。④ (图2-4、5)

3. 纹饰

东汉晚期越窑青瓷纹饰简朴,常见的有弦纹、水波纹及器耳印叶脉纹等。(图2-6)弦纹常用于碗、盏、钵、洗、盘、罐等器物的口部和肩部,也有用于盘口壶和罐的腹部。受青铜器的影响,洗等器物的三足常做成兽形,洗、罐、钵等器物的肩、腹部多贴印铺首。

---

① 李辉柄:《略谈我国青瓷的出现及其发展》,《文物》1981年第10期。

② 曾凡:《福建南朝窑址发现的意义》,《考古》1989年第4期;泉州市文物管理委员会:《福建南安丰州狮子山东晋古墓(第一批)发掘简报》,《文物资料丛刊》第1辑,文物出版社,1977年。

③ 福建省博物馆:《福建福州郊区南朝墓》,《考古》1974年第4期;卢茂村:《福建建瓯水西山南朝墓》,《考古》1965年第4期;曾凡:《福州西门外六朝墓清理简报》,《考古通讯》1957年第5期。

④ 罗宗真、王志高:《六朝文物》,南京出版社,2004年,第185~187页。

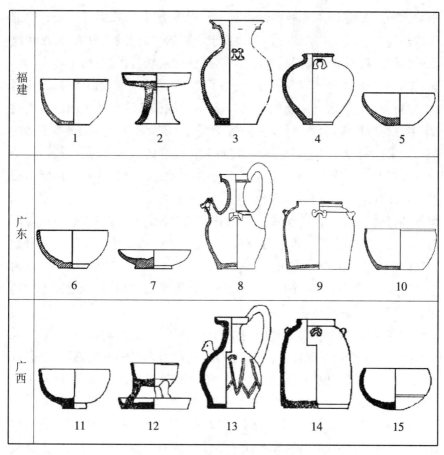

图 2－5　福建、广东、广西南朝青瓷器形对比图①

1. 碗(福州怀安六朝窑址) 2. 豆(福州怀安六朝窑址) 3. 盘口壶(福州怀安六朝窑址) 4. 罐(福州怀安六朝窑址) 5. 钵(福州怀安六朝窑址) 6. 碗(福州怀安六朝窑址) 7. 碟(广东肇庆牛岗 M1) 8. 鸡首壶(广东肇庆牛岗 M1) 9. 四系罐(广东肇庆牛岗 M1) 10. 钵(广东肇庆牛岗 M1) 11. 碗(广西恭城南朝墓) 12. 炉(广西恭城南朝墓) 13. 鸡首壶(广西恭城南朝墓) 14. 四系罐(广西恭城南朝墓) 15. 钵(广西恭城南朝墓)

　　三国西晋时期,越窑瓷器常见装饰动物纹、人物纹、弦纹、水波纹、斜方格网纹、联珠纹和忍冬纹等。(图 2－6)动物题材最为常见,有的以动物形象作为整体造型,如羊形、狮形烛台,蟾蜍水盂,熊灯,鸟杯等,也有将动物

　　① 1～6 采自福建省博物馆、福州市文物管理委员会:《福州怀安窑址发掘报告》,《福建文博》1996 年第 1 期;7～10 采自广东省文物考古研究所:《广东肇庆、四会市六朝墓葬发掘简报》,《考古》1999 年第 7 期;11～15 采自覃义生:《广西出土的六朝瓷器》,《考古》1989 年第 4 期。

形象作为局部装饰的,如兽足洗、鸡头壶、虎头罐以及洗、罐、钵等肩、腹部贴印的铺首。弦纹与水波纹一般刻划于器物的口沿和肩、腹部,是汉代纹饰的延续。斜网格纹起于吴末终于东晋,西晋时盛行,一般饰于唾壶、盆、罐、壶等器物的腰部。联珠纹、忍冬纹一般与网格纹组成纹饰条带,饰于器物的肩、腹部。西晋晚期出现褐色点彩,一般位于已施釉坯体的口沿或肩部,多数为对称四点,这一做法打破了青瓷单色釉的传统作风,丰富了釉的装饰效果。在青瓷器上刻写年号、产地和制作者的姓名,也是三国西晋越窑青瓷器的一个特点。如南京赵士岗东吴虎子,腹部刻"赤乌十四年会稽上虞师袁宜作",江苏金坛西晋墓出土扁壶上刻"紫(此)是会稽上虞范休可作坤者也"。① 上虞驿亭镇五夫、温州平阳鳌江、余姚郑巷五联克山等西晋墓出土的堆塑罐龟趺碑上分别刻写"太熙元年""元康元年八月二日造会稽□□""元康四年九月九日越州会稽"等字样。② 三国西晋时期,婺州窑、瓯窑等越窑中心区外的窑址与越窑装饰风格基本相同,但纹样相对简单,多水波纹和斜方格联珠纹。③

　　三国西晋时期,越窑最有代表性的瓷器就是集多种动物形象和人物、亭台楼阁于一身的堆塑罐。(图2-6)堆塑罐由东汉的五联罐演变而来,东汉时期的五联罐仅在罐的肩部有人物、鸟兽等堆塑,三国西晋时期中罐不断扩大,周围四罐不断缩小,并逐渐被中罐的亭台楼阁和其他堆塑所掩盖而成为不显眼的附件。堆塑罐是三国西晋时期重要的随葬冥器,其造型除了作为死者灵魂的居所、作为死者生活资料的存储场所等含义外,其装饰题材直接继承了楚汉民族让死者灵魂早日升天的观念,是两汉以降中国厚葬风俗延续的表现。④ 李刚先生曾将三国西晋时期越窑青瓷中的西域胡人区分为三类:第一类是堆塑罐上头戴尖顶帽耍杂技的胡人,他们深目高鼻,鼻梁较长,额部与下颌较窄,脸庞狭长,颧骨略显,络腮胡须,属典型的欧罗巴人种地中海类型,主要来自古罗马及地中海东部一些国家;第二类胡俑的面部特征为大眼,高鼻,颧骨略显,多须,脸庞较窄且中部突出,属欧罗巴人种印度地中海类型,他们主要来自南亚次大陆及孟加拉湾东北沿岸地区;第三类面部特征与第一类近似,有的戴尖顶帽,有的带船形帽,也有的头上披巾,手持一种拨弦乐器,有的胡俑帽圈是用网格纹布带缠

---

① 李刚:《越窑三议》,《东南文化》1988年第3期;施祖青:《越窑瓷器的品牌宣传与外销》,《南方文物》2001年第2期。

② 浙江省博物馆编:《浙江纪年瓷》,文物出版社,2000年,第42、43、47条。

③ 冯先铭主编:《中国陶瓷》,上海古籍出版社,2001年,第266~269页。

④ 周玫:《六朝青瓷中的丧葬礼俗》,《东南文化》2003年第11期。

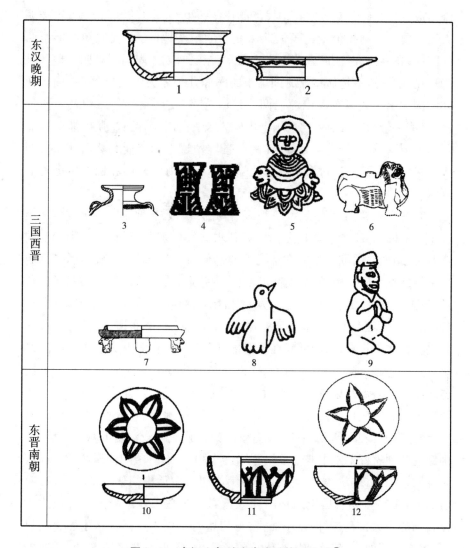

图 2 - 6　东汉六朝越窑青瓷纹饰对比图①

1. 弦纹洗(鄞县玉缸山东汉窑址) 2. 水波纹盘(鄞县谷童岙东汉窑址) 3. 斜方格
纹盘口壶(绍兴南池乡西晋墓) 4. 罐耳叶脉纹(绍兴陶官山西晋窑址出土陶罐局部)
5. 人物罐贴塑佛像 6. 狮形烛台(绍兴南池乡西晋墓) 7. 兽足砚(江苏句容西晋元康
四年墓出土) 8. 人物罐贴塑鸽子 9. 人物罐贴塑胡人像 10. 莲花纹盘(宁波云湖南朝
窑址) 11. 莲瓣纹碗(宁波云湖南朝窑址) 12. 莲瓣纹碗(上林湖鳖裙山南朝窑址)

---

① 1、2 采自林士民:《青瓷与越窑》,上海古籍出版社,1999 年,第 20 ~ 21 页;3、6 采自浙江绍兴
文物管理处:《浙江绍兴南池乡出土西晋越窑青瓷》,《东南文化》1991 年第 3、4 期;4 采自周燕儿、符
杏华:《绍兴两处六朝青瓷窑址的调查》,《东南文化》1991 年第 3、4 期;5、8、9 采自林士民:《青瓷与越
窑》,上海古籍出版社,1999 年,第 84 页;7 采自南波:《江苏句容西晋元康四年墓》,《考古》1976 年第
6 期;10 ~ 12 采自林士民:《青瓷与越窑》,上海古籍出版社,1999 年,第 113 ~ 115 页。

绕而成,中间隆起,与今阿拉伯民族的传统装束有一定的渊源关系,这类胡人当主要来自阿拉伯半岛及波斯湾北岸的一些地区。① 我们知道秦至西汉陶俑以陕西、江苏、河南等地出土最多,东汉时期的陶俑则以四川地区最为多见,但是这些地域秦汉时期出土的陶俑几乎皆为汉人形象。② 而胡俑在中国的出土数量东汉以前以两广地区为多,主要集中于广州及广西贵县、合浦一带,东汉以后胡俑的出土地点集中在江、浙两省,尤以浙江东北部(古会稽一带)为最。③ 说明江南一带堆塑罐上的瓷俑突然出现众多胡人形象应该是那些通过海上丝绸之路来东南沿海的胡商和佛教传播者的真实写照。

东晋南朝纹饰以弦纹为主,很多器物的口、颈、肩部压印一道或数道粗细不等的凹弦纹,少数器物上仍可见到水波纹。东晋南朝时期,佛教空前盛行,三国西晋时期常见的堆塑罐上的佛像、狮子、鸽子、西域胡俑等直观的佛教文化形象消失殆尽,而高度抽象的莲瓣纹在东晋晚期之后却迅速普及,折射出当时佛教在中国的发展和影响。④ (图 2 - 6)吴赤乌十年(247),天竺胡僧康僧会来到建业(今江苏南京)构庐布道,由是江左佛法大兴。据文献记载,六朝期间在会稽郡剡县(包括今嵊县、新昌县)共有 26座以上的佛教寺院,并有白道猷、竺潜、支遁、支道开等十八高僧在剡县或居或游,传扬佛教,区域性的佛教文化圈业已形成。陶瓷手工业者在将佛教艺术吸收并应用到陶瓷器上时因不同工匠对佛教的认识程度不同而有所差异,有些工匠受印度来华僧人的指点,对佛有比较清楚的认识,其所塑佛像的各项特征基本上与印度马土腊佛像相一致;有些陶瓷作坊的工匠因对佛的认识模糊或一知半解,他们将佛像塑成生活中胡僧的形象,只在身后加上背光。⑤ 西晋后期出现的褐色点彩工艺在东晋十分流行并成为青瓷装饰的一大特色,但褐点小而密,与初始时不同。点彩常施于器物的口沿、腹部及盖面上,匀称地散布成重圈形、"十"字形或花朵形等。⑥ 瓯窑的褐色点彩多点在动物纹如瓷羊的双目、耳朵、尾巴,鸡头的眼睛与鸡冠之

① 李刚:《汉晋胡俑发微》,《东南文化》1991 年第 3、4 期。

② 施加农:《西晋青瓷胡人俑的初步研究》,《东方博物》第 18 辑,浙江大学出版社,2006 年。

③ 李刚:《从汉晋胡俑看东南地区胡人、佛教之早期史》,《东南文化》1989 年第 2 期。

④ 李刚:《佛教海路传入中国论》,《东南文化》1992 年第 5 期;贺云翱:《中国南方早期佛教艺术初探》,《东南文化》1991 年第 6 期。

⑤ 张恒:《浙江嵊县发现的早期佛教艺术品及相关问题之研究》,《东南文化》1992 年第 2期;周燕儿、蔡晓黎:《绍兴县出土的六朝佛教题材青瓷器》,《东南文化》1992 年第 1 期;蒋明明:《佛教与六朝越窑青瓷片论》,《东南文化》1992 年第 1 期。

⑥ 刘建国:《东晋青瓷的分期与特色》,《文物》1989 年第 1 期;陈佐夫:《论越器中的加彩》,《文物》1960 年第 1 期。

上,使得动物形象栩栩如生。位于器物口腹部的点彩多呈几何形图案,与广东晋瓷的点彩相似。除点彩外,瓯窑还出现一种褐色彩绘,系用毛笔在施釉的瓷坯之上绘成长条形的纹饰,粗细长短因画面而异,这种装饰手法新颖独特,为当时其他瓷窑所少见。[①] 婺州窑则与越窑基本保持着同步变化,东晋时流行弦纹和褐色点彩,南朝时开始盛行莲瓣纹。[②]

(二)黑瓷

黑瓷同青瓷一样,都是以铁为主要着色剂,当釉料中氧化铁的含量在3%以下时烧成青瓷,当氧化铁含量在4%～9%时就可以烧出黑釉瓷器了。黑瓷的胎质不及青瓷细腻,因此有些学者推断,瓷工们可能是有意识地用优质的细泥做青瓷坯,而用下脚料等较粗的坯料来做黑瓷。厚厚的黑色釉层恰好可以掩盖粗糙的胎体,黑瓷的发明丰富了中国瓷器的品种,改变了越窑单一生产青瓷的局面,为后世东晋南朝越窑青瓷上的褐色点彩、唐代长沙窑的褐色彩绘以及宋元时期建窑、吉州窑黑瓷的兴盛埋下了伏笔,同时为扩大制瓷原料和生产地域、降低瓷器生产成本开辟了道路,是中国制瓷工艺史上的一项意义深远的重大创举。[③]

若以釉色区分,黑瓷和青瓷截然不同,但实际上两者在生产工艺和造型上有诸多相似之处,而且经常同窑烧造。德清窑是浙江地区最早发现的黑瓷产地之一,发现窑址达几十处之多,部分窑址所产以黑瓷为主。其所烧黑瓷与青瓷造型大体相同,产品有碗、碟、盘、耳杯、盘口壶、鸡首壶、唾壶、虎子、香炉、罐等。黑瓷胎中铁、钛含量较高,普遍呈砖红、紫色或浅褐色。釉层较厚,呈黑褐色或黄褐色,佳者釉面滋润,色黑如漆。除德清窑外,上虞县曹娥江中游的凤山5处东汉中期窑址,产品中酱色釉亦占有较大的比例。东汉晚期,慈溪上林湖大庙岭、周家岙、桃园山等窑址产品釉色以青釉为主,少量酱褐釉。余姚县历山镇柏家岭窑址的产品釉色以酱褐色为主。宁波江北区东汉晚期鸡步山、郭塘岙、季岙等窑址原始瓷和青瓷、黑瓷等合窑烧造,产品主要有罍、壶、罐、盘等,器表饰以青薄釉、酱釉等;八字桥窑址的瓷器产品较前三处窑址有明显进步,器形主要有壶、罐、洗、钵、碗、缸等,以青釉为主,也有酱褐釉。鄞县谷童岙窑址的产品类型、釉色、窑具等与宁波江北区八字桥、余姚县历山柏家岭基本相同,说明亦是青瓷与

---

① 冯先铭主编:《中国陶瓷》,上海古籍出版社,2001 年,第 265 页。
② 冯先铭主编:《中国陶瓷》,上海古籍出版社,2001 年,第 266～269 页。
③ 朱伯谦、林士民:《我国黑瓷的起源及其影响》,《考古》1983 年第 12 期。

黑瓷合烧。① 绍兴夏履镇新民村外潮山窑址,青瓷胎质细腻致密,釉层均匀,釉面光亮;酱褐釉瓷则质地粗糙,断面有肉眼可见的杂质和小气孔。浙南温州永嘉芦湾小坟山、箬隆后背山东汉瓷窑址,也有表面饰酱褐色、黑色等釉的瓷器,釉面厚薄不均,釉层龟裂明显。②

第三节　东汉六朝
海洋性陶瓷的贸易体系

一　港市集散

越国故地杭州湾、钱塘江南岸的会稽、句章、钱塘诸港口是东汉六朝时期中国海洋性瓷业输出的重要港口。周敬王三十年(前490),越王勾践在今绍兴城建立新都,称为"大越"。周赧王九年(前306),楚军占领大越,更其名为"会稽"。秦于其地置山阴县。东汉永建四年(129),会稽郡治迁至山阴,此后两千余年,绍兴一直是浙东政治、经济和军事中心。绍兴城南依会稽山,北临杭州湾,境内河道纵横,湖塘密布,拥有发达的水上交通网络。③ 西晋永康元年(300)前后,会稽内史贺循主持兴修的浙东古运河起自钱塘江滨萧山县西兴镇,经萧山城关、钱清、绍兴、上虞,衔接曹娥江,穿余姚江而至宁波,是连接钱塘港、会稽与浙东句章港的水运大动脉。④ 三国西晋窑址中心分布区向上虞江中下游的迁移以及东晋六朝越窑在宁绍平原的扩散可能都与浙东运河的修成有一定的联系,因为此时窑址大多分布于浙东运河的两侧并向运河及余姚江集中。

---

① 林士民:《青瓷与越窑》,上海古籍出版社,1999年,第2~16页。
② 林鞍钢:《永嘉县古窑址调查》,《东方博物》第9辑,浙江大学出版社,2003年;王同军:《东瓯窑瓷器烧成工艺的初步探讨》,《东南文化》1992年第5期;张翔:《温州西山窑的时代及其与东瓯窑的关系》,《考古》1962年第10期;王同军:《浙江温州青瓷窑址调查》,《考古》1993年第9期。
③ 张轸:《中华古国古都》,湖南科学技术出版社,1999年,第363~366页。
④ 吴振华:《杭州古港史》,人民交通出版社,1989年,第7~8页。

钱塘港始建于春秋中期,早期多为军港,如位于钱塘江南岸萧山县西兴镇的固陵港、位于杭州城南凤凰山麓的柳浦港、位于杭州西南郊区狮子山麓的定山浦港、位于杭州萧山县浦阳江口的鱼浦港等。秦至西汉,钱塘港逐渐由单一的军事港向军港、贸易港转变。东汉三国时期,钱塘港已进入海上贸易港的起步阶段。德清二都乡联胜村青山坞、城关镇戴家山等窑址的黑釉、青釉瓷器可通过此港向海外或中国的其他地区输出。此时,浙东地区已和东南亚、南亚、中西亚等地有了海上往来,佛教的海路传入、堆塑瓶上的胡人形象均可见证这一历史。① 西晋南朝时,随着移入人口的增多,钱塘县由县升为郡府,钱塘港贸易步入初步繁荣期,包括陶瓷在内的手工产业获得较大发展,在靠近钱塘固陵港的萧山永兴河流域兴起了戴家山、石盖、上董等窑址和窑址群,在绍兴富盛、平水等地的馒头山、凤凰山、庙屋山等窑址的产品亦可以通过浙东古运河就近运至钱塘港扬帆出海。

浙东古运河另一端的句章港在汉以前也是一个以军事为主的港口。西汉元鼎六年(前111)东越王余善反叛,汉武帝"遣横海将军韩说出句章,浮海从东方往;楼船将军杨仆出武林;中尉王温舒出梅岭;越侯为戈船、下濑将军,出若邪、白沙"以击东越。② 东汉六朝时期句章港不但是水师军事要塞、兵家必争之地,也是千里水道贯通的主要枢纽和中外物资交流的集散地。东汉晚期,青瓷在上虞曹娥江中游烧制成功后便迅速向浙东扩散,在慈溪上林湖、余姚历山、宁波江北区和鄞县东钱湖都有发现东汉晚期原始瓷和瓷器合窑烧造的窑址。三国西晋时期,瓷窑遗址进一步扩散到慈溪县翁家坟头、大坪里、金鸡岙、冯家山、獾猪坪、大池墩和鳖裙山,鄞县韩岭、小白市,宁波云湖以及临海县铁场、安王山、马岙、西岙、五孔岙等地。东晋南朝,在浙东瓷业总体萧条的情况下,慈溪上林湖地区的瓷业生产却有了进一步的发展,生产规模已与曹娥江中游地区相当,产品质量也有了较大提高,形成一个与上虞并驾齐驱的青瓷产地。句章港的港市集散功能无疑在这一越窑中心转移的过程中起到了重要的推动作用。

周赧王九年,楚灭越后,越人四散,勾践七世孙驺摇逃至浙南沿海建瓯越国,后为秦所灭。汉惠帝三年(前192),因驺摇"举高帝时越功"复封东海王,都东瓯,即今浙江温州。③ 由于与浙东人文的血脉关系,东汉晚期瓷器烧造成功后其窑业技术也迅速传播到了这里。在温州市永嘉县东岸乡芦湾小坟山、箬隆后背山都有发现东汉瓷窑址,其产品胎色灰白,较多使用

① 李刚:《汉晋胡俑发微》,《东南文化》1991年第3、4期。
② (汉)司马迁:《史记》卷一百一十四"东越列传"第五十四,岳麓书社,2001年,第651页。
③ 张轸:《中华古国古都》,湖南科学技术出版社,1999年,第616~617页。

瓷质窑具,与越窑又有一定的区别。三国时吴国在永宁县即今温州市建有造船基地,在其附近的浙江平阳县建有横屿船屯。① 在福建闽江口以东至温州一带的沿海地区,分布有面积较大的温麻船屯,这里生产一种有五层舷板的海船,称为"温麻五会"。② 东晋南朝,瓯窑自身特征逐步突出,如胎骨坚细、胎色白中泛灰、釉色以淡青为主、釉层匀净透明等,形成庞大的瓯窑窑系。

越人四散后,其中一支南逃闽地,与当地民族结合建立闽越国,都于东冶,即今福州。秦灭百越时"闽越王无诸及越东海王摇者……皆废为君长,以其地为闽中郡"③。由于助汉有功,公元前 202 年,汉复封无诸为闽越王,都东冶。西汉元鼎六年东越王余善反叛,汉武帝南平闽越后"诏军吏皆将其民徙处江淮间,东越地遂虚"。闽越亡国后,逃亡山中的越人多有复出,昭帝始元二年(前 85)在今福州设冶县,东汉建安元年(196)改冶县为侯官,西晋太康三年(282),升侯官为晋安郡治。南朝梁设东侯官县。陈永定元年(557)属闽州,为州治。④ 地处闽江出海口的东冶既有广阔的经济、资源腹地,又是最便捷的出海、泊船基地,是闽地东汉六朝时期的航海中心。⑤《山海经》曰"闽在海中"⑥,点明了以东冶为中心的闽地以海为生、长于舟楫的特点。《后汉书·郑弘列传》载,"建初八年……旧交趾七郡贡献转运,皆从东冶泛海而至"⑦,说明东冶已成为南海诸番奇珍异物输入内地中原的重要登陆地和转运港。三国时期,闽人善于操舟已经是闻名于世了,左思《吴都赋》描写孙吴航海盛况时曰:"弘舸连舳,巨舰接舻……篙工楫师,选自闽禺。"三国孙吴建衡元年(269),在建安郡侯官县置典船校尉,负责于此监督造船。位于福建连江县北的温麻船屯是当时另一处较大的造船厂。典船校尉的设立和温麻船屯为孙吴打造了大量的船舶,为其向海上扩展奠定了物质基础。⑧ 三国孙吴黄龙二年(229),孙权"遣将军卫

① 章巽:《我国古代的海上交通》,商务印书馆,1986 年,第 22～23 页。
② 福建省地方交通史志编纂委员会:《福建航运史》(古、近代部分),人民交通出版社,1994年,第 28 页。
③ (汉)司马迁:《史记》卷一百一十四"东越列传"第五十四,岳麓书社,2001 年,第 650 页。
④ 张轸:《中华古国古都》,湖南科学技术出版社,1999 年,第 618～619 页。
⑤ 吴春明、林果:《闽越国都城考古研究》,厦门大学出版社,1998 年,第 295～298 页。
⑥ (汉)刘歆:《山海经》"海经"第五卷"海内南经·瓯居海中",北京燕山出版社,2001 年,第 245 页。
⑦ (南朝)范晔撰,(唐)李贤等注:《后汉书》卷三十三"朱冯虞郑周列传"第二十三,中华书局,1975 年,第 1156 页。
⑧ 章巽:《我国古代的海上交通》,商务印书馆,1986 年,第 22～23 页;福建省地方交通史志编纂委员会:《福建航运史》(古、近代部分),人民交通出版社,1994 年,第 28 页。

温、诸葛直将甲士万人浮海求夷洲及亶洲”，“亶洲在海中……世相承有数万家，其上人民，时有至会稽货布，会稽东县人海行，亦有遭风流移至亶洲者”。① 此“亶洲”，据学者们考证为日本列岛，说明早在三国时期浙闽沿海与日本已经有了直接的贸易往来。据章巽考证，《续高僧传》卷一的“真谛传”中说到南朝梁、陈之时自晋安郡可泛舶去楞伽修国（今泰国南部北大年一带），此晋安郡即为福建福州港，由此可见南朝时福州也已与东南亚一带有直接的商贸或文化交往。② 在越窑瓷器经东冶转运出海的过程中，龙窑青瓷技术至少在南朝就传到了福州怀安窑等闽地。此外，据章巽先生考证，真谛由晋安郡乘小舶前往梁安郡，“更装大舶，欲还西国”，此“梁安郡”即为今福建泉州市，说明南朝时泉州即已是较福州更为重要的远海交通港。③ 晋江磁灶窑的发现也证明泉州在早期陶瓷的对外输出中占有重要地位。

　　广州最早被称为“楚庭”，相传建于西周夷王时期（约前 869 ~ 前858）。秦王政二十四年（前 223），遣屠睢和任嚣攻破楚庭，灭古越国。公元前 206 年，接替任嚣就任南海都尉的赵佗利用秦末天下大乱之际，攻城略地，自立为南越武王，建南越国，定都番禺，即今广州。秦汉以来广州一直是南海国际性海港都会。《史记·货殖列传》说：“九疑、苍梧以南至儋耳者，与江南大同俗，而杨越多焉。番禺亦其一都会也，珠玑、犀、瑇瑁、果、布之凑。”④《汉书·地理志》载：“处近海，多犀、象、毒冒、珠玑、银、铜、果、布之凑，中国往商贾者多取富焉。番禺，其一都会也。”⑤西汉高祖十一年（前 196），汉室册封赵佗为南越王。赵佗死后，丞相吕嘉叛乱，汉武帝于元鼎五年（前 112）兴师伐越，次年冬，楼船将军杨仆率先攻入南越，伏波将军路博德至后两军夹击，最终平定南越。汉武帝“遂以其地为南海、苍梧、郁林、合浦、交趾、九真、日南、珠崖、儋耳九郡”⑥。汉代，南海至印度洋的航线已经开辟。两汉之际，汉室更为重视“对交趾的经营，交州刺史常驻龙编，交趾因此成为岭南的政治、经济中心”⑦。汉代，随着岭南郡县的设立

---

① （晋）陈寿撰，（南朝）裴松之注：《三国志·吴书》卷四十七“吴主传”，中华书局，1959 年，第 1136 页。

② 章巽：《章巽文集》，海洋出版社，1986 年，第 138 页。

③ 章巽：《章巽文集》，海洋出版社，1986 年，第 66 ~ 72、137 页。

④ （汉）司马迁著：《史记》卷一百二十九“货殖列传”第六十九，岳麓书社，2001 年，第 735 页。

⑤ （汉）班固撰，（唐）颜师古注：《汉书》卷二十八下“地理志”第八下，中华书局，1962 年，第 1670 页。

⑥ （宋）司马光：《资治通鉴》卷第二十“汉纪”十二，中华书局，1956 年，第 670 页。

⑦ 刘希为等：《六朝时期岭南地区的开发》，《中国史研究》1991 年第 1 期。

和建造官衙府邸的需要,中原半倒焰馒头窑伴随砖瓦烧造技术在广东广泛传播。汉代博罗、高州、云浮等地就是直接利用这种半倒焰馒头窑烧造印纹硬陶和釉陶的。至少在东晋南朝,深圳宝安步涌已经利用这种半倒焰馒头窑烧造青瓷了。三国孙吴时期,随着交、广两州分治和航海技术的提高,广州中心港的地位得以提高,并取代了徐闻、合浦而成为南海海上丝绸之路的出海港。① 东晋南朝时期,广州至印度、斯里兰卡的商路依然畅通,不少外国僧侣借助此航路来华传教,东晋赴天竺求学的法显和尚也搭乘外国船自海路回国。1975 年,西沙北礁发现的两件南朝青釉六耳罐残件和一件青釉小杯,印尼苏门答腊、马来柔佛(Johor Lama)、哥打丁宜(Kota Tinggi)等地发现的汉晋瓷片一般也都认为是经由番禺、徐闻等港口集散的。

三国孙吴黄武五年(226),交、广两州分治以前,徐闻、合浦的出海航行远较广州便利。徐闻在雷州半岛南端今徐闻县五里乡二桥、南湾、仕尾一带,合浦在今广西合浦县廉州镇三汊港,为南流江入海处。汉代位于雷州半岛南端的徐闻港是控制珠崖、儋耳和交趾诸郡的军事集结地和政治中心,也是当时对外贸易和交往的一个重要港口。② "汉置左右侯官,在徐闻县南七里,积货物于此,备其所求,与交易有利,故谚曰:'欲拔贫,诣徐闻。'"③东汉末以后,日南、象林郡被林邑国所据,沿海航线梗塞,随着离岸航线技术的成熟,船只多由珠江口直接南下过西沙而渡南海,不再绕行北部湾及越南东海岸,徐闻、合浦旧港的作用才逐步减弱。六朝到唐逐渐形成的"广州通海夷道",取代了汉代的交州、日南航线。但雷州半岛在中国海上丝绸之路中的重要地位并未随之消失,其港市逐渐向半岛中北部的雷州港转移,在唐宋以至明清仍是一个重要的对外贸易港口。④

---

① 黄启臣:《海上丝路与广州古港》,中国评论学术出版社,2006 年,第 29 ~ 30 页。

② 赖琼:《历史时期雷州半岛主要港口兴衰原因探析》,《中国历史地理论丛》第 18 卷第 3 辑,2003 年 9 月。

③ 缪荃孙校辑:《元和郡县志阙卷逸文》卷三,载(唐)李吉甫:《元和郡县图志》,中华书局,1983 年。

④ 司徒尚纪、李燕:《汉徐闻港地望历史地理新探》,《岭南文史》2000 年第 4 期;吴松弟:《两汉时期徐闻港的重要地位和崛起原因——从岭南的早期开发与历史地理角度探讨》,《岭南文史》2002 年第 2 期;赖琼:《历史时期雷州半岛主要港口兴衰原因探析》,《中国历史地理论丛》第 18 卷第 3 辑,2003 年 9 月;阮应祺:《汉代徐闻港在海上丝绸之路中的历史地位》,《岭南文史》2000 年第 4 期;阮应祺:《海上丝绸之路航线上雷州半岛主港概述》,《湛江师范学院学报》2002 年第 2 期。

二　海上舶出

　　早期东南海洋性陶瓷对朝鲜半岛和日本的输出可能主要依赖于近海沿岸航路。此时渤海及黄海沿岸港口主要有碣石(今河北昌黎)、黄(古之登州,今山东龙口)、腄(今烟台福山)、成山(今山东半岛成山头)、芝罘(今烟台)、琅琊(今青岛)诸港。由越窑中心区的钱塘港往山东半岛琅琊港的沿岸航线是十分畅通的。越王勾践自会稽(今绍兴)迁都山东琅琊时随行的有"死士八千、戈船三百"①。秦始皇第四次巡海,"至钱塘,临浙江,水波恶,乃西百二十里从狭中渡上会稽,祭大禹,望于南海,而立石刻颂秦德……还过吴,从江乘渡,并海上,北至琅琊"②。汉武帝第三次巡海亦是出长江口沿海北上,抵达山东半岛的琅琊港。

　　由山东半岛中部的蓬莱向北,沿庙岛群岛逐岛推进,穿越老铁山水道进入辽东半岛南端,沿辽东、朝鲜半岛东行,抵达朝鲜半岛东南岸的釜山,最后借助日本海左旋海流的单向自然漂流航路越过朝鲜海峡,抵达日本对马岛、冲岛、大岛等大小岛屿。③ 这便是早在先秦时期就已开辟的黄海北线。《文献通考》说,六朝以前倭人"初通中国也,实自辽东而来"。④ 西晋泰始之后,鲜卑族重新在辽西崛起,隔断了晋朝与原在朝鲜半岛乐浪、带方两郡的联系,朝鲜半岛群雄并起,出现了高句丽、百济、新罗三国鼎立的局面,高句丽与倭处于敌对状态,中日交通的黄海北线为之中断。百济因受高句丽与新罗夹击,与南朝和日本通好,以达到牵制半岛其他两国的目的。因而新辟了从山东半岛东端的成山角跨越黄海直航朝鲜半岛西海岸中段,进而循海南下日本列岛的航路,而不再绕航山东半岛与辽东半岛之间的迂回水路,这条航线被称为"黄海南线"。《文献通考》卷三二四"四裔考"一"倭"载:"至六朝及宋,(倭人)则多从南道,浮海入贡及通互市之类,而不自北方,则以辽东非中国土地故也。"⑤朝鲜半岛和日本列岛发现的汉晋瓷器应当就是经由以上两条海道而输出的。

──────────

① 吴绵吉:《中国东南民族考古文选》,香港中文大学中国考古艺术研究中心,2007年,第34页。

② (汉)司马迁:《史记》卷六"秦始皇本纪"第六,延边人民出版社,1995年,第23页。

③ 孙光圻:《徐福东渡航路研究》,载《徐福研究论文集》,中国矿业大学出版社,1988年。

④ (元)马端临:《文献通考》卷三百二十四"四裔考"一"倭",中华书局,1986年,第2554页。

⑤ (元)马端临:《文献通考》卷三百二十四"四裔考"一"倭",中华书局,1986年,第2554页。

钱塘江口以南的钱塘、会稽、句章、瓯、东冶、梁安、番禺、徐闻、合浦诸港伴随着汉王朝对百越各国的政治、军事征服而逐渐见诸汉文史籍。汉武帝内迁东瓯,翦灭南越和闽越之后,东南与南方沿海航路变得畅达,这一沿海航线迅速成为中外商品转运的重要通道。《后汉书·郑弘列传》载:"旧交趾七郡贡献转运,皆从东冶泛海而至。"①在瓷器经由东冶、梁安等地输出的过程中,早期窑业技术随之传播到福州怀安和晋江磁灶等窑,位于番禺港附近、珠江口北侧的深圳步涌窑址则利用中原传来的半倒焰馒头窑烧造南方青瓷。

由广州、徐闻、合浦往南,沿北部湾、越南东海岸,入泰国湾,穿马六甲海峡,沿孟加拉湾沿岸,最后到达印度半岛之南的斯里兰卡。② 这条南海—印度洋航线最迟在汉武帝时即已开辟。③(图2-7)《汉书·地理志》载:"自日南障塞、徐闻、合浦船行可五月,有都元国;又船行可四月,有邑卢没国;又船行可二十余日,有谌离国;步行可十余日,有夫甘都卢国。自夫甘都卢国船行可二月余,有黄支国,民俗略与珠厓相类。其州广大,户口多,多异物,自武帝以来皆献见。有译长,属黄门,与应募者俱入海市明珠、璧流离、奇石异物,赍黄金,杂缯而往。所至国皆禀食为耦,蛮夷贾船,转送致之。亦利交易,剽杀人。又苦逢风波溺死,不者数年来还。大珠至围二寸以下。平帝元始中,王莽辅政,欲耀威德,厚遗黄支王,令遣使献生犀牛。自黄支船行可二月,到皮宗;船行可二月,到日南、象林界云。黄支之南,有已程不国,汉之译使自此还矣。"④

① (南朝)范晔撰,(唐)李贤等注:《后汉书》卷三十三"朱冯虞郑周列传"第二十三,中华书局,1975年,第1156页。
② 夏秀瑞、孙玉琴编著:《中国对外贸易史》(第一册),对外经济贸易大学出版社,2001年,第24~25页。
③ 夏秀瑞、孙玉琴编著:《中国对外贸易史》(第一册),对外经济贸易大学出版社,2001年,第24页。
④ (汉)班固撰,(唐)颜师古注:《汉书》卷二十八下"地理志"第八下,中华书局,1962年,第1671页。

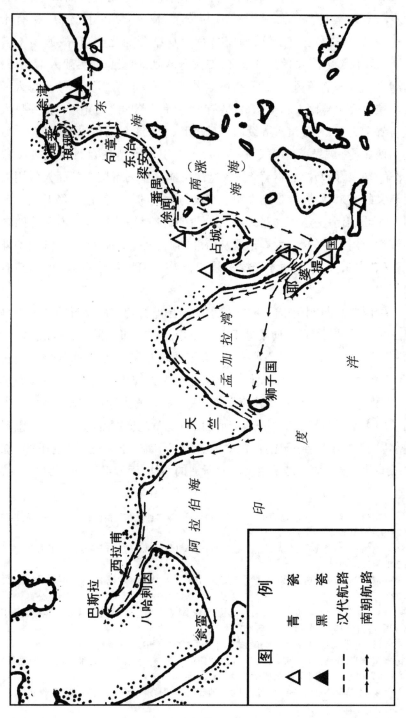

图 2-7 东汉六朝航路及海洋性陶瓷的海外发现

在西方，大秦（罗马帝国）也一直谋求与汉朝建立直接的海上交通。《后汉书·大秦传》："大秦国……与安息、天竺交市于海中，利有十倍。……其王常欲通使于汉，而安息欲以汉缯彩与之交市，故遮阂不自达。"①东汉甘英出使大秦，"抵条支，临大海欲渡，而安息西界船人谓英曰：'海水广大，往来者善风，三月乃得度。若遇迟风，亦有二岁者，故入海人皆赍三岁粮。海中善使人思土恋慕，数有死亡者。'英闻之乃止。"②在安息人的危言耸听之下，甘英没有继续西行，汉朝通使大秦的目的没有实现。《后汉书·西域传》载："至桓帝延熹九年，大秦王安敦遣使自日南徼外献象牙、犀角、瑇瑁，始乃一通焉。"③尽管这次可能是罗马帝国东部商人冒用大秦王名义的东来活动，但是亦说明了东汉与大秦的民间交往已经开始。三国时，大秦既沿海上丝绸之路来华，也有在东南亚等地通过水道和陆路转运而到达四川等地的。"大秦道既从海北陆通，又循海而南，与交趾七郡外夷比，又有水道通益州、永昌，故永昌出异物。前世但论有水道，不知有陆道。"④

三国两晋时期，中国航海家开始了从沿岸航行到离岸航行的尝试。自东汉三国以来，"涨海"一词屡见于汉文史籍之中。如汉杨孚《异物志》载："涨海崎头，水浅而多磁石。"⑤三国吴会稽郡守万震所著《南州异物志》载："句稚去典逊八百里，有江口西南向，东北行极大崎头。出涨海，中浅而多磁石"，"海中千余里，涨海无崖岸"。⑥ 三国东吴黄武五年（226），康泰、朱应出使中南半岛南端的扶南王国，所走的可能就是横渡南海的航线。康泰《扶南传》："涨海中，到珊瑚洲，洲底有盘石，珊瑚生于上也。"⑦这里的"涨海""珊瑚洲"很可能就是横渡南海时所遇的西沙、南沙群岛。⑧《梁书·扶

---

① （南朝）范晔撰，（唐）李贤等注：《后汉书》卷八十八"西域传"第七十八，中华书局，1975年，第2919~2920页。

② （南朝）范晔撰，（唐）李贤等注：《后汉书》卷八十八"西域传"第七十八，中华书局，1975年，第2919~2920页。

③ （南朝）范晔撰，（唐）李贤等注：《后汉书》卷八十八"西域传"第七十八，中华书局，1975年，第2920页。

④ （晋）陈寿撰，（南朝）裴松之注：《三国志·魏书》卷三十"乌丸鲜卑东夷传"，裴松之注引《魏略·西戎传》，中华书局，1959年，第861页。

⑤ （汉）杨孚撰，（清）曾钊辑：《异物志》，中华书局，1985年，第3页。

⑥ （宋）李昉等撰：《太平御览》卷七百九十"四夷部"十一"南蛮"六"句稚国"，引（三国吴）万震：《南州异物志》，上海古籍出版社，2008年，第77页。

⑦ （宋）李昉等撰：《太平御览》卷六十九"地部"三十四"洲"，引（三国吴）康泰：《扶南传》，上海古籍出版社，2008年，第690页。

⑧ 韩振华：《魏晋南北朝时期海上丝绸之路的航线研究》，《中国与海上丝绸之路——联合国教科文组织海上丝绸之路综合考察泉州国际学术讨论会论文集》，福建人民出版社，1991年。

南传》载:"顿逊之东界通交州,其西界接天竺、安息徼外诸国,往还交市。所以然者,顿逊回入海中千余里,涨海无崖岸,船舶未曾得经过也。"①

西沙、南沙岛礁汉晋陶瓷、钱币等遗物的发现,与诸多的汉文史籍记载一起印证了汉晋六朝南海离岸航线的开辟,也说明了此时陶瓷器已开始对外输出的客观事实。

西沙群岛又称"七洲洋""九乳螺洲",位于中国南海西北部,主要由宣德环礁、永乐环礁、东岛环礁、华光礁、玉琢礁、浪花礁、北礁、盘石礁8个环礁和嵩涛礁与一些海山组成。② 1975年,广东省博物馆等单位的考古工作人员在北礁东北角礁盘深约2~3米的水下发现了两件南朝青釉六耳罐残件和一件青釉小杯。③ 1991年,中央民族大学王恒杰先生在甘泉岛海滩上发现因涨落潮而冲上岸的汉唐以来的残碎陶瓷片。瓷片棱角光圆,可能是古代沉船船货或被渔船丢弃后经海水多年冲蚀所致。④

南沙群岛又称"万里石塘",海域内明礁暗沙星罗棋布,船只稍有不慎即会触礁而沉。1992年,王恒杰先生赴南沙调查时,在南沙群岛最大的环礁群——郑和群礁,发现了有"米"字戳印纹的硬陶陶瓮腹部残片及汉代五铢钱一枚。渔民在道明礁阳明暗沙西侧和南钥岛北侧的礁沙中采集到器表压印网格纹和戳印同心圆纹的印纹灰陶片,该陶片与海南陵水、广东澄海龟山等汉晋遗址中所出遗物颇为相似。⑤

三　东汉六朝东南陶瓷在海外的发现

早在1~6世纪,东南瓷器便通过海路向外舶出。在朝鲜半岛、日本列岛、中南半岛及马来半岛等地都有发现汉晋陶瓷。

六朝时期,朝鲜半岛南部的百济与南朝关系甚为密切。百济王"累遣

① (唐)姚思廉撰:《梁书》卷五十四"列传"第四十八"诸夷",中华书局,1973年,第787页。

② 中国国家博物馆水下考古研究中心等编著:《西沙水下考古(1998~1999)》,科学出版社,2006年,第2~3页。

③ 广东省博物馆、广东省海南行政区文化局:《广东省西沙群岛北礁发现的古代陶瓷器》,《文物资料丛刊》第6辑,文物出版社,1982年;广东省博物馆等:《广东省西沙群岛第二次文物调查简报》,《文物》1976年9期。

④ 王恒杰:《西沙群岛的考古调查》,《考古》1992年第9期。

⑤ 王恒杰:《南沙群岛考古调查》,《考古》1997年9期。

使献方物,并请《涅槃》等经义、《毛诗》博士并工匠、画师等"①。南朝的陵墓建筑技术及青瓷器等随葬品于此时传入百济。1969 年,在韩国忠清南道天原郡出土了青瓷天鸡壶和四耳壶。② 20 世纪 70 年代,在韩国江原道原城郡法泉里发掘的 2 号坟石棺墓里,出土有东晋时期青瓷羊形器,高0.13 米。修于梁普通六年(525)前后的武宁王墓是一座带有甬道的大型单室砖墓,其形制、结构完全是按照中国南朝的墓制营建的。③ 墓中随葬青瓷器有越窑青瓷灯、碗、四耳壶、六耳壶等。④ 此外,百济发现的六朝瓷器还有:在梦村土城出土的黑釉钱纹陶;石村洞古墓群的越窑青釉四系罐(图 2 - 8:5);在风纳土城内出土的六朝施釉陶器、钱纹陶器、黑釉瓷等器物;在开城附近出土的一件青瓷虎子;在天原郡花城里古墓出土的一件在口沿部位施有褐色点彩的东晋青瓷盘口壶(图 2 - 8:3);在忠清南道洪城郡结城面神衿城遗址出土的西晋时期黑褐釉陶和钱纹陶片;江原道原城郡富论面法泉里古墓群出土的六朝时期青瓷羊(图 2 - 8:1);在忠清南道天安市郊外龙院里古墓群 9 号石室墓出土的一件六朝德清窑系黑釉鸡首壶,在天安龙院里 C 地区横穴式石室墓出土的阴刻莲瓣纹青瓷碗和两件青瓷小碗(图 2 - 8:2、4、7);2003 年在公州水村里古墓群出土的六朝完整青瓷四系罐、黑釉鸡首壶和黑釉盘口壶各一件;在扶余扶苏山城内出土的大量黑褐釉瓷罐、青瓷壶、碗、多足瓷砚的残片(图 2 - 8:9);在全罗北道益山郡笠店里古墓群 9 号石室墓出土的一件南朝青瓷四耳罐(图 2 - 8:6);在益山王宫里遗址出土的南朝盛行的青瓷莲花尊残片(图 2 - 8:8)。⑤ 以上众多发现表明,六朝时期青瓷除作为官方赏赐之物外,极有可能还作为一种商品而输入百济,不然不会在除王陵、宫殿外如此众多的地点都有发现。

① (唐)李延寿撰:《南史》卷七十九"列传"第六十九"夷貊"下,中华书局,1975 年,第1973 页。
② 〔日〕矢部良明著:《日本出土的唐宋时代的陶瓷》,《中国古外销陶瓷研究资料》第 3 辑,中国古外销陶瓷研究会编印,1983 年 6 月。
③ 杨泓:《吴、东晋、南朝的文化及其对海东的影响》,《考古》1984 年第 6 期。
④ 李知宴:《中国陶瓷的对外传播》(二),《中国文物报》2002 年 1 月 16 日,第 5 版"陶瓷"。
⑤ 〔韩〕成正镛等:《中国六朝与韩国百济的交流——以陶瓷器为中心》,《东南文化》2005年第 1 期;〔韩〕赵胤宰:《略论韩国百济故地出土的中国陶瓷》,《故宫博物院院刊》2006 年第 2 期。

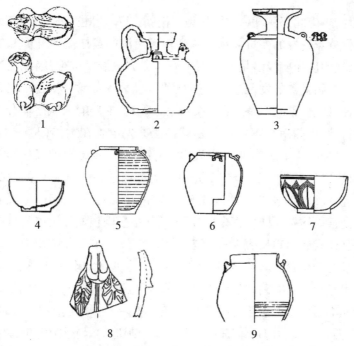

图2－8　韩国百济出土的六朝瓷器①

1. 青瓷羊（江原道原城郡富论面法泉里2号坟）2. 黑瓷鸡首壶（忠清南道天安市龙院里9号石室墓）3. 青釉褐点彩盘口壶（忠清南道天安市花城里）4. 青瓷小碗（天安龙院里C地区横穴式石室墓）5. 青瓷四耳罐（汉城石村洞8号土圹墓外部）6. 青瓷四耳罐（全罗北道益山郡笠店里86－1号石室墓）7. 青瓷莲瓣纹碗（天安龙院里C地区横穴式石室墓）8. 青瓷贴花纹瓶片（益山王宫里）9. 黑釉罐（扶苏苏山城）

　　六朝时，日本与百济的关系也颇为密切，中国文化常从百济传往日本，日本来华也多由百济中转。20世纪七八十年代，在日本爱媛县松山市古三津，山林土崩时偶然出土一件东晋越窑青瓷四耳小壶，让人们对东南青瓷在日本的继续发现产生无限遐想。② 东南青瓷业通过百济影响了日本的制陶业则是确凿无疑的。如日本古坟时代烧制须惠器的登窑，其斜长的窑身、依山而建的建筑形式、火膛烟道的设置等均与南方龙窑十分相似。须惠器中子持壶在器型上则完全是模仿青瓷五联壶，只不过须惠器是陶器

---

① 1～9均采自〔韩〕成正镛等：《中国六朝与韩国百济的交流——以陶瓷器为中心》，《东南文化》2005年第1期。

② 唐杏煌：《汉唐陶瓷的传出和外销》，《东南考古研究》第1辑，厦门大学出版社，1996年，第138页。

而已。①

汉代,越南北部一度为中国属地。南朝,扶南、林邑等中南半岛诸国也与中国保持着良好的朝贡关系。六朝横渡南海的离岸航线开辟和成熟之前,东南往印度洋航线多是沿中南半岛和泰国湾沿岸绕行,因此在这一地区多有汉晋陶瓷器的发现。越南历史和考古学者发现,其"古坟之构造及出土古器,如壶、鼎、盘、案、碗、钵、杯、甑等类,纯为中国风之制作品"②。英人加得纳、中国南洋陶瓷考古学家韩槐准先生均在柔佛(Johor Lama)、哥打丁宜(Kota Tinggi)等地发现表面饰有编织纹、菱形纹的汉代印纹陶片和深绿色釉汉瓷碎片。③ 李知宴先生认为韩槐准在柔佛发现的深绿色波浪纹青瓷片,应该是"浙江地区的产品,在浙江上虞的小仙坛、宁波郭堂岙等东汉瓷窑里均发现同样青瓷碎片"④。苏莱曼则根据以上发现推断中国汉朝就已经开始出口陶器到东南亚等地。⑤ 位于东汉六朝南海—印度洋航线中继要冲位置的印尼苏门答腊、爪哇等地也有发现汉晋瓷器,与马来西亚许多瓷片大多有确切的地点并经科学发掘而来不同,印尼的汉晋瓷片大多出处不明。三上次男先生在《陶瓷之路》一文中表达了自己的疑惑:"印度尼西亚雅加达博物馆陈列着中国汉代制造的绿釉陶瓷和黑釉陶器,说明写着是从爪哇和苏门答腊出土的。实际上这些物品是不是从印度尼西亚各岛上发现的,我还不能百分之百相信。"⑥但是考虑到越南、泰国、马来西亚等地的已有发现及苏门答腊、爪哇在东汉六朝中西海路交通中的枢纽地位,汉晋瓷器在这里发现应当也不足为怪。

总之,东汉六朝海洋性瓷业格局初现雏形。在东汉晚期成熟瓷器烧造成功后,青瓷烧造技术迅速在浙东地区扩散。早期青瓷窑址集中分布于其发源地,即上虞曹娥江中游地区。随着西晋浙东运河的开凿成功,窑址逐步沿曹娥江南下,向浙东运河和曹娥江交汇处集中。东晋南朝青瓷窑址进一步沿浙东运河向钱塘港和句章港方向扩散。东晋六朝,在陶瓷沿东冶、梁安、番禺等东南港市转运舶出的过程中,青瓷窑业技术也随之传播到福州怀安窑、晋江磁灶窑、深圳岗头村窑等地,体现了东南海洋性经贸体系的一体化过程。其中怀安窑和磁灶窑窑炉结构和浙东地区绝大多数窑址一

---

① 杨泓:《吴、东晋、南朝的文化及其对海东的影响》,《考古》1984 年第 6 期。
② 黎正甫:《郡县时代之安南》,商务印书馆,1945 年,第 171 页。
③ 韩槐准:《中国古代与南洋之陶瓷贸易》,《中国学会年刊》1955 年。
④ 李知宴:《中国陶瓷的对外传播》(一),《中国文物报》2002 年 1 月 9 日,第 5 版"陶瓷"。
⑤ 〔菲〕苏莱曼:《东南亚出土的中国外销瓷器》,《中国古外销陶瓷研究资料》第 1 辑,中国古外销陶瓷研究会编印,1981 年 6 月,第 69 页。
⑥ 〔日〕三上次男著,李锡经等译:《陶瓷之路》,文物出版社,1984 年,第 153 页。

样采用南方常见的平焰龙窑烧造技术,而岗头村窑则是在由汉代中原砖瓦烧制技术南传所带来的半倒焰马蹄形窑技术基础上烧造青瓷的。伴随着早期南海—印度洋航线,中韩、中日黄海南线等航路的开辟,刚刚烧制成功的成熟瓷器先后传播到朝鲜半岛、日本列岛和东南亚地区。六朝横渡南海航线的开辟也被西沙水下考古发现所证实。这样,东汉六朝时期,以钱塘、会稽、句章、东瓯、东冶、番禺等东南港市为中心的早期海洋性瓷业体系已经初具雏形了。

第三章

隋唐五代东南
海洋性瓷业格局的发展

第一节　隋唐五代东南
海洋性瓷业格局发展的背景

一　隋唐五代东亚陆海交通格局

唐代前期,中西陆路交通还十分畅通,昭武九姓国、拔汗那、康国、吐火罗(大夏)等中亚各国都属唐朝的羁縻府州。7世纪初,阿拉伯帝国崛起于西亚,它迅速消灭了萨珊波斯、重创了拜占庭帝国,并开始向中亚等东方扩张。751年,高仙芝兵败怛罗斯之后,唐朝承认了大食对中亚的吞并,两国随后开展了频繁的经济往来。随着吐蕃的日益强盛,唐朝与大食间的陆路往来遭受到极大的阻碍。8世纪以后,唐与大食的商业关系越来越仰赖于交广水道。大量阿拉伯人泛海东来,在扬州、广州、泉州等东南贸易港口城市聚族而居,形成蕃坊。这些活跃于东西航路的阿拉伯人直接将中西亚的陶瓷市场消费信息带到了中国的沿海港市,对中国陶瓷史的发展产生了重要影响。

在南亚方面,中印新辟介于中印缅道和雪山道之间的藏道。该道经青海入吐蕃、尼泊尔到中印度,较前两道更为方便快捷。王玄策三次出使印度、玄奘赴印求法,均加深了印度、尼泊尔等国与中国的交往。与陆路通道相比,由广州附舶前往狮子国再转赴印度的海道似乎更为便捷,义净、明远、义朗、无行、僧哲、玄游、慧日、不空等更多赴印求法僧多循此道。[①]

在东南亚方面,隋炀帝收交州,征林邑,遣常骏出使赤土国,使得南海航路重新疏通,为唐代海上丝绸之路的全面繁盛奠定了基础。

在东北亚方面,隋炀帝屡征高丽,不果。唐则扶植新罗,灭百济与高丽。新罗也一直与唐保持着较好的朝贡关系。日本国与统一朝鲜半岛的新罗关系紧张,传统的中日黄海北线和北南线均难以为继,故开辟了由九

---

① 沈福伟:《中西文化交流史》,上海人民出版社,1985年,第140~150页。

州南下至冲绳再渡海来华的东海南线。不久又开辟了从扬州、明州、福州或泉州等江南港口横跨东海直航日本九州值嘉等岛屿的东海北线。大批日本使者和学问僧从海道来华。

东南港市在隋唐五代也得到进一步的发展。隋代大运河开凿后,扬州成为长江、大运河和东海海运三线的枢纽,是全国最大的商品集散地。杭州港作为大运河的南大门,其河、海相连的交通优势十分明显。唐代中后期,中日间开辟了横渡东海的南路南线和南路北线后,明州港的地位尤为显赫,成为对日航行的主要港口。明州港兴起后,浙东瓷业中心由原来靠近浙东古运河的上虞江中下游地区向明州港周围的上林湖、里杜湖一带集中。作为福建政治、经济中心,福州也是东南几个繁荣港市之一。五代王审知治闽时,甘棠港盛极一时。伴随着隋唐时期晋江流域的持续开发,物产殷富、经济腹地大增的泉州港市亦有发展,海外船舶常前来泉州互市。作为东、西亚远洋船舶的起讫点,广州是隋唐五代南海第一大港口,"地当要会,俗号殷繁"①,"多蕃汉大商","有蛮舶之利"②。南海船舶多聚于此,有"婆罗门、波斯、昆仑等舶,不知其数,并载香药、珍宝,积载如山"③。扬州、杭州、泉州、广州等城内阿拉伯人、波斯人聚族而居,中西文化交流呈现出一片繁荣景象。

二 瓷业新成就

唐五代,中国南青北白的瓷业格局正式形成。在频繁的中西文化交流之下,北方瓷业更善于从西方文化中吸收养分和创新,同时又反过来从器型和纹饰上影响东南瓷业。北方白瓷的烧制成功又为陶瓷由单色釉瓷向彩瓷的转变做好了物质准备,使瓷业初步过渡到单色瓷与彩瓷共存的局面。

根据目前的陶瓷窑址考古资料来看,北朝以前中国北方地区并不生产瓷器,当时瓷器尚属贵重的生活用品,绝大多数出自王室、贵族大墓。大约自北魏中晚期起,北方开始生产青瓷、黑瓷和白瓷,但窑址数量较少,主要

① 张星烺编注,朱杰勤校订:《中西交通史料汇编》第2册,转引自《全唐文》卷四百七十三,中华书局,1977年,第278页。

② 房仲甫、李二和著:《中国水运史》(古代部分),新华出版社,2003年,第188页。

③ 〔日〕真人元开著,汪向荣校注:《唐大和上东征传》,中华书局,2000年,第74页。

有山东省淄博寨里窑、枣庄中陈郝北窑和临沂朱陈窑等。① 这些瓷器大多胎质厚重粗糙，釉层厚薄不均，釉色偏青褐、黄褐等色，流釉现象普遍，反映了北方瓷业初创时期瓷器面貌的原始性。北朝瓷窑应当是采用半倒焰馒头窑烧瓷，其筒形、喇叭口状支座，锯齿形间隔具等窑具多与南方相同，体现了南方瓷业技术对北方的影响。② 北方瓷业的兴起在中国陶瓷史上占有重要的地位，北方窑工在半倒焰馒头窑中成功烧制白瓷，脱离了南方青瓷系统，为隋唐南青北白瓷业格局的形成打下了基础，同时也为青花、五彩、粉彩等彩瓷的出现提供了物质准备。北方陶瓷在造型上模仿西域和波斯金银器，在纹饰上引进联珠、忍冬纹等西域装饰图案，为丰富瓷器器型和装饰亦做出了重要贡献。

　　隋代北方瓷业迅速崛起，在河南安阳，河北磁县，山东淄博、临沂均有青瓷窑址分布，器形主要有碗、高足盘、四系罐、钵、壶、杯、瓶、砚、盂等，一般胎壁较厚，釉层厚薄不均，由于采用不同于南方龙窑的半倒焰馒头窑，还原焰烧成技术不是很成熟，导致釉色不甚稳定。河北内丘贾村发现隋代白瓷窑址，所烧白瓷有精有粗，粗者多在灰白色胎上敷化妆土，精者胎土细腻洁白，为放入筒形匣钵内烧造。③ 唐代邢窑和定窑相继崛起，此时北方瓷业已主要改烧白瓷了。邢窑白瓷的器形主要有碗、盏托、皮囊壶、注子、罐、枕等，随着中西文化交流的繁盛，一批仿金银铜器造型的器物，如凤首瓶、高足杯、花口水注、长颈瓶、花口碗、环耳杯、净瓶、博山炉等大量涌现，说明北方瓷业更具有开拓和创新精神。邢窑白瓷洁白的胎体之上也偶见划花、模印和点彩等装饰技法。窑具主要有三叉支钉，北朝时由南方传入的锯齿形间隔具等窑具多不见。唐代定窑以木柴为燃料，在半倒焰馒头窑中以还原焰烧造白瓷，釉色白或白中闪青，表明北方窑工对窑炉火候的掌握已较娴熟。五代定窑白瓷较唐代胎质轻薄，碗、盘等器物多做成花口、瓜棱腹，器型轻盈精致。以邢窑、定窑为代表的北方白瓷在唐五代风行大江南北，唐李肇《国史补》载："内丘白瓷瓯，端溪紫石砚，天下无贵贱通用之。"④定居扬州、广州等地的阿拉伯人也多采购这些精美白瓷附舶归国。

　　唐五代，青瓷生产仍然集中在浙东上林湖为中心的南方地区。此时，发明于南朝的匣钵装烧技术在越窑等窑场得到普遍推广。匣钵的叠堆功能使得龙窑窑身提高，对于建立龙窑的量产制度极为有利。匣钵应用后，

① 冯先铭主编：《中国陶瓷》，上海古籍出版社，2001 年，第 280 页。
② 秦大树：《石与火的艺术——中国古代瓷器》，四川教育出版社，1996 年，第 61 页。
③ 于文荣：《浅析唐代北方陶瓷工艺成就》，《中国历史文物》2000 年第 2 期。
④ （唐）李肇著：《唐国史补》卷下"货贿通用物"，古典文学出版社，1957 年，第 60 页。

坯件不再受烟火及窑顶落沙等熏染,釉面光洁,色泽明亮,瓷器的质量也大为提高。西晋时投柴孔的设立及其发展使得隋唐龙窑的分段烧成技术趋于成熟,也使得龙窑的窑身较前期有较大增长,再配以因匣钵应用所带来的窑身增高,陶瓷产业的量产制度真正建立起来。① 晚唐五代,以越窑为代表的南方青瓷也多仿效金银器皿,如荷叶碗、荷花碗、花口碗、葵口盘、瓜棱执壶、荷叶盏托等。隋唐五代,青瓷窑业中心虽然仍位于浙东慈溪上林湖等地,但青瓷窑业技术却已遍及闽江、晋江、九龙江、韩江、西江、东江及东南沿岸岛屿各地。这些窑口所生产的青瓷大量沿中朝黄海南、北线,中日东海北线、南线,广州通海夷道等航路输出至朝鲜、日本以及东南亚、南亚、中西亚及北非各地。南方青瓷产品以其纯正的釉色、精美的造型和较高的质量而畅销海内外,最远销至福斯塔特等北非地区。

唐五代,黑瓷的产量和质量有了较大提高。在器型上,黑瓷与青瓷、白瓷等瓷种有着共同的时代特征。在窑址分布上,北方主要有山东淄博窑,河南巩县、密县、郏县窑,陕西黄堡窑等,南方主要有浙江鄞县、慈溪、宁波、象山,福建建阳,广东湛江、合浦、郁南等地窑场。虽然多数黑瓷釉色漆黑,釉面滋润光亮,以釉色取胜而不尚纹饰,但是仍有部分黑瓷有刻划、模印等花纹装饰。陕西黄堡窑还以刻花填白彩和素胎黑花等技法来装饰器物表面,丰富了黑釉瓷器的装饰艺术。②

唐五代时期,在南北窑业技术的交融和中西文化交流的背景下,中国瓷业逐渐由单一的单色瓷品种向单色瓷与彩瓷共存的局面发展。花釉瓷、绞胎瓷、青花瓷、唐三彩、长沙窑釉下褐绿彩等瓷种是这些彩瓷的代表。花釉瓷就是在黑釉、白釉、青釉等釉色之上饰以白、蓝、黄等彩斑的瓷器,在河南鲁山段店、郏县、内乡、禹县,陕西交城和陕西铜川等地均有窑址发现,主要器形为腰鼓、壶、罐、水盂等,有些学者称其为"唐钧",认为是宋钧窑的前身。绞胎瓷在河南巩县、鲁山,陕西黄堡等窑址有发现,器形主要有碗、盘、杯、枕等,在唐代较为流行。唐青花瓷发现于扬州唐城遗址和河南巩县窑,巩县窑应当是其烧造地点。唐青花瓷片上既有中国传统的写意纹饰,如花卉、花蜂、如意云等,也有菱形、二方连续几何形等波斯特色浓郁的纹饰。"在中国传统造型的器物上,绘以波斯纹饰"③,说明唐青花是中国瓷工为了迎合居住在这里的阿拉伯人崇蓝尚白的审美需要以及外销中亚、西亚的伊斯兰世界而烧制的。黄巢大屠广州,波斯、阿拉伯人惮于东行,钴料

---

① 熊海堂:《东亚窑业技术发展与交流史研究》,南京大学出版社,1995 年,第 88~89 页。
② 秦大树:《石与火的艺术——中国古代瓷器》,四川教育出版社,1996 年,第 103~104 页。
③ 冯先铭:《有关青花瓷器起源的几个问题》,《文物》1980 年第 4 期。

断绝后,唐青花也就昙花一现般消失了。唐三彩大约始烧于唐高宗时期,是一种利用铜、铁、钴、锰等矿物呈色机理的低温釉陶,釉面多为黄、绿、蓝三种色调,窑址主要发现于河南巩县、河北内丘、陕西铜川和山西长治等地。唐三彩器形主要有凤首壶、龙柄壶、塔式罐、碗、钵、盏托、水盂、烛台、枕等生活用具,镇墓兽、武士、男女侍俑、乐伎俑和骆驼、马等人物和动物俑,庭院、井栏、碓、磨等模型器。唐三彩在东亚、东南亚和中西亚等地多有发现,日本、朝鲜、伊朗和埃及等地分别仿烧了奈良三彩、新罗三彩、波斯三彩等釉陶器。长沙窑釉下褐绿彩瓷是在岳州窑青瓷的基础上发展而来的,瓷器上堆贴的胡人乐舞、椰林、葡萄等图案具有浓郁的西亚、波斯风格,在贴花之上往往施一层褐色釉斑以突出贴花的装饰作用。长沙窑釉下彩瓷对吉州窑、磁州窑、邛窑等窑口产生了深远影响,对中国彩瓷的创新和发展起到了重大的推动和启发作用。①

　　东来的阿拉伯人依据本身的审美习惯挑选精美的越窑青瓷和邢窑白瓷,还订制长沙窑釉下褐绿彩、唐青花、唐三彩等瓷器,这被众多的遗址瓷器共出情况所证实。

三　航海技术的发展

　　隋代,江南各地皆能造船,且产量巨大。京杭大运河凿通之后,运河南大门的杭州造船业迅速崛起,能生产河舟、画舫、海舶等各种船只。另外,在明州、福州、泉州、广州、台州、湖州、婺州等东南沿海各处都有公私造船场。《元和郡县图志》载:"自扬、益、湘南至交、广、闽中等州,公家运漕,私行商旅,舳舻相继。"②适于内河和近海漕运的沙船以及利于乘风破浪的福船和广船等中国古代主要船型也在唐代基本成形。③ 唐代海船体积大,吃水深,抗风浪能力强。有一种名为"苍舶"的海船,"大者长二十丈,载六七百人",是六朝时期海舶的两倍。④《苏莱曼游记》中说:波斯湾风恶浪险,唯唐船巨大,抗风浪能力强,能在波斯湾中畅行无阻;但唐船吃水太深不能

---

　　① 蔡全法、寇玉海:《长沙窑析议》,《东南文化》2001 年第 5 期。

　　② (唐)李吉甫撰,(清)孙星衍校,张驹贤考证:《元和郡县图志》卷第五"河南道"一,中华书局,1937 年,第 145 页。

　　③ 孙光圻:《中国古代航海史》,海洋出版社,1989 年,第 253～254 页。

　　④ 〔日〕桑原骘藏著,陈裕菁译:《蒲寿庚考》,中华书局,1954 年,第 94 页。

直接进入幼发拉底河口,只能停于希拉夫(Siraf),由小船进行船货转运。而位于印度半岛东南的故临国军事哨所对过往船只收费时,别国船只每艘仅交 1~20 个迪纳尔(Dinar),中国船则可能因体积较大而需交 1000 个迪尔汗(Dirhems)。[1]

唐代造船技术也有较大提高,如在造船工艺上已采用先进的钉榫结合、油灰捻缝及船底涂漆等技术;在船舶结构上新增了大腊、防摇浮板等设施,并在分隔舱技术上发明了水密舱技术。船身均以榫卯和铁钉连接,船表以油灰抹盖。钉榫结合技术使得船体纵向强度大为增加,抗风浪性能也得以强化。船板空隙以石灰桐油调和制成的捻料填塞,使得船体密不透水。船底涂漆既可减少船体在水中行驶时的阻力,提高船速,同时也起到船体防腐的作用。大腊是指安装在船舷边的一道纵向粗木,它即可提高船体的纵向强度,又加强了船体的浮力及稳定性。水密舱技术的发明使得船只与货物的安全性大为提高,受损船只的维修亦十分方便。同时期的番舶还多是椰索糖泥缝合木帆船,其船体"用椰子皮为索连缚,葛览糖灌塞"[2],稳固性和抗风浪性皆较差,故"唐末五代间,阿拉伯商人东航者,皆乘中国船"[3]。

风帆是隋唐五代远洋船舶航行海上的主要动力形式,多桅多帆成为此时越洋船舶的主要特征。隋唐以来,远洋船舶除首尾设置桅座外,船身也多设桅座,故多桅多帆现象十分普遍。帆有软、硬之分,软帆为布幔,硬帆为篾席,布帆、席帆皆机动灵活,升降自如,可通过控制帆面大小来调整风力,掌握行船速度。[4] 硬帆最早见于三国吴国丹阳太守万震著《南州异物志》:"外徼人随舟大小或作四帆,前后沓载之。有卢头木叶如牖形,长丈余,织以为帆。"[5] 由篾片织就的硬帆既有韧性又有弹性,亦可折叠,收缩自如,是一种理想的帆面。隋唐五代,石碇和木石锚长期并用,五代绘画中还出现了早期铁锚的形象。石碇多为顶端穿孔、形状各异的块状石块。其原理主要是依靠其重力及半陷泥中的吸附力和摩擦力来达到使船舶定位的目的。石碇出现时间较早,后世内陆河道航船也多有沿用。木石锚最少在西汉初期即已出现,它主要依靠木爪抓泥及碇石自重所形成的合力达到系

---

① 穆来根等译:《中国印度见闻录》,中华书局,1983 年,第 8 页。

② (唐)慧琳撰:《一切经音义》卷六十一,台湾大通书局印行,1985 年,第 1337 页。

③ 〔日〕桑原骘藏著,陈裕菁译:《蒲寿庚考》,中华书局,1954 年,第 92 页。

④ 中国古代造船发展史编写组:《唐宋时期我国造船技术的发展》,《大连理工大学学报》1975 年第 4 期。

⑤ (宋)李昉等撰:《太平御览》卷七百七十一"舟部"四"帆",引(三国吴)万震:《南州异物志》,上海古籍出版社,2008 年,第 785 页。

泊船只的目的。①

隋唐五代,中国在天文导航方面并没有在汉晋六朝的基础之上取得什么大的进展,依然处于天文定向导航阶段,即通过观测太阳、北极星或其他星辰的方位来确定船的航向。如唐代诗人王维在《送秘书晁监还日本国》中道:"积水不可极,安知沧海东!九州何处远,万里若乘空。向国惟看日,归帆但信风。"②唐代地文导航系统较汉晋时期有了较大进步。西汉"汉使航程"中动辄"船行可五月有都元国""可二月到日南、象林界""可八月至皮宗"之类的模糊航期记载,至唐代贾耽"广州通海夷道"中,则多有"帆风西行二日至九州石""又南二日至象石""又西南三日行至占不劳山,山在环王国东二百里海中"等记载,不仅准确地记载了航向、航期,还对沿岸地形有所描述。③ 同时我们也发现,当时的远洋航海能力并未达到横渡大洋的水平,因为其航线是由许多少则半日、多则十日的航程缀合而成。

第二节　隋唐五代东南海洋性瓷业格局的发展

一　隋唐五代东南海洋性瓷业的时空变化

隋唐五代,东南海洋性瓷业有了较大的发展。以越窑系为中心的青瓷产业从浙北钱塘江南岸地区迅速扩张,沿江、沿河发展到浙西、浙南山地,在海洋市场的拉动下,仿越窑的青瓷业还广泛分布于闽江、晋江、九龙江流域及岭南地区。由于阿拉伯人的东来并寓居于扬州、广州等唐代国际大都市,使得中西亚陶瓷消费市场的信息直接传播于此,阿拉伯人利用扬州地处南北交通咽喉和身为重要商品集散地的重要地位,将海洋性瓷业的腹地空前绝后地延伸至长江中游的湖南长沙与黄河流域的河南巩县等地。(图

---

① 王冠倬编著:《中国古船图谱》,生活·读书·新知三联书店,2000年,第100页、彩图9。
② (唐)王维著:《王维全集》,上海古籍出版社,1997年,第63页。
③ 孙光坼:《中国古代航海史》,海洋出版社,1989年,第339页。

3-1)

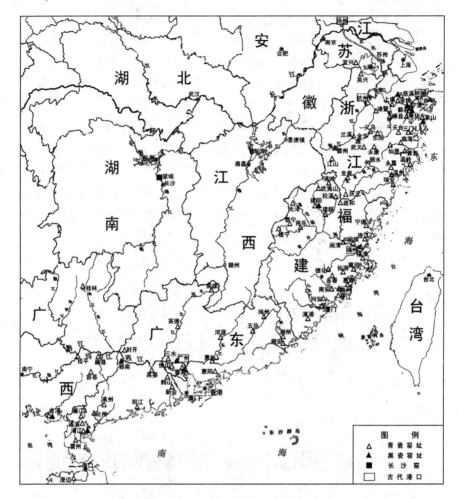

图3-1 隋唐五代海洋性瓷业分布图

　　随着唐代明州港的崛起,越窑的中心分布区已由上虞县曹娥江中上游地区转移到了慈溪上林湖,窑址以上林湖为中心密集分布,在其周围的白洋湖、里杜湖、古银锭湖以及余姚、鄞县、上虞、绍兴、嵊县、镇海、奉化、象山等地也相继设立窑场,规模宏大,窑场林立。这些窑址主要有分布于慈溪的上林湖窑群,其中有木杓湾、鳌裙山、菱白湾、黄鳝山、铁纲山、燕山坤、狗头金山、大埠头、陈子山、吴家溪等窑,绍兴的上灶官山窑,嵊县的南山贵门窑、长乐环桐树窑,余姚的陆埠西山下窑、双河穴湖岙窑、双河湖口龙窑、湖山牟山湖窑、二六市大树头窑、云楼杨菜岙窑、郑巷凤凰山窑,鄞县的韩岭三联窑以及郭家峙、沙堰元宝山、东吴东村、东吴北村、东吴南村、东吴牌万山、宝幢横山等窑,镇海的坟溪小洞岙窑、晨钟山窑、何家园窑,奉化的白杜孙候窑、余家坝窑、西坞石桥窑、尚桥五小村窑,象山的黄避岙窑等。① 与东汉六朝相比,此时越窑青瓷技术更是传播到东海之滨的象山,该处唐瓷窑规模较大,却位于远离城镇、人烟稀少的象山港海边,其生产的目的明显是利用便利的海路交通而对外输出。在宁波和温州之间的台州市及其所属的临海、三门、天台、仙居、黄岩、温岭、玉环等地也发现有众多的唐五代窑址。瓯窑窑址的集中分布区由东晋六朝瓯江北岸的永嘉罗溪乡和东岸乡进一步延伸至温州的西山等地。婺州窑的日用粗瓷生产进入鼎盛时期,制瓷作坊分布于金华、兰溪、义乌、东阳、永康、武义、衢县、江山等县的广大地区,其中东阳、金华、武义等县发现了几十到上百处的瓷窑窑址,并形成了连绵数里的瓷窑密集分布地。地处浙南偏僻山区的丽水、龙泉等地,自南朝以至唐代,瓷业长久未有较大发展,青瓷质量低下,远不及同时期的越窑、婺州窑和瓯窑产品。五代末至北宋早期,在瓯窑的影响之下,龙泉地区开始生产一种胎壁较薄,胎质白净,形体细巧,通体施淡青釉的瓷器。制瓷技术的提高为北宋中晚期以后龙泉瓷业体系的形成和崛起奠定了基础。②

　　闽江上游及其支流的建阳、建瓯一带,以福州为中心的闽江口流域和以泉州为中心的晋江流域及其外围港口同安一带也有大量唐五代青瓷窑址群分布。闽江上游及其支流的建阳、建瓯、浦城、崇安、光泽、松溪、政和、将乐、泰宁、建宁一带唐五代窑口分布十分密集,其产品质量及窑炉技术均较高,可能是唐代中、晚期越窑系统向闽北地区扩散的结果。③ 闽江下游及以福州为中心的闽江口流域的唐五代窑址在福州、闽清、闽侯、连江、福清、宁德等县市均有分布,在工艺上都不同程度地继承本地六朝青瓷制作工艺和模仿浙江越窑系统的工艺,同时还不同程度地兼烧黑釉瓷器。闽南晋江流域、九龙江口的泉州、晋江、南安、同安、厦门、漳浦、永春、德化以及仙游、莆田等地窑址的瓷器烧造技术严重滞后,在越窑普遍使用匣钵装烧时,这里却依然沿用南朝甚至三国时期常用的支钉和托座等装烧工具。④

　　唐五代时期岭南瓷窑密集分布于瓷土资源丰富、交通便利的沿海地区和

　　① 马志坚:《越窑中心论》,《东南文化》1991 年第 3、4 期。
　　② 浙江省轻工业厅编:《龙泉青瓷研究》,文物出版社,1989 年,第 4～8 页。
　　③ 福建省博物馆:《建阳将口唐窑发掘简报》,《东南文化》1990 年第 3 期;吴裕孙:《建阳将口窑调查简报》,《福建文博》1983 年第 1 期。
　　④ 李德金:《古代瓷窑遗址的调查和发掘》,载《新中国的考古发现与研究》,文物出版社,1984 年;栗建安:《福建古瓷窑考古概述》,载《福建历史文化与博物馆学研究——福建省博物馆成立四十周年纪念文集》,福建教育出版社,1993 年。

江边城镇。① 在珠江口的广州西村、佛山、三水、高明、新会、番禺、南海、中山等地均有唐五代馒头窑和少量龙窑分布。韩江流域的潮州、梅县等地是唐五代岭南海洋性瓷业的重要分布区,梅县水车窑的青瓷玉璧底碗、无耳罐等产品在东南亚地区多有发现。雷州半岛的雷州市通明河出口处,湛江市坡头镇梁陶村,遂溪县草潭、城月、黄略、杨柑、界炮诸镇和廉江县车板镇、营仔镇等地也都有唐五代龙窑和馒头窑烧造日用粗瓷。此外在东江流域的惠州、惠阳、河源,西江上游的广东封开、郁南、高要,广西容县、桂平、桂林,南岭山下的南雄以及沿海的阳江、合浦等地都有唐五代青瓷窑址。

二 隋唐五代东南海洋性瓷业的发展情况

(一)宁绍平原和浙东沿海

隋至唐代早期是浙江境内瓷业生产的萧条期,以生产酱色釉瓷和黑釉瓷而闻名的德清窑大约在隋唐之际即已衰落,越窑和婺州窑等窑的生产规模亦很小,不见规模可观的窑址群,所烧瓷器胎质粗糙,施釉不均,釉色偏黄或偏灰。② 进入中唐以后,经济重心南移,饮茶风俗和对外输出的刺激,使得窑址数量剧增,越窑再度成为南方青瓷生产的中心。

上林湖地区是唐五代越窑的中心分布区,这里共发现古窑址约 110 处,其中唐五代窑址约 94 处。大部分窑址在湖的南半部,尤以西南部最集中,以木勺湾、吴石岭、横塘山、黄鳝山、马溪滩、荷花芯、皮刀山、河头山、狗颈山、后施岙、周家岙、吴家溪、黄婆岙等地最为密集。唐代上林湖荷花芯上 Y37 窑址出土瓷器主要有碗、盘、壶、罐、钵、水盂、盒、盏、杯、灯盏、盏托等,表面施以青黄或青灰釉,刻划荷花等纹样。窑具主要是匣钵和垫圈两种,匣钵分为夹砂耐火土匣钵和瓷质匣钵两种。其中一件瓷质匣钵上刻有"会昌三年七月廿日"铭文,为窑址的断代提供了准确的纪年材料。唐代晚期越窑由于大量使用匣钵装烧,瓷器质量显著提高,瓷器器胎质地细腻

---

① 孔粤华:《唐代梅县水车窑青瓷的特色及对外贸易》,《中国古陶瓷研究》第 9 辑,紫禁城出版社,2003 年,第 330～333 页。

② 冯先铭:《中国陶瓷》,上海古籍出版社,2001 年,第 271 页;浙江省博物馆:《青瓷风韵——永恒的千峰翠色》,浙江人民美术出版社,1999 年,第 25 页。

致密,呈浅灰、灰或淡紫色。所烧器物基本满釉,釉层匀净,釉色黄或青中泛黄,滋润而不太透明。由于采用托珠垫隔,底足内常有数个圆形泥珠痕。高岭头上 Y35 是一处五代北宋时期的窑址,瓷片地表分布范围约为 2800平方米,堆积断面厚 0.5 米。产品有碗、盘、罐、壶、钵、盒、杯、灯盏等,施青黄釉,刻划花纹有莲花、缠枝花、水波纹等。窑具与唐代窑址大体相似,主要有瓷质匣钵、夹砂耐火土匣钵和垫圈等。根据对上林湖越窑窑址资料的分析可知,唐代偏重造型和釉色且追求玉的效果,故纹饰简练,光素无纹者居多,晚唐时开始出现划花纹饰,纹饰简单,线条粗壮;五代时划花纹饰大量流行,纹饰题材丰富,纹样以花卉最多,花鸟、鹦鹉次之,还有花蝶、云鹤、云龙、海水龙、飞凤、海水、莲花瓣、人物等达百余种之多。① 上林湖区域无论是东面的龙虎山、琵琶山、黄鳝山、横塘山、牛肩山、鳖裙山、挑嘴山、开刀山等,还是西面的铁锚山、扒脚山、皮刀山、河头山、狗颈山、石塘山、牛角山、光南山、大片山、长凉山诸山,均坡度平缓,自然资源丰富,蕴藏着大量的瓷石矿,草木茂盛,燃料充足,坝口连接东横河,通浙东古运河姚江,向东可达宁波港(明州港),向西可通曹娥江、京杭运河,航运条件十分便利,自古以来就是烧制陶瓷的理想场所。②

慈溪里杜湖位于上林湖东 3～4 千米处,与杜湖、白洋湖相邻,是唐五代越窑的外围分布区。唐代窑址分布在里杜湖西岸中部的碗窑山、栗子山、大黄山平缓山坡上。这里植被茂密,燃料充足,蕴藏着大量的瓷石矿,通过里杜湖经东横河可与浙东古运河姚江相连,向东可达宁波(明州)港,向北可至京杭运河,水运条件便利,为瓷业的发展提供了有利条件。里杜湖共发现窑址 15 处,其中唐代窑址 8 处,窑址分布范围为 900～2500 平方米,器形主要有碗、瓜棱壶、四系罐、钵、灯等,釉色有青黄、青灰等色,多数器物为素面,有的碗、盘外壁划四条或五条竖棱线,在罐系上印"文""上"等字款。窑具以垫具为主,偶见匣钵。装烧方法上大多数器物为明火叠烧,有的罐为对口合烧,内放小件器进行套烧等。里杜湖在唐代中期开始置窑烧瓷,其产品的造型、种类、制作工艺及装烧技术与上林湖窑场同时期产品特征相同,而这一时期正好是上林湖越窑走出低谷步入繁荣的时期,说明里杜湖窑址是在上林湖窑址向周围扩散的情况下兴起的,是上林湖越窑的一个组成部分。但是与上林湖窑场同时期产品相比,里杜湖瓷器釉色的光泽度稍逊一等,从实地调查情况来看,造成这一状况的主要原因是里

---

① 冯先铭:《中国陶瓷考古的主要收获》,《文物》1965 年第 9 期。
② 慈溪市博物馆:《上林湖越窑》,科学出版社,2002 年,第 4～15 页。

杜湖窑址中匣钵装烧技术的应用远没有上林湖越窑广泛。①

　　寺龙口窑址位于浙江省慈溪市匡堰镇寺龙村北,毗邻上林湖,窑址面积约2000平方米。1998和1999年由浙江省文物考古研究所、北京大学考古文博院和慈溪市文管会等单位联合发掘,所出瓷器均为青瓷,器形主要有碗、盘、杯、盏、盏托、盒、灯盏、唾盂、钵、香熏、罐、执壶、器盖、盂、枕、韩瓶、梅瓶、器座、花盆、炉等。窑具主要有"M"形、钵形和筒形匣钵,支钉,束腰状支具、高支具等。根据窑内器物特点判断,寺龙口窑址的年代大约为晚唐五代至南宋初年之间。②

　　鄞县东钱湖是晚唐五代除上林湖窑场外的另一个重要的越窑瓷业分布区。③ 这里已发现小白市、沙叶河、郭家峙等多处窑址。在鄞县诸窑中,沙叶河头村窑制作最为精致,胎薄而匀,口部细圆,圈足规巧,器物的整个造型,给人以匀称、柔和、优美的感觉。装饰花纹不多,偶尔在盘、洗中刻划鹦鹉或双蝶。郭家峙窑址在鄞县南部东钱湖的西南隅,共有窑址4处,瓷窑北倚隐学山,南临顺风旗山,Y1、Y2、Y4为南低北高的长方形斜坡式堆积,Y3为东西向,横在Y2与Y4之间。小白市窑址在鄞县东部小白市和东吴市之间的饭甑山西北麓,共发现窑址5座。除3号窑址含有早期堆积外,其余4处窑址都只发现晚期堆积。晚期堆积层的遗物与沙叶河头村窑址和郭家峙窑址相同,与余姚上林湖一带窑址的产品极其相似,如精颖工整的制作,凸花莲瓣罐、瓜形执壶、折腹洗、划花盒的造型和盘、洗等器物所采用的撇足形式以及相对的鹦鹉、飞翔的蝴蝶和水草纹的装饰花纹等。当然也存在一些差别,鄞县诸窑的晚期瓷器,釉色比较青翠透明,不似上林湖窑那样浑厚,釉层也不及上林湖窑均匀,泪痕和凝釉成芝麻点的现象较多。郭家峙和小白市的产品,胎壁略嫌粗厚,制作不及沙叶河头村窑址的精细,但用花纹作装饰比较普通,常见的有莲瓣、荷花、水草以及鹦鹉、蝴蝶等。这些窑址的产品比余姚上林湖窑的稍差,但比五代吴越的另一官窑——上虞窑寺前窑的要精美得多,而且盛烧期又在五代北宋,所以在这些窑里生产出来的瓷器,其出路很可能以外销和进贡为主。④

　　官山越窑位于绍兴县平水镇上灶村官山南坡,分布面积约1400平方米,由绍兴市文物部门于1980年发现。产品种类丰富,主要有碗、杯、盘、

　　① 谢纯龙:《慈溪里杜湖越窑遗址》,《东南文化》2000年第5期。
　　② 浙江省文物考古研究所等:《浙江越窑寺龙口窑址发掘简报》,《文物》2001年第11期。
　　③ 林士民:《再现昔日的文明——东方大港宁波考古研究》,生活·读书·新知三联书店,2005年,第66页。
　　④ 浙江省文物管理委员会:《浙江鄞县古瓷窑址调查纪要》,《考古》1964年第4期。

执壶、粉盒、罐、瓷枕、盏托、器盖、器座、砚、研磨工具等。瓷胎胎质细腻,胎色灰白,釉色青绿或青中泛黄,釉面多莹润。纹饰主要有双蝶、鹦鹉、荷花、莲瓣、牡丹、菊、秋葵,以及各种缠枝花草纹等,纹饰采用刻、划、镂孔以及刻划并用等手法制作。器物用匣钵装烧,釉面干净,无窑灰侵扰。瓷窑年代大约为中晚唐至北宋之间。位于上灶村羊山北坡的羊山青瓷窑址时代为唐代,分布面积约450平方米,产品种类也较官山越窑为少,主要有碗、盘、钵、盏托、碾轮、水盂等。器表以素面为主,仅个别器物刻划弦纹及花卉图案,胎色灰白,釉色青绿或青黄,釉层均匀,釉面光润细腻。窑具有筒形垫座、匣钵等数种。缸窑山瓷窑由绍兴文物部门1984年在文物普查中发现,位于绍兴市东5千米左右的东湖乡桐梧村,调查发现产品有粉盒、盘、碗等,胎色灰白,釉色青绿或青中泛黄,纹饰有鹦鹉、莲荷、波浪、缠枝花等,时代约为唐代。官山越窑和缸窑山越窑的发现纠正了越州州治中心绍兴缺少瓷窑的说法。①

龙浦古窑址位于上虞县南部的龙浦乡,西濒曹娥江,窑址主要分布在湾头村的风吹山头、仙人脚底板山和前进村的凤翼梢山、窑山、大鱼山等低矮山丘的缓坡地段,是一处烧造时间短、规模大的唐代青瓷窑址群。龙浦窑产品有碗、罐、水丞、钵、瓯、罂、洗、注子、粉盒、多角瓶等,以碗的数量最多。龙浦窑产品的釉色以青灰或青黄两种为主,青灰色釉器物烧结坚硬,胎色灰白,釉面光润,胎釉结合紧密;青黄色釉器物胎骨较疏松,胎釉结合较差,常见脱釉现象。窑具有筒形支烧具和垫饼等。烧造工艺为碗、钵、瓯等坯胎以泥点间隔叠装,明火焙烧。瓷器的内、外底也因此留有明显的6~12个泥点痕迹。龙浦窑的烧造年代大约始于早中唐,而终于晚唐。风吹山头窑址在湾头村风吹山头西麓中下部的缓坡上,北临曹娥江。窑址分布范围大约在山坡南北长80米、东西宽30米范围内,废品堆积厚约1.8米,地表采集的器物种类以碗为大宗,还有罐、盒、瓯、罂、水丞、多角瓶等。凤翼梢山窑址在前进村西隅凤翼梢山西南麓,曹娥江未改道前,江水直接流到山前。瓷片在东西长40米、南北宽20米范围内均有散见,堆积层厚度在2米以上,在堆积处可见器物种类有碗、钵、碟、灯盏等,其他还有窑具和窑壁残块。窑山窑址在凤翼梢山西隅、前进村后的窑山南坡,窑址破坏严重,遗迹分布范围约200平方米,堆积厚度1米左右。器形主要为碗、灯盏、钵等日用器,部分产品制作较精,釉层青润,也有一些产品烧结欠佳。

---

① 沈作霖:《绍兴上灶官山越窑》,《东南文化》1989年第6期;周燕儿:《绍兴越窑初探》,《南方文物》2004年第1期。

在器物底部均见泥点痕迹。大鱼山窑址在前进村大鱼山北麓,该处是宋、唐两朝窑相叠压的窑址,宋代废品堆积层,仅见酱褐色陶器韩瓶及少量碗的碎片,唐代废品堆积层有青瓷碗、罐、钵以及窑具和被火焙烧后而呈火红色的窑壁断砖块。①

象山青瓷窑址位于象山县县城东北面的黄避岙黄大山脚下塔曼礁西边的一个山丘上,西距象山港出海口约 200 米。瓷片堆积范围东西达 100 多米,南北约 60 米,堆积厚度达 1 米多。象山窑青瓷的胎体有的是灰白色,有的是黄褐色或褐红色。灰白色胎体比较坚硬、细致,烧结程度比较好。黄褐色或褐红色一类器物的胎体比较厚,胎质粗糙,结构疏松,烧结较差,胎体在高温情况下易变形报废。盘、钵一类器物只在口沿部分施釉,罐、瓶等器物在口沿至上腹部分施釉,极个别的器物内壁施釉。釉层较厚,釉面光泽莹润。釉色较深,青翠美观,部分釉色呈青灰、青黄等色,也有黄色釉和酱色釉等。部分瓷器的釉面上局部呈现出乳浊色的钧釉现象。器形主要有碗、高足盘、钵、瓶、罐等。窑具主要有耐火土制匣钵和垫饼等。根据产品特征与窑具特点判断,窑址年代应当为唐代初期。黄避岙窑位于象山港海边,因大山阻隔,远离城镇,人烟稀少,而瓷窑的规模较大,其瓷器生产的目的明显是利用便利的海路交通而对外输出。这种东海之滨唐代初期青瓷窑址的发现在中国古外销瓷研究上具有重要的意义,它的发现对于探讨中国陶瓷外销的年代以及海洋性瓷业与港市之间的相互关系都具有重要的意义。②

台州地处浙江东南沿海,包括临海、三门、天台、仙居、黄岩、温岭、玉环。台州过去很少发现窑址,陶瓷界曾一度认为这是个无瓷区。自 1981 年文物普查后,该区共发现窑址 43 处,年代上起东汉六朝,下至五代北宋。唐代早中期窑址主要分布在临海市西郊乡梅浦村王安山和温岭县三市乡下园山村的塘下、岭口、岭脚、黄泥园、屿背头、前门山、西山和鱼山等地。王安山窑址的年代约为唐代早中期。产品胎骨坚硬,胎色灰白。器形主要有盘口壶、罐、瓶、钵、水注等,均为素面,釉层较厚,有流釉现象,釉色青中泛黄微褐,也发现少量的青褐橙三彩釉。窑具主要有凹底匣钵、蹄形钵、筒形钵、喇叭形钵和垫环等。下园山窑群共发现 8 处窑址,总面积约 3 万平方米,年代约为中晚唐时期。瓷胎胎质坚硬细腻,胎色灰白。釉色有青绿、青中泛黄、酱褐色、乳浊色等。釉面光洁滋润,胎釉结合紧密。器形主要有

① 章金焕:《上虞龙浦唐代窑址》,《东南文化》1992 年第 3、4 期。
② 李知宴:《浙江象山唐代青瓷窑址调查》,《考古》1979 年第 5 期。

盘口壶、带流把水注、鱼形瓶、两耳或四耳罐、玉璧底碗、盆、碟、水盂、粉盒、圈底洗、钵、渣斗、灯盏及杯托等。器表纹饰以刻划花为主,图案有鱼藻纹、水草纹、荷莲、双鱼、牡丹花和瓜棱四鱼等,堆塑、镂孔次之。晚唐至北宋时期的窑址分布面广,遍及台州。有天台县崔岙乡王家塘、紫凝乡缸窑湾、凉帽山和坦头乡瓶窑;三门县亭旁镇上鲍;仙居县横溪镇后墩头,埠头乡树庄、白塔镇上叶;临海市西郊乡许墅、松树坦,梅浦村的凤凰山、岭下、马尾坑、瓦窑头和西泽里;黄岩市平田乡庄前,头佗镇上路,高桥乡岙口,沙埠乡竹家岭、凤凰山、下山头、窑坦、金家岙堂、下余、瓦瓷窑,秀岭乡麻车、金山和黄泥田;温岭县冠城乡高桥村西坡、桥里村后山头,照洋乡向东岸、唐岭村南窑山和老屋山等 40 多处。其中以黄岩沙埠窑群最具代表性。沙埠窑群瓷土、燃料丰富,水源充足,交通便利。窑址总面积约 7 万平方米,遗物堆积丰富。胎骨坚硬致密,胎色灰白,胎釉结合较为紧密。釉色有淡青、青黄及酱褐釉,釉层较厚,玻璃质感强,表面有细小开片。器形主要有壶、瓶、罐、钵、盘、碗、盆、碟、盅、水注以及谷仓、熏炉、洗、水盂、瓮、鼎、粉盒、茶托、灯盏、佛像和鲤鱼等。器表多以刻划、模印、堆贴、针点、篦状、透雕和塑瓷等工艺手法装饰,极少数为素面,纹饰主要有云龙、花鸟、花卉、缠枝花、折枝花等,图案题材广阔,笔画流畅,繁简有度。这一时期的窑址,出现了与之前风格迥异的新产品。它以乳浊为主体,用褐黄色釉彩在生胎上绘各式图案,再施青釉焙烧,成为颇有特色的釉下彩绘,其效果具有浓郁的地方风格。①

(二)瓯江流域

唐宋时期,瓯窑窑址集中分布于瓯江北岸的永嘉罗溪乡和东岸乡一带以及温州的西山。② 其瓷器产品可通过水路直接运抵温州港,并以港市为依托而转销各地。坦头村后背山、大坟山和箬岙村后背山等窑分别位于温州市永嘉县的罗溪乡和东岸乡,产品主要有碗、杯、盘、罐、瓶、壶、尊、钵、洗、盏、粉盒等。瓷胎质地细腻紧密,胎色灰白。釉色分豆青(偏土黄)和青釉两种,豆青釉表面大都有细小开片,部分施釉不到底。碗、杯等器形多直壁较坦,底有平底、浅圈足、凹心底、外卷底(满底釉)和圈足等;花纹很少,有荷叶纹、鱼纹、"虎"字纹等。窑具有支座、匣钵、垫饼和支钉等。支

①　金祖民:《台州窑新论》,《东南文化》1990 年第 6 期;台州地区文管会、温岭文化局:《浙江温岭青瓷窑址调查》,《考古》1991 年第 7 期。

②　中国硅酸盐学会:《中国陶瓷史》,文物出版社,1982 年,第 197 页。

钉平面下凹,束腰,支脚呈齿状。匣钵平底直筒形,筒壁有四个气孔。支座面平,脚呈喇叭形。时代大约在隋唐五代时期。① 政和堂窑址位于今温州市鹿城双桥村西北蓬垅山北麓,属西山窑址群,窑址分布范围约2000平方米,主要生产青瓷。产品胎骨致密坚硬,胎色灰白,釉色以淡青为主。后期出现少数酱褐色产品。器形主要有碗、罐、壶、盘、杯、钵、瓶、盏等,其中瓜形、荷花形的各式罐、碗等造型精巧别致。常见刻划纹饰有荷花、蕉叶、垂云、花草、牡丹等,线条较粗。窑具有桶形匣钵、喇叭形垫座、垫饼和垫圈4种,均由瓷土制成。窑址年代大约为晚唐至宋。护国岭窑址在今温州市鹿城区西山护国岭附近,与政和堂窑址同属西山窑群,瓷片分布面积较小,约300平方米。产品主要为青瓷。胎骨坚硬细腻,胎色白中泛灰。釉色以淡青色为主,部分呈灰绿色,釉层薄匀,釉面光洁细润,施釉多不至底,露胎部分呈朱红色。器形主要有碗、盘、壶、瓶、罐、杯、盒、盏托等。造型别致精巧,有球形腹、瓜棱腹、竹节颈、宝塔盖、如意形耳等不同造型。器表装饰或浅刻或模印,常见纹样有莲花、秋菊、双蝶、朵云、牡丹、鹦鹉等。窑具有缸形匣钵、垫圈、垫饼等,均由瓷土制成。发现残存窑床一段,窑壁由坯砖错缝平砌而成,内壁残留黑褐色烧结面和窑汗。窑址烧造时间约自晚唐至南宋。龙下窑址位于温州市永嘉县瓯北镇龙下村北的山坡上,西距楠溪江约2000米。龙下窑址主要出土青瓷,胎质细腻,胎色灰白,釉色较越窑瓷更淡。大多数产品外腹施釉均不及底。主要器形有壶、碗、盏、罐、盘、盆、粉盒、碟、碾轮、水盂、钵、灯盏等。多数器形可在越窑中找到相同或相似者。在装饰上,龙下窑址主要有两种手法:其一是在碗、盏、盆、粉盒盖等器物上采用刻划花卉装饰,技法、图案内容、装饰风格均与越窑相似;其二是壶、罐、水盂等器物上采用条带状或块状褐彩装饰,体现了瓯窑的一个重要传统。窑具有筒形、碗形匣钵,喇叭形垫烧具和各种间隔具等。窑址年代大约在唐代晚期。发现龙窑一座,方向180°,窑床坡度12°,宽2.3米。窑壁残高0.1~0.36米,由长方形砖坯纵向错缝平砌而成。窑床底部铺细沙一层,沙层上放置支垫具,每排7~9个,均为喇叭形。②

---

① 张翔:《温州西山窑的时代及其与东瓯窑的关系》,《考古》1962年第10期;林鞍钢:《永嘉县古窑址调查》,《东方博物》第9辑,浙江大学出版社,2003年。
② 浙江省文物考古研究所、温州市文物保护考古所、永嘉县文化馆:《浙江永嘉龙下唐代青瓷窑址发展简报》,《文物》2012年第11期。

(三)金衢盆地

唐到北宋时期,婺州窑的发展达到鼎盛。① 陆羽所著《茶经》云:"碗,越州上,鼎州次,婺州次,岳州次,寿州、洪州次⋯⋯"②婺州窑瓷器仅次于越州和鼎州而居第三位,说明其在唐代青瓷窑中的重要地位。事实上唐代婺州窑瓷器的质量并不高,大多属一般的民间用瓷,制作比较粗糙。但是唐宋时期婺州窑的产量很大,制瓷作坊分布于金华、兰溪、义乌、东阳、永康、武义、衢县、江山等县的广大地区,其中东阳、金华、武义等县发现了几十到上百处的瓷窑窑址,并形成了连绵数里的瓷窑密集分布地。③ 象塘村窑址位于金华市东阳县象塘村,所烧瓷器以青釉器为主,兼烧少量钧釉器。出土器形以碗和瓶为主,盘、盆、壶、盅及器盖等较少。瓷器胎面不甚光滑,多半留有旋修的刀痕或凹凸的斑点。釉薄且缺乏光泽,给人以粗糙灰暗的感觉。釉色多呈青灰、黄褐或青黄等色,少数淡青和炒米黄色。瓷器多素面,部分瓷器饰有莲瓣、荷花、荷叶、篦纹等刻划花纹,线条粗放有力。窑具有匣钵、垫座、盏状渣饼、垫环等。匣钵多呈"M"形,有的底心有一个圆孔,主要装烧碗、盘、盅等器物;也有筒形匣钵,其口收敛,腹作圆筒形,平底,是瓜形执壶和瓶的装烧工具。垫座有两种:一种座面平,其下似喇叭形圈足;另一种形如匣钵,但托面平、体积小。象塘窑的烧造时间约在唐代中晚期至北宋。④

(四)浙南山地

地处浙南偏僻山区的丽水、龙泉等地,至迟在南朝就开始青瓷生产。自南朝以至唐代,龙泉地区的瓷业长久未有较大发展,尚处于就地销售的小规模生产阶段,丽水县吕步坑和庆元县黄坛唐代瓷窑的青瓷产品,质量低下,远不及同时期的越窑、婺州窑和瓯窑产品。五代末至北宋早期,在瓯窑的影响之下,龙泉地区开始生产一种胎壁较薄、胎质白净、形体细巧、通体施淡青釉的瓷器。溪口位于龙泉县南35千米的马鞍山东南麓,瓯江上游秦溪和支流墩头溪汇流于此。龙泉溪口的李家山和泉坑上泉户窑址中

---

① 冯先铭:《中国陶瓷》,上海古籍出版社,2001年,第269页。
② (唐)陆羽:《茶经》,中华书局,1991年,第9页。
③ 中国硅酸盐学会:《中国陶瓷史》,文物出版社,1982年,第197页。
④ 朱伯谦:《浙江东阳象塘窑址调查记》,《考古》1964年第4期。

发现的胎骨较厚、釉色灰黄、内壁饰篦状纹的平底碗就是五代时的产物。[①]
制瓷技术的提高为北宋中晚期以后龙泉瓷业体系的形成和崛起奠定了
基础。[②]

　　福建的青瓷窑址仅次于浙江,福建晋江、南安、同安、厦门、漳浦、永春、
宁德、闽清、闽侯、连江、福清、德化、仙游、莆田、将乐、福州、浦城、崇安、光
泽、松溪、政和、建阳、建瓯、泰宁、建宁等20多个县市,均有唐五代时期的
青瓷窑址密集分布,而且在工艺上都不同程度地继承本地六朝青瓷和模仿
浙江越窑系统的工艺,同时还兼烧黑釉瓷器。[③] 福建唐五代青瓷窑址群主
要分布于闽北建阳、建瓯一带和以福州为中心的闽江口流域及以泉州为中
心的晋江流域及其外围港口同安一带。

(五)闽江流域

　　闽北建阳、建瓯一带是福建省汉人最早移民开发的区域,唐五代时期
这里有着密集的窑口分布。将口窑址位于闽北建阳市将口乡北侧,分布在
郭坑山和仙奶岗两座山岗的东南坡。窑址东面是开阔的崇阳溪,水路可直
达闽江中下游和沿海地区。瓷片分布范围约 1200 平方米,堆积层厚 1～2
米。产品均为青瓷,大多胎骨细腻纯净,少量夹砂或掺细砂,釉色以青绿、
青黄色为主,也有少量青灰色。釉层厚而均匀,釉面温润并有细小开片。
器物多上半部施釉,下腹及底部多露胎,施釉方法主要有蘸釉和刷釉两种,
常见流釉现象。器形有碗、盘、碟、盆、钵、执壶、瓮、罐、灯盏、盘口壶等,器
型规整,形体硕大稳重。器表多数素面,少量刻划花纹,纹饰主要有飞禽、
走兽、草叶、花卉等,线条简练粗犷,部分器物器身或口沿部位涂蘸釉下褐
彩。据出土瓷器的形制、工艺作风判断,窑址年代约在唐代中晚期。从将
口窑产品的胎质、釉料、釉色等各方面观察,其产品与越窑诸窑及浙江宁波
小洞岙窑相同或相似,应为唐代越窑系统的青瓷窑址,说明唐代中、晚期越
窑系统的窑址已包括或扩大到闽北地区。[④]

　　建窑窑址位于闽北建阳县水吉镇后井村与池中村周围山坡上。建窑

---

　　①　金祖民:《龙泉溪口青瓷窑址调查纪略》,《考古》1962 年第 10 期。

　　②　浙江省轻工业厅:《龙泉青瓷研究》,文物出版社,1989 年,第 4～8 页。

　　③　李德金:《古代瓷窑遗址的调查和发掘》,载《新中国的考古发现与研究》,文物出版社,
1984 年;栗建安:《福建古瓷窑考古概述》,载《福建历史文化与博物馆学研究——福建省博物馆成
立四十周年纪念文集》,福建教育出版社,1993 年。

　　④　福建省博物馆:《建阳将口唐窑发掘简报》,《东南文化》1990 年第 3 期;吴裕孙:《建阳将
口窑调查简报》,《福建文博》1983 年第 1 期。

所处的池中村西约 1.5 千米处有南北向的南浦溪,该溪可通过闽江出海,瓷器的对外运输具有极其便利的条件。窑场周围森林茂密,瓷土资源丰富,优良的自然条件为窑场的发展提供了充足原料和燃料。1989 年 5 月至 1992 年 7 月,中国社会科学院考古研究所与福建省博物馆联合组成建窑考古队,先后 4 次进行全面调查和重点发掘,发现了 10 座窑炉遗迹,皆为斜坡式龙窑,其中庵尾山 3 座瓷窑年代为晚唐五代至北宋初期。庵尾山 Y5,窑底尚残留酱釉大罐等的残片。产品主要为罐类,一般胎骨呈灰色,釉色有青绿、青黄、酱褐等色。罐的形制基本特征为圆唇、圆肩、矮颈、鼓腹、平底,腹部施半釉,底部多数露胎。推断年代为晚唐。庵尾山 Y10 出土器物主要有葵口碗,胎骨灰色,胎质疏松,釉色淡青,底部露胎。碗内有支钉痕。此外还有多嘴罐残片等。推测其年代为晚唐至五代。庵尾山 Y8 叠压、打破 Y10,共有三重窑壁,Y8①窑底排放匣钵,残存皆为黑釉碗,但与芦花坪、大路后门等地出土的黑釉碗有明显区别。Y8②内仅见零星青瓷片。Y8③内有青釉和酱褐釉的碗、盘、碟、盆、罐、盘口壶、壶、执壶、水注、香薰、枕、碾槽等,多素面,器物装饰有花口、弦纹、附加堆纹以及釉下褐彩等。推断 Y8②、Y8③年代为晚唐五代,Y8①年代为五代至北宋初。①

怀安窑址位于福州市仓山区建新镇怀安村天山马岭,窑址濒临闽江,破坏严重,现存面积约 10 万平方米。1982 年,福建省博物馆和福州市文物管理委员会对怀安窑址联合进行发掘,出土的瓷器品种主要有盘口壶、瓜棱执壶、双系或四系罐、敛口钵、葵口碗、盆、盘、灯盏、烛台等。瓷器胎质坚硬,胎色灰白,釉色青中泛绿,釉层厚而均匀,釉面多冰裂纹,施釉多不及底,垂釉现象普遍,胎釉结合紧密。器表装饰较少,多为刻划弦纹、波浪纹,拍印朵花等纹饰。②

(六)闽南地区

磁灶位于泉州西南部,这里多低山丘陵,盛产瓷土,自南朝至今瓷业不断。有梅溪自西北向东流至晋江,舟楫可直达泉州湾而泛洋。窑址多分布于梅溪两岸,其中有唐、五代窑址 6 处,分别位于下灶的虎仔山、后山、老鼠石,下官路的后壁山、狗仔山,岭畔大队的童子山 2 号窑。窑址范围都不

① 建窑考古队:《福建建阳县水吉北宋建窑遗址发掘简报》,《考古》1990 年第 12 期;建窑考古队:《福建建阳县水吉建窑遗址 1991～1992 年度发掘简报》,《考古》1995 年第 2 期。
② 曾凡:《福建南朝窑址发现的意义》,《考古》1989 年第 5 期;福建省博物馆、福州市文物管理委员会:《福州怀安窑址发掘报告》,《福建文博》1996 年第 1 期。

大,仅狗仔山与虎仔山堆积层稍厚,其余只剩地表一些零星瓷片和窑具。产品胎质粗疏,胎体厚重,胎色灰白,釉色青黄,仅挂半器,釉层较厚并有垂釉现象。器形较少,主要有双系罐或四系罐、盘口壶、钵、瓮、灯盏、缸、釜等。窑具仅发现托座和支钉,粗泥制成,其中一件托座表面阴刻"吴"字。装烧方法可能是采用托座支垫层叠裸烧,器底以支钉间隔,多有粘搭痕迹。① 种种迹象表明,磁灶窑的瓷器烧造技术严重滞后,在越窑普遍使用匣钵装烧时,这里却依然沿用南朝甚至三国时期常用的支钉和托座等装烧工具。

闽南除晋江磁灶、泉州东门外、惠安等泉州港周围地区发现了晚唐五代瓷窑址外,在其外围港口同安、厦门等地也发现了中唐和晚唐五代的瓷窑。其中同安东烧尾窑、坪边窑、端平山窑、磁灶尾窑属创烧于中唐,一般规模较小,堆积薄,烧造时间也不长,多分布于临水的小山岗或较为开阔低矮的滨海台地。产品均为青瓷,胎体厚重,胎色灰褐或黄褐,釉色青绿或黄褐,釉层厚薄不均,胎釉结合不甚紧密,易剥落,器物多施半釉。器形主要有碗、盘口壶、四系罐、双系盆、盘、杯、盏、钵等。器物内外底多留有支钉或托珠痕。下山头窑、瑶头窑、珠厝窑等窑口的年代大约为晚唐五代时期,窑址规模及堆积范围依然较小,但是制瓷技术有了进一步的提高。这时产品胎体轻薄,造型轻巧,胎质坚硬,胎色浅灰或淡黄色,器形主要有碗、碟、钵、壶、罐、灯盏等,葵口碗、瓜棱腹执壶较为流行。② 1997年发现的厦门杏林许厝、祥露晚唐五代窑址共发现8条龙窑,窑址集中,产量较大,品种丰富,显然是因应泉州港日趋繁荣的海上贸易以及闽南地区的唐代开发而产生的。其产品胎质粗疏,胎色灰色或黄褐,釉色青灰或青黄,一般内壁满釉,外壁半釉,近底处露胎,釉层均匀,釉面不甚光洁,流釉现象普遍。器形主要有饼足或玉环足碗、四系罐、鱼篓状壶、碟、灯盏、钵等,器表光素无纹者居多。③ 厦门杏林青瓷窑业是继浙江象山黄避岙窑之后再次发现的滨海唐代窑址,其制作工艺显然受到了浙江越窑的影响,但是制作技术相对草率粗陋,器型也具有明显的地方特色,是越窑瓷系在闽南地区的地方变种。

① 陈鹏、黄天柱等:《福建晋江磁灶古窑址》,《考古》1982年第5期。
② 陈娟英:《隋唐五代闽南地区瓷业》,《中国古陶瓷研究》第9辑,紫禁城出版社,2003年,第321~329页。
③ 傅宋良、郑东等:《厦门杏林晚唐、五代窑址及相关问题的初探》,《厦门博物馆建馆十周年成果文集》,福建教育出版社,1998年,第18~25页。

唐五代时期广东陶瓷生产迅速发展,数以百计的窑场分布于全省各地。广东的广州西村、佛山、三水、潮州、高明、新会、阳江、南海、南雄、封开、惠州、番禺、惠阳、中山、澄迈等 10 多个县市,都有数量众多的唐五代青瓷窑址。唐代广东瓷窑一般为馒头窑,也有的窑场采用长达 40～100 米的龙窑烧制瓷器,瓷器产量巨大,除部分供应本地民间使用外,很多都远销海外。窑址密集分布于瓷土资源丰富、交通便利的沿海地区和江边城镇。①

(七)韩江流域

潮州是粤东古代政治、经济、文化的中心,早在唐代这里已成为广东陶瓷的重要产区。在潮州市南郊的洪厝埠、竹园墩,北郊的窑上埠北堤头等地均发现有唐代马蹄窑遗迹。洪厝埠窑址北距潮州市中心约 2.5 千米,南临韩江,在唐代遗物堆积层的东北面出露 3 座平面为半椭圆形的窑基。同一地层所包含的青釉平底碗、葵口碗、三耳壶、灰色莲花纹砖等遗物,显示这里应该是一处唐代古窑址。竹园墩位于洪厝埠之东约 500 米,这里的 2 座唐代马蹄形残窑也系灰色耐火土夯筑而成,两窑并列,窑室底部残留有大量碗、碟、壶等残片。窑上埠位于潮州市北郊,这一带有四处低矮的土岗,在土岗四周暴露出二三十座马蹄形残窑,有的为瓷窑,有的为砖瓦窑。产品主要为青瓷,胎质粗疏,胎色灰白或黄褐,瓷化程度欠佳。瓷器器形主要有碗、碟、壶、杯、罐、盆、枕等。器物外壁多半釉,器底露胎,釉色青黄,胎釉结合不紧密,易剥落。器表多素面无纹饰。碗为青釉饼足平底,执壶为短流附盖带提。窑址年代应为唐代。②

以潮州港为依托的粤东梅县、潮安等地也有唐代馒头窑的发现。梅县窑,又名水车窑,在已发现的广东地区唐代青瓷窑中以质量精、造型丰富而名列首位。其窑址大约有 7 处,主要分布在水车镇的瓦坑口、罗屋坑以及南口镇的崇芳山等地,中心窑场在瓦坑口一带。瓦坑口窑址位于水车镇河对面的瓦坑口杉山南坡,南距梅江河 30 米,面积约 500 平方米,已露出 4 座馒头窑,1985 年发掘 2 座。产品主要有青瓷碗、碟、盘、盆、壶、枕、罐、炉、瓶、灯、灶、砚等,造型丰富,碗、碟类流行花瓣形口、璧形足等,具有典型

---

① 孔粤华:《唐代梅县水车窑青瓷的特色及对外贸易》,《中国古陶瓷研究》第 9 辑,紫禁城出版社,2003 年,第 330～333 页。

② 曾广亿:《广东潮安北郊唐代窑址》,《考古》1964 年第 4 期;曾广亿:《潮州唐宋窑址初探》,《潮州笔架山宋代窑址发掘报告》,文物出版社,1981 年,第 49～64 页;申家仁:《岭南陶瓷史》,广东高等教育出版社,2003 年,第 225 页。

的唐代特征。瓷器胎体厚重,胎质细腻,胎色青灰,釉色青黄或青灰,釉面光洁莹润。罗屋坑窑址位于水车镇罗屋坑,面积约 400 平方米,采集有碗、碟、壶等残破碎片。器型、胎质和釉色与瓦坑口窑出土的基本相同。崇芳山窑址位于南口镇双桥村,窑址分布面积较瓦坑口和罗屋坑两处为小,仅200 平方米。采集器物主要有矮圈足碗、平底杯、钵、碟、四耳罐等,胎色灰红,器表施青釉,釉有乳浊现象,略呈乳白色。①

(八)珠江口地区

以广州港市为中心的环珠江口流域,得地利之便,唐代已经开始设窑烧瓷。广东佛山石湾镇在唐代已经生产陶瓷,这里瓷土资源丰富,水路交通便利,是理想的陶瓷生产基地。唐宋时期石湾窑的范围,包括现在的石湾镇、奇石村,以及两地之间东平河沿岸 15 千米的地区。北宋时窑场重点在奇石村一带,以后又移至石湾。自唐以至明清,这里的陶瓷生产从未中断。石湾镇大帽岗出土物有青黄釉平底碗和高身陶罐等,与石湾、澜石一带唐墓中出土的同类器器型相同。②

高明大岗山窑址是广东发现的为数不多的唐代龙窑遗址,位于今佛山市高明区三洲乡塘尾村东约 0.5 千米的大岗山东北和西北坡,东北面距西江仅 70 米,水运交通便利,顺水而下可直达珠江口。1986~1987 年发掘两条依山而建的龙窑,出土器形主要有壶、罐、碗、碟、钵、盆、耳杯、炉等 10 多种,碗、碟类多为饼形足或璧形足,罐有四耳、六耳、无耳几种。瓷器胎质较粗,器壁较厚,胎色有灰、灰白两种,釉色有青绿、青黄、酱褐等色,釉面开细小碎片,胎釉结合不甚紧密,有剥釉现象。③

官冲窑址位于新会市古井镇官冲管理区南面约 1 千米的瓦片岩和碗碟山,其西约 200 米就是崖门海域,水路交通便利。1957 年调查时发现,1961 年、1997 年分别进行了两次发掘。官冲窑是一处烧造日用青瓷器为主的窑址,出土物以青瓷为大宗,器物造型简朴,胎质坚实,瓷化程度高。器外多施半釉,釉层厚而均匀,釉色淡青带黄,施釉方法多为蘸釉。器形主要有釜、碗、碟、盏、豆、罐、盂、盆、钵、杯、壶、勺、砚以及人物塑像等。碗足

① 广东省博物馆:《广东梅县古墓葬和古窑址调查、发掘简报》,《考古》1987 年第 3 期;杨少祥:《广东梅县市唐宋窑址》,《考古》1994 年第 3 期;广东省文化厅:《中国文物地图集·广东分册》,广东省地图出版社,1989 年,第 335 页。
② 佛山市博物馆:《广东石湾古窑址调查》,《考古》1978 年第 3 期。
③ 广东省文物管理委员会:《佛山专区的几处古窑址调查简报》,《文物》1959 年第 12 期;广东省文化厅:《中国文物地图集·广东分册》,广东省地图出版社,1989 年,第 405 页。

富于变化,常见实足、饼形实足、玉璧形足和双圈足等。碗、盘、豆等器均采用泥块垫烧,次品率高,而且由于耐火泥块易吸去下部器内的釉液,所以器物内底常留下缺釉的印痕。窑址年代似与高明大岗山唐窑年代相近,而较梅县水车窑年代稍晚,为唐代中晚期至宋初。[①]

(九)雷州半岛

雷州唐代窑址集中于通明河出口处岸边,主要有茂胆窑址、余下村窑址等。窑址均为斜坡式平焰龙窑,采集器物有黄釉深腹罐、盘、碟、豆、四耳大罐等,均施青黄釉,釉面开细片,器底有垫烧痕迹。湛江龙王岗窑址和蟹口岭窑址均位于今广东省湛江市坡头镇梁陶村,分别发现龙窑3座和2座,采集有碗、碟、盘和钵等器,釉色有黄釉和酱黑釉两种。遂溪共发现唐、五代龙窑5处,分别为酒馆村窑址、溪头坎窑址、湾堨岭窑址、马城村窑址、枫树村窑址,遍布于遂溪县草潭、城月、黄略、杨柑、界炮诸镇。出土器物主要有实足或璧足碗、圜底碟、杯、壶、钵、罐、釜、灯等,釉色以青釉为主,赭釉次之。廉江窑址主要位于廉江县车板镇和营仔镇,主要有多浪坡窑址、窑头村窑址、陂头垌窑址、龙头沙窑址等,瓷片分布范围大,堆积层厚,产品主要为罐、碗、碟、盘、壶、瓶等日常生活用具,也发现了砚、网坠等物。釉色以青釉为主,也有黄釉、酱釉等色。[②]

(十)西江上游和广西沿海

西江流域上游与广西交界的郁南县窑址多位于南江口镇木格村、南瑶村、南渡村一带,多是靠近西江或南江河的山岗。罗子村窑址位于郁南县罗旁镇罗子村,残窑3座,属馒头形窑,采集产品有平底碗、双耳及四耳罐和陶盆等,胎质呈灰白色或灰色,釉色有青釉和酱褐釉两种。水瓜口村窑址发现馒头窑11座,采集有罐、盆、钵、碗等,灰胎黑釉,胎质厚重。木格村窑址有10多座馒头形窑,在已露出地面的窑址中,采集有青釉瓷四耳罐、

①　广东省文物管理委员会:《佛山专区的几处古窑址调查简报》,《文物》1959年第12期;广东省文物管理委员会、广东师范学院历史系:《广东新会官冲古代窑址》,《考古》1963年第4期;广东省文物考古研究所、新会市博物馆:《广东新会官冲古窑址》,《文物》2000年第6期;广东省文化厅:《中国文物地图集·广东分册》,广东省地图出版社,1989年,第385页。

②　广东省文化厅:《中国文物地图集·广东分册》,广东省地图出版社,1989年,第424~434页;邓杰昌:《广东雷州市古窑址调查与探讨》,《中国古陶瓷研究》第4辑,紫禁城出版社,1997年,第210~218页。

六耳罐、陶盆、网坠等器物。①

西江上游的广西境内隋唐时期陶瓷业呈现出蓬勃发展的局面,瓷窑主要分布于桂北和桂东南。桂北的窑址主要有桂林市郊的桂州窑。桂林市郊约5千米的漓江西岸一带分布有瓦窑、窑头、上窑、下窑等几个村落,20世纪60年代广西壮族自治区文物普查时曾在这里发现一处唐代窑址。1988年文物考古工作者又在这里发现了隋唐时期的青瓷窑址多处,并采集了不少陶瓷器和窑具的残片标本。隋唐时期桂州窑的主要产品有盘口壶、喇叭口壶、假圈足碗和杯等青釉器。② 桂东南的唐代窑址主要有北流河下游西江左岸的雅窑、桂平社步禾塘岭窑和容县十里乡的琼新窑。桂平社步禾塘岭窑位于桂平县城南19千米郁江南岸的土岭之上。产品主要有青瓷碗、杯、罐、坛、盘口壶等。胎体较厚,釉色有青、青褐色。采集的一件陶罐口沿残片,外施酱釉,釉层薄而不匀。此罐敞口、翻唇、短颈、鼓腹,器型丰满,具有唐代风格。桂平地处西江流域中游,窑场正好分布在黔、郁两江汇流处的桂平城郊,其瓷器产品可沿西江而下直达广州港而泛洋。③ 容县琼新窑位于广西容县十里乡琼新村大沙河西岸,分布范围约1平方千米,分4个窑区,深塘坡窑区多烧敛口、浅腹、平底或饼足碗,佛子大哥窑区的产品以斜唇碗为大宗,白屋窑区主烧碗、罐、钵器,内耳罐很有特点。产品瓷化程度较低,胎色青灰色,釉色青黄,一般内壁满釉,外壁半釉。④

在广西南部的沿海地区也发现有合浦县山口镇英罗岭窑等唐代瓷窑。合浦县山口镇英罗岭唐窑背陆面海,产品水运极为便利,采用龙窑烧造瓷器,当地人传说有72条窑,产量巨大。窑址周围瓷片堆积遍地皆是,可辨器形有四耳深腹罐、钵、碗、盘、坛等,釉色有青釉、黑釉、酱色釉等。除对外输出以外,合浦山口英罗岭窑瓷器也曾大量内销,在广西境内钦州、容县等地曾出土合浦山口英罗岭窑的唐代瓷片。⑤

① 广东省文化厅:《中国文物地图集·广东分册》,广东省地图出版社,1989年,第469～470页。

② 李铧:《广西桂林窑的早期窑址及其匣钵装烧工艺》,《文物》1991年第12期;广西壮族自治区博物馆:《广西博物馆古陶瓷精粹》,文物出版社,2002年,第5页。

③ 陈小波:《广西桂平古窑址调查》,《中国古代窑址调查发掘报告集》,文物出版社,1984年,第195～200页。

④ 申家仁:《岭南陶瓷史》,广东高等教育出版社,2003年,第222页。

⑤ 广西壮族自治区博物馆:《广西博物馆古陶瓷精粹》,文物出版社,2002年,第5页。

三　从窑业技术看东南海洋性瓷业的发展

隋唐五代,余姚江两岸、瓯江、闽江、晋江、金衢盆地和雷州半岛等地区主要采用平焰龙窑技术烧瓷。匣钵在余姚江两岸的越窑中心区及其临近区域大量应用,闽江、晋江等地还多是沿用托柱叠烧,直到晚唐五代时期匣钵才南传至九龙江口和雷州半岛等地。闽江上游的建阳、建瓯等地利用土坯或木骨泥墙砌筑窑炉,使得窑身延长至百米左右,体现了东南海洋性瓷业对瓷器产量的追求。珠江、韩江流域则多采用半倒焰馒头窑烧瓷,此时馒头窑面积较小,窑室前宽后窄,窑床底吸收了龙窑的部分优点而改作斜坡式,可达到缩小窑内前后温差,提高窑炉自身抽力和成品率的目的。珠江、韩江流域的馒头窑产量较小,不能满足海外市场的需求,在宋代多被平焰龙窑和结合了半倒焰馒头窑技术的分室龙窑所取代。

隋唐五代,匣钵开始大量在余姚江两岸的越窑中心区青瓷窑址中应用,龙窑的窑身也逐步加长,青瓷窑址逐步建立起量产制度。由于匣钵等窑具的应用,青瓷的质量和成品率均较高。如在鄞县东部沙叶河头村村南石婆岭西侧小山的西坡上发现的一处窑址,东西长44米,南北宽26米,自西向东逐渐斜高,方向220°左右。窑址的外貌是中间低、两旁高,堆积物以匣钵占绝大多数,瓷片少见,说明此窑的成品率很高。①

浙东部分瓷窑既烧质量较高的精瓷,亦烧较为粗糙的粗瓷,精瓷一般用匣钵装烧于窑室的中、前段,粗瓷则直接用高支具裸烧于窑室后部。1998和1999年浙江省文物考古研究所、北京大学考古文博院和慈溪市文管会等单位联合发掘了位于浙江省慈溪市匡堰镇寺龙村北寺龙口窑址,清理出龙窑窑址一座,头西尾东,全长约49.5米,前段坡度稍陡,约9°~12°,近尾部稍缓,约4°~6°。火膛平面呈半圆形,长约1.1米,宽约1.64米,前端存有"八"字形砖墙,并有大片灰烬,应为窑前工作面。窑室的宽度,前段较窄,如火膛后壁为1.65米,往后逐渐加宽,中段约2米,近窑尾又逐渐变窄,约1.8米。前段窑底残存窑具较为零散,中段保存有整齐排列的窑具及束腰状支具窝痕,中、前段废品堆积较丰富,多为匣钵装烧的刻划花纹装饰的碗、盘及明火烧成的斜粗刀刻花的壶、瓶等大型器物。后段破坏较

---

① 浙江省文物管理委员会:《浙江鄞县古瓷窑址调查纪要》,《考古》1964年第4期。

甚,多见粗胎的高支具,遗物亦较少,多为明火叠烧的折沿高圈足碗。窑身共 11 个窑门,皆开于北侧,平面呈喇叭形,砖石砌成,窑门间距远近不等,为 2.5~3.75 米。相邻两窑门的外侧砖石护墙连成一个半圆形的台面,可能用以堆放柴薪及坯件等物。①

上林湖唐代窑址可以荷花芯上 Y37 为例。窑址分布范围大约为 1400 平方米。1995 年对该窑址进行发掘时发现一条龙窑,残斜长 41.83 米,最宽 2.8 米,残高 0.5 米,堆积厚 0.5~4 米。②

慈溪里杜湖共发现 8 处唐代窑址,窑址分布范围为 900~2500 平方米。其中躲主庙杜 Y1、杜 Y2 的窑床暴露。杜 Y1 暴露窑床长 2 米,内壁宽 2.7 米,壁宽 0.17 米,窑壁用砖叠砌而成;杜 Y2 暴露窑床长 1.5 米,内壁宽 2.8 米,壁宽 0.17 米。③

郭家峙窑址在鄞县南部东钱湖的西南隅,共有窑址 4 处。瓷窑北倚隐学山,南临顺风旗山。Y1、Y2、Y4 为南低北高的长方形斜坡式堆积,Y3 为东西向,横在 Y2 与 Y4 之间,由西向东渐渐高起。每个窑址的堆积范围都不甚大,计长 30~53 米,宽 20~30 米,堆积厚 1.9~2.5 米。小白市窑址在鄞县东部小白市和东吴市之间的饭甑山西北麓,共发现窑址 5 座。在小白市窑群最北面一处窑址的北缘被渠道切断,我们在渠道的南壁发现了窑的遗迹。窑宽 2.24 米,窑壁残高 0.3 米,窑墙有一部分砌砖,砖宽 0.16 米,厚 0.08 米,部分利用原土坑壁,壁面呈砖青色。窑底用泥沙铺成,不砌砖石。从窑址的堆积形状和窑床的断面结构可以肯定这个窑址的窑是斜坡式长条形龙窑。④

象山青瓷窑址西距象山港出海口约 200 米。瓷片堆积范围东西达 100 多米,南北约 60 米,堆积厚度达 1 米多。发现的两座龙窑都是长约 50 米、宽 5 米,均头西尾东。在窑身左侧发现了作坊遗迹。⑤

台州市温岭县下园山窑群共发现 8 处窑址,总面积约 3 万平方米,年代约为中晚唐时期。窑炉多为龙窑,一般长 30 米左右,宽 2~2.5 米,窑床均设置于山脊之上。窑具有凹底匣钵、垫环、垫饼、支钉和竹节状钵等。黄岩沙埠窑群窑炉多属龙窑,一般长 25~30 米,宽 2.5~3 米,均依山势而建。窑具主要有凹底匣钵、垫圈、垫饼、支钉和筒形支座等,装烧方法多为

① 浙江省文物考古研究所等:《浙江越窑寺龙口窑址发掘简报》,《文物》2001 年第 11 期。
② 慈溪市博物馆:《上林湖越窑》,科学出版社,2002 年,第 4~15 页。
③ 谢纯龙:《慈溪里杜湖越窑遗址》,《东南文化》2000 年第 5 期。
④ 浙江省文物管理委员会:《浙江鄞县古瓷窑址调查纪要》,《考古》1964 年第 4 期。
⑤ 李知宴:《浙江象山唐代青瓷窑址调查》,《考古》1979 年第 5 期。

叠烧,也有覆烧。①

象塘村窑址位于金华市东阳县象塘村。象塘村紧邻东阳江,面对歌山尖,东面是崇山峻岭,西面是开阔的平原,此处共有窑址 9 处,其中 6 处位于象塘村南、歌山尖北麓的戏台山、安山和仰鹤山一带,3 处位于象塘村东侧的骆夏山西坡。窑址位于山坡之上,多呈长方形,每处窑址的堆积范围长 30~50 米,宽 14~35 米,厚 3~7 米。②

龙泉唐五代窑址都分布在龙泉县南 35 千米的马鞍山东南麓墩头溪两岸的山坡上,窑炉也均为龙窑。③

隋唐五代,闽江上游的建阳、建瓯地区是福建窑业技术较为进步的地区。1985 年,福建省博物馆在建阳市将口乡发掘的唐代将口龙窑残长 52米。1989 年 5 月至 1992 年 7 月,中国社会科学院考古研究所与福建省博物馆联合在建窑发掘的庵尾山 Y5 斜长 74.6 米,实测长 72.8 米;庵尾山Y10 残存窑炉斜长 80 米,实测长 77.5 米;庵尾山 Y8 三重窑壁斜长分别为39.7 米、60.4 米和 90.5 米,这些陶瓷窑炉多为土坯或木骨泥墙砌筑,窑身较浙江地区龙窑长,表明了闽江上游地区对龙窑技术的改造和吸收。

1985 年,福建省博物馆在对建阳市将口乡北侧将口窑址进行发掘时,发现唐代龙窑窑基一座,依山势而建,残长 52 米。窑炉头部宽 2.3~2.7米,窑身宽度 2.3~2.8 米。窑壁用编织竹木框架涂抹瓷土构筑而成,高度较低。窑壁共有三层,从外向内依次是一层红色烧土和两层白色瓷土,说明窑炉曾经修葺两次以上,以延长窑炉的使用时间。窑炉内壁有一层绿色结晶状的窑汗烧结层。窑具主要有大小支座、支圈、碾轮等,部分窑具上发现有刻铭文字,多数为数字和姓名,如“一”“七”“八”“杨公炎”“余记”“洪”等,另有少量方位词“上”“中”“下”及吉祥语“吉利”等。越窑中心区常见的匣钵在这里并未发现。装烧方法采用托座叠烧,器物间用泥钉、垫饼或垫圈间隔。④

1989 年 5 月至 1992 年 7 月,中国社会科学院考古研究所与福建省博物馆联合组成建窑考古队,先后 4 次进行全面调查和重点发掘,揭露 10 座窑炉遗迹,皆为斜坡式龙窑,其中庵尾山 3 座瓷窑为晚唐五代以至北宋初期。庵尾山 Y5 系用土坯砖砌筑,斜长 74.6 米,实测长 72.8 米,宽 1~3.3

① 金祖民:《台州窑新论》,《东南文化》1990 年第 6 期;台州地区文管会、温岭文化局:《浙江温岭青瓷窑址调查》,《考古》1991 年第 7 期。

② 朱伯谦:《浙江东阳象塘窑址调查记》,《考古》1964 年第 4 期。

③ 浙江省轻工业厅:《龙泉青瓷研究》,文物出版社,1989 年,第 4~8 页。

④ 福建省博物馆:《建阳将口唐窑发掘简报》,《东南文化》1990 年第 3 期;吴裕孙:《建阳将口窑调查简报》,《福建文博》1983 年第 1 期。

米,窑底坡度平均13°。窑炉平面略呈"S"形,窑炉前端为火膛,火膛长度约1.77米,平面呈倒梯形,膛底呈斜坡式,斜长1.1米,坡度28°。火膛前面是出灰口,长0.77米,宽0.82~0.85米,深0.1~0.17米。窑室前段和尾部均遭破坏,窑顶坍塌,窑壁和窑顶均由土坯砖砌成,有的窑墙内面还加抹厚0.01米的泥层。窑门仅见于窑墙东侧,共清理出6个,门的宽度为0.6~1米,窑门外残存护门道墙。窑底部铺沙,窑具置于沙层上,窑底尚残留酱釉大罐等残片。窑具主要有大型筒状垫柱、矮垫柱等。推断年代为晚唐。庵尾山Y10也是土坯砌筑,残存窑炉斜长80米,实测长77.5米,宽度1.3~2.1米,平均坡度18°,方向340°。窑室的窑墙残高0.35~0.75米,厚0.12~0.17米,构筑方法与Y8相同。窑底铺沙,厚度达0.4米。窑门被破坏无存。根据出土器物推测其年代为晚唐至五代。庵尾山Y8叠压、打破Y10,共有三重窑壁,亦为土坯砌筑,斜长分别为39.7米、60.4米和90.5米,宽1.1~2米,窑底平均坡度分别为20°、19°和17°,根据出土器物推断Y8②、Y8③年代为晚唐五代,Y8①年代为五代至北宋初。[①]

闽江口的青瓷窑业可能较多地延续了南朝时期南传至此的越窑青瓷传统,窑业技术面貌较为落后,如龙窑窑身较短、未发现匣钵、多用支钉间隔的托柱叠烧等。1982年,福建省博物馆和福州市文物管理委员会在对怀安窑址进行发掘时,在T5第二层清理出龙窑残窑基1座,窑底铺有细沙。窑床上发现一枚"开元通宝"铜钱、一件刻有唐"贞元"纪年铭款的残支垫具,说明该窑址的下限不晚于唐代中期。该龙窑通长8.4米,横宽3.9米,坡度14°,窑身系土坯砖叠砌而成。窑具中仍未发现匣钵,表明唐代福建青瓷生产较浙江滞后的局面。六朝窑址常见的间隔具种类和数量明显减少,已大量被高岭土支钉所取代。装烧方法仍为托柱叠烧,器间以泥点支钉相间隔,器底常留有一圈泥点痕迹。[②]

晚唐五代时期匣钵装烧技术传播至九龙江口的厦门杏林许厝、祥露等窑址。1997年发现的厦门杏林许厝、祥露晚唐五代窑址共有8条斜坡平焰龙窑,其中祥露1号唐窑残长32米,窑床内壁宽2.42米。装烧方法有托柱叠烧、匣钵正烧等,碗、盘等器物以泥点相间隔,器底往往留有4~6点托珠痕。窑具主要有束腰柱形垫柱、垫饼、垫圈、支钉、筒形匣钵、碾槽、轴

① 建窑考古队:《福建建阳县水吉北宋建窑遗址发掘简报》,《考古》1990年第12期;建窑考古队:《福建建阳县水吉建窑遗址1991~1992年度发掘简报》,《考古》1995年第2期。
② 曾凡:《福建南朝窑址发现的意义》,《考古》1989年第5期;福建省博物馆、福州市文物管理委员会:《福州怀安窑址发掘报告》,《福建文博》1996年第1期。

顶碗等。①

唐五代，珠江口地区多用馒头窑烧瓷，宋代又改用龙窑，所以经常可见宋代龙窑叠压于唐代馒头窑之上的现象。在石湾镇东部大帽岗西部近岗顶处一座馒头窑被一条宋代龙窑堆积叠压。在石湾镇奇石村南的桃源岗也发现两种窑炉结构，一种为圆形的馒头窑，一种为斜坡式平焰龙窑，馒头窑直径仅 2 米多，面积较小，龙窑窑身较长，产量和面积均较大，龙窑叠压于馒头窑之上。②

官冲窑址位于新会市古井镇官冲管理区南面约 1 千米的瓦片岩和碗碟山。1961 年，在碗碟山正西北山岗断崖交界处清理了残存馒头窑 1 座。1997 年又在碗碟山北面清理发掘了 4 座馒头窑窑炉遗迹，除 Y1 残长 5.6 米外，Y2、Y3、Y4 三座窑炉结构很小，残长 2.2～2.7 米，这种小窑在广东属首次发现。其中 Y2 与 Y1 同属耐火土壁馒头窑，Y3 与 Y4 同属砖砌馒头窑。这种体积小的砖室窑也见于陕西省黄堡唐窑遗址中，是专门用来烧三彩器的。碗碟山这 3 座小窑也可能是专门烧造较高质量和造型特殊器物的窑炉。窑底部或平或斜，其结构由窑门、火膛、窑床、烟道四部分组成。窑顶均已塌毁。瓦片岩多见废弃品堆积，厚达 1.5 米，产品均为南方青瓷系统的青釉日用器皿。装烧方法为泥块衬垫，仰口，叠烧，未见有匣钵。耐火泥块易吸去下部器内的釉液，所以器物内底常留下缺釉的印痕，这是广东唐代瓷器的一个典型特征。③

珠江口地区偶有发现唐代龙窑窑址，佛山市高明大岗山窑址即是一例。1986～1987 年发掘两条依山而建的龙窑，其中 1 号窑仅存窑室中段，残长 9.55 米，宽 2.8 米，窑壁下部夯土，上部砌砖。2 号窑较完整，可见窑门、火膛、窑室，残长 9.06 米，宽 2.4 米，窑壁为砖砌，窑门有两组通风口，火膛比窑室低 0.6 米，窑床上残留有 104 个匣钵。窑具有托座、托珠等，未见匣钵，估计瓷器直接置于托座上裸烧，反映了广东窑业技术的滞后性。碗碟大多采用泥珠支烧，内底多有四个垫泥痕迹，还有一部分用方形刮釉

①　傅宋良、郑东等：《厦门杏林晚唐、五代窑址及相关问题的初探》，《厦门博物馆建馆十周年成果文集》，福建教育出版社，1998 年，第 18～25 页。

②　佛山市博物馆：《广东石湾古窑址调查》，《考古》1978 年第 3 期。

③　广东省文物管理委员会：《佛山专区的几处古窑址调查简报》，《文物》1959 年第 12 期；广东省文物管理委员会、广东师范学院历史系：《广东新会官冲古代窑址》，《考古》1963 年第 4 期；广东省文物考古研究所、新会市博物馆：《广东新会官冲古窑址》，《文物》2000 年第 6 期；广东省文化厅：《中国文物地图集·广东分册》，广东省地图出版社，1989 年，第 385 页。

露胎支烧。[1]

　　韩江流域的梅县窑和潮州窑多采用半倒焰馒头窑烧瓷。梅县窑,又名水车窑,主要分布在水车镇的瓦坑口、罗屋坑以及南口镇的崇芳山等地,其窑址大约有 7 处,中心窑场在瓦坑口一带。瓦坑口窑址露出 4 座馒头窑,1985 年发掘了其中的 2 座,均属馒头窑,相距仅 1.5 米,1 号窑总长 5.3 米,窑室长 3.4 米,最宽处 2.06 米,最窄处 1.6 米。2 号窑总长 4.6 米,窑室长 2.48 米,窑炉由火膛、窑室、烟道三部分组成,窑室底部呈斜坡状,火膛低于窑室。与过去发现的唐代馒头窑平面前窄后宽、窑室平底不同,水车区 2 号窑平面前宽后窄,窑床底作斜坡式。水车窑窑室前宽后窄的窑炉改进,可缩小馒头窑窑内前后温差,提高成品率。窑底改为斜坡式实际上是吸收了龙窑的部分优点,可增大窑炉自身抽力,迅速提高窑温。(图 3 - 2)罗屋坑窑址位于水车镇罗屋坑,面积约 400 平方米,也为馒头窑。崇芳山窑址位于南口镇双桥村,窑址分布面积较瓦坑口和罗屋坑两处为小,仅 200 平方米。窑炉结构亦为馒头窑。窑身长 3.5 米,窑室内宽和高分别是 1.3 米和 1.6 米。窑具有匣钵和三叉支垫等。[2] 三叉形支垫是北方白瓷、三彩瓷器生产区流行的主要垫隔窑具,6 世纪出现于隋代北方的邢窑和安阳窑,唐代开始普及,到北宋时期广泛分布于黄河流域,而后向西扩散到四川的灌县、广元等地,向北蔓延到内蒙古、辽宁一部分地区,明中后期趋于消亡。[3] 三叉形支垫在唐代福州怀安窑和梅县水车窑等青瓷窑址的发现恰好体现了汉人移民东南所带来的北方垫烧具与南方传统窑炉结构、窑业技术的融合。梅县窑盛烧一种中唐以后流行的玉璧底碗,唐代各窑所烧的青瓷、白瓷玉璧底碗,底部不施釉。梅县窑与众窑不同,碗里外施满釉,然后在底部擦去三块釉,再放三叉形支具装烧,这一做法有其独特性,是识别梅县窑的一大关键。水车窑器形足碗与浙江越窑的同类烧碗法相近,但梅县窑制品比越窑粗糙,壁足较宽。梅县窑的无耳罐品种最罕见也最富特色,与双耳、四耳罐短颈直口有区别,在中国各地的同类品种窑场中亦少见,具有鲜明的地方特色。泰国南部出土有唐代青瓷碎片,除越窑、长沙窑外还有广东梅县窑和高明窑碗片,这是目前所知广东最早销往海外贸易瓷

　　① 广东省文物管理委员会:《佛山专区的几处古窑址调查简报》,《文物》1959 年第 12 期;广东省文化厅:《中国文物地图集·广东分册》,广东省地图出版社,1989 年,第 405 页。
　　② 广东省博物馆:《广东梅县古墓葬和古窑址调查、发掘简报》,《考古》1987 年第 3 期;杨少祥:《广东梅县市唐宋窑址》,《考古》1994 年第 3 期;广东省文化厅:《中国文物地图集·广东分册》,广东省地图出版社,1989 年,第 335 页。
　　③ 熊海堂:《东亚窑业技术发展与交流史研究》,南京大学出版社,1995 年,第 166 页。

的实物例证。①

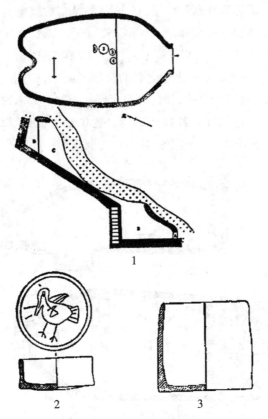

图 3-2　水车区 2 号窑平面、剖面图及窑具图②
1. 窑炉 2. 钵形匣钵 3. 筒形匣钵

在潮州市南郊的洪厝埠、竹园墩,北郊的窑上埠北堤头等地均发现有唐代马蹄窑遗迹。在洪厝埠,3 座平面为半椭圆形的马蹄形窑窑基排列在一起,相距 1.3~1.7 米,窑壁由耐火土夯筑而成,壁厚 0.36 米,残高 0.16~0.28 米,窑长 6.3~7.2 米。竹园墩位于洪厝埠之东约 500 米,这里的两座唐代马蹄形残窑也系灰色耐火土夯筑而成,两窑并列,相距 1.5 米,窑身长 6.6~7.1 米,壁厚 0.24~0.35 米,后壁为半圆形,残高 1.75 米,宽 3.45 米,后壁之上有 3 条凹进去的烟道,窑室底部残留有大量碗、碟、壶等残片。窑上埠位于潮州市北郊,在土岗四周暴露出二三十座马蹄形残窑,有的为

———————

① 冯先铭:《中国陶瓷史研究回顾与展望》,《中国古陶瓷研究》第 4 辑,紫禁城出版社,1997年,第 4 页。

② 1~3 均采自杨少祥:《广东梅县市唐宋窑址》,《考古》1994 年第 3 期。

瓷窑,有的为砖瓦窑,已发现的残窑均为耐火土夯筑而成,分窑门、火膛、窑床、窑后壁和烟道等部分,烟道一般有 3 条,均从窑后壁上直接凹进去。北堤头位于潮安县城北郊,窑体通长 4.97 米,方向 172°,分窑门、火膛、窑床和烟道等部分(图 3 - 3)。窑门高 1 米,宽 0.92 米。火膛低于窑床 0.4 米,长 0.8 米,宽 1.6~2.2 米。火膛之后的窑床平面呈长方形,长 2.32 米,宽 2.12~2.26 米。窑后壁垂直,横剖面呈半圆形,宽 2.12 米,高 1.32 米。后壁下端有 3 个长方形烟门,各高 0.24 米,宽 0.15~0.19 米。其后的 3 个长方形烟道,通高 1.4 米。出土窑具主要为圆筒形平底匣钵。①

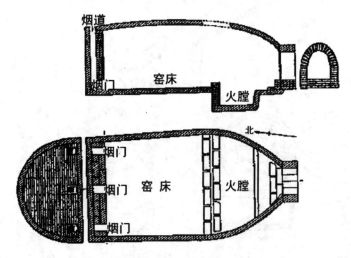

图 3 - 3　潮安县北堤头唐窑平面、剖面图②

　　位于广东省南端的雷州半岛是唐代广东地区龙窑分布较为密集的地区。雷州自古是商业贸易和水陆交通的枢纽。《读史方舆纪要》载:"(雷州)府三面距海,北负高凉,有平田沃壤之利,且风帆顺易,南出琼崖,东通闽浙,亦折冲之所也。"③雷州通过与闽浙之间海路交通的密切往来而成为唐代广东窑业的一片异域,浙闽间常用的龙窑窑业技术在这里广泛分布。雷州、湛江、遂溪、廉江等地均发现有唐代龙窑窑址。雷州通明河口余下村的 1 座龙窑长 11 米,宽 7 米,高 8 米,窑具有圆筒形平底匣钵。湛江龙王

　　① 曾广亿:《广东潮安北郊唐代窑址》,《考古》1964 年第 4 期;曾广亿:《潮州唐宋窑址初探》,《潮州笔架山宋代窑址发掘报告》,文物出版社,1981 年,第 49~64 页;申家仁:《岭南陶瓷史》,广东高等教育出版社,2003 年,第 225 页。

　　② 采自曾广亿:《广东潮安北郊唐代窑址》,《考古》1964 年第 4 期。

　　③ (清)顾祖禹撰,贺次君、施和金点校:《读史方舆纪要》卷一百四"广东"五"雷州府",中华书局,1955 年,第 4747 页。

岗窑址和蟹口岭窑址分别发现龙窑 3 座和 2 座,窑身长 12～15 米,宽 3 米。遂溪、廉江等地也多发现长度在 10 米左右的龙窑。遂溪共发现唐五代龙窑 5 处,分别为酒馆村、溪头坎、湾塭岭、马城村、枫树村窑址,遍布于遂溪县草潭、城月、黄略、杨柑、界炮诸镇。龙窑长度均在 10 米左右。廉江窑址主要位于廉江县车板镇和营仔镇,主要有多浪坡、窑头村、陂头垌、龙头沙等窑址,窑炉也多为龙窑。① 雷州半岛南侧的广西合浦县山口镇英罗岭窑,可能也受雷州半岛的影响而采用平焰龙窑技术。②

西江流域上游与广西交界的郁南县也是唐代馒头窑的一个重要分布区域。窑址多位于郁南县南江口镇木格村、南瑶村、南渡村一带。罗子村窑址位于郁南县罗旁镇罗子村,有残窑 3 座,属馒头形,各窑相距 5.5 米左右。窑壁各有三个烟道。水瓜口村窑址发现馒头窑 11 座,各窑相距 2.5 米,窑床内宽约 2.5 米。木格村窑址有 10 多座馒头窑,长宽各为 2.2 米,高 1.55 米。③ 沿西江而上,在靠近广东的容县琼新窑共发现 40 多座马蹄形窑。这些陶窑位于广西容县十里乡琼新村大沙河西岸,分布范围约 1 平方千米,分 4 个窑区,为广西陶瓷考古前所未见。该窑区可能是广东唐代马蹄形窑业技术溯西江而上传播的结果。④ 桂北的桂林市郊桂州窑、桂东南的雅窑、桂平社步禾塘岭窑则多采用龙窑技术,这些窑址可能与湖南湘阴窑有着密切的关系。如桂平社步禾塘岭窑位于桂平县城南 19 千米郁江南岸的土岭之上。所见窑基为龙窑,长约 30 米,宽约 3 米。窑具仅见圆饼形匣钵盖和圈上带有四支钉的垫圈。⑤

四　隋唐五代东南海洋性瓷业的文化内涵

隋唐时期瓷器的发展逐渐形成了以浙江越窑为代表的青瓷和以河北

---

　　① 广东省文化厅编:《中国文物地图集·广东分册》,广东省地图出版社,1989 年,第 424～434 页;邓杰昌:《广东雷州市古窑址调查与探讨》,《中国古陶瓷研究》第 4 辑,紫禁城出版社,1997 年,第 210～218 页。

　　② 广西壮族自治区博物馆编:《广西博物馆古陶瓷精粹》,文物出版社,2002 年,第 5 页。

　　③ 广东省文化厅编:《中国文物地图集·广东分册》,广东省地图出版社,1989 年,第 469～470 页。

　　④ 申家仁:《岭南陶瓷史》,广东高等教育出版社,2003 年,第 222 页。

　　⑤ 陈小波:《广西桂平古窑址调查》,《中国古代窑址调查发掘报告集》,文物出版社,1984 年,第 195～200 页。

邢窑为代表的白瓷两大瓷窑系统,即通常所说的"南青北白"的局面。东南地区的海洋性瓷业的主要瓷器品种依然是青瓷。在部分窑址中,东汉六朝时期常见的黑釉、酱釉瓷器依然延烧。河南鲁山、禹县等地的花釉瓷对东南瓷业也产生一定影响,在婺州窑部分窑址也有烧造。南北瓷业技术的交流为宋元东南海洋性瓷业的多样化打下了基础。

(一)青瓷

1. 胎釉

隋及初唐时期越窑处于发展的低谷时期。青瓷胎色灰白,胎质粗疏,含沙粒,有气孔,釉色普遍呈青黄和青灰色调,釉层薄,大都无光泽感,器足底多露胎,也有半釉器。有少量的匣钵,大多器物为明火叠烧。坯件间隔的泥点较大,在器物底部多留有不规整的三角形和椭圆形痕迹。婺州窑在初唐时期获得了较大发展,多生产民间日常用瓷,小型的碗、盘等器物多用瓷土烧制而成,胎色灰白,釉色青灰,大型的罐、壶等器物直接用粉砂岩作原料,胎色紫褐,釉色青或青黄;为掩饰较深的胎色,器表常常施一层化妆土,器物多半釉,釉面开裂处及胎釉结合不紧密处往往有奶黄色结晶体析出,这是婺州窑青瓷从六朝以来常见的现象。[①] 瓯窑所在地域的瓷土中三氧化二铝含量较高,烧成温度也较高,胎体烧结坚硬,胎色较越、婺等窑为白,在胎色映衬之下釉色多显淡青。[②] 岭南韩江和珠江等流域的青瓷胎质多粗糙,胎色泛灰,釉色多青中泛黄,釉层薄而不均,釉面无光泽,胎釉结合不紧密而易剥落,因采用泥块衬烧,器内底釉常被泥块吸附而呈星形空白区。[③]

中唐时期越窑瓷器生产有了一定的恢复,开始使用匣钵烧造瓷器,青瓷质量逐步提高。青瓷胎质坚硬细腻,胎色灰白,不含沙粒;釉色以青黄为主,青灰次之,釉层均匀、润泽,有玻璃质感,多满釉,足端普遍刮釉,圈足规整。瓯窑釉色常青中显黄,釉易剥落。闽江上游的建阳将口等窑址瓷器面貌与越窑中心区的宁波小洞岙窑相同或相似,大多胎骨细腻纯净,少量夹砂或掺细砂,器型规整,形体硕大稳重,釉色以青绿、青黄色为主,也有少量青灰色。釉层厚而均匀,釉面温润并有细小开片,常见流釉现象。施釉有蘸釉和刷釉两种,器物内壁满釉,外壁上半部施釉,下腹及底部露胎。晋江流域青瓷面貌则

① 贡昌:《婺州古瓷》,紫禁城出版社,1988 年,第 54~56 页。
② 阮平尔:《浙江古陶瓷的发现与探索》,《东南文化》1989 年第 6 期。
③ 黄慧怡:《广东唐宋制瓷手工业遗存分期研究》,《东南文化》2004 年第 5 期。

较原始,胎体厚重,胎色灰褐或黄褐,釉色青绿或黄褐,釉层厚薄不均,胎釉结合不甚紧密,易剥落,器物多施半釉。岭南青瓷陶质依然粗糙,胎色灰白,釉色青绿泛灰,釉层较薄,釉面无光泽,胎釉结合较前期紧密。①

晚唐五代时期,越窑进入极度繁荣期,此时匣钵等窑具多为瓷土制成,青瓷"如冰似玉",胎色灰白,胎质细腻坚密,釉色有青黄、青灰,釉层均匀,手感浑厚滋润,胎釉结合紧密,开细碎片和剥釉现象少见。婺州窑已经开始在衢县沟溪上叶窑、龙游县方坦窑等窑口烧制乳浊釉瓷,釉色天青或月白色,釉面晶莹滋润,釉层浑厚,是东南最早烧制乳浊釉瓷的窑口。② 瓯瓷胎体逐渐变得轻薄,胎质细腻坚硬,胎色灰白,胎釉结合紧密,少有脱釉现象出现。晋江流域青瓷质量也有了较大提高,胎质坚硬,胎色浅灰或淡黄色。岭南青瓷胎质变得细腻,胎色灰或灰白,釉色亦趋于纯正,以青绿为主,有少量青黄、青灰和青褐色,釉层厚而均匀,釉面光亮,伴有流釉现象。③

2. 器型

隋及初唐时期,越窑瓷器较多保持着南朝的风格。盘口壶的盘口几乎与腹径相等,腹部瘦长如橄榄形。鸡首壶为龙柄,左右肩各有半环耳两个。碗类多假圈足和挖足不规整的浅圈足碗,新出现了敞口玉璧底碗,还流行一种折腹碗。隋代则较多高足盘。④ 婺州窑的器形主要有盘口壶、蟠龙瓶、鸡首壶、四系罐、多足砚、敞口碗盘等。由于直接采用可塑性较强的粉砂岩作制瓷原料,婺州窑常常能够烧制体型较大的器物。⑤ 闽江和晋江流域较多保持南朝青瓷的传统风格,器形主要有盘口壶、小口双耳罐、四耳罐、五盅盘、莲花烛台等。⑥ 隋及初唐时期,岭南青瓷器类较少,器型厚重,造型单调,主要有假圈足碗、四耳或六耳罐、盘、碟、钵、杯和执壶等。(图3-4、5、6)

中唐时期越窑制品以口沿外翻、坦腹、浅圈足碗为主,新出现了敛口玉璧底碗,这些器形与撇口平底碟、敞口斜壁形底盘共同构成中唐越窑一套新颖的饮食用具。⑦ 唐代中晚期,婺州窑渐趋粗糙,多生产民间日用瓷,器形主要有玉璧底碗、盘口壶、罐、水盂、执壶、多角瓶、小口瓶等。唐代早中期瓯窑瓷器的造型特点是浑圆饱满,厚重大器较多,水盂、瓜棱执壶、玉璧

---

① 黄慧怡:《广东唐宋制瓷手工业遗存分期研究》,《东南文化》2004 年第 5 期。
② 张云土、占剑:《婺州窑制瓷工艺》,《东方博物》第 20 辑,浙江大学出版社,2006 年。
③ 黄慧怡:《广东唐宋制瓷手工业遗存分期研究》,《东南文化》2004 年第 5 期。
④ 中国硅酸盐学会:《中国陶瓷史》,文物出版社,1982 年,第 188 ~ 193 页。
⑤ 贡昌:《婺州古瓷》,紫禁城出版社,1988 年,第 57 ~ 58 页。
⑥ 曾凡:《福建陶瓷考古概论》,福建省地图出版社,2001 年,第 155 页。
⑦ 中国硅酸盐学会:《中国陶瓷史》,文物出版社,1982 年,第 193 页。

底碗、双系直筒罐、盘口壶、大瓮、大缸等,都具有明显的时代特征。此时,闽江上游的建阳将口等窑址产品器型规整,形体硕大稳重,有碗、盘、碟、盆、钵、执壶、瓮、罐、灯盏、盘口壶等。此时执壶流嘴较短,多圆形或六角形。① 晋江流域青瓷器形主要有碗、盘口壶、四系罐、双系盆、盘、杯、盏、钵等。岭南青瓷器形变化不大,主要有碗、盘、碟、钵、盆、四耳或六耳罐等。碗腹较前期浅并出现少量矮圈足,四耳罐器身变矮。

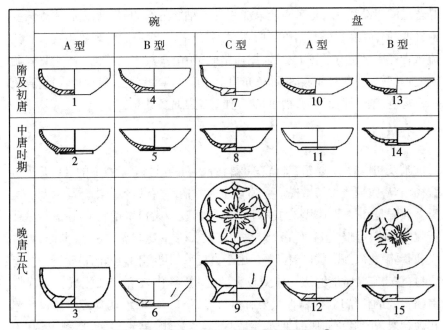

图 3-4　隋唐五代越窑青瓷碗、盘演变图②

1. A 型 I 式碗(上林湖狗头颈山初唐 Y55—1) 2. A 型 II 式碗(上虞龙浦窑址) 3. A 型 III 式碗(上林湖马溪滩晚唐 Y30) 4. B 型 I 式碗(上林湖狗头颈山初唐 Y55—1) 5. B 型 II 式碗(上虞龙浦窑址) 6. B 型 III 式碗(上林湖荷花芯晚唐 Y37) 7. C 型 I 式碗(上林湖黄家庵初唐 Y5) 8. C 型 II 式碗(慈溪里杜湖 Y2) 9. C 型 III 式碗(上林湖马溪滩晚唐 Y30) 10. A 型 I 式盘(上林湖狗头颈山初唐 Y55—1) 11. A 型 II 式盘(慈溪里杜湖 Y2) 12. A 型 III 式盘(上林湖荷花芯晚唐 Y37) 13. B 型 I 式盘(上林湖狗头颈山初唐 Y55—1) 14. B 型 II 式盘(上林湖沈家山上 Y51 甲上层) 15. B 型 III 式盘(上林湖荷花芯晚唐 Y37)

---

① 曾凡:《福建陶瓷考古概论》,福建省地图出版社,2001 年,第 154~155 页。
② 1、4、7、10、13 采自林士民:《青瓷与越窑》,上海古籍出版社,1999 年,第 168~169 页;2、5 采自章金焕:《上虞龙浦唐代窑址》,《东南文化》1992 年第 3、4 期;8、11 采自谢纯龙:《慈溪里杜湖越窑遗址》,《东南文化》2000 年第 5 期;14 采自谢纯龙:《隋唐早期上林湖越窑》,《东南文化》1999 年第 4 期;3、6、9、12、15 采自林士民:《青瓷与越窑》,上海古籍出版社,1999 年,第 171~176 页。

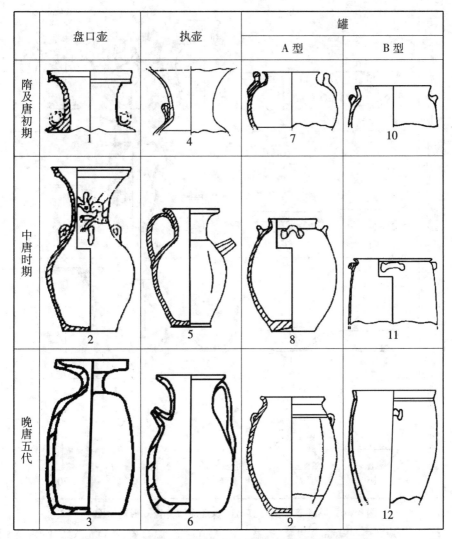

图 3 – 5 隋唐五代越窑青盘口壶、执壶、罐器形演变图①

1. 盘口壶（上林湖沈家山初唐上 Y51 甲下层）2. 盘口壶（上虞龙浦窑址）3. 盘口壶（上林湖马溪滩晚唐 Y30）4. 执壶（黄家庵初唐 Y5）5. 执壶（上虞龙浦窑址）6. 执壶（上林湖马溪滩晚唐 Y30 出土）7. 罐（上林湖狗头颈山初唐 Y55—1）8. 罐（上林湖里杜湖 Y8）9. 罐（上虞窑山、黄蛇山晚唐五代窑址）10. 罐（黄家庵初唐 Y5）11. 罐（慈溪里杜湖 Y8）12. 罐（上林湖马溪滩晚唐 Y30）

① 1 采自谢纯龙：《隋唐早期上林湖越窑》，《东南文化》1999 年第 4 期；4、7、10 采自林士民：《青瓷与越窑》，上海古籍出版社，1999 年，第 168 ～ 169 页；2、5 采自章金焕：《上虞龙浦唐代窑址》，《东南文化》1992 年第 3、4 期；8、11 采自谢纯龙：《慈溪里杜湖越窑遗址》，《东南文化》2000 年第 5 期；3、6、12 采自林士民：《青瓷与越窑》，上海古籍出版社，1999 年，第 172 ～ 173 页；9 采自章金焕：《上虞窑山、黄蛇山古窑址》，《江西文物》1990 年第 4 期。

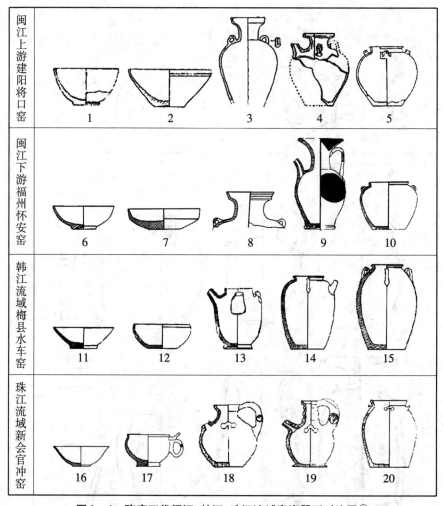

图 3 - 6　隋唐五代闽江、韩江、珠江流域青瓷器形对比图①

1. 深腹大钵(将口窑 Y1) 2. 大盆(将口窑 Y1) 3. 盘口壶(将口窑 Y1) 4. 执壶(将口窑 Y1) 5. 四系罐(将口窑 Y1) 6. 碗(福州怀安窑 T5②:141) 7. 盘(福州怀安窑 T5②:24) 8. 盘口壶(福州怀安窑 T5②:57) 9. 执壶(福州怀安窑 T5②:111) 10. 罐(福州怀安窑 T5②:48) 11. 碗(梅县水车窑 Y2) 12. 洗(梅县梅畲 M4) 13. 壶(梅县水车窑 Y2) 14. 壶(梅县唐墓) 15. 四系罐(梅县唐墓) 16. 碗(新会官冲 97XWIT702③:146) 17. 杯(新会官冲 97XWIT102③:14) 18. 壶(新会官冲 97XWIT102③:828) 19. 执壶(新会官冲 97XWIT102③:1786) 20. 四系罐(新会官冲 97XWIT102③:1805)

---

① 1~5 采自福建省博物馆:《建阳将口窑发掘简报》,《东南文化》1990 年第 3 期;6~10 采自福建省博物馆、福州市文物管理委员会:《福州怀安窑址发掘报告》,《福建文博》1996 年第 1 期;11、13 采自杨少祥:《广东梅县市唐宋窑址》,《考古》1994 年第 3 期;12、14、15 采自广东省博物馆:《广东梅县古墓葬和古窑址调查发掘简报》,《考古》1987 年第 3 期;16~20 采自广东省文物考古研究所、新会市博物馆:《广东新会官冲窑址》,《文物》2000 年第 6 期。

晚唐五代时期,越窑瓷器的造型日益精巧,很多生活用瓷被做成了花、叶、瓜果等形状,出现了菱形花口碗、莲花碗、海棠式碗、瓜棱执壶、荷叶形盘、各种动物形水盂等造型。其中以敞口外翻、宽矮圈足碗为大宗,还有盘、罐、壶、钵、灯等器形。此时,婺州窑主要器形有玉璧底碗、葵口碗、水盂等。晚唐五代,瓯窑的器型受越窑影响较大,花口、葵口及瓜果造型的器物逐渐增多,造型精巧别致。闽江上游的建阳将口等窑青瓷器型更趋轻巧,执壶瘦高,腹部多做成瓜棱形。晋江流域青瓷制瓷技术也有了较大提高,产品胎体轻薄,造型轻巧,器形主要有葵口碗、碟、钵、瓜棱腹执壶、罐、灯盏。晚唐五代,岭南青瓷种类变得异常丰富,器型趋于轻盈高瘦,花口碗、瓜棱执壶等具有时代特征的器物大量出现。四耳罐多由前期横耳转为竖耳。圈足碗逐渐增多。

3. 纹饰

隋及初唐时期,越窑瓷器表面多为素面。在器物的颈、肩或腹部有少量的篦划弦纹。罐耳多用泥条做成柿蒂状贴于肩腹交界处。在圆形砚等器物之上还有镂孔纹饰。[①] 此时,岭南地区的青瓷多为素面,鲜见纹饰。(图3-7)

中唐时期,越窑瓷器仍以素面为主,亦有少量的刻划花。花纹多为荷花、秋葵之类,刻划线条自然流畅,疏朗有致。在盘、洗等器物的内底中心有模印龙纹、鱼纹、秋葵等图案。有的碗口沿呈四曲口,并在外壁划竖棱线。在侈口碗的口沿、腹部饰对称的圆形、半圆形釉下褐色斑块。中唐,瓯窑的花纹也很少,有荷叶纹、鱼纹、"虎"字纹等。闽江上游将口等窑青瓷器表多数素面,少量刻划花纹,纹饰主要有飞禽、走兽、草叶、花卉等,线条简练粗犷,部分器物器身或口沿部位涂蘸釉下褐彩。岭南青瓷则在器物口沿附近、耳、流、碗心、盖顶处多有弦纹。

晚唐五代时期,越窑青瓷虽仍以釉色取胜而不尚纹饰,但镂空、堆贴、刻花、划花、印花、釉下褐彩绘等技法已较熟练。在倭角盘、海棠杯等器内常刻划荷莲、飞鸟、鱼纹等纹样。在香薰等器物上常见镂孔装饰。在浙江临安水邱氏墓中发现褐彩云纹镂孔炉、钵形灯和罂等器物。婺州窑瓷器的装饰较为简单,多在壶、罐等器物的肩、腹、颈部刻划竖直的划纹、弦纹和波浪纹等,有时会在青瓷罂的肩部堆塑盘龙、龟、壁虎等内容。青瓷器上的褐

---

① 林士民:《青瓷与越窑》,上海古籍出版社,1999年,第245页。

色彩斑也是婺州窑的一大装饰特色。① 瓯窑在器型上与越窑保持了较多的一致性,如造型精巧的瓜形和荷花形碗、罐、盏托等器,装饰手法有印花、刻花、绘花、堆贴和捏塑等,纹样主要有莲瓣、荷花、卷草、灵芝、朵云、缠枝花卉、双鱼等。② 岭南青瓷只有少量的器物上有"十"字印花纹、凸栅纹等装饰,部分器物还有镂孔装饰。

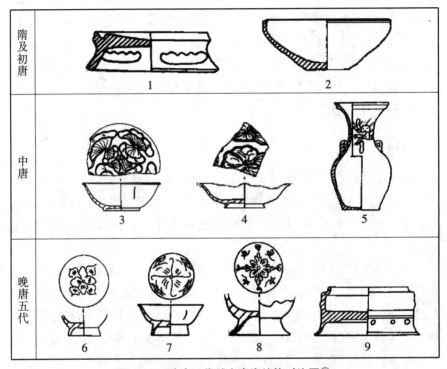

图 3-7　隋唐五代越窑青瓷纹饰对比图③

1. 镂孔砚台(上林湖狗头颈山初唐 Y55—1) 2. 弦纹钵(上林湖沈家山 Y51 甲下层) 3. 刻划荷花纹碗(上林湖沈家山 Y51 甲上层) 4. 刻划荷花纹盘(上林湖沈家山 Y51 甲上层) 5. 贴塑蟠龙纹盘口壶(上虞龙浦窑址) 6. 刻划花盘(上林湖荷花芯晚唐 Y37) 7. 刻划花碗(马溪滩晚唐 Y30) 8. 刻划花碗(上林湖黄鳝山晚唐 Y26—2) 9. 镂孔盒(上林湖黄鳝山晚唐 Y26—2)

① 张云土、占剑:《婺州窑制瓷工艺》,《东方博物》第 20 辑,浙江大学出版社,2006 年。
② 伍显军:《试论温州古陶瓷的文化内涵》,《东方博物》第 19 辑,浙江大学出版社,2006 年。
③ 1 采自林士民:《青瓷与越窑》,上海古籍出版社,1999 年,第 168 页;2~4 采自谢纯龙:《隋唐早期上林湖越窑》,《东南文化》1999 年第 4 期;5 采自章金焕:《上虞龙浦唐代窑址》,《东南文化》1992 年第 3、4 期;6~9 采自林士民:《青瓷与越窑》,上海古籍出版社,1999 年,第 172~177 页。

（二）黑瓷

唐代越窑依然有部分窑址延烧黑瓷,这些窑址主要有鄞县横山、慈溪县上林湖施家坪、宁波市英雄水库和象山县黄避岙等。① 唐代越窑黑瓷在器型上与青瓷保持了同步的时代风格,只是器物种类不如青瓷丰富,常见直口折腹平底碗、盘口双系壶、双系罐、灯盏等。在龙游方坦窑,衢县姚家窑、上叶窑,金华南干窑、下塘西窑和汉灶窑等唐代婺州窑窑址中也有兼烧酱褐釉瓷,其胎质粗糙,胎色灰或深灰,器形主要有碗、执壶、罐、灯盏、盆等。② 在闽江上游的建阳水吉,雷州半岛的湛江、廉江、遂溪和西江上游的郁南等地的唐代青瓷窑址中也有兼烧黑瓷。建阳水吉庵尾山 Y8③ 内发现釉色酱褐的碗、盘、碟、罐、盘口壶、执壶、香薰、枕等器形。庵尾山 Y8① 窑内残存皆为黑釉碗,其胎色灰黑,釉色浅黑或酱黑,口微敛,直折腹,矮圈足,与宋代典型的建盏明显不同,应当是其前身。③ 雷州半岛唐代青瓷窑址中兼烧的黑釉瓷釉色均呈酱褐色,器形主要有玉璧底碗、圜底碟、盘、钵、杯、壶、罐、釜、灯、瓶等。④ 西江流域上游郁南县唐代窑址发现的黑釉瓷胎色灰白色或灰色,釉色酱褐,器形主要有平底碗、双耳及四耳罐、盆、钵等,造型和同窑烧造的青瓷别无二致。⑤

（三）彩瓷

唐五代,东南彩瓷生产主要集中在金衢盆地的婺州窑。在兰溪市香溪早唐窑址中,发现部分青瓷碗口沿下饰短直线纹褐釉彩。在金华县汉灶窑、南干窑、下塘西窑等唐中晚期窑口中,发现有的玉璧底碗或罐的腹部饰有大褐斑。在龙游县方坦窑和衢县上叶窑还发现了釉色呈天青、月白、天蓝等色的乳浊釉瓷,器形主要有碗、盘口壶、罐、盆等。⑥ 而在北方发现的花釉瓷器主

① 朱伯谦、林士民:《我国黑瓷的起源及其影响》,《考古》1983 年第 12 期。

② 贡昌:《婺州古瓷》,紫禁城出版社,1988 年,第 56 ~ 57 页。

③ 建窑考古队:《福建建阳县水吉北宋建窑遗址发掘简报》,《考古》1990 年第 12 期;建窑考古队:《福建建阳县水吉建窑遗址 1991 ~ 1992 年度发掘简报》,《考古》1995 年第 2 期。

④ 广东省文化厅编:《中国文物地图集·广东分册》,广东省地图出版社,1989 年,第 424 ~ 434 页;邓杰昌:《广东雷州市古窑址调查与探讨》,《中国古陶瓷研究》第 4 辑,紫禁城出版社,1997 年,第 210 ~ 218 页。

⑤ 广东省文化厅编:《中国文物地图集·广东分册》,广东省地图出版社,1989 年,第 469 ~ 470 页。

⑥ 贡昌:《婺州古瓷》,紫禁城出版社,1988 年,第 56 ~ 57 页。

要位于河南鲁山、内乡、禹县及山西交城等地,主要器物为黑釉或月白、钧蓝等窑变釉上饰以月白彩斑或天蓝细条纹的腰鼓、壶、罐等。① 此外浙江象山黄避岙窑、台州下园山窑群、黄岩沙埠窑群,广东梅县水车镇崇芳山窑址等地均有发现唐代乳浊釉瓷,这些应当是北方瓷业对东南瓷业影响的结果。

第三节　隋唐五代东南海洋性陶瓷贸易体系的发展

一　港市集散

隋唐五代时期,国家统一,经济繁盛,对外交往空前活跃,伴随着印度洋航路的全面繁荣以及中日东海快速航线的开辟,东南扬州、杭州、明州、福州、泉州、广州等航海贸易港纷纷兴起,部分港市还专门设置了管理对外贸易的市舶司。

隋代大运河开凿后,扬州成为长江、运河和东海海运三线的枢纽,南通长江、东海,北接淮汴京洛,西连襄鄂,素称繁华,富甲天下。《旧唐书·秦彦传》载:“江淮之间,广陵大镇,富甲天下。”②《全唐文》:“控荆、衡以沿泛,通夷越之货贿,四会四达,此为咽颐。”③唐文宗大和八年(834),“病愈德音”诏令“其岭南、福建及扬州蕃客,宜委节度观察使常加存问”,④说明唐代来扬州贸易的波斯、阿拉伯商人当不在少数。不少至扬州从事珠宝、香料与丝绸、瓷器贸易的波斯人、阿拉伯人定居于此,形成了所谓的“波斯邸”“波斯庄”。⑤ 商业繁荣的扬州与隋唐东南沿海的其他港市明显有别。

---

① 中国硅酸盐学会:《中国陶瓷史》,文物出版社,1982 年,第 212～213 页。

② (后晋)刘昫等撰:《旧唐书》卷一百八十二“列传”第一百三十二,中华书局,1975 年,第 4716 页。

③ (清)董诰等编:《全唐文》卷四百九十六“权德舆”十四,中华书局,1983 年,第 5055 页。

④ (清)董诰等编:《全唐文》卷七十五“文宗”七“太和八年疾愈德音”,中华书局,1983 年,第 785 页。

⑤ 孙光圻:《中国古代航海史》,海洋出版社,1989 年,第 336 页。

广州、泉州、福州、杭州、明州诸港市周围均有一大批以生产下海通番瓷器为目的的海洋性瓷窑群,而扬州周围则没有。其他港市海洋性瓷器品种多为中国常见的越窑青瓷、邢窑白瓷及仿烧品,而扬州发现的除此之外还有带有浓厚伊斯兰风格的长沙窑产品以及器表绘有菱形、二方连续几何形等波斯纹饰的巩县黄冶窑青花瓷片。种种迹象表明,扬州是地处长江中下游的一座以消费为主的唐代国际大都市,寓居于此的阿拉伯人将中西亚陶瓷消费市场的信息直接传到这里,利用扬州地处南北交通咽喉和商品集散的重要地位,将海洋性瓷业的腹地空前绝后地延伸至长江中游的湖南长沙与黄河流域的河南巩县。伴随着唐末兵燹不断,扬州走向衰败:"(田)神功兵至扬州,大掠居人,发冢墓,大食、波斯贾胡死者数千人"①,"四五年间连兵不息,庐舍焚荡,民户丧亡,广陵之雄富扫地矣"②。宋代,由于长江出海口的东移,港口通航条件日趋恶劣,已经鲜有外船入港,扬州逐渐降为内地漕运城市,③这一海洋性瓷业格局的变数如同昙花一现迅速消失。

杭州港始建于春秋中期,当时名为"钱塘港",包含了钱塘江口沿岸的诸多以军事为主要目的的小港。秦至六朝时期,钱塘港完成了从军港向海上贸易港的转变,浙东陶瓷多从此港输出至东南亚、南亚等地,而佛教亦循海路传播到浙东地区。隋代南北大运河凿通后,杭州大运河南大门的地位确立,其河海相连的交通优势更为明显。由于漕运及海运的兴盛,杭州的造船业也迅速崛起,能生产河舟、画舫、海舶等各种船只。隋代以降,阿拉伯人纷至沓来,在阿拉伯人聚居的杭州城内亦有伊斯兰教清真寺——凤凰寺,该寺碑文记载:"兹寺创于唐,毁于季宋。元辛巳间,大师阿拉丁自西域来杭,见遗址而慨然,捐金鼎新重建。"④唐代,杭州港对日、对朝交往十分频繁,故日本、新罗、百济、高句丽等国亦多有居于杭州者,其中尤以日本学问僧为多。⑤ 8 世纪中期,新罗统一了朝鲜半岛南部,由于日本与其交恶,故开辟了由九州南下至冲绳再渡海来华的南路南线,"新罗梗海道,更由明、越州朝贡"⑥。新航道开辟后,杭州港接待中日间的航船急剧增多。吴

① (宋)欧阳修、宋祁撰:《新唐书》卷一百四十一"列传"第六十六,中华书局,1975 年,第4655 页。

② (后晋)刘昫等撰:《旧唐书》卷一百八十二"列传"第一百三十二,中华书局,1975 年,第4716 页。

③ 杨熺:《中国古代的海运港口》,《大连海事大学学报》1958 年第 2 期。

④ 杨永昌:《漫谈清真寺》,宁夏人民出版社,1981 年,第 57 页。

⑤ 吴振华编著:《杭州古港史》,人民交通出版社,1989 年,第 68 页。

⑥ (宋)欧阳修、宋祁撰:《新唐书》卷二百二十"列传"第一百四十五,中华书局,1975 年,第4481 页。

越国时,日本转为闭关锁国,往返中日间的多为吴越船舶。而此时杭州港与高句丽、百济的海道互动往来则较频繁。宝正二年(927),吴越国还派出以班尚书为通和使的使团泛海抵达朝鲜半岛,调解了一场高句丽与百济间的战争。吴越钱氏颇为重视发展海外贸易,以资国用,"盖此时杭州湾未隘塞,江海交通颇便,故海舶常至,然航海所入,岁贡百万"①。晚唐,杭州的城市功能与扬州颇为相似,两者都具有强大的商品集散能力,都因阿拉伯人的东来而使得海洋性瓷业品种丰富多彩,港市附近都没有密集的陶瓷窑业群。五代,作为吴越首都的杭州港市功能稍有衰退,在9~10世纪间,越窑龙窑技术极有可能就是从这里传播到了朝鲜半岛。

隋唐五代,地近慈溪上林湖越窑主产区的宁波港是越窑、长沙窑等窑所产瓷器的重要输出港。该港口条件和航行的安全性远较位于风高浪急的杭州湾内侧的杭州港优越。唐代中后期,中日间开辟了横渡东海的南路南线和南路北线后,明州港的地位尤为显赫,成为对日航行的主要港口。东海北线大约开辟于8世纪后半期,船舶自日本九州平户岛出发后,无须再绕道琉球群岛,而是直接横渡东海抵达明州。东海南线路远波险,沉溺相系,东海北线则远较其近便安全,日本人返回后多循此道。② 唐代中后期,明州港的兴盛使得钱塘江南岸的瓷业布局发生较大变化,瓷业生产中心由原来靠近浙东古运河的上虞江中下游地区向明州港周围的上林湖、里杜湖一带集中。

隋唐福州作为福建政治、经济中心,其对外贸易及航海地位凌驾于泉州港之上。唐大和年间(827~835),福州港继广州之后,也设置了管理进出口海船的市舶司。③ 唐代阿拉伯人依宾库达特拨(Ibn Khurdadhbah)在《省道记》中提到中国东南的几个繁荣港市,如广州(Khancu)、江都(Kantu)等,而其中的"Janfu",韩振华教授认为即是福州港。④ 五代王审知治闽时,积极整治城河、港道,开辟甘棠港,招徕蛮夷商贾来闽互市,福州闽王祠《恩赐琅琊王德政碑》的碑文载:"佛齐之国,绥之以德……条支雀卵,谅可继以前闻。"唐五代,闽江上游的建阳、建瓯和闽江口的福州等地都有青瓷窑址分布,建阳、建瓯等闽江上游青瓷窑口的产品与浙江越窑中心区的同

---

① (宋)薛居正等:《旧五代史》卷一百三十三"世袭列传"第二"钱镠传"附,中华书局,1976年,第1774页。

② 孙光圻:《中国古代航海史》,海洋出版社,1989年,第298~301页。

③ 福建省地方交通史志编纂委员会:《福建航运史》(古、近代部分),人民交通出版社,1994年,第51页。

④ 张星烺编注:《中西交通史料汇编》第2册,中华书局,1977年,第217~218页;韩振华:《伊本柯达贝氏所记唐代第三贸易港之Djanfu》,《福建文化》1947年3月。

类器具有较多共同的时代特征,闽江下游的怀安窑及其周围的窑,则在器型和烧制技术上严重滞后,说明两地的青瓷窑业技术来源并非一致。

随着东晋南朝及隋唐时期晋江流域的持续开发,泉州物产殷富,经济腹地扩大,港市亦有发展。唐元和六年(811),随着人口的增加和经济的发展,泉州由中州升为上州,①亦设立了带有市舶使性质的"参军事"一职,"掌出使赞导"。② "至德、乾元时(756～760),鱼朝恩奏设立福建观察使清源参事处、平海参事处,署安海,稽征蕃舶、舟船之税"③,说明亦有海外船舶前来泉州互市。唐武德中,穆罕默德圣人门徒大贤四人来朝,"一贤传教广州,二贤传教扬州,三贤、四贤传教泉州"④,灵山的番商圣墓被认为是三贤沙渴储、四贤我高仕之墓葬。五代王审知治闽时,其侄王延彬任泉州刺史二十余载,"多发蛮舶,以资公用",人称"招宝侍郎"。⑤ 王氏闽国灭亡后,留从效割据泉州,实行保境安民的政策。《清源留氏族谱·宋太师鄂国公传》中记载留从效"教民间开道衢,构云屋……招徕海上蛮夷商贾……陶瓷、铜、铁,泛于蕃国,取金、贝而还",为宋元泉州港的崛起打下了基础。唐五代,泉州磁灶窑业十分兴盛,其瓷器烧造依然沿用六朝甚至三国时期常用的支钉和托座等装烧工具,瓷器大多粗陋不堪,在其外围港口同安、厦门等地也发现了产品特征相似的中唐和晚唐五代的瓷窑。

广州是隋唐五代南海第一大港口,"地当要会,俗号殷繁"⑥,"多蕃汉大商","有蛮舶之利"⑦,是东、西亚远洋船舶的起讫点。这里的海面经常停靠着数量众多的各国船舶,有"婆罗门、波斯、昆仑等舶,不知其数;并载香药、珍宝,积载如山"⑧,其中以"狮子国舶最大,梯而上下数丈,皆积宝货……舶发之后,海路必养白鸽为信"⑨。鉴于广州繁荣的对外贸易,唐开元二年(714),在广州首先设立了专门掌管市舶贸易的机构——岭南市舶司。唐代中后期,广州港因为战乱和官吏豪夺而有所起伏。乾元元年

① (宋)王溥撰:《唐会要》卷七十"州县分望道·岭南道",上海古籍出版社,2006 年,第1470 页。

② (宋)欧阳修、宋祁撰:《新唐书》卷四十九下,中华书局,1975 年,第 1314 页。

③ (宋)王溥撰,蔡永兼注:《唐会要》卷三十,中文出版社,1978 年。

④ (明)何乔远:《闽书》"方域志",福建人民出版社,1994 年,第 166 页。

⑤ 福建省地方交通史志编纂委员会:《福建航运史》(古、近代部分),人民交通出版社,1994 年,第 51 页。

⑥ 张星烺编注,朱杰勤校订:《中西交通史料汇编》第 2 册,转引自《全唐文》卷四七三,中华书局,1977 年,第 278 页。

⑦ 房仲甫、李二和著:《中国水运史》(古代部分),新华出版社,2003 年,第 188 页。

⑧ 〔日〕真人元开著,汪向荣校注:《唐大和上东征传》,中华书局,2000 年,第 74 页。

⑨ (唐)李肇著:《唐国史补》卷下"狮子国海舶",古典文学出版社,1957 年,第 63 页。

(758),不堪搜刮的大食、波斯商人聚众攻城,"刺史韦利见弃城而遁",波斯与大食"同寇广州,劫仓库,焚庐舍,浮海而去"①。宝应二年(763),广州市舶使吕太一举兵反叛,备受重创的广州港航海贸易量锐减,李勉出任广州刺史时"西域舶泛海至者岁才四五"②。经李勉整饬后,广州港逐渐恢复,一年内抵达的西舶可达四十余艘。唐贞元年间(785~804),"西南大海中诸国舶至,(锷)则尽没其利,由是锷家财富于公藏。日发十余艇,重以犀象、珠贝,称商货而出诸境"③。中外海舶纷纷避至交州港,广州港再度衰落。唐太和八年(834),诏令"其岭南、福建及扬州蕃客,宜委节度观察使常加存问,除舶脚、收市、进奉外,任其来往通流,自为交易,不得重加率税"④。此后,广州港又重新振兴起来。唐代广州留居的外商数量相当可观,尤以阿拉伯人为多。苏莱曼在其游记中写道:"中国商埠为阿拉伯商人麇集者,曰广府(Kaufu),其处有回教牧师一人,教堂一所","也是中国商货与阿拉伯商货荟萃的主要场所"。⑤ 阿拉伯人聚族而居,形成蕃坊,设蕃长一人加以管理,"诸化外人,同类相犯者,各依俗法,异类相犯者须问其本国之制"⑥。唐乾符五年(878),黄巢攻陷广州,城内被杀胡商达 12 万人,广州港的对外贸易大受挫伤。⑦ 唐五代,广州既是中外番商和陶瓷船货的重要集散地,同时也是海洋性瓷业的重要生产基地,在佛山石湾镇、奇石村等地密集分布着唐五代半倒焰馒头瓷窑。在西江、东江中上游等地也分布有这一时期的馒头窑址,其产品多从广州出海。粤东的潮州和雷州半岛上,也有大量唐五代窑址,其中潮州窑以馒头窑为主,而雷州半岛上则多为龙窑。

---

① (后晋)刘昫等撰:《旧唐书》卷一九八"列传"第一四八"西戎传·波斯传",中华书局,1975 年,第5313 页。

② (后晋)刘昫等撰:《旧唐书》卷一三一"列传"第八一"李勉传",中华书局,1975 年,第3635 页。

③ (后晋)刘昫等撰:《旧唐书》卷一五一"列传"第一〇一"王锷传",中华书局,1975 年,第4060 页。

④ (后晋)刘昫等撰:《全唐文》卷七十五"文宗"七"太和八年疾愈德音",中华书局,1983 年,第785 页。

⑤ 苏莱曼著,刘复译:《苏莱曼东游记》,《地学杂志》1928 年第 1 期。

⑥ 徐德志、黄达璋等编著:《广东对外经济贸易史》,广东人民出版社,1994 年,第30~31 页。

⑦ 穆根来等译:《中国印度见闻录》,中华书局,1983 年,第 96 页。

二　海上舶出

隋唐五代,中日航线经历了由黄海航线向东海航线的转变。这一航线的转变使得日本与陶瓷产地浙东之间的交通更为便利,也使得浙东陶瓷多从宁波港输往日本。隋代,中日之间五度遣使互访,航线大抵沿袭六朝的黄海北路和南路,即从山东中部沿庙岛群岛逐岛跨越渤海海峡入辽东循岸至百济,或自成山角横渡黄海直达朝鲜半岛西海岸,再横渡朝鲜海峡抵达日本。《隋书·倭国传》记载了裴世清赴日之行程:"上遣文林郎(裴)世清使于倭国。度百济,行至竹岛,南望躭罗国,经都斯麻国,乃在大海中。又东至一支国,又至竹斯国,又东至秦王国,其人同于华夏,以为夷洲,疑不能明也。又经十余国,达于海岸。自竹斯国以东,皆附庸于倭。"①唐高宗龙朔三年(663)和总章元年(668),唐先后灭百济与高丽,一直与唐关系较好的新罗借机于676年统一了朝鲜半岛并驱逐唐朝势力。此前一直与百济交好的日本国,与新罗关系紧张,传统的黄海北线和南线难以为继,故开辟了由九州南下至冲绳再渡海来华的东海南线,"新罗梗海道,更由明、越州朝贡"②。东海南线绕道琉球群岛,航程长,风波险,沉溺相系,不久即为更加便捷的东海北线所取代。东海北线从扬州、明州、福州或泉州等江南港口扬帆东海,直取日本九州值嘉等岛屿。这一航线远较东海南线方便快捷,8世纪后期以来遣唐使多循此道。五代吴越钱氏招徕番商发展海外贸易。此时日本转为闭关锁国,吴越官方及民间船舶多次往返中日间开展通商、外交及文化交流等活动。

1973年,宁波市文物考古工作者在和义路唐代城墙墙基下发现了700多件唐代瓷器,与瓷器共出的还有木船,陶、漆、木、骨等不同质地的生活器具以及钱币等。出土的瓷器以越窑器最多,长沙窑次之,婺州窑产品最少。器形有执壶、碗、盘、罐、水盂、唾壶、灯盏、脉枕、座狮等。1978年,宁波市文物管理委员会又在东门口码头遗址发现五代上林湖越窑青瓷等器物。林士民等人将和义路和东门口码头遗址共分为六期,其中第一期为中唐贞元期,包括和义路第五文化层,出土瓷器主要为越窑执壶、碗、盘、罐、灯盏等,特征为执壶嘴为六角短嘴,碗、盘类器底多为玉璧底,器物内壁多有松子状泥点印痕,

① (唐)魏征等撰:《隋书》卷八十一"列传"第四十六"东夷",中华书局,1973年,第1827页。

② (宋)欧阳修、宋祁撰:《新唐书》卷二百二十"列传"第一百四十五,中华书局,1975年,第4481页。

没有发现长沙窑瓷器;第二期为中唐元和期,包括和义路第四文化层,出土瓷器既有越窑碗、盘、执壶、水盂、唾壶等青瓷,也有长沙窑釉下彩瓷器,特征为瓷器表面开始出现划花、印花等装饰,部分器物腹部做成瓜棱状,有些器物内底无支烧印痕,可能是匣钵单件装烧所致;第三期为晚唐大中期,包括和义路第三文化层和东门口第五文化层,出土的越窑青瓷和长沙窑釉下彩瓷数量和种类都较多,并有盏托、脉枕、座狮等新器形,特征为刻、划、印等装饰较前期增加,瓜果状器型增多,委角、瓜棱等形状的器物渐多。第四期为五代北宋期,包含和义路第二文化层,此期不见长沙窑器物,新增龙泉、婺州等窑瓷器,器形有碗、盘、杯、碟、罐等,器型较唐代轻盈端雅,圈足多为外撇圈足,釉色青绿莹润,器表刻、划、雕、印等装饰日渐增多。第五、六期则分别为南宋后期和元代中期文化层。① 宁波和义路和东门口遗址的发现,解决了北非福斯塔特遗址精美的晚唐五代以及北宋瓷器的始发港问题,使得一条横贯于东亚、北非之间的陶瓷之路始露端倪。同时,通过对比日本、东南亚、南亚、西亚等地的陶瓷考古材料,使得一个以宁波为主要输出港,以浙东慈溪上林湖为主产区,以东南亚和南亚为转运地,以海东日本和西亚、北非阿拉伯世界为主要消费地的海洋性陶瓷贸易体系跃然纸上。

在朝鲜半岛方面,唐末,新罗土崩瓦解,高丽与百济各在旧土上复国,两国同时与吴越交好。927 年,吴越国还派出以班尚书为通和使的使团泛海抵达朝鲜半岛,调解了一场高丽与百济间的战争。吴越与百济等朝鲜半岛诸国的密切关系,使得 9 ~ 10 世纪越窑青瓷技术传入朝鲜。

隋炀帝"甘心远夷,志求珍异"②,复交州,征流求,遣使"入海求访异俗",为南海航路的恢复和唐代"通海夷道"的繁盛奠定了基础。7 世纪初期,东西方同时崛起了大唐和大食两大帝国,彼此打通了东、西亚之间的海上航路,8 世纪中期传统的陆上丝绸之路中断之后,中西方之间的海上通道显得尤为重要。唐著名地理学家贾耽《广州通海夷道》详尽、准确地描述了这条横越东亚、东南亚、南亚、波斯湾与东非各地的远洋国际航路的全貌。③ 通过这条航线,东南陶瓷被不断地输出海外通番牟利。1977 年,在珠海担杆镇外

① 宁波市文物考古研究所:《浙江宁波和义路遗址发掘报告》,《东方博物》第 1 辑,杭州大学出版社,1997 年;林士民:《浙江宁波市出土一批唐代瓷器》,《文物》1976 年第 7 期;林士民:《宁波东门口码头遗址发掘报告》,《浙江省文物考古所学刊》,文物出版社,1982 年,第 105 页;林士民:《青瓷和越窑》,上海古籍出版社,1999 年,第 301 ~ 305 页;虞浩旭:《从宁波出土长沙窑瓷器看唐时明州港的腹地》,《景德镇陶瓷》1996 年第 2 期。

② (唐)魏征等撰:《隋书》卷八十二"列传"第四十七"南蛮",中华书局,1973 年,第 1838 页。

③ (宋)欧阳修、宋祁等撰:《新唐书》卷四十三下"志"第三十三下"地理"七下,引(唐)贾耽:《广州通海夷道》,中华书局,1975 年,第 1153 页。

伶仃岛海面打捞出14件器型类同的唐代广东新会窑瓷器,应当是舶出途中的沉船遗物。1985年,在珠海南水镇荷包岛与乌猪岛海域又打捞到21件唐新会窑瓷器,主要有青瓷四系罐、碗等日用器皿。1975年,在西沙甘泉岛发掘了一处唐宋遗址,出土了双耳罐、卷沿罐、棱形壶、器盖等唐五代瓷器(图3-8),其烧结较差,胎质粗糙,胎色偏灰,釉色青绿,胎釉结合较差,易剥落,釉面有开片,外壁施釉不及底,应当是广东窑口的产品。同年,还在全富岛西北的礁盘边缘采集到了三件唐代的青釉小碗。[①] 1975年,在西沙北礁的礁盘上进行水下文物调查时发现了隋代青釉镂空的熏炉,唐广东窑口的青釉盘、碗、四系罐、卷沿罐,长沙铜官窑的贴花人物陶壶,五代景德镇青白瓷,以及唐双耳罐、无耳罐、黑釉陶罐等。[②] 1991年,中央民族大学王恒杰先生在西沙金银岛的礁盘上采集到一件器内附贴两个饼状饰的隋唐时期陶器残片。在中建岛的海滩及积沙中采集到唐代青釉罐耳系一件。[③] 1992和1995年,王恒杰先生先后两次到南沙调查,在永登暗沙水下10米的礁沙中采集到唐代四系陶罐,在南熏礁发现唐代的"开元通宝"。[④]（图3-9）

图3-8　西沙甘泉岛遗址出土唐代青釉陶器[⑤]

1. 双耳罐 2. 双耳罐 3. 卷沿罐残件 4. 器盖

图3-9　南沙南熏礁"开元通宝"拓片[⑥]

---

①　广东省博物馆、广东省海南行政区文化局:《广东省西沙群岛第二次文物调查简报》,《文物》1976年第9期。

②　广东省博物馆、广东省海南行政区文化局:《广东省西沙群岛北礁发现的古代陶瓷器》,《文物资料丛刊》第6辑,文物出版社,1982年。

③　王恒杰:《西沙群岛考古调查》,《考古》1992年第9期。

④　王恒杰:《南沙群岛考古调查》,《考古》1997年第9期。

⑤　采自广东省博物馆等:《广东省西沙群岛第二次文物调查简报》,《文物》1976年第9期。

⑥　采自王恒杰:《南沙群岛考古调查》,《考古》1997年第9期。

国外的水下发现仅见于印尼勿里洞岛（Belitung Island）附近的"黑石号"（Batu Hitam）沉船。从该船打捞出水的中国唐代陶瓷器有 6.7 万多件，在 5 万多件青釉碗中有近 200 件为晚唐早段的越窑器，壶有 700 余件，主要为唐代长沙窑瓷器。这批瓷器质量较高，有些器型较大，似为专供出口而做。[1]（图 3 - 10）

图 3 - 10　印度尼西亚"黑石号"沉船出水的中国瓷器[2]

1. 越窑青瓷熏炉　2. 长沙窑"茶盏子"　3. 绘有摩羯鱼纹的长沙窑青瓷碗

三　海外贸易的国家和地区

隋唐五代，东南瓷器开始大量舶出，在东亚主要销往朝鲜、日本，瓷器品种以越窑青瓷、邢窑和定窑白瓷为主，唐三彩、长沙窑等瓷器也有部分发现；在东南亚等地大量出土广东等地窑口的青瓷和白瓷，长沙窑、唐三彩、邢窑和定窑白瓷等瓷器也有发现；中西亚等地以长沙窑瓷器发现最多，分布面也最广，次为广东等地窑口青瓷，唐三彩、白瓷等北方窑所产瓷器较少；北非发现的唐五代陶瓷与西亚有较大区别，多为高质量的越窑青瓷和定窑白瓷，波斯湾地区常见的长沙窑瓷和广东等地窑口青瓷较少发现。（图3 - 11）

①　谢明良：《记黑石号沉船中的中国陶瓷器》，《美术史研究集刊》第 13 期，台湾大学艺术史研究所，2002 年；李刚：《中国青瓷外销管窥》，《东方博物》第 21 辑，浙江大学出版社，2006 年。

②　1~3 均采自李刚：《中国青瓷外销管窥》，《东方博物》第 21 辑，浙江大学出版社，2006 年。

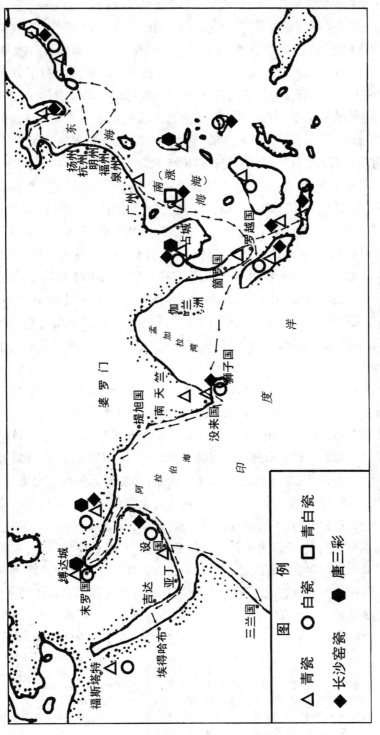

图 3-11 隋唐五代航路及海洋性陶瓷的海外发现

虽然隋炀帝屡征高丽给中国与朝鲜半岛的关系蒙上了一层阴影,但唐代伊始,这一阴霾便立刻散去。在唐政府的扶植下,新罗统一了朝鲜半岛,中朝交往日益频繁。晚唐以前,朝鲜半岛烧造的全是无釉陶器和硬陶,瓷器全赖进口华瓷。9世纪末,越窑平焰龙窑技术传入朝鲜半岛。10世纪时,越窑工匠可能直接参与了高丽全罗南道康津郡大口桂栗里的官窑龙窑窑场建造和青瓷烧造的指导工作。因为其窑基如浅沟、窑身如同细长的单室、窑底铺沙、用废弃匣钵筑造窑墙、使用"M"形匣钵、设置障焰柱等做法,与越窑几乎别无二致。越窑青瓷技术的传入使得朝鲜半岛实现了从陶到瓷的阶段性飞跃,结束了以往依靠从中国输入瓷器的历史,也为高丽青瓷的成熟打下了坚实的基础。① 在这一历史背景下,朝鲜半岛发现的中国瓷器数量不多,主要有庆州出土的唐三彩三足鍑,其造型、彩斑与江苏扬州出土的十分相似;海州龙媒岛出土三件长沙窑青釉褐彩贴花人物壶,其中两件壶柄下右侧有釉下褐彩"郑家小口天下有名""卞家小口天下第一"等富有商品瓷寓意的铭文。② 此外,庆州里出土唐玉璧底碗,伴出有上书"元和十年"铭文的新罗陶器;在皇室所在地的扶余出土了15件越窑青瓷玉璧底碗;在益山弥勒寺遗址,发现了与书有"大中十二年"铭文陶器共出的越窑青瓷残片。③

隋唐恰逢日本圣德太子摄政和大化改新,日本进入相对稳定的奈良时代和平安时代早期。奈良时代,日本相继派出遣隋使、遣唐使及学问僧等前往中国学习先进的文化和技术。在唐三彩的影响之下,日本在古坟时代须惠器的基础之上烧成奈良三彩,但数量极为有限,仅限于皇室、寺院及贵族使用。④ 日本陶瓷更多的还是依赖华瓷进口,主要品种有越窑系青瓷、邢窑白瓷,以及唐三彩、长沙窑器等。越窑青瓷是日本发现的唐五代输入最多的华瓷品种,在日本的奈良、京都、福冈及九州沿海的熊本、久留米等地均有发现。奈良、京都为奈良时代和平安时代日本的都城所在,福冈大宰府是日本专门接待外宾之地,筑紫、九州等地则是东海北线开辟后日本与宁波等东南港市对航的重要港口,在这些地方发现越窑青瓷实属必然。越窑青瓷的种类主要有碗、鍑、四耳壶、水注、盒、碟、砚台、唾壶等,以碗为最多,其主要发现有:福冈大宰府鸿胪馆遗址从1987~1997年的14次发

① 熊海堂:《东亚窑业技术发展与交流史研究》,南京大学出版社,1994年,第221~235页。
② 冯先铭:《元以前我国瓷器销行亚洲的考察》,《考古》1981年第6期。
③ 马争鸣:《高丽青瓷与浙江青瓷比较研究》,《东方博物》第19辑,浙江大学出版社,2006年;林士民:《青瓷与越窑》,上海古籍出版社,1999年,第310页。
④ 王玉新、关涛编著:《日本陶瓷图典》,辽宁画报出版社,2000年,第10页。

掘中,出土了大量唐五代的越州窑系青瓷、长沙窑系黄釉褐彩和青瓷褐彩、唐三彩和绞胎瓷、邢窑或定窑系的白瓷等,其中越州窑系瓷器的数量和种类最多;①福冈县筑紫郡大宰府町大字通古贺字立明寺发现越窑青瓷镀;1915 年,京都市右京区御室仁和寺圆堂遗址,出土了唐末五代初的越窑青瓷大盒子和白瓷盒子;1969 和 1974 年,在奈良平成京左八条三坊发现越窑环形圈足青瓷碗、轮形圈足折腰的青瓷碗残片、青瓷碟、盒子、四耳壶残片等;②在奈良药师寺西僧房和京都四条御前路西北角也出土了越窑青瓷,共出的还有长沙窑黄釉贴花纹水注。③ 邢窑白瓷在奈良、京都、福冈等地也多有发现,且多与越窑青瓷共出。如京都仁和寺圆堂遗址、平成京东三坊、奈良药师寺西僧房等地多发现白瓷碗、盒与越窑青瓷共出。唐三彩在日本的发现主要集中于福冈和奈良等地。其中福冈县发现有三处:1954～1969 年,在北九州的玄海滩冲之岛,曾采集到同一件唐三彩器物的 22 块残片;1977 年在筑紫郡大宰府观音寺,出土一片唐三彩镀的破片;1977 年在大宰府郭城内,发现部分陶枕残片,绞胎,器表施以黄釉。④ 在奈良的发现有:在大安寺遗址,绞胎陶施以三彩绘的陶枕残片 30 多件;1968 年在樱井市定倍废寺北面回廊,出土许多唐三彩镀的残片;1972 年,在高市郡明日香村祝户坂田寺遗址,出土唐三彩小壶碎片。⑤ 长沙窑黄釉褐彩和青釉褐彩、青釉绿彩器在日本共有 27 个地点出土,其中以福冈县发现为最多,在九州、大宰府、筑紫野、六留米、甘木、冷泉等地共计 16 个地点均发现有长沙窑瓷器,次为京都,共发现 5 处,其他如奈良、佐贺、冲绳等地也有零星发现。⑥ 发现的长沙窑器形主要有碗、碟、水注、盘、唾壶、枕等。福冈九州北岸出土黄釉褐彩贴花壶残片、黄釉褐绿彩壶、釉下彩鸟纹盘等,福冈大宰府出土釉下褐彩瓜棱形水注;奈良平成京遗址和药师寺西僧房长沙窑黄釉贴花纹水注与青瓷共出;京都四条御前路西北角出土长沙窑黄釉贴花纹水

① 〔日〕田中克子著,黄建秋译:《鸿胪馆遗址出土的初期贸易陶瓷初论》,《福建文博》1998年第 1 期;〔日〕山本信夫:《大宰府的发掘与中国陶瓷》,《北九州的中国瓷器——从出土瓷器看古代中日交流》,北九州考古博物馆开馆 5 周年纪念特别展,1988 年。

② 〔日〕矢部良明著,王仁波、程维民译:《日本出土的唐宋时代的陶瓷》,《中国古外销陶瓷研究资料》第 3 辑,中国古外销陶瓷研究会编印,1983 年 6 月,第 6～7 页。

③ 〔日〕矢部良明著,王仁波、程维民译:《日本出土的唐宋时代的陶瓷》,《中国古外销陶瓷研究资料》第 3 辑,中国古外销陶瓷研究会编印,1983 年 6 月,第 7 页。

④ 〔日〕矢部良明著,王仁波、程维民译:《日本出土的唐宋时代的陶瓷》,《中国古外销陶瓷研究资料》第 3 辑,中国古外销陶瓷研究会编印,1983 年 6 月,第 4～5 页。

⑤ 〔日〕矢部良明著,王仁波、程维民译:《日本出土的唐宋时代的陶瓷》,《中国古外销陶瓷研究资料》第 3 辑,中国古外销陶瓷研究会编印,1983 年 6 月,第 5 页。

⑥ 湖南省文物考古研究所等:《长沙窑》,紫禁城出版社,1996 年,第 211～212 页。

注,其他地点还发现有釉下彩唾壶、水注等长沙窑器物;冲绳岛西表岛出土"开成三年"釉下铭文盘等。① 长沙窑的主要输出地应当是西亚波斯、大食等阿拉伯地区,在输出途中经由阿拉伯人转运贸易而被贩卖至东南亚各地。日本发现的长沙窑瓷器在数量上与越窑青瓷和邢、定白瓷相比则少得多,因此长沙窑瓷器极有可能是在越窑青瓷等瓷器通过明州港输出日本的过程中因港市的集散作用而附舶捎带的。②

隋唐五代,广州通夷海道南海段的航线多为广州放洋,经七洲列岛、独珠山,横渡南海抵达越南中部占城,沿越南海岸至昆仑岛后再横渡泰国湾至马六甲海峡。隋唐五代陶瓷在这一地区的印尼苏门答腊岛、爪哇岛、加里曼丹岛以及马来西亚、泰国、菲律宾、文莱等地多有发现。印尼发现唐五代瓷器最早和最多的地点位于南苏门答腊的巨港,这里曾是南海室利佛逝国的首都,出土了越窑青瓷有刻划花的壶、满釉有支烧印痕的碗以及外壁深刻荷瓣纹的钵等,另有长沙窑黄釉盘以及广东青瓷钵等出土。③ 室利佛逝国的重要城市占碑的佛教遗址中除越窑青瓷、长沙窑瓷器外,更多的是广东窑的白瓷或青瓷钵、壶、杯、盒子等。在印尼的爪哇及东部地区发现的越窑青瓷遗址共有17处之多,器形主要有盖罐、盖壶、执壶、油灯、瓶、碗及魂坛等,其中中爪哇日惹(Jogjakarta)周围的婆罗浮屠(Borobudur)、普拉巴纳姆(Prambanam)、拉图巴卡(Ratu Baka)等重要的宗教和宫殿遗址都有发现长沙窑瓷器。④ 在普拉巴纳姆(Prambanam)还发现了巩县窑白瓷和彩瓷。⑤ 在马来西亚的吉打、柔佛河流域、彭亨州、哥打丁宜等地均有发现唐青瓷残片。⑥ 在沙捞越山都望港宋加江遗址、丹戎古堡墓地、丹戎直谷墓地等遗址发掘过程中,发现大量的唐宋瓷器,几乎涵括了唐宋时期的所有

① 唐杏煌:《汉唐陶瓷的传出和外销》,《东南考古研究》第1辑,厦门大学出版社,1996年,第141页。

② 李军:《唐"海上丝绸之路"的兴起与长沙窑瓷器的外销》,《中国古陶瓷研究》第9辑,紫禁城出版社,2003年,第299~300页。

③ 唐杏煌:《汉唐陶瓷的传出和外销》,《东南考古研究》第1辑,厦门大学出版社,1996年,第141页;湖南省文物考古研究所等:《长沙窑》,紫禁城出版社,1996年,第213页;林士民:《越窑与青瓷》,上海古籍出版社,1999年,第310页。

④ 林士民:《越窑与青瓷》,上海古籍出版社,1999年,第310页;湖南省文物考古研究所等:《长沙窑》,紫禁城出版社,1996年,第213页。

⑤ 唐杏煌:《汉唐陶瓷的传出和外销》,《东南考古研究》第1辑,厦门大学出版社,1996年,第141页。

⑥ 唐杏煌:《汉唐陶瓷的传出和外销》,《东南考古研究》第1辑,厦门大学出版社,1996年,第142页。

著名瓷器品种,其中就包括定窑白瓷、越窑及广东青瓷等。① 在泰国南部柴亚及其附近地区除发现了晚唐的长沙窑、越窑、定窑、唐三彩等瓷器外,还发现有广东新会、三水、梅县、封开及阳江等窑的器物。广东窑常采用泥块垫烧,耐火泥块易吸去下部器内的釉液,所以器物内底常留下缺釉的印痕。三上次男先生认为内底有星形无釉部分的青瓷多为广东窑产品。② 晚唐五代,菲律宾并不处于广州通夷海道的主航路上,因此其晚唐五代陶瓷器远不及宋元丰富,经科学发掘出土的陶瓷仅有吕宋岛八打雁的劳雷尔遗迹和棉兰老岛北部武端的巴朗牙I号遗迹两个地点。在劳雷尔遗迹,唐三彩或埃及三彩与越窑六瓣瓷碗和瓷盘共出。巴朗牙I号遗迹是一处埋藏着越窑青瓷、华北窑白瓷、长沙窑青釉褐绿彩器和波斯蓝绿釉大罐的沉船地点。③ 这些晚唐五代瓷器,菲律宾大学拜耶(Beyer)教授认为是由阿拉伯贸易商人带到菲律宾群岛去的。④

　　唐五代,由苏门答腊经由尼科巴群岛横渡孟加拉湾的航路十分繁忙。印度半岛南端的故临和狮子国成为中西交通的枢纽。唐船多至此地与阿拉伯商人互市或更换小船沿阿拉伯海前往大食等地。印度南部科罗曼德海岸多有晚唐五代瓷器发现,经过两次考古调查和发掘的阿里卡美都海港出土了9～10世纪越窑青瓷碟的残片。⑤ 斯里兰卡满泰港口遗址出土了数量众多的河南白地绿彩瓷、华北窑白瓷、越窑系青瓷、长沙窑器、广东窑口青瓷等。⑥ 1958年,位于印度河口的巴基斯坦卡拉奇东南的斑驳尔(Banbhore)遗址经过发掘后,出土了晚唐越窑青瓷水注和黄褐釉上有绿彩花草纹碗的残片。由斑驳尔沿印度河口上行,在海德拉巴东北约80千米的布拉夫米那巴德(Brahminabad)遗址发现有唐末五代的越窑青瓷等中国陶瓷。⑦

　　自印度南端的故临换乘小船后沿阿拉伯海岸西行,便可先后抵达霍尔木兹(Hormuz I.)和西拉夫(Siraf)等重要港口。陶瓷通过这些港市转运至伊朗各地。伊朗出土的陶瓷以长沙窑最多,分布面也最广,次为广州西村

　　① 郑德坤著,李宁译:《沙捞越考古》,《东南考古研究》第2辑,厦门大学出版社,1999年,第289～292页。
　　② 〔日〕三上次男著,杨琮译:《晚唐、五代时期的陶瓷贸易》,《文博》1988年第2期。
　　③ 〔日〕青柳洋子著,梅文蓉译:《东南亚发掘的中国外销瓷》,《南方文物》2000年第2期。
　　④ 〔菲〕费·兰达·约卡诺:《中菲贸易关系上的中国外销瓷》,《中国古外销陶瓷研究资料》第1辑,中国古外销陶瓷研究会编印,1981年6月。
　　⑤ 〔日〕三上次男著,李锡经等译:《陶瓷之路》,文物出版社,1984年,第126页。
　　⑥ 唐杏煌:《汉唐陶瓷的传出和外销》,《东南考古研究》第1辑,厦门大学出版社,1996年,第143页。
　　⑦ 〔日〕三上次男著,李锡经等译:《陶瓷之路》,文物出版社,1984年,第117～119页。

窑或潮州窑青瓷橄榄青釉四耳壶等,唐三彩、白瓷等北方窑所产瓷器较少。1965年以来,英国对西拉夫进行了多次发掘,9世纪前期产品主要有来自广东窑口的橄榄釉粗制瓷器,有的釉下刻阿拉伯人名。9世纪后半叶,除橄榄釉青瓷外,还有越窑青瓷、白瓷和长沙窑瓷器等。伊朗内陆重要城市内沙布尔(Nishapur)出土有邢窑白瓷壶残片、长沙窑小盘和壶残片以及越窑青瓷碗残片等。1934和1935年,美国波士顿美术馆和宾夕法尼亚大学发掘的赖伊(Rayy)遗址中出土了内底有划花花草纹、玉璧底碗足的晚唐越窑青瓷。① 伊拉克出土隋唐五代陶瓷主要集中在首都巴格达一带。重要遗址有位于巴格达以北约120千米的萨马拉,1911～1964年,德国、法国和伊拉克考古学家在这里进行过三次大规模发掘,出土唐三彩碗、盘,绿釉及黄釉罐残片以及白瓷和青瓷片等;位于巴格达东南约60千米的阿比尔塔,发现了晚唐五代的褐色越窑瓷和华南白瓷片;位于巴格达南约35千米的忒息丰(Ctesiphon),出土10世纪前后的越窑青瓷片。这些唐五代瓷器均从巴士拉港输入。② 此外,阿拉伯半岛的阿曼苏哈尔(Sohar)、也门亚丁(Aden)等地也都发现有晚唐五代越窑青瓷和邢窑、定窑白瓷及长沙窑器等。③ 根据西亚伊朗、伊拉克等地出土唐瓷数量多、分布范围广、长沙窑和白瓷明显多于南亚和东南亚等地的特点,马文宽先生判断故临以西的波斯湾地区的贸易似以中阿双方的直接贸易为主。④

由阿拉伯半岛南端的也门亚丁溯红海而上便可到达麦加外港——吉达港,吉达港与北非苏丹的埃得哈布港隔红海相望。三上次男先生推断唐五代陶瓷多经海船运至此地,再经陆路转运至尼罗河畔的库斯和阿斯旺,顺流而下运抵埃及的福斯塔特。⑤

北非发现的唐五代陶瓷与西亚有较大区别,西亚波斯湾地区数量众多的长沙窑釉下褐绿彩器和广东窑口生产的橄榄釉青瓷在这里没有发现,相反在福斯塔特发现了大量高质量的余姚上林湖越窑青瓷和定窑白瓷。⑥

---

① 马文宽、孟凡人:《中国古瓷在非洲的发现》,紫禁城出版社,1987年,第93～94页;〔日〕三上次男著,李锡经等译:《陶瓷之路》,文物出版社,1984年,第100～101页;〔日〕三上次男著,魏鸿文译:《伊朗发现的长沙铜官窑瓷与越州窑青瓷》,《中国古外销瓷研究资料》第3辑,1983年6月,第42～73页。

② 〔日〕三上次男著,杨琮译:《13～14世纪中国陶瓷的贸易圈》,《南方文物》1990年第3期;马文宽、孟凡人:《中国古瓷在非洲的发现》,紫禁城出版社,1987年,第94页。

③ 唐杏煌:《汉唐陶瓷的传出和外销》,《东南考古研究》第1辑,厦门大学出版社,1996年,第144页。

④ 马文宽、孟凡人:《中国古瓷在非洲的发现》,紫禁城出版社,1987年,第95页。

⑤ 〔日〕三上次男著,李锡经等译:《陶瓷之路》,文物出版社,1984年,第18～22页。

⑥ 马文宽、孟凡人:《中国古瓷在非洲的发现》,紫禁城出版社,1987年,第95页。

这些精美瓷器没有经阿拉伯人之手运抵大食中心城市巴格达而被运往北非福斯塔特，可能正好反映了唐末五代及北宋时期阿拉伯人和中国东南船家在对印度洋海权控制上角色的转换，也表明此时东南船家已经开辟了由印度半岛南端故临横渡南印度洋直达阿拉伯半岛而无须绕行波斯湾沿岸的新航线。在埃得哈布港，越窑青瓷、定窑白瓷随处可见，说明这里是中国陶瓷海运到北非的主要卸货场。① 福斯塔特是晚唐五代中国瓷器在北非的主要消费地。这里发现的越窑青瓷只有少数属晚唐，多数是五代末期至宋代初期的。晚唐青瓷多为素面，主要有玉璧底碗、撇圈足碗、撇圈足折腹碗、圈足碗、葵口棱壁碗等器型，以及唾盂、壶、罐、平底小盏和盒等。五代以后青瓷多为圈足，表面刻划花纹等装饰渐多，如器物内外壁刻划单或双层莲瓣、双飞凤纹、团花、缠枝牡丹等。在福斯塔特遗址的早期地层中，还有许多定窑白瓷、越窑瓷与八九世纪的伊斯兰陶器共存，器形主要有海棠式杯、芒口印花盘、唇口碗、"官"字款瓷盘等。② 此外在埃及库赛尔、肯尼亚曼达岛、坦桑尼亚基尔瓦等地都发现有越窑青瓷和白瓷。③

　　总之，隋唐五代海洋性瓷业在东汉六朝格局的基础上获得了较大的发展。除青瓷窑业技术中心依然位于浙东地区外，其窑业技术也已传播至东南沿海各地，当然这些地区依然存在着一定的技术滞后性。窑址的分布与港市之间有着密切的关系，窑址大多位于港市周围或港市所在河流及其支系的两岸地区。当然这其中应当排除扬州和杭州这两个具有强大商品集散能力的消费性城市。在海洋性瓷器品种上，因为阿拉伯人的东来而呈现出复杂的局面，但实际上排除湖南长沙窑釉下褐绿彩和河南巩县黄冶窑唐青花、唐三彩及北方白瓷外，东南海洋性瓷业主要还是生产青瓷。由此可见，东南海洋性瓷业的辐射能力还仅限于沿海港市及其所在水系的山海相连地带，并未延伸至钱塘江以北、武夷山以东和南岭以北的内陆地区。

　　① 〔日〕三上次男著，李锡经等译：《陶瓷之路》，文物出版社，1984 年，第 21 页。
　　② 唐杏煌：《汉唐陶瓷的传出和外销》，《东南考古研究》第 1 辑，厦门大学出版社，1996 年，第 144 页；马文宽、孟凡人：《中国古瓷在非洲的发现》，紫禁城出版社，1987 年，第 96～97 页。
　　③ 马文宽、孟凡人：《中国古瓷在非洲的发现》，紫禁城出版社，1987 年，第 3 页。

第四章

宋元东南
海洋性瓷业格局的扩张

第一节　宋元东南
海洋性瓷业格局扩张的背景

　　宋元两代的海洋开放政策促成了以东南沿海为中心的环中国海洋社会经济的繁盛,环中国海海域成为中世纪世界航海体系的一个主要中心。以东南船家的远洋木帆船、定量航海技术和四洋航路网的形成为主要标志的大航海时代,成为宋元时期海洋性瓷业格局急剧扩张的重要基础。

　　宋代国力较弱,西部领土尽失。北方边境和西北内陆的回鹘、西辽、西夏等政权相继脱离中原王朝而彼此割据,中西陆路交通不再通畅。在于阗、西夏和高昌回鹘三国的沟通下,中西陆路交通时断时续。南宋更是偏安一隅,对外交通全赖发达的航海事业。宋室南迁后,大量北方汉民涌入东南,地少人多,不得不向外用力。加之为了支付宋辽、宋金战争所需的大量军资,宋政府大力发展海外贸易,在主要的通商海港设立市舶司、市舶务等机构从中取税,将其作为国库资金的一项重要来源。北宋神宗曾对薛向说:"东南利国之大,舶商亦居其一焉。昔钱、刘窃据浙广,内足自富、外足抗中国者,亦由笼海商得术也。卿宜创法讲求,不惟岁获厚利,兼使外藩辐辏中国,亦壮观一事也。"①南宋高宗亦曰:"市舶之利最厚,若措置合宜,所得动以百万计,岂不胜取之于民? 朕所以留意于此,庶几可以少宽民力尔","市舶之利,颇助国用,宜循旧法,以招徕远人,阜通货贿"。② 在政府的支持下,南宋时期中国东南海洋经济获得较大发展,南印度和中国之间的海上交通已全被中国帆船所操纵。中国帆船庞大坚固,中外客商都愿意乘坐华舶往返于中印之间。宋代,商品经济的繁荣和隋唐以来南北陶瓷窑业技术的交流促成了宋代瓷器品种异彩纷呈的繁荣局面。陶瓷学者将宋代瓷窑分为六大窑系,即北方地区的定窑系、耀州窑系、钧窑系、磁州窑系,南方地区的龙泉青瓷系和景德镇的青白瓷系。③ 有的学者认为,实际上还

---

① （清）黄以周等辑注:《续资治通鉴长编拾补》卷五,中华书局,2004 年,第 239～240 页。
② （清）徐松:《宋会要辑稿》"职官"四十四之二十、二十四,中华书局,1957 年,第 3373、3375 页。
③ 中国硅酸盐学会编:《中国陶瓷史》,文物出版社,1982 年,第 229 页。

有一些产品特点鲜明的窑系,如建窑系和临汝窑系等。① 宋元,东南船家操控了南海、印度洋海权之后,宋代各大窑系产品均在东南沿海被大量烧造或仿造,然后沿东西航路舶出牟利。航海技术的提高,使得中国与日本、朝鲜半岛以及与东南亚、南亚、中西亚、北非等地的航海效率大为提高,航路的多样化推进了陶瓷消费市场向纵深发展,加之船舶较大,载货量多,都对东南海洋性瓷业的产业扩张起到了一定的推动作用。东南沿海的明州、泉州、广州等繁华港市,对瓷器的舶出也起到了重要的枢纽作用。在窑业技术方面,龙窑技术趋于成熟,窑身为适应量产制度的需要而变得越来越长。在粤东闽南等地,平焰龙窑开始与半倒焰马蹄形窑相结合,分化出分室龙窑、阶级窑等新窑型。

蒙古西征以后,东西陆路交通重又畅通,众多外族侨居中国,有力地推动了中西文化的交融。蒙古铁骑先后三次大规模西征,第一次西征吞并了中西亚的花剌子模和康里,第二次扫平了钦察势力,征服了今俄罗斯、波兰和匈牙利等欧洲地区,第三次攻占了巴格达、叙利亚等两河流域地区。蒙古帝国的势力横跨欧亚大陆,中西陆路交通较汉唐丝绸之路更为繁盛。通过经漠北和林横穿中西亚、波斯、欧洲等地的陆路大动脉,元朝与阿拉伯世界、罗马建立了广泛密切的政治、经济、宗教联系。在海路交通上,元代较宋代也有了继承和发展,宋代诸海港在元代依然繁荣。随着航海技术的提高,加上蒲寿庚降元,使泉州免于兵燹之灾,而广州却暂时衰落,各国船舶都更愿意停泊在泉州,泉州一跃而为元代第一大港。在元代开放的政策下,东南海洋性瓷业得以继续发展。

宋元造船业十分兴旺,东南除杭州、越州、明州、台州、温州、婺州、福州、泉州、广州等地外,新增严州(浙江建德)、兴化(福建莆田)、漳州、惠州等官方造船基地。浙江、福建、广东等地滨海之民,时常自备财力,打造海舶以贩洋牟利,沿海海商因财力差异船只也不尽相同:"海商之舰大小不等。大者五千料,可载五六百人;中者三千料至一千料,亦可载二三百人。余者谓之钻风,大小八橹或六橹,每船可载百余人。"②

宋元造船技术较前代有较大改进,适应远洋离岸航行的各种大型木帆船成为当时世界范围最先进的航海工具。首先,悠久的造船工艺在此时趋于正规化,造船往往有样本可依。样本或是造船图纸,或是船模。造船法式的出现对于推广造船工艺、扩大造船地域范围具有积极的意义。其次,

---

① 秦大树:《石与火的艺术——中国古代瓷器》,四川教育出版社,1996年,第127页。
② (宋)吴自牧著,符均、张社国校注:《梦粱录》卷十二"江海舰船",三秦出版社,2004年,第184页。

船舶结构更为牢固。如出现于前代的水密舱技术在宋元海舶及内河船舶上广泛推广，海舶多为底设纵贯首尾龙骨、两舷又有大腊夹持的尖底船，船底板多为两重或三重板，抗御风浪的能力和纵向、横向强度都有较大提高，航行安全系数大增。再次，在前代防摇浮板的基础上出现了舭龙骨，该设施长期位于船体水线下方，对于减轻船体摇摆、增强航行稳定性具有显著效果。最后，在造船总体技术水平提高的情况下，宋元船舶向大型化远洋海舶发展："船舶深阔各数十丈，商人分占贮货。人得数尺许，下以贮物，夜卧其上。"①在东南沿海的岭南、闽中和江浙等地分别形成了各具特色的海舶传统。广船以高大坚固著称，"广船视福船尤大，其坚致亦远过之。盖广船乃铁力木所造，福船不过松杉之类而已。二船在海若相冲击，福船即碎"②。福船底尖、腹部椭圆，载重量大，善走远洋，其"上平如衡，下侧如刃，贵其可以破浪而行也"③。浙船与福船甚为相似，唯"底尖面阔，首尾一样，底用龙骨，直透前后"④。

　　宋元时期，随着中国船家驰骋东西二洋航海实践的增多，风帆使用技术日益成熟。帆船除具有多桅多帆特征外，还多采用平衡折叠式竹篾帆，帆面不断加大，船桅亦可根据需要随时放倒或竖起。徐兢《宣和奉使高丽图经》卷三十四"客舟"："大樯高十丈，头樯高八丈。风正则张有布帆五十幅，稍偏则用利篷，左右翼张，以便风势。大樯之巅，更加小帆十幅，谓之野狐帆，风息则用之"。元代摩洛哥旅行家依宾拔都他（Ibn Batuteh）曾看到过挂十二帆的中国大船："中国船舶共分三等，大者曰镇克（Junk），中者曰曹（Zao），第三等者曰喀克姆（Kakam）。大船有三帆以至十二帆。帆皆以竹为横架，织成席状。"⑤东南远洋海舶多采用席帆，又称"利蓬"，用竹篾片织成帆面，以竹条为骨骼，可折叠，收放自如，便于随时调整风向和风力。《宣和奉使高丽图经》卷三十四"客舟"载："然风有八面，唯当头不可行。其立竿以鸟羽候风所向，谓之五两。大抵难得正风，故布帆之用，不若利篷翕张之能顺人意也。"为应对海上复杂多变的气候条件，宋元时期海舶上的桅杆可随意放倒或竖起。北宋年间一高丽船遭风漂至昆山，中国船工"为

　　① （宋）朱彧：《萍洲可谈》卷二，载《景印文渊阁四库全书》第 1038 册，台湾商务印书馆，1985 年，第 289 页。

　　② （明）茅元仪辑：《武备志》卷一百一十六，载《续修四库全书》，上海古籍出版社，1995 年，第 489 页。

　　③ （宋）徐兢：《宣和奉使高丽图经》卷三十四"客舟"，商务印书馆，1937 年，第 117 页。

　　④ （明）茅元仪辑：《武备志》卷一百一十七，载《续修四库全书》，上海古籍出版社，1995 年，第 493 页。

　　⑤ 张星烺：《中西交通史料汇编》第 2 册，中华书局，1977 年，第 54 页。

其治柂。柂旧植船木上不可动，工人为之造转轴，教其起倒之法"①。马可·波罗在印度洋上看到元朝帆船"船上有四柂和四帆，有些船却只有二柂，柂杆是活动的，必要时可以竖起，也可以放下"②。

宋元远洋海舶上普遍使用平衡舵，并能依水深浅而用绞关木等装置升降舵叶。所谓平衡舵就是将一部分舵面分布在舵轴之前，缩短了舵面水压中心与舵轴之间的距离，从而减少了转舵力矩，充分利用了前、后舵叶在转向过程中的水压平衡，操作起来亦格外省力。③ 福建泉州后渚宋元沉船找到了有垂直椭圆形舵杆孔的舵承座，在第十一舱还发现了升降盘车的绞车轴残段，说明该船采用的应该是成熟的升降式平衡舵。④ 舵杆的选择也颇为讲究，尤以广西钦州产的紫荆木和乌婪木为佳，周去非在《岭外代答》中对其倍加称赞："他产之舵，长不过三丈，以之持万斛之舟，犹可胜其任，以之持数万斛之蕃舶，率遇大风于深海，未有不中折者。唯钦产缜理坚密，长几五丈，虽有恶风怒涛，截然不动，如以一丝引千钧于山岳震颓之地，真凌波之至宝也。"⑤

宋元时期，中国在航海导航技术上有了较大突破，从原始航海进入定量航海时期。⑥ 在天文导航方面由汉晋隋唐"望日、月、星宿而进"的定向导航向以量天尺、牵星板等专用仪器测量恒星出水高度变化、确定船舶方位的定位导航过渡。北宋朱彧《萍洲可谈》"舟师识地理，夜则观星，昼则观日"，吴自牧《梦粱录》"论舟师观海洋中日出日入，则知阴阳"等语都是宋元中国船家应用天文定位导航技术的表意性记载。因为舟师所识之"地理"是一个不仅有方向，而且有位置的综合概念，它表明航海者已能够判认船舶所处之位置。⑦ 1974 年，发现于泉州后渚沉船第十三舱已断为三段的一把竹尺，据韩振华先生研究认为即航海用的量天尺。⑧ 其使用方法为舟师手握量天尺直伸前方，尺上端对准被测恒星，尺下端对准海天切线处与海面垂直，所观察到的星体在量天尺上端位置的刻度即是该天体的出水高度。南北海域不同纬度北辰星等恒星的高度会有所变化，通过量天尺测量

① （宋）沈括：《梦溪笔谈》卷二十四"杂志"一，岳麓书社，1997 年，第 200 页。
② 陈开俊等合译：《马可·波罗游记》，福建科学技术出版社，1981 年，第 197～198 页。
③ 孙光圻：《中国古代航海史》，海洋出版社，1989 年，第 452 页。
④ 福建省泉州海外交通史博物馆编：《泉州湾宋代海船发掘与研究》，海洋出版社，1987 年，第 20～21 页。
⑤ （宋）周去非：《岭外代答》卷六"舵"，上海远东出版社，1996 年，第 124 页。
⑥ 孙光圻：《中国古代航海史》，海洋出版社，1989 年，第 427 页。
⑦ 孙光圻：《中国古代航海史》，海洋出版社，1989 年，第 435 页。
⑧ 韩振华：《我国古代航海用的量天尺》，《文物集刊》第 2 辑，文物出版社，1980 年。

这一变化就可以推定船只的位置。① 量天尺、牵星板等导航工具的应用无不建立在宋代水浮法指南针在航海的应用基础之上。指南针是中国古代四大发明之一。早在战国时期中国先民就发明了能正南北的司南。《萍洲可谈》中有关于中国使用指南针进行海上导航的最早文字记载："舟师识地理，夜则观星，昼则观日，阴晦观指南针。"②北宋徽宗年间徐兢出使高丽时，舟过蓬莱山以后，浪势益大，"是夜洋中不可住，维视星斗前迈，若晦冥则用指南浮针，以揆南北"③。南宋赵汝适《诸蕃志》、吴自牧《梦粱录》中也均有使用指南针的记载："舟船来往，惟以指南针为则，昼夜守视惟谨，毫厘之差，生死系焉"④；"风雨晦暝时，惟凭针盘而行，乃火长掌之，毫厘不敢差误，盖一舟人命所系也"；"但海洋近山礁则水浅，撞礁必坏船。全凭南针，或有少差，即葬鱼腹"。⑤元代，海船航行对指南针的倚重与日俱增，并形成了固定航路上的导航针簿。元官方规定，海舶"惟凭针路定向行船，仰观天象以卜明晦"。元周达观《真腊风土记》记载的从温州到柬埔寨的航海针路是迄今所见最早的一则航路针法："自温州开洋，行丁未针。历闽、广海外诸州港口，过七洲洋经交趾洋，到占城。又自占城顺风可半月到真蒲，乃其境也。又自真蒲行坤申针，过昆仑洋，入港。"⑥

在地文导航方面对河口海岸和近海岛屿的山形水势的描述更为细化，并出现了专门的航路指南和航海图；指南针和磁罗盘应用于航海使得航海导航进入到全天候阶段，并在元代形成了专门指导航行的针路。宋元人常能根据屿、苫、礁以及近岸山体的外形等特征为所经之地予以形象化命名，使得陆标判认趋于具体。如"海驴礁，状如伏驴"；"槟榔礁，以形似得名"⑦；"兹山盘踞于小东洋，卓然如文笔插霄汉，虽悬隔数百里，望之俨然"⑧等。根据这些形象化命名便可利用对景定位技术为船只导航。如

①　吴春明：《环中国海沉船——古代帆船、船技与船货》，江西高校出版社，2003 年，第149 页。

②　(宋)朱彧：《萍洲可谈》卷二，载《景印文渊阁四库全书》第 1038 册，台湾商务印书馆，1986 年，第 289 页。

③　(宋)徐兢：《宣和奉使高丽图经》卷三十四"半洋焦"，商务印书馆，1937 年，第 120 页。

④　(宋)赵汝适：《诸蕃志》，上海古籍出版社，1993 年，第 37 页。

⑤　(宋)吴自牧著，符均、张社国校注：《梦粱录》卷十二"江海舰船"，三秦出版社，2004 年，第 184 ~ 185 页。

⑥　(元)周达观：《真腊风土记》"总叙"，上海古籍出版社，1993 年，第 54 页。

⑦　(宋)徐兢：《宣和奉使高丽图经》卷三十六"海道"三"槟榔焦"，商务印书馆，1937 年，第125 页。

⑧　(元)汪大渊：《岛夷志略》"尖山"条，上海古籍出版社，1993 年，第 82 页。

"双女礁……后一山颇小,中断为门,下有暗礁,不可通舟"①;《海道经》载"沙门岛东南有浅,可挨深行驶,南门可入;东边有门,有暗礁二块,日间可行;西北有门,可入庙前抛泊"等。在此基础之上发展起来的早期航海图也仅是简略描述航路及其所经各处的山形水势、所处水域的水文要素等粗轮廓的逐港移步对景图,并没有准确的经纬度,与西方的天文航海图有着较大的区别。②

宋元时期,石碇、木石锚和木碇、铁锚同时并存。③《宣和奉使高丽图经》详细说明了宋代海舶上木石锚的使用情况:"船首两颊柱,中有车轮,上绾藤索,其大如椽,长五百尺,下垂碇石,石两旁夹以二木钩。船未入洋,近山抛泊,则放碇着水底,如维缆之属,舟乃不行。若风涛紧急,则加游碇,其用如大碇,而在其两旁,遇行则卷其轮而收之。"④元代,中国远洋船舶也多用木石锚,并已得到考古学资料的印证。至元十八年(1281),数千艘江南"新附军"战舰自明州港出发准备攻打日本,行至日本西南九州海域突遇飓风,全军覆没,"八月,飓风大作,文虎、庭战舰悉坏"⑤。1974年以来,日本水中考古学研究室在九州鹰岛海域先后打捞出来20多件木石锚残骸和碇石。这一地点被认为是元舰沉没之地,出土的木石锚无疑是元舰的定泊工具。⑥木碇是木石锚的变种,就是将木石锚上的石条用坚硬沉重的木料取代,其定泊原理与木石锚相同。这种木碇在泉州晋江深沪湾和山东蓬莱水城均有发现。⑦ 宋元时期铁锚多发现于北方和内河舟船之上。北宋张择端《清明上河图》汴河转弯处的一艘大木船的船头处就放有一只小铁锚。⑧ 吉林省吉林市松花江畔江南地发现的一批金代窖藏文物中有一件三齿铁锚,通高0.23米,三齿呈圆周均匀排列,与之共出的还有一柄三齿鱼叉,可见这两件器物应是松花江上渔船所用。⑨ 元代文献《海道经》中也多次提到铁锚的使用并已开始注意到木石锚、铁锚各自的长处:"急抢上

---

① (宋)徐兢:《宣和奉使高丽图经》卷三十八"海道"五"双女礁",商务印书馆,1937年,第131页。

② 宋正海、陈民熙等:《中西远洋航行的比较研究》,《科学技术与辩证法》1992年6月第9卷第3期。

③ 王冠倬:《中国古船图谱》,生活·读书·新知三联书店,2000年,第147页。

④ (宋)徐兢:《宣和奉使高丽图经》卷三十四"海道"一"客舟",商务印书馆,1937年,第117页。

⑤ (明)宋濂:《元史》卷一百六十五"列传"第五十二"张禧传",中华书局,1976年,第3867页。

⑥ 长崎县鹰岛町教育委员会:《鹰岛海底遗迹》Ⅲ,长崎县鹰岛町教育委员会编印,1996年。

⑦ 王冠倬:《中国古船图谱》,生活·读书·新知三联书店,2000年,第147页。

⑧ 王冠倬:《中国古船图谱》,生活·读书·新知三联书店,2000年,第148页。

⑨ 吉林市博物馆:《吉林市郊发现金代窖藏文物》,《文物》1982年第1期。

风,多抛铁锚,牢系绳",如果"海中泥泞",则"须抛木碇",以便增大抓泥力度。

第二节　宋元东南
海洋性瓷业格局的扩张与鼎盛

一　宋元东南海洋性瓷业的分期

宋元时期,东南海洋性瓷业的扩张集中表现在面向海洋市场的瓷系品种大规模发展。随着越窑青瓷业的衰落,龙泉窑系青瓷产业兴起并迅速扩张,而且闽、粤等沿海地区的仿龙泉窑系的青瓷业急剧膨胀,同时源于景德镇窑的青白瓷系和以建窑、吉州窑为中心的黑釉瓷系等也都密集出现于东南沿海的成百上千窑口中。定窑覆烧技术、磁州窑釉下黑花、耀州窑犀利的刻花以及钧窑多彩的窑变色釉技术都直接和间接地在东南瓷业中产生了影响。[①]（图4–1）根据陶瓷窑址材料,可将此时的东南海洋性瓷业大致分为北宋早期、北宋中晚期、南宋前期、南宋后期、元代五个时期。

(一)北宋早期

北宋早期,越窑在宁绍平原继续繁荣发展,窑址主要分布于绍兴的上灶官山、鄞县东钱湖、慈溪里杜湖、上虞窑寺前、临海许市窑等地。产品种类丰富,烧制得也较为精致。

婺州窑在浙南山地和金衢盆地继续烧造。但产品多为日常青瓷用具,胎质较粗。

浙南瓯窑仍然有进一步的发展,在温州市西山、正和堂、护国岭,瑞安大团山、外三甲,乐清碗窑山、潘岭山,文成项竹洋等地均有瓯窑青瓷窑址

---

① 　中国硅酸盐学会编:《中国陶瓷史》,文物出版社,1982年,第227～231页。

的发现。

闽江上游在原有越窑技术基础上继续烧制青瓷。

闽江口沿岸和闽南地区部分陶窑仍在本地南朝、隋唐以来的窑业技术基础之上继续仿烧越窑瓷器,而与此时风行闽赣的"土龙泉"青瓷有一定的区别。

闽江上游各窑形成了大规模的黑瓷窑群和产区。其主要窑址有建阳水吉、武夷山遇林亭、南平茶洋、建瓯小松、光泽茅店、浦城半路等。

景德镇青白瓷烧制技术逐步成熟,其产品质量较高,素有"假玉器"的美称。景德镇自此源源不断地将南北窑业技术交融的成果和创新提供给东南制瓷手工业。

(二)北宋中晚期

北宋中期,宁绍平原瓷窑数量锐减。此时越窑粗制品明显增多,大量出现韩瓶等低档产品。

北宋中晚期,越窑进一步衰落,其东南窑业技术中心的地位已岌岌可危,无法再为东南瓷业提供进一步的技术支持和创新产品。浙南山地、瓯江流域、闽江流域、闽南地区和韩江、东江、西江、环珠江口等地仍在本地前期窑业技术基础之上继续仿烧越窑瓷器。

北宋中后期,景德镇青白瓷技术翻越武夷山脉,扩散至闽江上游建阳地区和金衢盆地一带,并由此扩散至浙南泰顺、苍南及闽江下游等地。青白瓷还翻越南岭,传播至环珠江口广州西村窑、韩江流域笔架山窑和西江上游的桂东南地区。

北宋末期,东江窑业也溯江而上转移至内陆。

北宋后期,在湘江上游、漓江、洛清江、柳江、左右江沿岸等地区的桂东北地区分布有大量突然崛起的青瓷窑址,产地有永福县窑田岭窑,兴安县严关窑,全州县江凹里窑,灵川县甘棠渡窑,桂林市星华窑,柳州市大浦窑等。

(三)南宋前期

南宋初期,上林湖寺龙口、低岭头、开刀山一带瓷业生产再度兴旺,出现了一个新的短暂繁荣时期。

南宋前期,龙泉窑发展迅速,产量大增,窑址遍布龙泉境内,在临近的遂昌湖山镇,云和梓坊和水堆坑等地均有分布,甚至沿瓯江和飞云江而下远达泰顺、文成、永嘉等县,替代了原来分布于此的瓯窑。南宋至元之际,在闽江上游、闽江下游、闽南地区、韩江流域、东江流域涌现了一大批仿烧龙泉青瓷的窑址。

南宋以后建窑黑釉瓷器风靡海内外,在巨大的市场需求的刺激之下,闽江下游和闽南沿海的一些窑址相继加入到仿烧建瓷的行列之中。

南宋,闽江下游和闽南地区青白瓷窑场数量较前代为多。闽江下游青白瓷窑多是在上游青白瓷对外输出的带动下而兴起的。许多窑址经常是主烧青瓷,而兼烧青白瓷,但青白瓷的生产技术及工艺往往不及闽北地区,青白瓷的造型与纹饰也多与本地前期青瓷类同。闽南青白瓷窑场则不断从景德镇吸取新的产品信息特征和窑业技术。

南宋随着泉州港的崛起和广州港的消寂,珠江口陶瓷的市场份额逐渐为福建瓷业所夺,窑址数目锐减。

(四)南宋后期

南宋后期,龙泉窑吸取了南宋官窑的乳浊釉和多次上釉技术,制造出了大量釉层丰厚、滋润如玉的高档精美产品。此时原有的龙泉青瓷瓷场进一步扩大,瓷窑密集,瓷业更加繁荣。可能是生产高档瓷的原因,南宋后期龙泉青瓷乳浊釉技术对东南瓷业的辐射力度明显大不如前。

南宋后期,闽江上游、闽江下游、闽南地区、韩江流域、东江流域依然多仿烧南宋前期的龙泉青瓷,称之为"土龙泉",代表性窑址为同安汀溪窑。

南宋后期,建窑黑瓷已经开始衰落。在宋元之交建窑主产地也改烧青白瓷了。

南宋后期,青白瓷与"土龙泉"是东南制瓷手工业最为丰富的产品。闽江上游、金衢盆地、西江上游等地青白瓷造型与纹饰多与景德镇窑产品类似,闽江下游、韩江中上游、东江上游等地的青白瓷多较粗糙,造型与纹饰也多与本地前期青瓷类同。

南宋时期,韩江流域笔架山窑盛极而衰。原来聚集于此以窑业为生的窑工溯江而上,在韩江中上游地区设窑烧瓷,窑场也随之由州治、府治所在地向内陆城镇转移,典型的有五华龙颈坑窑和梅州瑶上窑。[1]

---

① 黄慧怡:《广东唐宋制瓷手工业遗存分期研究》,《东南文化》2004 年第 5 期。

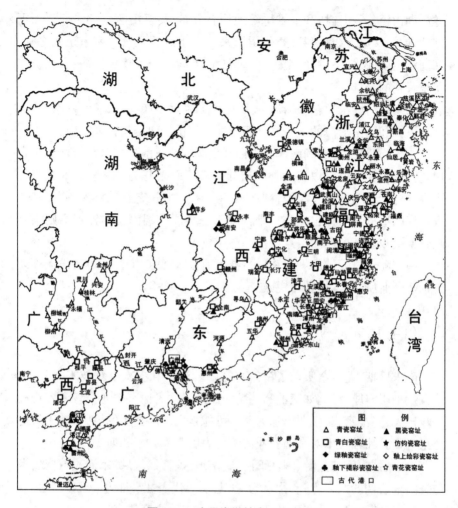

图4-1　宋元海洋性瓷业分布图

（五）元代

元代,龙泉瓷窑数目激增,在龙泉县东部到丽水县的瓯江两岸设立了很多新窑,在瓯江下游的永嘉,甚至金衢盆地的武义均有元代龙泉青瓷窑址的发现。龙泉窑址的对外扩张主要是沿瓯江和飞云江而下,目的是便于瓷器的对外输出。

元代,黑釉瓷已经完全衰落,黑瓷窑址仅在闽江下游、闽南等地零星可见。青白瓷窑数目不减反增,可能与蒙古族的崇蓝尚白的审美习惯直接相关。

随着南北窑业技术的交流,在金衢盆地还出现了金华铁店仿钧窑乳浊釉瓷、衢县两弓塘等地釉上彩绘瓷等瓷器品种。

受宋末元初战争的影响,加之元代广州港市的沉寂和因此而导致的广州港市集散陶瓷能力的降低,元代西江上游瓷业急剧衰落。由于缺乏海外市场或产品竞争力不强,桂东南青白瓷业很快销声匿迹。

元代,青瓷在桂东北的全州县江凹里窑、柳城县柳城窑等少数几处瓷窑依然烧造,但产品质量低劣粗糙,多为日用粗陶器。本地陶瓷业的衰落使得广西从此沦为景德镇等邻省窑口陶瓷产品的倾销地。①

二　宋元东南海洋性瓷业的分区

(一)宁绍平原地区

宁绍平原地区是东汉至晚唐五代越窑的中心分布区。北宋早期,越窑继续繁荣发展,窑址主要分布于绍兴的上灶官山、鄞县东钱湖、慈溪里杜湖、上虞窑寺前、临海许市窑等地。

官山越窑位于绍兴县平水镇上灶村官山南坡,其北面是上灶江,它连接运河,西通杭州,东可达宁波,交通便利。该窑产品种类丰富,主要有碗、杯、盘、执壶、粉盒、罐、瓷枕、盏托、器盖、器座、砚、研磨工具等。官山越窑中很多是用匣钵烧造的产品,其胎质细腻致密,圈足薄而稍向外撇,釉色青绿或青中泛黄,纹饰繁缛,采用刻划、镂空等方法精心制作,这一时期的产品时代应在五代至北宋。②缸窑山窑址位于绍兴城东约 8 千米的东湖镇桐梧村以西的缸窑山南坡,瓷器废品散布面积约 800 平方米。烧造的产品主要为青瓷,胎质坚硬致密,胎色灰白,釉色青黄,釉层均匀,釉面光亮。器形主要有碗、盘、盆、器盖等。碗多为直圈足或薄矮圈足,内底刻划复线波浪纹,外壁则为浮雕仰莲瓣。盘多葵口,底呈短厚圈足或卧足,口唇部有泥点痕数个。缸窑山窑址的产品,与官山窑址五代至北宋早期的产品基本接

---

① 广西壮族自治区博物馆编:《广西博物馆古陶瓷精粹》,文物出版社,2002 年,第 13 ~ 14 页。

② 沈作霖:《绍兴上灶官山越窑》,《东南文化》1989 年第 6 期;周燕儿:《绍兴越窑初探》,《南方文物》2004 年第 1 期。

近,其年代亦可定在此时。①

小白市窑址在鄞县东部小白市和东吴市之间的饭甑山西北麓,共发现窑址5座。除3号窑址含有早期堆积外,其余4处窑址都只发现晚期堆积。晚期堆积层的遗物与沙叶河头村窑址和郭家峙窑址相同,与余姚上林湖一带窑址的产品极其相似。鄞县东钱湖窑址的产品主要有碗、盘、杯、罐、瓶、壶、钵、盏托、印盒等,以碗为多,盘次之。装饰方法有划花、刻花、刻划并用三种,以划花最为普遍。纹饰题材有荷花、莲瓣、水草鹦鹉、蝴蝶等。有关学者推断鄞县东钱湖的郭家峙、小白市等窑址在唐代已经停烧,到了五代宋初,由于吴越钱氏进贡和海外贸易的特殊需要,必须扩大生产范围,余姚上林湖外的鄞县窑于此时才又恢复了生产。②

慈溪里杜湖位于上林湖东约3~4千米处,与杜湖、白洋湖相邻。这里植被茂密,燃料充足,蕴藏着大量的瓷石矿,通过杜湖经东横河可与浙东古运河姚江相连,向东可达宁波(明州)港,向北可至京杭运河,水运条件便利,为瓷业的发展提供了有利条件。这里除8处唐代窑址,还分布有7处宋代窑址,主要位于躲主庙、栗子山、大黄山等地,年代均为北宋。窑址分布面积为900~7200平方米。产品主要有青釉碗、盘、钵、瓶、壶、罐、盒、小杯、灯等,其中尤以喇叭口圈足壶为大宗。胎质粗疏,胎色以灰白或灰色为主,釉色以青灰釉为主,釉面斑驳,胎釉结合不甚紧密,釉层较薄,釉面黯淡无光泽。碗类圈足旋修草率,往往出现粗糙、厚薄高低不平现象。有些器物甚至圈足、内壁或外壁露胎,施釉工作亦是仓促完成。器表多刻划花和模印花纹,刻划花纹有牡丹花、菊花、莲瓣纹以及双线纹等,线条粗糙呆板。模印花纹均装饰在壶耳。③

窑寺前窑址位于上虞县百官镇南约20千米处的窑寺前村。光绪《上虞县志》转引万历《上虞县志》"广教寺条"记载:"广教寺,在县西南三十一里,昔置官窑三十六所,有官院故址。宋开宝辛未有僧筑庵山下,为陶人所祷。吴越领华州节钺钱惟治创建为寺,名保安。治平丙午改今额,俗仍呼窑寺。明初废,正统末复兴。"上述记述表明该窑是五代吴越国时在民窑基础上改为官窑的。钱氏降宋后,窑寺前的窑厂仍然继续生产御用瓷器。982年,宋太宗派殿前承旨赵仁济监理越州窑务,除余姚窑外,理应包括窑寺前窑。窑寺前窑产品胎质细腻致密,胎色青灰或浅灰,釉色青黄或青绿,

① 周燕儿:《略谈绍兴两处唐宋越窑的瓷业成就》,《景德镇陶瓷》1996年第1期。

② 浙江省文物管理委员会:《浙江鄞县古瓷窑址调查纪要》,《考古》1964年第4期;李辉柄:《调查浙江鄞县窑址的收获》,《文物》1973年第5期。

③ 谢纯龙:《慈溪里杜湖越窑遗址》,《东南文化》2000年第5期。

釉层匀净,釉面光洁。器形主要有碗、盘、盏托、注子等,以碗、盘为多。装饰除素面外还有划花和刻花两种,纹样主要有叶脉纹、卷草纹、云气纹、蝉纹等。①

临海许市窑位于临海县城关镇,该瓷窑是五代宋初时期应进贡和海外输出的需求而迅速崛起的瓷窑。其产品有青瓷和黑瓷两种。青瓷主要有碗、盘、杯、壶等,黑瓷主要有壶、罐、盏等,胎质致密,胎体轻薄,造型精巧雅致,釉色匀净纯正,釉面光洁。装饰手法主要有划花、刻花、镂孔等,题材主要有荷花、蝴蝶、牡丹、莲瓣、缠枝花草、飞鸟等。临海许市窑瓷器质量颇高,应当是上林湖越窑在五代宋初向沿海区域的直接扩散。②

南宋初期,由于朝廷征烧祭器和生活用瓷,促使上林湖寺龙口、低岭头、开刀山一带瓷业生产再度兴旺,出现了一个新的短暂繁荣时期。

寺龙口窑址位于浙江省慈溪市匡堰镇寺龙村北,毗邻上林湖。发掘者将该窑址共分为六期,其中第三期为北宋早期,这一期产品种类丰富,造型轻巧,釉色以青黄、青绿为主,盛行细线划花装饰,题材多为鹦鹉、双蝶、龟荷、花鸟等。装烧方法多为垫圈支垫、匣钵单件装烧,也有部分青瓷是一匣多件叠烧,器底及足缘留有泥条痕。第四期为北宋中期,器种更加丰富,除细线划花装饰继续沿用外,新出现刻划花装饰,以重莲、牡丹等花卉为主要装饰题材,常以刻线勾勒轮廓,再配以划线描绘叶脉。装烧方式同上期相似,但开始出现明火叠烧。第五期为北宋中晚期至北宋末,此时粗制品明显增多,大量出现韩瓶等低档产品。胎壁厚重,挖足草率,外底多成鸡心形。釉色以青灰为主,细线划花和刻划花构图简化,多以斜粗刀刻线勾勒轮廓。装烧方式上,瓷器多数明火叠烧,坯件之间以黏土间隔,内底及足缘留有泥圈痕迹。第六期为南宋初期,除越窑传统的青釉产品外,新出现乳浊釉的炉、器座、钟、花盆等陈设瓷及祭器。窑具以新出现的锯齿状支钉最有特点。此期新出现的天青釉瓷器在寺龙口窑址附近的低岭头窑址曾有发现,南宋《中兴礼书》记载宋高宗绍兴元年(1131)、四年(1134)朝廷曾两度下越州,绍兴府余姚县烧造祭祀用瓷器,寺龙口及其周围的低岭头、开刀山一带瓷业生产出现了一个新的短暂繁荣时期后又迅速归于沉寂。③

① 汪济英:《记五代吴越国的另一官窑——浙江上虞县窑寺前窑址》,《文物》1963 年第 1 期;刘毅:《晚唐宋初越窑若干问题思考》,《江西文物》1991 年第 4 期。

② 汤苏婴:《临海许市窑产品及相关问题》,《东方博物》第 2 辑,杭州大学出版社,1998 年。

③ 浙江省文物考古研究所、北京大学考古文博学院等:《浙江越窑寺龙口窑址发掘简报》,《文物》2001 年第 11 期。

（二）金衢盆地

金衢盆地位于浙江中西部，介于千里岗山脉、仙霞岭山脉、金华山脉和大盘山脉之间，是婺州窑的传统分布区。北宋早期，这里依然烧制越窑青瓷。北宋中晚期至南宋早期，受临近景德镇青白瓷窑业技术影响，青白瓷窑址在此地如衢州、江山等地有少量分布。南宋龙泉窑崛起之后，这里又恢复了青瓷生产。元代，随着南北窑业技术的交流，在这里还出现了仿烧钧窑乳浊釉瓷的金华铁店、釉上彩绘瓷的衢县两弓塘等窑址。

宋元婺州窑包含了东阳市、义乌市、浦江县、兰溪市、永康县、武义县和金华、衢县、龙游县、常山县、江山市、开化县等窑址。金华青瓷窑址多集中分布在金华市古方镇东南方，窑址分布的地区陆路交通并不方便，水运也不便利，这些窑址的分布颇耐人寻味。窑址主要有窑岗山窑、外山窑、大垅窑、瓦叶山窑、厚大庄窑等。器物主要是以碗、杯类为主的实用器物，可分为粗制与精制两种，造型风格实用大方。粗制类造型单一，精制类器壁有曲线美化和葵口形式，圈足亦有深大和轻巧的变化。器物花纹也较简朴，内壁常见简笔划花、篦点划花等。窑具有钵形和"M"形匣钵、长筒束腰支具、垫环等。窑炉均为龙窑。① 浙江东阳象塘窑址在北宋时期继续烧日常青瓷用具。胎质仍较粗，胎面不甚光滑，多数留有旋修的刀痕或凹凸的斑点。釉层较薄，釉色青灰、黄褐或青黄等色，釉面黯淡无光。器形主要有碗、瓶、炉、杯、盂、盘、碟、罐、盒、盏托、洗等。装饰采用刻花、划花、印花、浮雕。有的碗属内饰划花间篦划纹、外刻复线纹的珠光青瓷，还有的碗外刻直线纹。盘内刻莲花，腹壁略弧，盘面坦张。碗、盘等器物采用叠烧方法，器物间以长条形泥条或圈形支具相间隔，器底常留有印痕。②

位于浙江金华西南20千米的铁店窑是一处以仿钧为主的宋元窑址，其仿钧瓷产品见于韩国新安元代沉船之上。产品主要为仿钧瓷，兼烧少量黑瓷和褐釉瓷。器形主要有花盆、三足鼓钉洗、鬲式炉、盂、灯台、灯盏、贯耳瓶、高足杯、鼓钉罐等。花盆、鼓钉三足洗、鬲式炉等大型器物胎骨厚重，碗、盂等小型器物胎壁较薄。胎色深紫或深灰。釉色多为天青，少量呈月白色乳浊釉，器物上釉多采用二次上釉法。大部分产品素面光洁，花盆等产品的口沿部分捏压成木耳边，花盆下腹部分施锯齿纹。另外还有模印粘

---

① 张翔：《浙江金华青瓷窑址调查》，《考古》1965 年第 5 期。
② 朱伯谦：《浙江东阳象塘窑址调查记》，《考古》1964 年第 4 期。

贴兽头足、鼓钉纹,以及划纹、弦纹等装饰方法。仿宋钧的鼓钉三足洗口外均饰一周鼓钉,平底承以三兽足。碗外壁施釉不及底,碗心印一阳文"福"字或一朵团花。窑址年代应为元代,上限或可到南宋。① 除铁店村窑址外,仿钧瓷技术在金衢盆地范围内还有一定的传播。1983 年在衢县的大川乡、湖南乡、白坞口乡发现了为数较多的元代窑址,其产品除了青瓷、青白瓷,也有一定数量的窑变天蓝色或蓝紫色釉瓷。瓷器胎质粗疏,胎体厚重,胎色青灰,釉色不甚稳定,呈黑、褐、青、黄褐、黄绿、青绿等色。器形主要有碗、罐、壶、钵、瓶、高足杯、盘、碟等。一些碗、盘、碟等大小相近的坯件多以黏泥间隔叠烧。釉色青褐,釉面灰暗无光泽。② 东阳象塘窑址也有钧釉碗、罐等器物,胎体较青釉器厚重。③

　　彩绘瓷窑场主要分布于衢县全旺和岩头两个相邻乡的范围内,主要窑址有两弓塘、冬瓜潭、紫胡垅、太后堂等,其中尤以全旺乡两弓塘窑址最为典型。两弓塘窑址位于衢州市东 18 千米处的全旺乡,这里瓷土丰富、交通便利,衢江支流和浙西通往浙南的民间要道均在此蜿蜒而过。发掘的 1 号窑床依山势而建,属斜坡式龙窑。瓷器有单色釉粗瓷和绘彩瓷两种。单色釉瓷主要有青瓷、褐瓷等,器形主要有壶、瓶、碗、盆、罐等。绘彩瓷有青釉和银灰釉两种,器形主要有盆、罐、瓶、钵、壶、盘、器盖和腰鼓等。表面施银灰釉的瓷器一般胎质细腻,器型精致。在绘彩瓷中,盆、盘类器物的图案一般绘于器物的内腹与底,而钵、罐、壶、瓶、花盆、鼓、炉等器物的图案一般绘于器物外表。主要绘画手法有笔绘、平涂剔划花、划花填彩、平涂、勾绘、划花勾绘等。主要装饰题材有牡丹、忍冬、鱼、文字、荷花等。根据窑炉产品特征初步判断两弓塘 1 号窑的年代应为元代。衢县全旺、岩头等地发现的元代彩绘瓷,犹如一朵绚丽的奇葩,点缀在浙江青瓷的万山丛中。④

(三)浙南山地和瓯江、飞云江流域

　　瓯江、飞云江流域原是瓯窑青瓷分布区。北宋瓯窑青瓷继续发展。北宋中后期至南宋早期这段时间恰逢越窑、瓯窑衰落而龙泉窑尚未崛起之间的一段空档。由于地域较近,浙南的部分窑口受到景德镇青白瓷的影响,

　　① 贡昌:《浙江金华铁店村瓷窑的调查》,《文物》1984 年第 12 期。
　　② 季志耀、沈华龙:《浙江衢县元代窑址调查》,《考古》1989 年第 11 期。
　　③ 朱伯谦:《浙江东阳象塘窑址调查记》,《考古》1964 年第 4 期。
　　④ 浙江省文物考古研究所、衢县文物管理委员会:《衢县两弓塘绘彩瓷窑》,《浙江省文物考古研究所学刊——建所十周年纪念(1980~1990)》,科学出版社,1993 年,第 275~286 页。

在泰顺、苍南等地形成了小规模的青白瓷窑业。南宋龙泉青瓷崛起后,浙南青白瓷如昙花一现般消失了,这里又恢复了浙江青瓷帝国的本来面目。

两宋时期,瓯窑仍然有进一步的发展,在温州市西山、正和堂、护国岭,瑞安大团山、外三甲,乐清碗窑山、潘岭山,文成项竹洋等地均有瓯窑青瓷窑址的发现。其中政和堂窑址位于温州市鹿城区双桥村西北下桥山北麓,面积约3000平方米,瓷片堆积层长50余米,厚1.5米。产品主要为青瓷,釉色以淡青为主,少数酱褐色釉,釉层均匀,釉面光洁。胎骨致密坚硬,胎色灰白。器形主要有碗、盘、罐、杯、钵、壶、瓶、盏器盖、粉盒等。产品造型端庄灵巧,罐、壶等器物多仿瓜果植物造型。纹饰主要有荷花、蕉叶、垂云、草花、牡丹等,多施于罐、壶、杯、钵的外腹,碗、盘、盏类制品几乎不见纹饰。窑址年代大约为晚唐至北宋早中期。[①]

浙南泰顺、苍南等地的青白瓷窑业如同昙花一现,时间仅限于北宋中后期至南宋早期这样一小段时间,而这段时间恰逢越窑衰落和龙泉窑崛起之间的空档。龙泉窑兴起后,青白瓷这一外来瓷器品种在浙江这个青瓷帝国中迅速消亡。玉塔窑址群在今泰顺彭溪玉塔附近,有青瓷窑址3处,青白瓷窑址7处。青白瓷产品主要有碗、盘、碟、盏、罐、壶、瓶、灯盏、水盂等。胎质坚硬细腻,胎壁较薄,胎色灰白,釉面纯洁晶莹。以素面为多,纹饰仅刻划卷草、篦梳纹或莲瓣纹。因采用覆烧窑具,器多芒口。青白瓷窑年代约在北宋中后期至南宋早期之间。随后几年的文物普查发现,除泰顺玉塔村青白瓷窑群外,在泰顺县百丈下革、宫袋山、方厝山和苍南县大、小星垟窑以及江山县等地均发现有青白瓷窑。[②]

龙泉窑位于浙江西南部龙泉县,发现窑址300多处,包括临近的庆元、云和、丽水、武义、江山以及福建的浦城、松溪等县。其中以大窑、金村两地窑址最多,烧瓷质量最精。瓷器创烧于北宋早期,南宋中晚期进入鼎盛时期,至明代中叶以后渐趋衰落。北宋早期在温州市西山窑等瓯窑的影响之下,龙泉金村窑开始生产一种淡青釉瓷器,该瓷种胎壁较薄,形体细巧,胎质白净,通体施淡青釉,底部用垫环支烧,常划云纹、水草等纹饰。北宋中晚期以后,龙泉窑改烧青黄釉瓷器,窑址分布于大窑、金村、大白岸和丽水石牛等地,龙泉窑瓷业已初具规模。产品多为造型古朴大方的日用器具,如碗、盘、钵、盆、罐、瓶、执壶等。胎壁厚薄匀称,胎色淡灰或灰色,釉色青黄,釉面光洁。器表常刻划团花、菊花、莲瓣、缠枝牡丹及篦划点线和弧线

---

① 王同军:《浙江市郊正和堂窑址的调查》,《考古》1999年第12期。

② 王同军:《浙江温州青瓷窑址调查》,《考古》1993年第9期。

纹等。南宋前期,龙泉窑发展迅速,产量大增,窑址遍布龙泉境内,在临近的遂昌湖山镇,云和梓坊和水堆坑等地均有分布,甚至沿瓯江和飞云江而下远达泰顺、文成、永嘉等县。此时的青瓷釉色青翠,极少有开片和流釉现象。胎壁较厚但更紧密,新出现葵口碗、瓶、炉、碟、盒、尊等器形。盛行单面刻划花,以刻花为主,划花次之,篦纹越来越少,纹饰多为云纹、水波纹、蕉叶纹、莲花、荷叶以及鱼、雁等生动活泼的图案。南宋后期,龙泉窑吸取了南宋官窑的乳浊釉和多次上釉技术,烧造出了大量釉层丰厚、温润如玉的高档精美产品。此时原有的龙泉青瓷瓷场进一步扩大,瓷窑密集,瓷业更加繁荣。瓷器品种除饮食器皿、实用瓷外,尚有文具、陈设瓷、祭器、娱乐用瓷等。釉层丰厚,釉质柔和滋润。光泽柔和的粉青色釉和碧绿的梅子青釉也在此时烧制成功。此时的青瓷产品中有白胎青瓷和黑胎青瓷两种,其中白胎青瓷占90%以上,白胎青瓷和黑胎青瓷常合窑烧造。元代,龙泉瓷窑数目激增,在龙泉县东部到丽水县的瓯江两岸设立了很多新窑,在瓯江下游的永嘉,甚至金衢盆地的武义均有元代龙泉青瓷窑址的发现。龙泉窑址的对外扩张主要是沿瓯江和飞云江而下,目的是便于瓷器的对外输出。元代常见的青瓷造型主要有双鱼洗、高足杯、梅瓶、莲花和梅花盏、云龙纹盘、鬲式炉等。花纹装饰再次复兴,主要制法有划、刻、印、贴、镂、堆等,纹样有莲瓣、蕉叶、海涛、龙、凤、鱼等。元代盘、洗等器物的露胎贴花装饰较具特色。明代中期以后,在景德镇釉下青花的冲击之下,厚胎厚釉的龙泉青瓷因为釉色单一、纹饰表现手法不如釉下青花鲜艳亮丽而在市场竞争中落败,至清初最终停烧而退出历史舞台。[①]

(四)闽江上游

宋元时期,闽江上游是一个瓷业技术兼收并蓄的地区,越窑青瓷、景德镇青白瓷、龙泉青瓷等技术相继影响这里。北宋早期,闽江上游瓷窑多在原越窑技术基础上烧制黑釉瓷器,同窑还烧制少量青瓷。北宋中晚期,景德镇青白瓷技术传播至闽江上游,此时窑场数量迅速增多,多数窑场青白瓷、黑瓷、青瓷几种瓷器合窑烧造。南宋,闽江上游制瓷手工业达到鼎盛时期,建窑系规模庞大,景德镇青白瓷也被各窑竞相仿烧。宋元之际,闽江上游涌现出了一大批仿烧龙泉青瓷的窑址,主要有南平茶洋,光泽茅店,三明中村,邵武大口,建阳华家山、白马前,泰宁东、西窑,松溪回场,浦城碗窑

---

①　朱伯谦:《龙泉青瓷简史》,《龙泉青瓷研究》,文物出版社,1989 年,第 1~37 页。

等。建窑黑瓷也逐步走向衰落,建窑主产地在宋元之交已改为主要烧造青白瓷了。

早在五代晚期至北宋初期,福建建阳水吉建窑就已经开始生产黑釉瓷碗了。1992 年,建窑考古队在发掘建阳水吉庵尾山 Y8 时发现,庵尾山 Y8 ①内堆积全部是直口微敛、直折腹、内底心稍隆起、矮圈足的黑釉碗。其胎色灰黑,釉色有浅黑、酱黑等色,外壁施釉不到底,底足露胎。这些黑釉碗均用规范的匣钵单件装烧,其器型、釉色以及所使用的匣钵等均不同于芦花坪、大路后门山等窑址的黑釉碗,年代当早于后者,后者为北宋中期或稍晚。另据刊于宋初的《清异录》云"闽中造盏,花纹鹧鸪斑点,试茶家珍之",表明建窑黑釉碗在宋初已出现。因此,庵尾山的黑釉碗年代上限可至五代晚期,而下限为北宋初期。①

在宋代斗茶习俗的推动下,建窑黑盏以宜茶而备受吹捧,一度为宋室宫廷烧制御用茶盏,闽江上游及闽江口等地各窑纷纷仿造,形成了大规模的黑瓷窑群和产区。其主要窑址有建阳水吉、武夷山遇亭林、南平茶洋、建瓯小松、光泽茅店、浦城半路、闽侯南屿、福清东张、宁德飞鸾等处。宋代建盏等黑釉瓷器的主产地集中分布于建阳市水吉镇南约 7 千米的后井村和池中村东南的芦花坪、大路后门、营长墘、源头坑、牛皮仑等地,总面积约 11 万平方米。窑址自 1960 年至今经过多次考古调查和发掘,其中芦花坪窑址的产品主要为黑瓷,有少量青瓷。黑瓷胎质粗糙,胎色灰色,釉层较厚,釉水下流导致口沿釉层较薄而近底处出现聚釉现象;釉色滋润莹亮,有的釉面有兔毫斑纹。器型主要有敞口碗、敛口碗、高足杯等。青瓷胎质坚硬,胎色灰或灰白,釉色以青釉为主,青白、青灰等色次之,釉面光洁莹亮,有的开细小开片。器形以碗为主,还有碟、盘、杯、盒、壶等。装饰手法以刻划为主,模印次之,纹样主要有缠枝花、莲瓣、卷草、卷云、篦点、水波等纹。有的圈足内有墨书数字等文字。其年代上限可至晚唐五代,下限不晚于南宋。大路后门窑址共发掘 4 处龙窑,出土有束口、撇口、敛口和盅式等各类碗及钵、灯盏等黑釉器;纹饰除兔毫外,还有羽斑状、手指印状、瓜皮纹的黄褐色彩斑。4 座窑址发现的产品大体相同,年代均为北宋晚期至南宋初期。营长墘 Y7 被 Y6 所打破,出土的皆为黑釉碗,以小圆碗为大宗,撇口、束口碗数量次之,其年代当在南宋中晚期。营长墘 Y6 所出瓷器皆为青白瓷,器形有碗、盘、碟、洗、壶、炉、罐、钵等,多为芒口器。纹饰有刻划的莲

① 建窑考古队:《福建建阳县水吉建窑遗址 1991～1992 年度发掘简报》,《考古》1995 年第 2 期。

瓣、菊瓣、云气、篦点和模印的莲、菊、飞凤、水禽、婴戏等。其年代约为南宋晚期至元初,说明在宋元之交建窑黑瓷已经衰落,在其主产地也已改烧青白瓷了。窑址所在地三面环山,西面有河流注入南浦溪,该溪可顺水沿闽江而下直达闽江出海口。①

茶洋窑址位于南平市东南约 13.5 千米的太平镇葫芦山村茶洋。窑址分布于闽江北岸南福铁路北侧山岭中。废窑堆积分布于大岭干、安后、马坪、生洋、碗厂、罗坑等处,总面积近 7 万平方米。其中大岭以黑釉器堆积为主,安后以青白釉堆积为主,其余几处青瓷、青白瓷和黑瓷共存。青瓷产品胎质坚硬细腻,造型轻巧,胎色浅灰或灰白,釉色淡青、青灰或青黄,釉面莹润,器物外壁多施半釉,腹底以下露胎,胎釉结合紧密。器形主要有碗、盘、碟、壶、瓶、杯、盒、炉等。器物内壁多刻划五开叶状花纹、荷花纹、篦点、弧线等花纹,内心阴印花卉纹或“福”字,外壁饰数组复线划纹。器内底多见涩圈叠烧痕迹。黑釉瓷胎质较粗糙,胎体厚重,胎色灰白或浅灰,釉色酱褐或绀黑,釉面光亮如漆,器外壁近底处无釉,腹底部流釉厚挂现象普遍。部分黑瓷表面呈现兔毫花纹。器形主要有碗、碟、高足杯、壶、盏托等。青白釉瓷器胎质坚硬致密,造型轻巧精致,胎色灰白,釉色青中泛白或发黄或发灰,釉面光亮润泽,玻璃质感强。器形主要有碗、杯、碟、洗、壶等。内壁多饰划花卷草、团菊等纹饰,或阴印双鱼纹,或压印直条凸纹,外壁刻划斜线纹等。部分瓷器可能采用涩圈叠烧方法烧成。窑具主要有漏斗形匣钵、覆烧支圈组合、束腰式支座、垫饼等。瓷器装烧方法估计有匣钵单烧、涩圈叠烧、支圈覆烧、托座叠烧等。②

青白瓷是一种介于青瓷和白瓷之间的新兴瓷器品种。青白瓷的产生是南方青瓷和北方白瓷两大瓷业体系交流融合的结果。其最早产生于南北瓷业的中间地带——五代安徽繁昌窑。宋代景德镇主要烧制青白瓷这

①　厦门大学人类学博物馆:《福建建阳水吉宋建窑发掘简报》,《考古》1964 年第 4 期;福建省博物馆、厦门大学等:《福建建阳芦花坪窑址发掘简报》,《中国古代窑址调查发掘报告集》,文物出版社,1984 年,第 137～145 页;叶文程:《“建窑”初探》,《中国古代窑址调查发掘报告集》,文物出版社,1984 年,第 146～154 页;建窑考古队:《福建建阳县水吉北宋建窑遗址发掘简报》,《考古》1990 年第 12 期;建窑考古队:《福建建阳县水吉建窑遗址 1991～1992 年度发掘简报》,《考古》1995 年第 2 期;栗建安:《福建古瓷窑考古概述》,《福建历史文化与博物馆学研究——福建省博物馆成立四十周年纪念文集》,福建教育出版社,1993 年,第 178～179 页。

②　福建省博物馆、南平市文化馆:《福建南平宋元窑址调查简报》,《福建文博》1983 年第 1 期;张文崟:《南平茶洋宋元窑址》,《福建文博》2008 年第 1 期;傅宋良、林元平:《中国古陶瓷标本——福建汀溪窑》,岭南美术出版社,2002 年,第 9～22 页;叶文程、林忠干:《福建陶瓷》,福建人民出版社,1993 年,第 222 页;林忠干、张文崟:《同安窑系青瓷的初步研究》,《东南文化》1990 年第 5 期。

一单一品种,青白瓷遂成为景德镇独特的地区特色。宋元,东南海洋性瓷业的腹地翻越武夷山脉而延伸至江西,景德镇青白瓷被纳入东南瓷业体系后利用其南北要冲的地理位置,源源不断地将南北窑业技术交融和创新的成果提供给东南瓷业。

由于地域较近,闽北的窑口较早受到景德镇窑的影响。闽北的青白瓷兴起于北宋,鼎盛于南宋,衰落于元代。窑口主要有浦城大口、南平茶洋、光泽茅店、建阳华家山、建瓯小松、将乐南口、三明中村、邵武四都、宁化青瑶、建宁澜溪、泰宁东窑和西窑等,这些窑口均兼烧青白瓷器。甚至以生产黑釉瓷而著称的建阳水吉,也在南宋末或元初停烧黑釉瓷而转烧青白瓷了。

小松窑址位于建瓯县东北 17 千米的小松镇渔村,共发现 5 处窑址,面积共约 5000 平方米。产品有青白瓷、灰白瓷、黑瓷三种。青白瓷胎质细腻坚硬,胎色灰白,釉色白中泛青,釉面光亮润泽。器形主要以碗、洗为主,还有少量杯类。绝大多数器物为芒口,系采用支圈覆烧所致。内壁或内底多印花装饰,刻花次之,题材有莲花、双鱼、花草等。灰白瓷胎质细腻,胎色灰白,釉色白中偏灰,釉层匀薄,釉面光洁。器形以碗、碟为多,也有少量盘、壶、瓶、盂等。器物多素面,器内底多有一周涩圈,系涩圈叠烧所致。黑瓷胎质坚硬,胎色灰白,釉色乌黑光亮。器外壁近底处露胎,腹下部流釉厚挂现象普遍。部分黑瓷表面呈现兔毫状窑变花纹。器形以碗为主,兼有罐、碟、炉、壶等。小松窑距建窑甚近,其仿造建盏的黑瓷与水吉窑产品十分相似,而青白瓷技术显然是受到景德镇窑的影响,因此,该窑址年代应为宋代。[1]

大口窑址位于浦城县水北乡大口村,窑址临近南浦溪,该溪可通建溪入闽江而至海,水运交通便利。瓷器分布范围约 5 万平方米,产品以青白釉为大宗,兼有酱釉、青釉及釉下褐彩。青白釉瓷器胎质坚致细洁,造型轻盈秀丽,胎色较白,釉色青中闪白或青白偏灰。器形主要有碗、盘、碟、洗、罐、瓶、盒、执壶、炉、灯盏以及动物雕塑等。装饰手法以模印为主,刻划次之。碗、盘、碟类内底及内壁常见束莲、双鱼、鱼藻、婴戏等图案。盒、壶、瓶、罐等器物的肩腹部常模印或刻划牡丹、梅花、菊花、莲瓣、缠枝、卷草、篦点等纹,线条纤细柔软。该窑始烧于北宋中晚期,兴盛于南宋,延续至元代初期。[2]

---

① 建瓯县文化馆:《福建建瓯小松宋代窑址调查简报》,《福建文博》1983 年第 1 期。
② 林忠干等:《福建浦城宋元瓷窑考察》,《中国古陶瓷研究》第 2 辑,紫禁城出版社,1988 年。

（五）闽江下游

南宋至元代，闽江下游有大量的仿龙泉青瓷窑址，主要有闽清义窑和闽侯宦溪、连江浦口、福清东张、周宁磁窑等。同时，在建窑黑瓷、景德镇青白瓷沿闽江对外输出的过程中，闽江口沿岸的部分瓷窑对其产品进行仿烧。由于瓷土质量的不同，这些窑口的黑釉瓷器往往较建盏胎体细腻白净，釉色也不似建盏那样黑亮如漆，而多呈褐色或黄褐色。这些质量粗劣的仿建瓷器无疑也会影响到建瓷的市场声誉。闽江口沿岸青白瓷的造型与纹饰也多与本地前期青瓷类同。

闽江下游的青白瓷窑址主要有闽清义窑、周宁磁窑和连江浦口、闽侯宦溪、福鼎南广等窑址。闽江下游青白瓷窑址多是在上游青白瓷对外输出的带动下兴起的。许多窑址经常是主烧青瓷，兼烧青白瓷，青白瓷的生产技术及工艺往往不及闽北地区，青白瓷的造型与纹饰也多与本地前期青瓷类同。闽侯宦溪窑就是一处典型的以青瓷生产为主、兼烧青白瓷的窑。宦溪窑址位于福州市晋安区宦溪乡硋油村。该村周围丘陵起伏，南面有小溪蜿蜒向西折北流入鳌江。废窑堆积范围较大，有近 2 万平方米，不仅分布于硋油村城里坪、弟哥、崎坪顶、釉池谷诸地，在临近的新厝村后门山、坂桥村新厝山等处亦有分布。产品以青瓷居多，还有青白瓷及少量黑釉瓷。胎质略显粗糙，胎骨厚重，胎色灰白或浅灰色；釉面光洁，釉色莹亮，多开细小冰裂纹。器形主要有碗、盘、钵、盏、碟、瓶、枕、炉、灯盏、水注、执壶、花盆等。装饰技法有刻划花、模印、堆贴、浅浮雕等手法，纹样常见莲瓣、菊花、缠枝花、牡丹、双鱼等。根据器物形制特点，推断该窑址生产年代约在南宋晚期至元代。①

南宋以后建窑黑釉瓷器风靡海内外，在巨大的市场需求的刺激之下，闽江下游和闽南沿海的一些窑相继加入到仿烧建瓷的行列之中。这些窑的兴起直接缩短了建窑瓷器和海外市场之间的空间距离，减少了瓷器运输成本，对于黑釉瓷器的对外传播起到了积极的作用。闽侯南屿窑和宁德飞鸾窑即属于闽江下游的仿建窑黑釉瓷窑。南屿窑址位于闽侯县南屿镇龙泉村，废窑堆积有碗窑山和窑山两处，范围约 1 万平方米。主要产品为黑釉器，还有少量青釉、青白釉器。黑釉器以仿建盏为大宗，还有灯盏、盏托等。胎呈灰白或灰黄。均采用匣钵装烧工艺。其烧成年代在南宋至元代。

---

① 林登翔：《福建闽侯硋油宋代瓷窑调查》，《考古》1963 年第 1 期。

飞鸾窑址位于宁德市飞鸾镇飞鸾村北。堆积层较厚,分布范围约 1000 平方米。产品以碗为主,有黑釉和青釉两种,胎质细腻坚致,胎色灰白或白色。其装烧技术、窑具等与建窑十分近似,但其产品造型更轻巧,窑变釉纹更为纤短,修足亦更规整。该窑烧制年代约在南宋。①

(六)闽南地区

宋元时期,闽南地区部分瓷窑如晋江磁灶窑等仍在本地南朝、隋唐以来的窑业技术基础之上继续仿烧越窑瓷器,而与此时风行闽赣的"土龙泉"青瓷有一定的区别。北宋中晚期,景德镇青白瓷技术直接影响到德化盖德碗坪仑窑址,碗坪仑下层青白瓷器的造型、纹样、装饰技法等与景德镇湖田窑极其类似。南宋至元,闽南瓷业进入全盛时期。青白瓷窑和仿龙泉的青瓷窑如雨后春笋般崛起,代表性窑址分别为屈斗宫窑和同安汀溪窑。宋元,晋江磁灶窑、德化窑等闽南窑场还分别受到了磁州窑、吉州窑等窑业技术的影响,生产绿釉瓷、彩绘瓷、黑釉瓷等瓷种,反映了宋元闽南地区瓷业面貌的复杂局面。黑釉瓷则在德化、晋江、漳浦等地有零星窑址分布。

闽南青白瓷窑场兴起略晚,入元而全盛。主要窑址有德化盖德碗坪仑、浔中屈斗宫、三班,以及泉州东门窑,安溪龙门、魁斗,永春玉斗,南安东田,莆田灵川,同安汀溪,漳浦罗宛井等处。② 德化窑是其中的典型代表。宋元时期德化窑有窑址 22 处,宋至元代产品以青白瓷为主,窑址遍布德化县境内,主要集中在浔中、盖德和三班 3 个乡镇。其中盖德乡的碗坪仑窑址和浔中屈斗宫窑址 20 世纪 70 年代的发掘成果已编写成《德化窑》一书出版。碗坪仑窑址位于城关西约 5 千米的盖德乡的一座山丘上,窑址废品堆积分布范围约 1500 平方米,堆积层厚约 2 米,清理出龙窑基 2 座。碗坪仑窑址分上下两层。下层年代为北宋晚期至南宋中期,产品以纯白釉和青白釉为主。胎质坚硬细致,胎体轻薄,胎色较白,釉层匀薄,釉面晶莹润泽。器形主要有碗、盘、钵、碟、执壶、盒、瓶、炉、笔洗等。器表装饰刻划与模印并重,刻划纹样主要有卷草、篦点、莲瓣、牡丹等,模印图案主要位于盒盖中心,纹样有莲花、牡丹、菊花、缠枝、卷草、芦雁、游鱼等。窑具有托盘与托柱

① 钟亮:《宁德飞鸾窑考古调查与研究》,《福建文博》2008 年第 4 期。
② 栗建安:《福建古瓷窑考古概述》,《福建历史文化与博物馆学研究——福建省博物馆成立四十周年纪念文集》,福建教育出版社,1993 年,第 175 ~ 181 页;叶文程、林忠干:《福建陶瓷》,福建人民出版社,1993 年,第 215 页;栗建安:《宋元时期漳州地区的瓷业》,《福建文博》2001 年第 1 期。

组合的塔式窑具、托座、匣钵、支圈、垫圈、垫饼等。装烧方法有塔式窑具装烧、托座叠烧、匣钵正烧及支圈覆烧等。碗坪仑下层青白瓷器的造型、纹样、装饰技法等与景德镇湖田窑极其类似,显然是直接受了景德镇青白瓷业的影响。而其塔式窑具装烧具有明显的地方特色。碗坪仑上层的年代约为南宋晚期至元初。与前期相比,瓷器胎釉均略显粗糙。器形主要有碗、盘、碟、钵、炉、执壶、注子、军持、瓶等。军持是新出现的器形,其主要目的为外销,供东南亚宗教信徒净手或贮装"圣水"使用。装饰花纹趋于简单草率,刻划纹中卷草、篦纹、莲花、缠枝花依然常见,器底内心多模印菊瓣纹。装烧方法以托座叠烧为主。碗坪仑上层器物与下层器物风格迥异,二者似无直接关系。屈斗宫窑址面貌单一,年代为元代早期至元代晚期。产品皆白釉和青白釉。胎质细腻坚硬,胎色洁白,釉面光洁。器形主要有墩子碗、折腰碗、盘、钵、碟、洗、盒、高足杯、执壶、军持等。装饰方法主要为器外模印,纹样主要有莲瓣、缠枝、卷草、蝴蝶、飞凤、菊瓣、折枝花、牡丹等。窑炉改进为分室龙窑。窑具有支圈组合窑具、匣钵、垫钵、托座、垫饼、垫圈等。装烧方法主要为支圈组合覆烧和匣钵正烧,托座叠烧次之。因支圈组合覆烧的广泛采用,芒口碗成为屈斗宫窑的最大宗产品。屈斗宫窑址青白瓷并未完全沿袭碗坪仑下层的造型,反映了社会习俗的变迁及景德镇窑业技术对德化瓷窑的持续影响。宋元德化窑产品多发现于国外而鲜见于国内,表明德化窑是一个以外销为主的陶瓷窑口,其产品遍布东亚、东南亚、南亚、西亚、东非和北非等地,是中国外销瓷数量最多、外销地区最广的窑口之一。① 古松柏山窑位于莆田市东海镇利角村北侧一处低矮山地,海拔高度约 70 米,其南侧为沿海平原,东南方向为湄洲湾,北、西、东三侧被丘陵山地环绕。窑址分布面积约 5 万平方米。2006 年 10 ~ 12 月,福建博物院对窑址进行了抢救性发掘,发掘面积 700 平方米,发现龙窑两座,出土大量宋元时期青白瓷产品和各类窑具。出土瓷器以青白瓷居多,兼有少量青瓷。釉色以青灰为主,釉层较薄。胎质较致密,胎色浅灰或灰白。瓷器多素面,少量纹饰图样有篦梳纹、篦点纹卷草纹等。器形以碗为主,还有罐、盏、炉、钵等。窑具有漏洞形和直筒形匣体、匣钵盖、托座、垫饼、支圈、火照

---

① 福建省博物馆:《德化窑》,文物出版社,1990 年,第 143 ~ 147 页;叶文程、林忠干:《福建陶瓷》,福建人民出版社,1993 年,第 206 ~ 215 页;栗建安:《福建古瓷窑考古概述》,《福建历史文化与博物馆学研究——福建省博物馆成立四十周年纪念文集》,福建教育出版社,1993 年,第 175 ~ 181 页;李辉柄:《关于德化屈斗宫窑的我见》,《文物》1979 年第 5 期;曾凡:《关于德化屈斗宫窑的几个问题》,《文物》1979 年第 5 期;德化古瓷窑址考古发掘队等:《福建德化屈斗宫窑址发掘简报》,《文物》1979 年第 5 期。

等。窑址年代大致始于北宋晚期而止于元代晚期。① 寮仔窑位于南安市东田镇蓝溪村寮仔山南坡,南临西溪支流,舟楫可直达晋江。所烧造瓷器为青白瓷,胎质致密,胎色以灰白为主,釉色青白泛灰,釉面多有冰裂纹。器形以碗、盒为大宗,还有水注、罐、盘、杯、执壶等。器物多饰莲花、水波、缠枝花卉、团花等刻划花纹。其中大部分碗的外壁刻划莲瓣或折扇纹,内壁刻划缠枝花卉或水波莲叶纹,内底刻划团花纹。器型风格与潮州笔架山窑产品相似,年代约为北宋中晚期。窑具主要有漏斗形和筒形匣钵、垫圈、垫饼、垫柱和试片等。②

南宋,龙泉窑取代越窑而成为东南海洋性青瓷技术中心后,闽南沿海地区涌现了一大批仿烧龙泉青瓷的窑口,主要有同安汀溪,厦门东瑶,漳浦南山、赤土,南安石壁,泉州东门,莆田庄边,惠安银厝尾,云霄水头,长泰碗盒山,东山磁灶,诏安肥窑等窑,其中尤以同安汀溪窑最为著名。

汀溪窑址位于厦门市同安区汀溪镇上埔村许坑一带,地点有坝头山、汀溪山、章厝山、后山等处,范围约 3 平方千米。1956 年冬,故宫博物院陈万里先生在同安汀溪水库附近大量的青瓷片堆积层中发现一种内壁饰划花篦点纹、外壁刻直线篦形纹的碗,他认为这种器物即是日本学者所习称的"珠光青瓷",从而确定同安汀溪窑为其产地。该窑产品以青瓷为大宗,多淡褐黄釉,兼烧青白或灰白釉以及少量褐釉。器形以碗为大宗,盘、碟、洗次之,其余尚有炉、瓶、罐、壶、杯等。其胎体厚重粗糙,胎色灰白或浅灰。青瓷有厚釉、薄釉两种。薄釉者釉色青黄、黄绿或青灰,釉层厚薄不均,玻璃质感强,釉面开细小冰裂纹。所谓"珠光青瓷",即指薄釉中釉色似枇杷黄者。厚釉者多为青绿釉,类似龙泉窑的粉青和梅子青,多次上釉,近底处露胎。青白瓷胎质坚硬致密,胎体轻薄,胎色较白,釉色青中闪白或青白偏灰,似为仿景德镇青白瓷,但釉色呈色不甚稳定。装饰使用刻、划技术,花纹有莲瓣、菊瓣、缠枝、卷草、篦点等,碗内模印图案有双鱼和小鹿等。汀溪窑的年代当在宋元之际。宋元时期依托泉州港市的繁荣而迅速崛起。元代后期闽南的连年混战、泉州港市的衰落和海外市场的丧失导致汀溪窑最终走向衰落。③

晋江磁灶窑宋元时期的瓷业面貌则较为复杂,分别受到了越窑、磁州

---

① 福建博物院:《莆田古松柏山窑址发掘报告》,《福建文博》2007 年第 2 期。

② 福建博物院、泉州市文保中心、南安市文管办:《南安寮仔窑发掘简报》,《福建文博》2008 年第 4 期。

③ 丁炯淳:《同安汀溪窑址调查的新收获》,《福建文博》1987 年第 2 期;傅宋良、林元平:《中国古陶瓷标本——福建汀溪窑》,岭南美术出版社,2002 年,第 9~22 页;李辉柄:《福建同安窑调查纪略》,《文物》1974 年第 11 期。

窑和吉州窑窑业技术的影响,生产青瓷、绿釉瓷、彩绘瓷等瓷种。宋元晋江磁灶窑主要分布于晋江市磁灶镇岭畔村蜘蛛山、童子山、土尾庵、山坪,磁灶村许山、顶山尾、宫仔山、大树威,前埔村金交椅山、曾竹山、溪墘山及现属南安市官桥镇下洋村的斗温山等地。青瓷是在本地南朝、隋唐以来的窑业技术基础之上继续仿烧越窑瓷器,而与此时风行闽赣的"土龙泉"青瓷有一定的区别;其绿釉和釉下彩绘则与江西吉州永和窑有一定程度的相似。磁灶产品普遍胎骨灰白而薄,不甚细密,若瓷若陶,釉色主要有青、绿、黄、黑,部分器物在上釉前,先敷一层化妆土。器形繁多,有军持、瓶、碗、罐、盘、碟、执壶、壶、砚滴、炉、灯盏、注子、薰炉、盆、洗、盒以及雕塑人物等。装饰技法有模印、堆贴、剔刻、刻划、彩绘等。花纹有缠枝花、莲花、折枝花、梅花、菊花、牡丹、凤凰、龙、麒麟、鱼藻、卷云等。其中绿釉和釉下彩器物极富特色。绿釉器多系淋色釉二次焙烧而成,常见"返银"现象,锈色深入釉层。釉下彩系在胚胎上彩绘铁锈褐色花纹后,再罩以青釉或黄釉,有的在绘制前先敷一层白色化妆土。不少瓷盆内题写诗句或书铭。为了追求产品的质量和数量,不同作坊进行一定程度的业内分工,各窑分别生产某一专门品种,如曾竹山窑烧制小口瓶,金交椅窑主要烧制执壶,溪墘山窑烧制碗,童子山1号窑烧制小碟,斗温山窑烧制小口罐。这从一个侧面反映出了当时商品生产的专业分工和竞争意识。清乾隆《晋江县志》卷一载:"瓷器出磁灶乡,取地土开窑,烧大小钵子、缸、瓮之属,甚饶足,并过洋。"①东山后壁山、后劳山窑址位于东山岛西北部杏陈镇磁窑村的东面,西北临海,分布面积约7000平方米。两处窑址的器物胎壁较厚,抬质多呈灰色,少量灰白色。釉色青绿,多开冰裂纹。器形主要为碗、碟、执壶、瓶、罐等。碗碟类器物内、外壁多刻划花纹,内壁多莲花荷叶纹、篦点纹,碗心多团花纹,外壁多篦纹和折扇纹,与同安汀溪窑等仿龙泉青瓷产品类似,时代应为南宋。窑具主要为匣钵、垫饼、支钉、垫柱、垫圈等。匣钵均为"M"形,外壁刻有文字和刻划符号。②

① 叶文程、林忠干:《福建陶瓷》,福建人民出版社,1993年,第228～232页;林忠干、张文鉴:《同安窑系青瓷的初步研究》,《东南文化》1990年第5期;何振良、林德民编著:《磁灶陶瓷》,厦门大学出版社,2005年;孟原召:《泉州沿海地区宋元时期制瓷手工业遗存研究》,北京大学硕士学位论文,2005年,第45～49页。

② 中国水下考古研究中心、福建博物院、东山县博物馆:《东山县古窑址调查报告》,《福建文博》2007年第4期。

（七）韩江流域

韩江流域的笔架山窑在北宋时期达到顶峰。南宋时期，笔架山窑盛极而衰。原来聚集于此以窑业为生的窑工溯江而上，在韩江中上游地区设窑烧瓷，窑场也随之由州治、府治所在地向内陆城镇转移。产品也以仿龙泉青瓷为主，兼烧少量青白瓷和酱釉瓷。

笔架山窑位于潮州市东郊笔架山西麓，面临韩江，水运交通十分便利。在沿江的山坡及山脚，窑址鳞次栉比，绵延 2 千米，素有"百窑村"之称。产品以青白瓷为主，青瓷和白瓷次之，其他尚有酱褐色瓷等。瓷胎均坚硬致密，胎色多呈灰白或白色。釉层匀薄，一般都有细小开片。器形有碗、盏、盆、钵、盘、碟、杯、灯、炉、瓶、壶、罐、盂、粉盒、砚、笔架、佛像、动物玩具等。纹饰以划花为主，还有雕刻、镂孔和褐色点彩，印花很少见。划花线条简朴流畅，内容以弦纹、卷草纹、平行斜线纹为主，其次是篦纹、莲瓣纹、水波纹和云龙纹等。青白瓷佛像的头、眼、须部常点以黑褐色彩，此为一大特点。笔架山窑出土的一件瓷佛像，底座刻有"治平三年丙午岁次九月一日题""水东窑"等文字，证明这里就是古籍文献中所记载的水东窑，年代为北宋。[①]

龙颈坑窑址位于五华县华城镇西北河子口老柏塘山南坡，坡上分布约有 5 座龙窑。瓷器胎质坚硬致密，胎色洁白，釉色以青黄、青绿为主，还有少量酱釉。器形有碗、盘、碟、盏、杯、壶、罐等，以碗、盘、盏类为大宗，罐壶类较少。其器物形制多数见于南宋时期，部分为元代，由此推测，窑址的主要年代为南宋时期，于元代废弃。[②]

瑶上区宋窑位于梅县市政府北约 2.5 千米的山岗之上，在一些山岗的断面上，可见有数座窑炉。1984 年广东省博物馆等单位在郭屋村后山南坡，发掘了一座长条形龙窑遗迹。出土瓷器胎质坚硬洁白，釉层匀薄，釉色有青绿、青白、酱褐三种。器形主要有碗、碟、盘、盏、盅、壶、盆、炉、灯、高足杯等。纹饰以印花为主，刻划花次之，纹样主要有回纹、牡丹、莲花飞凤、莲

---

① 李辉柄：《广东潮州古瓷窑址调查》，《考古》1979 年第 5 期；黄玉质、杨少祥：《广东潮安笔架山宋代瓷窑》，《考古》1983 年第 6 期；广东省博物馆编：《潮州笔架山宋代窑址发掘报告》，文物出版社，1981 年，第 1～40 页；陈万里：《从几件瓷造像谈到广东潮州窑》，《潮汕考古文集》，汕头大学出版社，1993 年，第 242～250 页；陈历明：《潮州笔架山龙窑探讨》，《潮汕考古文集》，汕头大学出版社，1993 年，第 251～256 页。

② 广东省文物考古研究所、五华县博物馆：《广东五华县华城屋背岭遗址和龙颈坑窑址》，《考古》1996 年第 7 期。

花、篦纹、弦纹等。窑址年代约在南宋。①

（八）东江流域

北宋时期,东江流域瓷窑集中于东江下游。代表性窑口为惠州窑头山窑,产品主要为青瓷和青白瓷。北宋末期,东江窑业也溯江而上转移至内陆。产品较为粗糙,釉色以青黄、淡黄最多,青绿和淡灰次之,品种和纹饰相对简单。

惠州窑头山窑位于惠州市东平窑头山,北面有东江,西南为西支江,沿江而下可达广州。窑址分布范围约42万平方米,堆积厚度8.4～8.8米,可见当年瓷业之盛。产品胎质坚硬致密,胎色白或灰白,釉色有青釉、青白釉、酱黑釉等。器形主要有碗、碟、盏、罐、壶、杯、盅、瓶、炉、枕及一些雕塑等。装饰技法有印花、刻划、雕塑、镂孔等。纹样主要有缠枝菊花、缠枝牡丹花、卷草、五瓣蕉叶纹、篦划莲花纹、刻直线纹和凸雕莲瓣纹等。窑具有匣钵、垫饼、垫环、火照等。窑内堆积第二层中出土了210千克汉至宋代铜钱,年代最晚者为南宋"建炎通宝"。该窑创烧于北宋初年,宋哲宗元祐年间因故停烧。② 除窑头山窑址外,惠州北宋窑址还有瓦窑岭、朱屋村等窑址,面积均较小,产品多与窑头山窑相似。③

瓦窑岗窑址位于河源市区西北面约3千米的东埔镇黄子洞村瓦窑岗上。窑场依岗临水,岗前河流可汇入东江,溯水而上可至龙川、和平和赣南,顺水而下可达惠州、博罗、东莞和广州,水运交通极为便利。窑址分布范围约300平方米,堆积厚度为1～2.5米。瓷器分粗、精两种,精者胎质坚硬致密,胎色灰白;粗者胎质疏松,胎色砖红。釉色以青黄、淡黄最多,青绿和淡灰次之,釉层均匀,釉面光洁开冰裂纹,内外壁施釉不及底。器形以碗为多,其他还有盘、盏、杯、盆、壶、罐等。瓷器装饰多素面,有少量为刻花和划花纹饰。与广州西村窑、潮州笔架山窑和惠州窑头山窑相比,河源瓦窑岗窑瓷器较为粗糙,品种和纹饰相对简单,是一处以日用瓷器生产为主的小型窑场。窑址年代约始于北宋末期,延续至南宋。④

① 杨少祥:《广东梅县市唐宋窑址》,《考古》1994年第3期。
② 广东省博物馆等:《广东惠州北宋窑址清理简报》,《文物》1977年第8期。
③ 广东省文化厅编:《中国文物地图集·广东分册》,广东省地图出版社,1989年,第353页。
④ 刘成基:《广东河源东埔古窑址调查》,《南方文物》1997年第3期。

（九）珠江口地区

北宋，环珠江口地区陶瓷手工业达到鼎盛时期，瓷窑数目多，规模大，多围绕港市而集中于江河下游和沿海地区。广州西村窑是这一时期重要的陶瓷窑场，产品以青白釉为主，青釉次之。部分青瓷器型与纹饰均与耀州窑十分类似。宋代景德镇窑、越窑、耀州窑、磁州窑等名窑产品均在广州集散，其产品装饰风格对西村窑产生了一定程度的影响。南宋时随着泉州港的崛起和广州港的消寂，珠江口陶瓷的市场份额逐渐为福建瓷业所夺，窑址数目锐减。

广州西村窑位于广州市中心西北约 5 千米的西村增埗河东岸岗地上，是宋代岭南地区生产外销瓷器的重要窑场。产品有青白釉、青釉、黑釉、低温绿釉等，以青白釉为主，青釉次之。青白釉釉色白中泛青，青釉釉色多为青绿色，黑釉亦有黑、黑褐、酱色等不同色调。器形主要有碗、盏、碟、盘、执壶、注子、凤头壶、军持、盒、唾壶、烛台等。其中军持、凤头壶等器形反映出一些外来文化的影响。装饰技法主要有刻划花、印花、彩绘、点彩、镂孔和浮雕等，以褐色点彩及彩绘最具特色。部分青瓷器型与纹饰均与耀州窑十分类似，如青釉印团菊和缠枝菊纹的碗、盏、碟和大盘等。青白釉彩绘腰鼓又与西江上游的广西容县和藤县窑相似。宋代景德镇窑、龙泉窑、越窑、耀州窑、磁州窑等名窑产品均在广州集散，其产品装饰风格对西村窑均产生了一定程度的影响。盆心绘酱褐色釉菊纹或牡丹的刻划青白釉折沿大盘，口径在 0.32～0.35 米之间，如此大口径盘的烧制成功，表明西村窑在配料、成型及烧成技术等方面均已达到较高水平。西村窑所产瓷器大多外销，其产品在西沙群岛及菲律宾、印尼等地多有发现。根据器物造型特征等判断，西村窑的年代应为北宋。① 南宋时期，随着泉州港市的崛起和广州港的相对衰落，西村窑停烧。

（十）雷州半岛

北宋，雷州半岛窑址数目大增，且规模较大。南宋及元，岭南瓷业纷纷凋零，唯有在雷州半岛的遂溪、雷州、廉江和湛江等地有着密集的窑址群，但这些窑址多生产质粗量大的日用青瓷、酱釉瓷和釉下褐彩彩绘瓷等。

① 冯先铭主编：《中国陶瓷》，上海古籍出版社，2001 年，第 424～426 页。

雷州市(原名海康县)宋元窑址多分布于南渡河中、上游两岸,有杨家镇调乃家、土塘窑,纪家镇公益圩、湾仔窑,客路镇旧洋、顶尾窑,白沙镇符处、六余窑等50多处。产品主要有碗、盘、碟、盏、杯、壶、瓶、钵、坛、洗、炉、罐、枕、器盖等,胎色灰白,胎质坚硬,火候较高,釉色有青、青白、青黄、青灰、酱黄、酱褐、黑等,以青釉为主,釉面多开细片,釉色光亮润泽,器物外壁施釉不及底。此时窑炉全部为斜坡式龙窑,长度为15～30米。窑门附近的堆积层中发现"正隆元宝"一枚,初步判断窑址的年代应该为南宋至元之间。雷州窑有着鲜明的地方特色,如不施化妆土,纹样多为南方常见的菊花和荷花,人物多穿长裙短套,盘着各种发式,手中握蛇翩翩起舞等南方俚族特色等。无论隋唐还是宋元,陶瓷要从南海对外输出,雷州半岛都是重要的中继站,这也许就是雷州半岛的瓷业能够保持长久兴盛的重要原因。明清时期,随着官府海禁政策的实施,雷州市瓷业因丧失海外市场而萎缩,瓷窑数量也由宋元时期的50多处锐减到10多处。[①]

廉江宋元窑址多位于廉江县营仔镇、车板镇、横山镇等地,共发现龙窑数十座。[②] 遂溪县窑址分布亦十分广泛,主要在杨柑镇、港门镇、黄略镇、界炮镇等地,窑址数量有四五十座之多,其中杨柑镇下山井村西沿海岸线尚存10余座窑。瓷器品种有青釉、酱黑釉、酱黄釉等,以青釉居多。瓷器胎体厚重,胎质粗糙,釉质低劣。器形主要有碗、盏、杯、盆、钵、盘、碟、炉、瓶、壶、罐、砚等。装饰技法有刻花、印花、褐色彩绘等。纹样有莲花纹、直线条纹、卷草纹、弦纹或缠枝菊花等,尤以五角纹最有特色。青釉碗、盘中有褐彩装饰。一件碗范有元代"大德九年"的铭文。据专家推测,这些窑址的年代多为宋元时期。[③]

(十一)西江流域

北宋后期,位于西江流域上游的桂东南瓷业骤兴,其产品在器物造型、纹饰等方面模仿景德镇青白瓷。窑址主要分布在桂东南的北流河流域、黔江、郁江、浔江等河流沿岸,主要产地有藤县中和窑、容县城关窑、北流县岭峒窑、桂平县城西山窑、浦北县土东窑等。其兴起可能与此时珠江口瓷业

① 邓杰昌:《广东雷州市古窑址调查与探讨》,《中国古陶瓷研究》第4辑,紫禁城出版社,1997年,第210～218页;广东省博物馆:《广东考古十年概述》,《文物考古工作十年》,文物出版社,1990年,第226页。

② 广东省文化厅编:《中国文物地图集·广东分册》,广东省地图出版社,1989年,第434页。

③ 广东省文化厅编:《中国文物地图集·广东分册》,广东省地图出版社,1989年,第430～431页;曾广亿:《广东瓷窑遗址考古概要》,《江西文物》1991年第4期。

溯江而上的产业转移以及宋朝对桂东南的大规模移民开发直接相关。受宋末元初战争的影响,加之元代广州港市的沉寂和因此而导致的广州港市集散陶瓷能力的降低,元代西江上游瓷业急剧衰落。由于缺乏海外市场或产品竞争力不强,桂东南青白瓷业很快销声匿迹。

藤县中和窑位于藤县城关乡北流河东岸的中和圩。窑址前北流河由南向北流过,汇入西江,窑址产品可顺水而下直达广州。1964年试掘的Y1和1975年试掘的Y2均为斜坡式龙窑。产品多为青白瓷,也有少量米黄、灰褐等釉色瓷器。瓷器胎质细腻坚硬,胎体规整轻薄,釉色光泽莹润,玻璃质感强,少数釉面有细小开片。除圈足外,器物皆通体施釉。器形以碗、盘、碟、盏为主,还有枕、壶、盒、罐、瓶、钵、灯、枕、腰鼓等日常生活用器。器物多仿瓜果、葵、莲等植物形状,造型轻盈精巧。器表装饰以印花为主,刻、划花和贴花次之。纹样主要有缠枝、折枝花卉和束莲、海水游鱼、萱草、飞禽、摩羯、篦纹、"S"形纹等。中和窑青白釉瓷某些纹饰取材有所创新,如以席纹、珍珠纹、菱形锦纹托衬缠枝花卉纹或缠枝蝶叶纹等样式,既烘托了主题纹饰,又鲜明地表现出浓郁的地方色彩,如中和窑青白釉席地缠枝菊纹花口碗、嘉熙二年款荷莲纹瓷印模。藤县模背上刻"嘉熙二年戊戌岁春季龙念三造□"铭文款的荷莲纹瓷印模,为窑址断代提供了依据。它创烧于北宋中后期,盛于两宋之际,衰于宋元之际。[①]

桂平县城西山窑位于黔江、郁江交汇的桂平县城西北郊。窑址西邻著名风景区西山,北临黔江,舟行甚便,沿江而下可直达广州港。产品以青白瓷为主。胎质坚硬细腻,胎色较白,釉层厚而均匀,釉面细腻莹润。器形主要有碗、盘、碟、壶、罐、钵、炉和狮形饰物等。器表装饰不多,装饰技法有刻划、浅浮雕、点彩等。桂平西山窑应始烧于北宋末期,鼎盛于南宋,宋元之际衰落。[②]

(十二)桂东北地区

在湘江上游、漓江、洛清江、柳江、左右江沿岸等地区的桂东北地区分布有大量崛起于北宋后期的青瓷窑址,产地有永福县窑田岭窑、兴安县严关窑、全州县江凹里窑、灵川县甘棠渡窑、桂林市星华窑、柳州市大浦窑等,

① 韦仁义:《广西藤县宋代中和窑》,《中国古代窑址调查发掘报告集》,文物出版社,1984年,第179~194页。
② 陈小波:《广西桂平古窑址调查》,《中国古代窑址调查发掘报告集》,文物出版社,1984年,第195~200页。

器物造型、纹饰等多直接或间接模仿陕西耀州、河南鲁山等窑。① 这一区域瓷业的大兴较多地受到了由湘江流域南下的窑业技术的影响,与宋朝对桂东北的大规模开发关系更为密切。其产品胎质坚致细密,胎体轻薄,胎色灰褐。釉色有青、青黄、青绿和黑等。装饰技法以印花为主,刻、划花次之。纹样主要有缠枝菊花、折枝牡丹花、游鱼等动植物题材和"太平""福山寿海"等吉祥语。

严关窑位于桂北兴安县以南约 10 千米处严关乡灵渠古运河南岸。灵渠是沟通长江和珠江两大水系的纽带,也是连结南北交通的要冲。严关窑正好位于由湘入桂的必经古关口严关对岸。窑址分布在背里山、瓦渣堆、庵子堆等低矮丘岗之上,分布范围约 2 平方千米,如今窑址被破坏殆尽,已是名存实亡。严关窑的产品种类以碗、盘、盏、碟为大宗,还有杯、壶、瓶、罐、灯、炉、盏托、钵等。胎质粗疏,胎体厚重,胎色灰白或青灰。釉色有青、青灰、青黄,以及月白、墨绿、兔毫、玳瑁等窑变釉。施釉主要采用浸釉法,器底露胎。挖足草率,圈足内常留有旋削痕,足墙有向内外扁鼓的特点。器表装饰以印花为主,少量刻划花。纹样主要有缠枝菊、折枝牡丹、折枝莲花、水草等植物花卉,海水游鱼、飞禽等动物形象,"福山寿海""天下太平"等吉祥文字,等等。窑址出土背刻写铭文"癸未年孟夏终旬置造花头周三四记匠"的海水双鱼纹印模,为研究严关窑瓷器生产时间提供了依据。严关窑约创烧于南宋绍兴年间,鼎盛于南宋中期,衰落于宋元之际。严关窑的衰落可能与战乱有关,宋末位于要冲之地的严关窑遭到元兵战火的破坏,大量窑工被掳掠北上或四处逃亡,严关窑从此销声匿迹。②

永福县窑田岭窑位于桂北永福县南约 2 千米的方家寨窑田岭南坡,洛清江自窑田岭西侧流过后汇入柳江,连黔江、浔江、西江以达广州,水运交通便利。除窑田岭窑外,在洛清江东西两岸的低矮山坡上还分布有约 20 多座窑址。1979 年,广西壮族自治区文物工作队等单位发掘了窑田岭的几座斜坡式和分室龙窑窑址。其产品以青瓷为主,兼有青绿釉和红釉瓷。瓷器胎质坚致细密,胎体轻薄,胎色灰褐。釉色有青、青黄、青灰、酱色等。施釉方法有浸釉和浇釉两种,器底均不着釉。器形以青瓷印花碗、碟、盘等为主,还有腰鼓、坛、罐、壶、瓶等。纹饰以印花为主,刻、绘花纹次之。纹样

---

① 中国硅酸盐学会编:《中国陶瓷史》,文物出版社,1982 年,第 259 页;冯先铭主编:《中国陶瓷》,上海古籍出版社,2001 年,第 428～431 页;广西壮族自治区博物馆编:《广西博物馆古陶瓷精粹》,文物出版社,2002 年,第 7～14 页。

② 李铧:《广西兴安县严关宋代窑址调查》,《考古》1991 年第 8 期;广西壮族自治区文物工作队、兴安县博物馆:《兴安宋代严关窑址》,《广西考古文集》,文物出版社,2004 年,第 1～62 页。

主要有缠枝菊、牡丹、海水、蜻蜓等。青釉瓜棱罐,印花折枝牡丹纹、双鱼纹、放射状菊瓣纹碗等器物在釉色和纹饰取材方面与耀州窑青瓷十分相似。窑田岭窑的花腔腰鼓颇具特色,胎中部稍厚,表面施以匀薄青釉,腰部绘褐色曲线纹、蜻蜓纹,两端多绘螭纹。瓷腰鼓在北方主要发现于河南鲁山窑、禹县窑和山西交城窑等地。桂东北的永福窑田岭窑和藤县中和窑、容县城关窑等窑址所发现数量巨大的瓷腰鼓似与广西人红白喜事善用拍鼓和乐的习俗有关。窑田岭窑的烧造年代始于北宋晚期,盛于南宋,衰于宋末元初之际。①

位于桂北湘桂交通要冲的兴安县严关窑在元兵的摧残之下窑工四散,窑业衰亡。其中一部分严关窑窑工可能南迁到了桂中地区的柳城县,在柳桥县创烧了柳城窑。② 柳城窑位于融江及其支流龙江沿岸的平缓坡地上,共包括洛崖、大埔、黎田、对河、余家、西门崖等处窑址,其中洛崖的烧造年代较其他几处稍晚,约为元明时期,而其他几处窑址大多创烧于元代,延烧至清代。窑址均为斜坡式龙窑。产品以中、低档的日用青瓷为主。器形主要为碗、盘、碟、杯、盏、灯等。胎质坚硬致密,胎色灰白或青灰,釉色有青、酱、月白、仿钧釉等。釉层较厚且有流釉现象。装饰技法以模印为主,以莲瓣纹最多,也有双鱼、鹿、双凤、缠枝花等。有些器物底部用毛笔书写姓氏、吉祥语等文字。窑址始烧、盛烧于元代,元以后衰落,明清部分窑址零星烧造。③

全州永岁乡江凹里、上改洲、下改洲等窑址也是元代广西为数不多的青瓷窑址。江凹里窑址位于湘江东西两岸的山岗之上,早期北宋窑址位于湘江岸边,晚期的元代窑址则分布在距湘江较远的山岗上。元代产品主要为青瓷和仿钧瓷,还有少量酱釉瓷。胎质稍粗,胎体厚重,修胎粗糙,常有旋削痕迹。釉色以仿钧天蓝釉、青釉为主,还有少量酱釉。施釉多不及底,有些器物仅施半釉。器形以碗、盘、壶、罐、高足杯、盏、灯等为主。器表多素面无纹,少量有刻划、印花及点彩装饰。腰部刻有"延祐二年五月廿八日周千十三置花头一

① 广西壮族自治区文物工作队:《广西永福窑田岭宋代窑址发掘简报》,《中国古代窑址调查发掘报告集》,文物出版社,1984 年,第 201~212 页;中国硅酸盐学会编:《中国陶瓷史》,文物出版社,1982 年,第 259 页;冯先铭主编:《中国陶瓷》,上海古籍出版社,2001 年,第 430~431 页;广西壮族自治区博物馆编:《广西博物馆古陶瓷精粹》,文物出版社,2002 年,第 9~11 页;蓝日勇:《宋代壮族地区陶瓷业的兴盛及其原因》,《广西民族研究》1997 年第 1 期。

② 广西壮族自治区文物工作队、兴安县博物馆:《兴安宋代严关窑址》,《广西考古文集》,文物出版社,2004 年,第 62 页。

③ 广西壮族自治区文物工作队、柳城县文物管理所:《柳城窑址发掘简报》,《广西考古文集》,文物出版社,2004 年,第 63~79 页。

个年"铭文的蘑菇状印模,表明江凹里窑晚期遗存年代应为元代。①

三　窑业技术的发展

宋元,东南海洋性瓷业的主要窑炉结构依然是龙窑,但窑身较隋唐五代长且高,钱塘江、瓯江、金衢盆地、闽江、晋江、雷州半岛是龙窑的主要分布区。岭南韩江、珠江等流域在宋元时期不再沿用隋唐五代的半倒焰馒头窑,而多采用窑身长、产量大的龙窑烧瓷,以适应海外市场的扩张。在韩江和东江,窑工们吸收了半倒焰馒头窑和平焰龙窑各自的长处而发明了一种阶级式分室龙窑,为东南窑业技术的革新做出了重要贡献。在赣江流域,南北窑业技术的频繁交流使得这一传统龙窑分布区也有一定数量的半倒焰馒头窑分布。元代景德镇南河流域的葫芦形窑就是南北窑业技术交融的结果,为明清景德镇蛋形窑的前身。

在装烧技术和窑具种类上,各地因瓷业技术来源不同而面貌各异。越窑、瓯窑、婺州窑、龙泉窑及同安汀溪窑等福建、广东仿龙泉窑窑口多使用具有浓厚地方特色的"M"形匣钵,匣钵的使用较隋唐五代更为普遍。定窑的芒口覆烧和支圈覆烧技术在北宋后期南传至江西景德镇,并经景德镇青白瓷技术传播至东南沿海。覆烧工艺的推广使得东南海洋性瓷业的产量大为提高。②

(一)东南龙窑的分布

北宋,东南海洋性瓷业中心依然位于杭州湾南岸的浙东慈溪、余姚、鄞县、上虞和绍兴一带。这里主要使用龙窑烧造青瓷,在窑具上大量使用匣钵,装烧方法多为一器一匣,产品质量较高。北宋晚期,伴随着越窑的衰落,一些窑址改用粗放的明火裸烧方式。

绍兴官山越窑中很多产品都是用匣钵烧造的。绍兴缸窑山窑址窑具主要有钵形、"M"形匣钵,垫圈,垫柱等。装烧方法有匣钵对口合烧、一匣一坯装烧及明火叠烧三种。鄞县小白市窑址共发现窑址 5 座。其晚期堆积层的

① 广西壮族自治区文物工作队、全州县文物管理所:《全州古窑址调查》,《广西考古文集》,文物出版社,2004 年,第 80 ~ 100 页。

② 熊海堂:《东亚窑业技术发展与交流史研究》,南京大学出版社,1995 年,第 190 ~ 193 页。

遗物与沙叶河头村窑址和郭家峙窑址相同,与上林湖一带窑址的产品极其相似。烧制方法,一般是一匣一器,器底用垫圈与匣钵间隔,器底常留有支烧痕,圈足满釉,器里光滑。① 上虞窑寺前窑址窑具主要是匣钵和垫圈,装烧方法为一匣一器的满釉裹足支烧法。② 临海许市窑窑具主要有钵形匣钵、"M"形匣钵、垫柱、垫饼、垫圈等。装烧方法应为一匣一器或一匣多器,器间以白色泥点或垫饼、垫圈相间隔。临海许市窑瓷器质量颇高,应当是上林湖越窑在五代宋初向沿海区域直接扩散的结果。③ 慈溪里杜湖分布有7处宋代窑址,主要位于躲主庙、栗子山、大黄山等地,年代均为北宋。窑址分布面积为900～7200平方米。窑炉结构为龙窑,窑具多见垫座,偶见匣钵,不见垫圈。碗、盏、盅等器物以泥点间隔叠烧,可见绝大多数器物为明火裸烧,表明北宋时期越窑制瓷技术的衰落。④ 慈溪寺龙口窑址毗邻上林湖。(图4-2)在北宋早期,装烧方法多为垫圈支垫、匣钵单件装烧,也有部分青瓷是一匣多件叠烧,器底及足缘留有泥条痕。北宋中期的装烧方式同上期相似,但开始出现明火叠烧。北宋中晚期至北宋末,粗制品明显增多,瓷器多数明火叠烧,坯件之间以黏土间隔,内底及足缘留有泥圈痕迹。

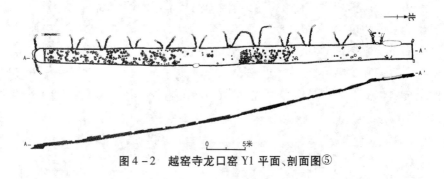

图4-2　越窑寺龙口窑 Y1 平面、剖面图⑤

龙泉大窑是古代龙泉窑瓷业的中心,这里也是龙窑的重要分布区。1960年,浙江省文物管理委员会等单位在大窑西北200米的杉树连山西北部山岗上,发掘了相互叠压的三座龙窑,最上一座编号为 Y2,其中部和前

① 浙江省文物管理委员会:《浙江鄞县古瓷窑址调查纪要》,《考古》1964年第4期;李辉柄:《调查浙江鄞县窑址的收获》,《文物》1973年第5期。

② 汪济英:《记五代吴越国的另一官窑——浙江上虞县窑寺前窑址》,《文物》1963年第1期;刘毅:《晚唐宋初越窑若干问题思考》,《江西文物》1991年第4期。

③ 汤苏婴:《临海许市窑产品及相关问题》,《东方博物》第2辑,杭州大学出版社,1998年。

④ 谢纯龙:《慈溪里杜湖越窑遗址》,《东南文化》2000年第5期。

⑤ 采自浙江省文物考古研究所等:《浙江越窑寺龙口窑址发掘简报》,《文物》2001年第11期。

部叠压在 Y3 之上,Y3 之下是 Y4,Y3 的中部还有一个编号为 T10 的龙泉青瓷堆积坑。其中 Y2 保存最为完好,仅窑头部分被破坏,其尾部一直延伸到山岗的顶端,残长 46.5 米,宽 2.5～2.58 米,窑身以匣钵、砖石混砌,部分地区利用了岩层断面。(图 4－3)

图 4－3　龙泉大窑杉树连山宋代龙窑平面图①

宋元金衢盆地以烧造日用粗瓷为主,越窑中心区常用的匣钵装烧技术在这一地区的很多窑址并未广泛应用,很多瓷器是直接明火裸烧,窑炉结构多为龙窑。在施釉、烧造等技术方面,因为北方的战乱,乳浊釉技术经南逃的北方窑工直接或由寺龙口等窑窑工间接传播至此。金华青瓷窑址窑炉均为龙窑,窑具有钵形和“M”形匣钵、长筒束腰支具、垫环等。② 浙江金华铁店仿钧窑址,窑具主要有喇叭形垫具、柱础形垫具和垫圈等。装烧方法主要有垫圈叠烧、扣口合烧、大小套烧等。窑址年代应为元代,上限或可到南宋。③ 衢县的大川乡、湖南乡、白坞口乡发现了为数较多的元代仿钧瓷窑址,均依山傍水,采用龙窑技术烧造瓷器。窑具仅见支垫一种,未见有匣钵等障火工具,说明这里采用的是较原始的明火裸烧。④ 衢州市全旺乡两弓塘窑址 1 号窑床属斜坡式龙窑。该窑依山势而建,残斜长 47.6 米,宽约 2 米,坡度 15°左右。窑炉由石块堆砌而成,窑头部分还使用了土坯砖,窑门和窑尾均无存。火膛成半圆形,半径 0.7 米。窑底由灰绿色沙石构成,窑床上出土很多瓶残片、少量垫具和瓷片。根据窑炉产品特征初步判断,两弓塘 1 号窑的年代应为元代。⑤

浙南温州等地自东汉以来就是瓯窑的传统地域,这里的窑业技术与越窑十分相似,只是其窑具多为瓷土所制,青瓷釉色常显淡青。装烧方法既有一匣一器、一匣多器,也有明火涩圈叠烧等方法。温州市鹿城区正和堂窑址发现的窑具有钵形、“M”形匣钵,喇叭形垫座,垫饼和垫圈四种,均由

① 采自朱伯谦:《龙泉大窑古瓷窑遗址发掘报告》,《龙泉青瓷研究》,文物出版社,1989 年,第 40～41 页。
② 张翔:《浙江金华青瓷窑址调查》,《考古》1965 年第 5 期。
③ 贡昌:《浙江金华铁店村瓷窑的调查》,《文物》1984 年第 12 期。
④ 季志耀、沈华龙:《浙江衢县元代窑址调查》,《考古》1989 年第 11 期。
⑤ 浙江省文物考古研究所、衢县文物管理委员会:《衢县两弓塘绘彩瓷窑》,《浙江省文物考古研究所学刊——建所十周年纪念(1980～1990)》,科学出版社,1993 年,第 275～286 页。

瓷土制成。装烧方法既有明火叠烧,也有匣钵装烧等。窑址年代大约为晚唐至北宋早中期。① 永嘉县桥头镇眠牛山窑址发现的窑炉结构应为龙窑。从山坡断面观察,窑床高约1.8米,宽2米,窑壁用匣钵砌筑。烧制方法多为一匣一器,也有一匣多器者,未见间隔具。②

宋元时期,福建是仅次于浙江的另外一大龙窑分布区,这里的窑业技术主要来源于越窑、龙泉窑、景德镇窑及这些窑业技术在福建本土化后的地方变种,如建窑、同安窑等。

越窑是福建窑业技术的最早来源。南朝福州怀安窑和晋江磁灶窑就是越窑经由东冶、梁安转运输出的过程中在福建落地生花的结果。唐五代越窑青瓷技术持续不断地对福建青瓷业产生影响。晋江磁灶窑就是在南朝、隋唐以来的窑业技术基础之上,仿烧越窑瓷器的典型窑址,其窑炉均为龙窑,窑具主要有垫钵、托座等,装烧方法多采用南朝、隋唐以来的支钉叠烧,越窑常用的匣钵装烧技术在此十分少见。③

同安窑,又名汀溪窑,其产品最初被称之为"土龙泉"。其青瓷有厚釉、薄釉两种,薄釉中釉色似枇杷黄,内壁饰划花篦点纹、外壁刻直线篦形纹者称为"珠光青瓷";厚釉多为青绿釉,类似龙泉窑的粉青和梅子青。同安窑窑炉以斜坡砖砌平焰龙窑为主,窑炉长度50余米,窑宽约2.8米,坡度15°~25°。窑具有漏斗形、筒形匣钵,垫饼,垫圈,支圈,火照等。装烧方法有匣钵正烧、匣钵覆烧、托柱涩圈叠烧等。④

闽江上游的建阳市水吉镇庵尾山窑址窑具主要为直筒形和束腰形垫柱,少见匣钵。装烧方法以托座叠烧为主,器间以支钉相隔,器物内外底多残留支钉痕迹。Y8①内黑釉瓷器采用匣钵单件装烧。窑炉均为长度三四十米至近百米不等的砖砌或土木混砌的斜坡式平焰龙窑。庵尾山窑址的年代大约为晚唐至五代或北宋初期。芦花坪窑址窑具主要有钵形匣钵、垫饼、垫柱等。龙窑系半地穴式建筑,先依山坡挖地槽,再用砖砌拱顶和窑炉。窑室分前后两段,前段长33.1米,坡度12°,后段陡起,长23米,坡度

① 王同军:《浙江市郊正和堂窑址的调查》,《考古》1999年第12期。

② 金柏东:《浙江永嘉桥头元代外销瓷窑址调查》,《东南文化》1991年第3、4期。

③ 叶文程、林忠干:《福建陶瓷》,福建人民出版社,1993年,第228~232页;林忠干、张文崟:《同安窑系青瓷的初步研究》,《东南文化》1990年第5期;何振良、林德民编著:《磁灶陶瓷》,厦门大学出版社,2005年;孟原召:《泉州沿海地区宋元时期制瓷手工业遗存研究》,北京大学硕士学位论文,2005年,第45~49页。

④ 丁炯淳:《同安汀溪窑址调查的新收获》,《福建文博》1987年第2期;傅宋良、林元平:《中国古陶瓷标本——福建汀溪窑》,岭南美术出版社,2002年,第9~22页;李辉柄:《福建同安窑调查纪略》,《文物》1974年第11期。

18°,窑床宽 2 米左右。窑身两侧开窑门,东墙 3 个,西墙 7 个。其年代上限可至晚唐五代,下限不晚于南宋。大路后门窑址共发掘 4 处龙窑,窑具主要有匣钵、垫饼、垫柱、火照等,有的匣钵及盖上还刻有姓氏和数字,垫饼上有反文"供御""进"字样。4 座窑址发现的产品大体相同,年代均为北宋晚期至南宋初期。营长墘 Y7 被 Y6 所打破,出土窑具为匣钵、钵盖、垫饼、垫柱等,另发现题铭"供御""进盏"的垫饼,其年代当在南宋中晚期。①

茶洋窑位于南平市东南太平镇葫芦山村茶洋,窑址分布于大岭干、安后、马坪、生洋、碗厂、罗坑等处。1995～1996 年,福建省博物馆对大岭、安后两处窑址进行抢救性发掘。大岭窑址所揭露的 5 座窑炉遗迹均为砖砌斜坡式龙窑,其中 Y1 斜长 26.78 米,宽 1.1～2.2 米,高差 11.04 米,窑底坡度 23°。Y2 斜长 29.1 米,2 个窑门位于窑室西侧。新发现枕、灯和器座等器形。安后窑址共发现窑炉遗迹 6 处,其中 Y1 斜长 62 米,宽 1.2～2.6 米,窑底坡度为 12°～30°。11 个窑门开于窑身一侧。窑身两侧砌有护窑墙。出土的黑釉深腹茶碗,与日本传世的茶道具中著名的"灰被天目"茶碗相同,从而解决了其长期未能明确的产地问题。而黑釉浅腹茶碗则与韩国新安元代沉船的黑釉浅腹碗相似或相同,证实这些茶碗产自福建茶洋窑。茶洋窑址青瓷、青白瓷、黑釉瓷的共存,表明它同时吸收了宋元时期龙泉窑、景德镇窑、建窑三大系统的瓷业风格。②

武夷山遇林亭窑位于武夷山风景名胜区北侧星村乡燕子窠和武夷镇白岩村之间。1998～2000 年,福建省博物馆对窑址展开发掘,在作坊区西部和北部的低缓山坡上分别发现了一座龙窑,编号为 Y1 和 Y2。其中 Y1 斜长 73.2 米,水平实测长 71.4 米,内宽 1.2～2.2 米,窑身系楔形砖砌筑。窑炉前端的火膛平面呈半圆形,窑室中前段平面为弧形,且窑床前段中部稍陡,后段稍直,窑身共有 6 座窑门,多分布于窑身左侧。因曾将长窑炉改为短窑炉,故在窑身中部和尾部有两个出烟室。根据窑床残留遗物判断,

①　厦门大学人类学博物馆:《福建建阳水吉宋建窑发掘简报》,《考古》1964 年第 4 期;福建省博物馆、厦门大学等:《福建建阳芦花坪窑址发掘简报》,《中国古代窑址调查发掘报告集》,文物出版社,1984 年,第 137～145 页;叶文程:《"建窑"初探》,《中国古代窑址调查发掘报告集》,文物出版社,1984 年,第 146～154 页;建窑考古队:《福建建阳县水吉北宋建窑遗址发掘简报》,《考古》1990 年第 12 期;建窑考古队:《福建建阳县水吉建窑遗址 1991～1992 年度发掘简报》,《考古》1995 年第 2 期;栗建安:《福建古瓷窑考古概述》,《福建历史文化与博物馆学研究——福建省博物馆成立四十周年纪念文集》,福建教育出版社,1993 年,第 178～179 页。

②　福建省博物馆、南平市文化馆:《福建南平宋元窑址调查简报》,《福建文博》1983 年第 1 期;傅宋良、林元平:《中国古陶瓷标本——福建汀溪窑》,岭南美术出版社,2002 年,第 9～22 页;叶文程、林忠干:《福建陶瓷》,福建人民出版社,1993 年,第 222 页;林忠干、张文崟:《同安窑系青瓷的初步研究》,《东南文化》1990 年第 5 期。

该窑原本主要烧造黑釉瓷碗、盘、盏等物,窑炉改短后,变成以烧青瓷为主,黑瓷为辅。①（图4-4）

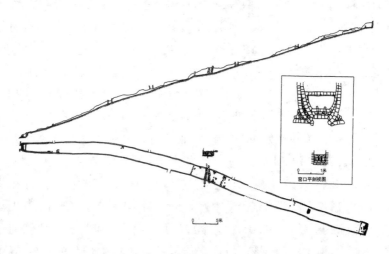

图4-4 武夷山遇林亭窑址 Y1 平面、剖面图②

宋元时期,龙窑在广东的发现极为普遍。广州西村曾发现一座龙窑,残长 36.8 米,窑身中部最宽处 4 米,窑首尾稍收窄,坡度 13°。③ 五华县华城镇龙颈坑窑址发现约有 5 座龙窑,最西面的一座坐北向南,长约 35 米,宽约 2.2 米,顺山势而建。窑具有漏斗形、圆筒形匣钵,垫环,垫饼等。可以看出,龙颈坑窑在瓷器装烧技术上受潮州笔架山窑的影响很大。④ 雷州市位于雷州半岛中部,早在唐代广东大部分地区盛行半倒焰馒头窑技术的时候,这里就多采用龙窑技术烧造瓷器。南宋以后,当广东大部分瓷业日趋萎缩,各大流域出海口沿岸的窑业纷纷溯江而上向内陆转移时,这里的海边却窑火独旺。宋元窑址多分布于南渡河中、上游两岸,有杨家镇调乃家、土塘窑,纪家镇公益圩、湾仔窑,客路镇旧洋、顶尾窑,白沙镇符处、六余窑等 50 多处。窑炉全部为斜坡式龙窑,长度为 15～30 米。1986 年由广东省考古所发掘的纪家镇公益圩窑,窑底斜度 20°,全长 25 米,发掘揭露了 18.7 米,其中火膛 2.7 米,窑室 16 米,窑炉使用时间较长,在旧窑壁之上再砌新壁,致使墙体弯曲。出土窑具有筒形平底匣钵、石碾槽、压锤、垫环、印花模具等。装烧方法有叠烧、对

① 福建省博物馆:《武夷山遇林亭窑址发掘报告》,《福建文博》2000 年第 2 期。
② 采自福建省博物馆:《武夷山遇林亭窑址发掘报告》,《福建文博》2000 年第 2 期。
③ 冯先铭主编:《中国陶瓷》,上海古籍出版社,2001 年,第 424～426 页。
④ 广东省文物考古研究所、五华县博物馆:《广东五华县华城屋背岭遗址和龙颈坑窑址》,《考古》1996 年第 7 期。

口扣烧等。宋元时期雷州公益坪、调乃家、旧洋、土塘圩、符处、西园等有 10 多处窑址烧制青釉釉下褐色彩绘瓷，其釉下褐彩和点彩技术与磁州窑和长沙窑有着共同点。1986 年广东省考古所发掘的公益圩龙窑内发现了大量彩绘瓷枕、罐、钵、瓶和点彩碗等，这些彩绘瓷与过去雷州、徐闻、茂名、海南保亭和琼海等地宋元墓中出土的同类器型完全相同，说明这些仿磁州窑的彩绘瓷全是雷州窑的产品，它为研究磁州窑系的分布和发展增添了重要的实物资料。[①] 廉江宋元窑址多位于廉江县营仔镇、车板镇、横山镇等地，共发现龙窑数十座。[②] 遂溪县窑址分布亦十分广泛，主要在杨柑镇、港门镇、黄略镇、界炮镇等地，窑址数量有四五十座之多，其中杨柑镇下山井村西沿海岸线尚存 10 余座窑。窑具有垫座、垫环等。装烧方法多为托座叠烧或匣钵垫烧等。已暴露窑炉均系砖砌龙窑。[③]

西江上游的宋元广西窑业也多采用龙窑烧瓷。严关窑位于桂北兴安县以南约 10 千米处，由湘入桂必经的古关口严关的对岸。窑址分布在背里山、瓦渣堆、庵子堆等低矮丘岗之上，分布范围约 2 平方千米。1983 年清理发掘的 Y1 是严关窑址迄今经科学发掘的唯一的一座窑炉。该窑为斜坡式砖砌龙窑，残长 27.5 米，窑床首尾两端稍窄，中段最宽，窑床倾斜度前急后缓，前端坡度为 10.5°，后段坡度为 8.5°。该窑使用时间较长，经过两次修葺，窑身最终加长至 32 米。窑具主要有垫圈、垫饼、支垫具、火照、托珠等。装烧方法主要为明火叠烧，器物间以托珠间隔。严关窑的器物造型和装饰纹样与湘江下游的衡山窑、蒋家祠窑十分相似，其创烧可能与湘江下游窑工前来桂北躲避战乱而设窑烧瓷直接相关。[④]

藤县中和窑位于桂东南的北流河东岸，产品可顺水而下直达广州。1964 年试掘的 Y1 和 1975 年试掘的 Y2 均为斜坡式龙窑。Y1 残长 51.6 米，分前后两段，前段坡度约 15°，后段坡度约 20°，窑床前端和尾部稍窄，分别为 3 米和 1.5 米，中部最宽，约 3.4 米。(图 4-5)Y2 的形状与 Y1 大体相似，仅尾部多了一道挡火墙，表明窑炉控制技术日臻完善。窑具主要有漏斗形、筒形匣钵，垫饼，垫托，蘑菇形印花模具等。早期装烧方法多为

① 邓杰昌：《广东雷州市古窑址调查与探讨》，《中国古陶瓷研究》第 4 辑，紫禁城出版社，1997 年，第 210~218 页；广东省博物馆：《广东考古十年概述》，《文物考古工作十年》，文物出版社，1990 年，第 226 页。
② 广东省文化厅编：《中国文物地图集·广东分册》，广东省地图出版社，1989 年，第 434 页。
③ 广东省文化厅编：《中国文物地图集·广东分册》，广东省地图出版社，1989 年，第 430~431 页；曾广亿：《广东瓷窑遗址考古概要》，《江西文物》1991 年第 4 期。
④ 李铧：《广西兴安县严关宋代窑址调查》，《考古》1991 年第 8 期；广西壮族自治区文物工作队、兴安县博物馆：《兴安宋代严关窑址》，《广西考古文集》，文物出版社，2004 年，第 1~62 页。

漏斗形匣钵一匣一器正烧法,晚期多采用筒形匣钵一匣多器叠烧法,器间以沙圈垫隔。①

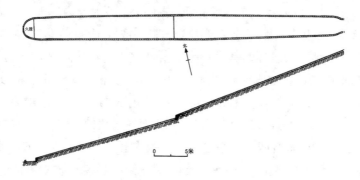

图4-5 广西藤县中和窑1号窑平面、剖面图②

1974、1980 年在桂平县城西山窑分别清理了两座窑址,均为斜坡式砖砌龙窑,长约 50 米,宽 3 米多,窑底铺沙,窑后部有两道控制火焰流速的挡火墙。窑具主要有漏斗形和筒形匣钵、支托、垫圈、垫饼等。装烧方法主要为匣钵正烧。③

全州永岁乡江凹里、上改洲、下改洲等窑址也是元代广西为数不多的青瓷窑址。江凹里元代窑址分布在距湘江较远的山岗上。元代窑炉均为斜坡式龙窑,长 10～20 米,宽 2～3 米。窑具主要有垫柱、垫座、垫圈、垫饼、支钉等。装烧方法以支钉叠烧为主,少量托柱支烧。④

(二)岭南馒头窑的衰落和分室龙窑的产生

宋元时期,岭南地区在唐五代一度发达的馒头窑生产技术衰落,南方地区常见的龙窑技术逐渐上升到主导地位。无论是珠江三角洲地区、粤东韩江流域,还是西江上游的郁南等地,均有发现宋代龙窑叠压于唐代馒头窑之上的情况。而龙窑技术的广泛应用似乎与其窑身长、产量大、更易于

---

① 韦仁义:《广西藤县宋代中和窑》,《中国古代窑址调查发掘报告集》,文物出版社,1984年,第 179～194 页。

② 采自韦仁义:《广西藤县宋代中和窑》,《中国古代窑址调查发掘报告集》,文物出版社,1984 年,第 181 页。

③ 陈小波:《广西桂平古窑址调查》,《中国古代窑址调查发掘报告集》,文物出版社,1984年,第 195～200 页。

④ 广西壮族自治区文物工作队、全州县文物管理所:《全州古窑址调查》,《广西考古文集》,文物出版社,2004 年,第 80～100 页。

满足旺盛的市场需求直接相关。但是宋代馒头窑在广东仍然有一定的数量,大多位于高州境内,多烧酱釉等粗瓷,还有相当一部分为砖瓦窑。

在广东与福建交界地带的潮州地区,北方的半倒焰馒头窑技术与南方的平焰龙窑技术相融合产生一种新的窑炉类型——阶级式分室龙窑。阶级式分室龙窑外表与平焰龙窑大致相似,亦系用砖砌叠而成,其不同的地方是每间窑室前后均设有火厢,火焰从火膛与火厢先后升起,从窑顶倒向窑底,经火孔进入窑室,其火焰方向呈波浪式前进,最后从后壁烟道排出。这种新的窑炉结构既具有龙窑窑身长、产量大的特点,同时其火焰在窑室内呈半倒焰波浪式前进,延长了火焰在窑身中停留和与坯件热交换的时间,亦吸取了馒头窑先进的火焰控制技术。[1]

阶级式分室龙窑主要发现于东江流域的惠州和韩江流域的潮州笔架山窑。惠州窑头山窑位于惠州市东平窑头山。1976年发掘一座斜坡阶级式龙窑,残长4.7米,窑床内宽2.8～3.2米,残高1.6米,倾斜度15°。窑室为砖砌,外加一层耐火土,窑内壁有较厚的窑汗,外壁加砌护窑墙,窑底用黄褐色沙土夯打。该窑结构和潮州笔架山发掘的北宋阶级式龙窑大致相同。[2] 1953～1986年间,在潮州笔架山陆续发掘清理10多座窑,均属长条形斜坡式龙窑,其中位于果子厂后山西面山坡的4号窑址为一座阶级式分室龙窑。窑室残长31.8米,两侧窑壁残高0.05～1.8米,窑床倾斜度17°,窑底系黄褐色沙土混合少量废弃窑具及瓷片夯打而成。窑门、火膛、烟道等破坏严重。每间窑室前后均有砖砌火厢。窑具主要有漏斗形、圆筒形、钵形匣钵,垫座,垫环,渣饼,试片等。装烧方法主要为匣钵正烧,圈足下垫以渣饼或垫环,故底足无釉。盆类器皿采用支钉叠烧法,盆内底常留有一圈5个支钉痕。[3](图4-6)

分室龙窑产生后对福建瓷业产生过一定程度的影响。元代德化屈斗宫窑就曾将窑炉改进为分室龙窑,并利用支圈组合覆烧和匣钵正烧等方法烧造青白瓷。庄边窑址位于莆田县庄边镇洋洋村碗窑垅,在断崖暴露的一条窑址遗迹为分室龙窑,残长10多米,坐西朝东,依山势而建,倾斜坡度

① 曾广亿:《广东瓷窑遗址考古概要》,《江西文物》1991年第4期;熊海堂:《东亚窑业技术发展与交流史研究》,南京大学出版社,1995年,第93页。

② 广东省博物馆等:《广东惠州北宋窑址清理简报》,《文物》1977年第8期。

③ 李辉柄:《广东潮州古瓷窑址调查》,《考古》1979年第5期;黄玉质、杨少祥:《广东潮安笔架山宋代瓷窑》,《考古》1983年第6期;广东省博物馆编:《潮州笔架山宋代窑址发掘报告》,文物出版社,1981年,第1～40页;陈万里:《从几件瓷造像谈到广东潮州窑》,《潮汕考古文集》,汕头大学出版社,1993年,第242～250页;陈历明:《潮州笔架山龙窑探讨》,《潮汕考古文集》,汕头大学出版社,1993年,第251～256页。

20°,窑床宽2.8米,底部铺沙。窑具有漏斗形匣钵、圆形垫饼和束腰形托座。器内有图案装饰的产品多采用一匣一器单件正烧,素瓷则采用涩圈叠烧。庄边窑产品在造型、纹饰与釉色上多仿龙泉窑及同安窑,其中龙泉窑的影响似乎更大。①

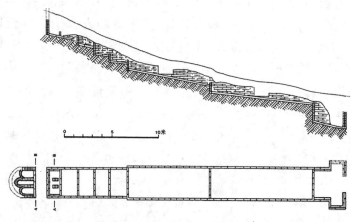

图4-6　潮州笔架山宋代窑址1号窑平面、剖面图②

　　北宋中后期,珠江口瓷业在溯江产业转移的过程中也将分室龙窑技术带到了西江上游。永福县窑田岭窑位于永福县南约2千米的方家寨窑田岭南坡。1979年,广西壮族自治区文物工作队等单位发掘了窑田岭的几座窑址。Y1和Y3均为斜坡式龙窑,Y2叠压于Y4之上,并将Y4原来的斜坡式龙窑改建成长条形分室龙窑。窑田岭窑以烧青瓷为主,兼烧青绿釉和红釉瓷。窑具主要有直筒形匣钵、蘑菇状印模、垫圈、垫环、垫饼等。装烧方法主要为匣钵叠烧,器物间以泥质支钉相间隔,最下层器底用垫饼支托。青釉瓜棱罐,印花折枝牡丹纹、双鱼纹、放射状菊瓣纹碗等物在釉色和纹饰取材方面与广州西村窑的仿耀州窑青瓷十分相似,表明窑田岭窑受广州西村窑影响较大。③

---

① 柯凤梅、陈豪:《福建莆田古窑址》,《考古》1995年第7期;张仲淳:《福建莆田庄边古瓷窑调查》,《福建文博》1987年第2期。

② 采自熊海堂:《东亚窑业技术发展与交流史研究》,南京大学出版社,1995年,第94页。

③ 广西壮族自治区文物工作队:《广西永福窑田岭宋代窑址发掘简报》,《中国古代窑址调查发掘报告集》,文物出版社,1984年,第201~212页;中国硅酸盐学会编:《中国陶瓷史》,文物出版社,1982年,第259页;冯先铭主编:《中国陶瓷》,上海古籍出版社,2001年,第430~431页;广西壮族自治区博物馆编:《广西博物馆古陶瓷精粹》,文物出版社,2002年,第9~11页;蓝日勇:《宋代壮族地区陶瓷业的兴盛及其原因》,《广西民族研究》1997年第1期。

（三）覆烧技法在东南的传播

景德镇湖田窑青白瓷技术在北宋中后期至南宋早期之间传播到了浙南泰顺、乐清、苍南及江山等地，覆烧技法也随之传播到了这里。玉塔窑址群在今泰顺彭溪玉塔附近，有青瓷窑址 3 处，青白瓷窑址 7 处。1978 年发掘了其中两处青白瓷窑址，均为龙窑，其中一窑长 37.4 米，宽 2.3 米，坡度 25°；窑室有 15 道控制窑温的火弄柱。采用覆烧窑具，器多芒口。（图 4－7）窑具有覆烧窑具、垫圈、垫饼等。该青白瓷窑年代约在北宋中后期至南宋早期之间。据浙江陶瓷考古学者研究认为，泰顺玉塔窑是在景德镇湖田窑影响下而兴烧的青白瓷窑，而玉塔窑先进的窑炉技术对于德化屈斗宫窑窑炉技术的改进也起到了某种促进作用。浙南两宋青白瓷窑昙花一现的原因在于，宋元泉州港市的兴起使得德化窑青白瓷在与浙南青白瓷的竞市中处于上风。而且青白瓷在向浙南地区传播的过程中，受到了浙江固有青瓷文化的强烈抵制，龙泉青瓷取代越窑而兴起后，青白瓷在浙江境内被迅速淘汰。①

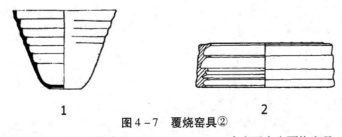

1　　　　　　　　　　　　　　　　2

图 4－7　覆烧窑具②

1. 浙江泰顺玉塔窑覆烧窑具（Y1：2）　　　2. 南安罗东窑覆烧窑具

宋元时期，景德镇青白瓷技术首先影响到闽江上游地区的建瓯、浦城等窑口，再传播至闽江下游和闽南地区，在此过程中景德镇仿定窑的支圈覆烧等技术随之传播到各地。建瓯县小松窑产品有青白瓷、灰白瓷、黑瓷 3 种。装烧方法系匣钵单件正烧。该窑青白瓷技术显然是受到景德镇窑的影响。③ 浦城县大口窑产品以青白釉为大宗，兼有酱釉、青釉及釉下褐彩。窑具主要有支圈、匣

①　王同军：《浙南青白瓷窑与福建曲斗宫窑、江西湖田窑关系初探》，《东南文化》1989 年第 6 期；浙江省考古所、温州文管会：《浙江泰顺玉塔古窑址的调查与发掘》，《考古学集刊》第 1 集，文物出版社，1981 年；王同军：《浙江温州青瓷窑址调查》，《考古》1993 年第 9 期。

②　1 采自浙江省考古所、温州文管会：《浙江泰顺玉塔古窑址的调查与发掘》，《考古学集刊》第 1 集，文物出版社，1981 年，第 222 页；2 采自曾凡：《福建陶瓷考古概论》，福建省地图出版社，2001 年，第 97 页。

③　建瓯县文化馆：《福建建瓯小松宋代窑址调查简报》，《福建文博》1983 年第 1 期。

钵与托座等。青白瓷多采用支圈组合覆烧法,器多芒口。也有匣钵正烧和涩圈托柱叠烧等。该窑曾暴露一条龙窑窑基,坐东北朝西南,依山势而建,长约 36 米,宽约 2 米。该窑始烧于北宋中晚期,说明闽北的窑口由于地域接近较早受到景德镇窑的影响。① 建阳水吉营长墘 Y6 有垫钵、覆烧组合支圈、支座等窑具,该窑叠压打破了烧黑釉盏的营长墘 Y7,其年代约为南宋晚期至元初,说明此时建窑已停烧黑釉而改烧青白瓷了。②

　　闽江下游的青白瓷窑址多是在上游青白瓷对外输出的带动下而兴起的,主要有闽清义窑、连江浦口、闽侯宦溪、周宁磁窑、福鼎南广等。许多窑址是在本地前期青瓷技术基础上而主烧青瓷、兼烧青白瓷,青白瓷的生产技术及工艺往往不及闽北地区。闽侯宦溪窑就是闽江下游一处典型的以青瓷生产为主、兼烧青白瓷的窑址。窑具主要有钵形、漏斗形、碗形等匣钵,垫饼,垫钵,垫圈,支圈等。装烧方法有匣钵正烧、支圈覆烧、托柱垫烧等。该窑址年代约在南宋晚期至元代。③ 闽南青白瓷窑场兴起略晚,入元而全盛。主要窑址有德化盖德碗坪仑、浔中屈斗宫、三班和泉州东门窑,安溪龙门、魁斗以及永春玉斗、南安东田、莆田灵川、同安汀溪、漳浦罗宛井等处。④ 以德化县盖德乡的碗坪仑窑址和浔中屈斗宫窑址为例。北宋晚期至南宋中期,碗坪仑窑址下层产品以纯白釉和青白釉为主。窑具有托盘与托柱组合的塔式窑具、托座、匣钵、支圈、垫圈、垫饼等。装烧方法有塔式窑具装烧、托座叠烧、匣钵正烧及支圈覆烧等。碗坪仑下层青白瓷器的造型、纹样、装饰技法等与景德镇湖田窑极其类似,显然是直接受到了景德镇青白瓷业的影响。而其塔式窑具装烧又具有明显的地方特色。南宋晚期至元初,碗坪仑上层瓷器与前期相比胎釉均略显粗糙,器物风格迥异,二者似无直接关系。新出现军持等专供出口的器形。装烧方法以托座叠烧为主。元代早期至元代晚期,屈斗宫窑产品皆白釉和青白釉。窑炉改进为分室龙窑。窑具有支圈组合窑具、匣钵、垫钵、

　　① 林忠干等:《福建浦城宋元瓷窑考察》,《中国古陶瓷研究》第 2 辑,紫禁城出版社,1988 年。

　　② 厦门大学人类学博物馆:《福建建阳水吉宋建窑发掘简报》,《考古》1964 年第 4 期;福建省博物馆、厦门大学:《福建建阳芦花坪窑址发掘简报》,《中国古代窑址调查发掘报告集》,文物出版社,1984 年,第 137～145 页;叶文程:《"建窑"初探》,《中国古代窑址调查发掘报告集》,文物出版社,1984 年,第 146～154 页;建窑考古队:《福建建阳县水吉北宋建窑遗址发掘简报》,《考古》1990 年第 12 期;建窑考古队:《福建建阳县水吉建窑遗址 1991～1992 年度发掘简报》,《考古》1995 年第 2 期;栗建安:《福建古瓷窑考古概述》,《福建历史文化与博物馆学研究——福建省博物馆成立四十周年纪念文集》,福建教育出版社,1993 年,第 178～179 页。

　　③ 林登翔:《福建闽侯硋油宋代瓷窑调查》,《考古》1963 年第 1 期。

　　④ 栗建安:《福建古瓷窑考古概述》,《福建历史文化与博物馆学研究——福建省博物馆成立四十周年纪念文集》,福建教育出版社 1993 年,第 175～181 页;叶文程、林忠干:《福建陶瓷》,福建人民出版社,1993 年,第 215 页;栗建安:《宋元时期漳州地区的瓷业》,《福建文博》2001 年第 1 期。

托座、垫饼、垫圈等。装烧方法主要为支圈组合覆烧和匣钵正烧,托座叠烧次之。因支圈组合覆烧的广泛采用,芒口碗成为屈斗宫窑的最大宗产品。屈斗宫窑址青白瓷并未完全沿袭碗坪仑下层的造型,反映了社会习俗的变迁及景德镇窑业技术对德化瓷窑的持续影响。[①]

芒口覆烧在岭南地区见于韩江上游的梅县瑶上窑和西江上游的柳城窑。瑶上区宋窑位于梅县市政府北约 2.5 千米的山岗之上,在一些山岗的断面上,可见有数座窑炉。1984 年广东省博物馆等单位在郭屋村后山南坡,发掘了一座长条形龙窑遗迹。该龙窑依山势而建,方向85°,窑顶已塌,窑头、窑尾也均遭破坏,窑室残长 9.8 米,宽 1.8~2.6 米,前窄后宽,残高 0.1~0.4 米。窑床内分上、下两段,两段间有一道下端设 10 个火孔的挡火墙相隔,上段比下段高 0.28 米。窑底铺黄沙,沙内埋有垫座等支烧具。窑具主要有漏斗形匣钵、支圈组合、火照、垫环、垫饼、束腰或圆饼形垫座等。胎质细薄、造型精巧的青白釉印花瓷多采用支圈组合覆烧法烧制,口沿釉被刮去,形成芒口,这一技术明显是受到了宋代江西仿定技术的影响。部分青釉和酱釉壶、炉、碗等器类在造型和釉色上与潮州笔架山窑有相承之处,但与之相比,瑶上窑瓷胎较为粗糙。[②](图 4-8)

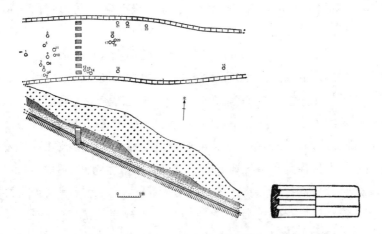

图 4-8 梅县市瑶上区宋窑平面、剖面图及支圈覆烧窑具[③]

① 福建省博物馆:《德化窑》,文物出版社,1990 年;叶文程、林忠干:《福建陶瓷》,福建人民出版社,1993 年,第 206~215 页;栗建安:《福建古瓷窑考古概述》,《福建历史文化与博物馆学研究——福建省博物馆成立四十周年纪念文集》,福建教育出版社,1993 年,第 175~181 页;李辉柄:《关于德化屈斗宫窑的我见》,《文物》1979 年第 5 期;曾凡:《关于德化屈斗宫窑的几个问题》,《文物》1979 年第 5 期;德化古瓷窑址考古发掘队等:《福建德化屈斗宫窑址发掘简报》,《文物》1979 年第 5 期。

② 杨少祥:《广东梅县市唐宋窑址》,《考古》1994 年第 3 期。

③ 采自杨少祥:《广东梅县市唐宋窑址》,《考古》1994 年第 3 期。

柳城窑位于融江及其支流龙江沿岸平缓坡地上,窑址均为斜坡式龙窑。1992年发掘的Y1,残长23.8米,宽约1.8~2米,坡度20°左右,窑室不分级,也无挡火墙等设施。窑具主要有垫柱、垫钵、支圈、垫圈、垫饼、支钉等。装烧方法以托柱叠烧为主,器间以支钉相隔,也有扣口对烧、支圈覆烧等方法。柳城窑址在器型、釉色、纹饰等方面与兴安严关窑十分相似,暗示了二者之间的传承关系。①

四　单色瓷业的鼎盛

宋元是中国瓷业发展史上的繁盛期。此时瓷器应用十分广泛,不仅是老百姓日常生活的必需品,而且是皇宫贵族装点居室的陈设品。为了占领市场,各地瓷窑相互竞争,不断创造新品种。在名窑新品种创烧以后,邻近及各地中小瓷窑纷纷仿造与新品种风格相近的瓷器。随着这些在瓷器烧造工艺、造型、装饰和釉色上相同或相似的窑场范围的扩大,宋代逐渐形成了定窑系、磁州窑系、耀州窑系、钧窑系、龙泉窑系和景德镇青白瓷窑系六大瓷窑体系。其中龙泉窑立足东南,在丽水地区形成庞大的青瓷窑系,还侵吞了原婺州窑和瓯窑的部分区域,并沿瓯江和飞云江流域而下形成以温州港为依托的产业基地。受龙泉窑影响,在福建闽江、晋江、九龙江等地区崛起一大批仿龙泉窑窑口,其中尤以同安窑珠光青瓷最为著名。景德镇在宋元时期被纳入东南瓷业体系之中,其青白瓷技术在赣江、闽江、晋江及岭南、浙南部分地区广泛传播。定窑的芒口覆烧和支圈覆烧技法伴随着景德镇青白瓷技术传播到东南各地。磁州窑白地黑花等瓷种则对江西吉州窑、晋江磁灶窑及金衢盆地和雷州半岛部分瓷窑产生一定影响。耀州窑犀利的刻花在珠江口广州西村窑、西江上游广西永福窑等窑口均能见到踪迹。以金华铁店村窑为代表的部分金衢盆地窑口是宋元东南少见的仿钧瓷窑。建窑和吉州窑的黑釉瓷迎合了宋元饮茶时尚而风靡东南,两窑还分别创烧出鹧鸪斑、油滴、玳瑁、木叶纹、剪纸贴花等新的黑釉品种。因此,宋元东南海洋性瓷业的瓷器品种异常丰富,中原各大名窑均被仿烧,部分瓷种还有所创新,达到了单色瓷业发展的鼎盛阶段。

---

① 广西壮族自治区文物工作队、柳城县文物管理所:《柳城窑址发掘简报》,《广西考古文集》,文物出版社,2004年,第63~79页。

（一）青瓷的形态与纹饰

青瓷分越窑青瓷、龙泉青瓷、仿龙泉青瓷和仿耀州窑青瓷等。北宋早中期越窑胎质细腻,造型轻巧,器形丰富,主要有碗、杯、盘、执壶、粉盒、罐、瓷枕、盏托、砚等,多带细线条划花装饰,纹样有莲瓣、荷花、复线波浪纹、水草鹦鹉、蝴蝶等。北宋晚期,越窑青瓷渐趋粗糙,釉色偏青灰,胎壁厚重,挖足草率;细线划花和刻划花构图简化,多以斜粗刀刻线勾勒轮廓;多明火叠烧,坯件之间以黏土间隔,内底及足缘留有泥圈痕迹。南宋初期,越窑再度短暂兴旺,除传统的青釉产品外,新出现乳浊釉的炉、器座、钟、花盆等陈设瓷及祭器。新出现锯齿状支钉窑具,器底多留有支钉痕。宋元时期福建晋江磁灶窑依然在本地区南朝、隋唐以来的窑业技术基础之上仿烧越窑青瓷,其产品胎质粗疏,胎色灰白,釉色主要有青或青绿,器形主要有军持、瓶、碗、罐、盘、碟、执壶、壶、砚滴、炉、灯盏、注子、薰炉、盆、洗、盒以及雕塑人物等。装饰技法有模印、堆贴、剔刻、刻划、彩绘等。花纹有缠枝花、莲花、折枝花、梅花、菊花、牡丹、凤凰、龙、麒麟、鱼藻、卷云等。（图4-9）

北宋早期龙泉青瓷釉色淡青,胎壁轻薄,形体细巧,胎质白净,器形主要有莲花式碗、执壶、盘等,底部用垫环支烧,常划云纹、水草等纹饰,线条纤细。北宋中晚期,龙泉青瓷胎壁薄匀,胎色淡灰或灰色,釉色青黄,器形多为碗、盘、钵、盆、罐、瓶、执壶等日用器具,器表常刻划团花、菊花、莲瓣、缠枝牡丹及篦划点线和弧线纹等。南宋前期,龙泉青瓷釉色青翠,极少有开片和流釉现象,胎壁稍厚,胎质坚硬紧密,新出现葵口碗、瓶、炉、碟、盒、尊等器形,盛行单面刻划花,以刻花为主,划花次之,篦纹越来越少,纹饰多为云纹、水波纹、蕉叶纹、莲花、荷叶以及鱼、雁等图案。南宋中期以后,龙泉窑吸取了南宋官窑的乳浊釉和多次上釉技术,制造出了薄胎厚釉的梅子青、粉青等品种,各式仿古器、陈设器大量出现;因胎薄釉厚,所以纹饰少见。此时的青瓷产品中有白胎青瓷和黑胎青瓷两种,两者常合窑烧造,其中白胎青瓷占绝大多数。元代龙泉瓷常见的青瓷造型主要有双鱼洗、高足杯、梅瓶、莲花和梅花盏、云龙纹盘、鬲式炉等。花纹装饰再次复兴,主要制法有划、刻、印、贴、镂、堆等,纹样有莲瓣、蕉叶、海涛、龙、凤、鱼等。元代盘、洗等器物的露胎贴花装饰较具特色。[1]（图4-10）

---

[1]　朱伯谦:《龙泉青瓷简史》,《龙泉青瓷研究》,文物出版社,1989年,第1～37页。

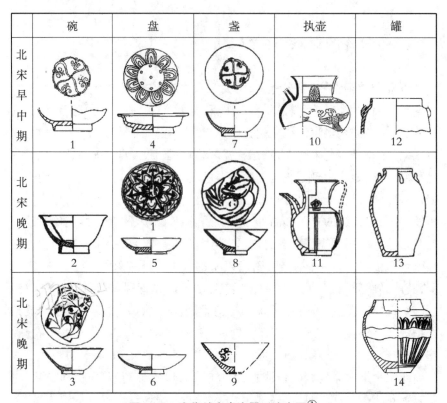

	碗	盘	盏	执壶	罐
北宋早中期	1	4	7	10	12
北宋晚期	2	5	8	11	13
北宋晚期	3	6	9		14

图4-9　宋代越窑青瓷器形演变图[①]

1.碗（上林湖后施岙北宋早期 Y65 出土）　2.花口碗（上林湖栗子山窑址出土）
3.碗（寺龙口越窑 T3①B:58）　4.盘（上林湖后施岙北宋早期 Y65 出土）　5.盘（寺龙口越窑 T3③B:1）　6.盘（寺龙口越窑 T3①B:33）　7.盏（寺龙口越窑 T7⑤B:48）
8.盏（寺龙口越窑 T3②A:24）　9.盏（寺龙口越窑 T7②:67）　10.执壶（绍兴上灶官山越窑出土）　11.执壶（上林湖里杜湖 Y9 出土）　12.罐（上林湖后施岙北宋早期 Y65 出土）　13.四系罐（慈溪里杜湖 Y12 出土）　14.罐（慈溪古银锭湖低岭头窑址出土）

　　福建等地的土龙泉窑多仿烧北宋晚期至南宋初期的龙泉窑产品。其胎厚釉薄，器表以刻花辅以篦点或篦划纹装饰为主，也有仿烧龙泉青瓷的薄胎厚釉者，釉色青绿，类似龙泉窑的粉青和梅子青。但福建等地的仿龙泉青瓷大多胎体厚重，胎质粗糙，挖足草率，施釉多不及底，圈足露胎。广州西村窑和广西永福窑田岭窑所产产品在釉色和纹饰取材方面与耀州窑青瓷十分相似，如青釉印团菊和缠枝菊纹的碗、盏、碟和大盘等，其刻花刀

　　①　1、2、4、10、12、14 采自林士民：《青瓷与越窑》，上海古籍出版社，第 180～191 页；3、5～9 采自浙江省文物考古研究所、北京大学考古文博学院等：《浙江越窑寺龙口窑址发掘简报》，《文物》2001 年第 11 期；11、13 采自谢纯龙：《慈溪里杜湖越窑遗址》，《东南文化》2000 年第 5 期。

法犀利流畅,明显受耀州窑青瓷的影响。(图4-11)

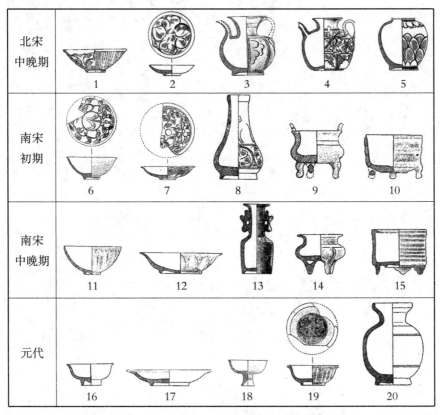

图4-10　宋元龙泉窑青瓷器形演变图①

1.刻划团花碗(龙泉大窑 T10:6)　2.刻划团花盘(龙泉大窑 T10:11)　3.瓜棱腹壶(龙泉大窑 T10:2)　4.刻划缠枝纹壶(龙泉大窑 T10:1)　5.莲瓣纹罐(龙泉大窑 T10:4)　6.刻划莲瓣碗(龙泉大窑 Y4②:6)　7.莲花海涛纹盘(龙泉大窑 Y4②:34)　8.缠枝花瓶(龙泉大窑 Y4②:38)　9.兽头足鬲式炉(龙泉大窑 Y4②:4)　10.弦纹尊式炉(龙泉大窑 Y3 出土)　11.莲瓣碗(龙泉大窑 Y2②:22)　12.莲瓣盘(龙泉大窑 Y3③:14)　13.凤耳瓶(龙泉大窑 Y2②:26)　14.鬲式炉(龙泉大窑 Y3③:16)　15.弦纹尊式炉(龙泉大窑 Y2①出土)　16.杯(龙泉大窑 T13 出土)　17.宽沿盘(龙泉大窑 Y6 出土)　18.高足杯(龙泉大窑 T13 出土)　19.双鱼洗(龙泉大窑 Y9③:7)　20.盘口罐(龙泉大窑 T7③:1)

① 1~20 均采自朱伯谦:《龙泉大窑古瓷窑遗址发掘报告》,《龙泉青瓷研究》,文物出版社,1989 年,第48~63 页。

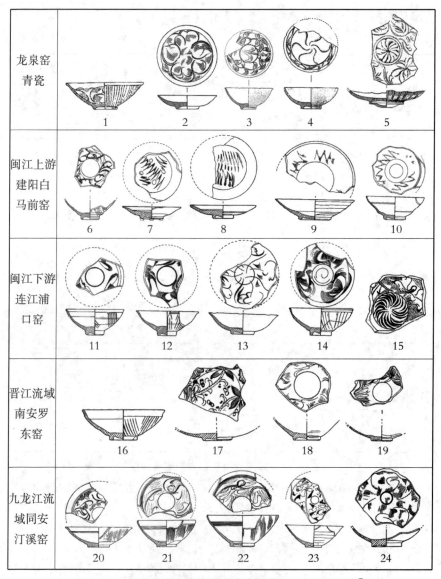

图4-11　福建仿龙泉青瓷与龙泉青瓷器形、纹饰对比图①

1. 刻划团花纹碗（龙泉大窑 T10:6）　2. 刻划团花纹盘（龙泉大窑 T10:11）
3. 刻划莲花碗（龙泉大窑 T10:2）　4. 刻花纹盅（龙泉大窑 Y4②:2）　5. 缠枝莲花盘
（龙泉大窑 Y2②）　6、9~16、18~24. 篦划纹碗　7、8、17. 盘

① 1~5采自朱伯谦:《龙泉大窑古瓷窑遗址发掘报告》,《龙泉青瓷研究》,文物出版社,1989年,第48~55页;6~24采自曾凡:《福建陶瓷考古概论》,福建省地图出版社,2001年,第89~108页。

（二）青白瓷的形态与花纹

青白瓷又称为"影青瓷"，是一种釉色介于青、白之间的瓷器。宋代景德镇瓷工利用当地优质的瓷土烧造出了色质如玉的青白瓷后，这种胎体轻薄、釉质润洁如玉的瓷器迅速风靡大江南北，深受时人喜爱。众多瓷窑争相仿烧，除了江西的一些窑口外，东南地区青白瓷窑主要分布在福建的闽江流域上、下游，晋江流域，浙南的泰顺、苍南等地，广东的西江、东江及韩江流域以及广西的桂东南地区等。

宋代，景德镇青白瓷胎质细腻洁白，胎体轻盈精巧，釉质润洁如玉，器形主要有高圈足碗、盘、盏、碟、瓜棱壶、梅瓶、花口瓜棱腹瓶、钵、盂、罐、香薰、粉盒、仓、皈依瓶和瓷塑等。北宋早期景德镇青白瓷多光素无纹饰，以轻巧的造型和如玉的釉色取胜，中期以后，刻花、篦点及篦划纹饰大量出现，中晚期以后盘等器物多芒口。南宋以后，印花装饰大为盛行，纹饰由北宋简朴的装饰变为繁褥而不乱的多层纹样，主要有缠枝莲、菊花、婴戏、鸳鸯、游鱼、雁鸭等。元代景德镇青白瓷造型古朴浑拙，以大瓶、大罐、大盘和大碗为多，也有部分胎质细腻、体薄透光的精瓷，器形主要有荷叶盖罐、梅瓶、玉壶春瓶、皈依瓶、双耳瓶、执壶、碗、高足杯、匜等，装饰技法以印花为主，划花次之，纹样主要有折枝牡丹、梅花、菊花、蕉叶、变体莲瓣、云头、云龙等，画面较南宋简洁、疏朗。[1]（图 4 – 12）

由于地域较近，闽江上游的青白瓷窑受景德镇影响较早也较深，其胎质坚致细洁，造型轻盈秀丽，胎色较白，釉色青中闪白或青白偏灰，造型、纹饰等也多仿自景德镇窑。如 1955 年发现的光泽茅店窑胎质洁白细腻，釉色莹润，器形主要有碗、盘、碟、盏等，装饰技法多为印花，纹样主要有精美的鱼藻、飞凤、云头、蝴蝶、芦苇等。

闽江下游的青白瓷窑址以闽清义窑面积最大，其青白瓷的生产及工艺技术往往不及闽北地区，造型与纹饰也多与本地前期青瓷雷同。如闽清义窑青白瓷碗外常划莲花纹，碗内则有各种不同的划花和篦梳纹，而这些纹饰原本常见于东南龙泉和仿龙泉窑系青瓷之上，说明闽江下游的部分窑址是在本地原有青瓷技术基础之上改烧青白瓷的。[2]

① 余家栋：《江西陶瓷史》，河南大学出版社，1997 年，第 344～352 页。
② 曾凡：《福建陶瓷考古概论》，福建省地图出版社，2001 年，第 174～175 页。

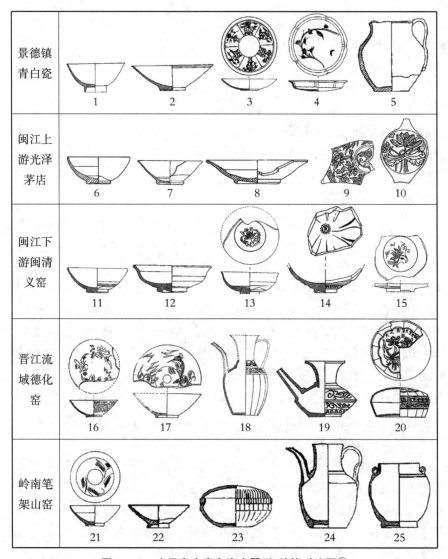

图 4 – 12　宋元东南青白瓷窑器形、纹饰对比图①

1. 碗（景德镇湖田窑 H 区龙头山采 :012）　2. 盏（景德镇湖田窑 H 区 T12⑤:5）
3. 开光碗（景德镇湖田窑 H 区 H1:2）　4. 花口盘（景德镇湖田窑 H 区 H1:5）　5. 壶
（景德镇湖田窑 H 区 T12⑤:3）　6. 碗（光泽茅店窑）　7. 盏（光泽茅店窑）　8. 盘（光
泽茅店窑）　9. 芦雁衔草纹盘残片（光泽茅店窑）　10. 荷花纹盘残片（光泽茅店窑）
11. 碗（闽清义窑上武坪窑址）　12. 折腹盘（闽清义窑上武坪窑址）　13. 卷草纹碗（闽

──────────

①　1~5 采自江西省文物考古研究所、景德镇湖田窑陈列馆:《江西湖田窑址 H 区发掘简
报》,《考古》2000 年第 12 期;6~15 采自曾凡:《福建陶瓷考古概论》,福建省地图出版社,2001 年,
第 117~129 页;16~20 采自福建省博物馆:《德化窑》,文物出版社,1990 年,第 14~35、88 页;
21~25 采自黄玉质、杨少祥:《广东潮州笔架山宋代瓷窑》,《考古》1983 年第 6 期。

清义窑上武坪窑址）　14."寿"字纹碗（闽清义窑上武坪窑址）　15.卷草纹碟（闽清义窑上武坪窑址）　16.草叶纹碗（德化碗坪仑窑标本532）　17.雷电纹和卷草纹碗（德化碗坪仑窑标本594）　18.执壶（德化碗坪仑窑标本1601）　19.军持（德化浔中屈斗宫窑标本44）　20.盒（德化碗坪仑窑标本1585）　21.碗（潮州笔架山窑）　22.盏（潮州笔架山窑）　23.盒（潮州笔架山窑）　24.执壶（潮州笔架山窑）　25.四系罐（潮州笔架山窑）

　　闽南青白瓷窑场兴起略晚,大约在北宋晚期至南宋中期,入元而全盛,其青白瓷造型、纹样、装饰技法等与景德镇湖田窑极其类似,显然是直接受了景德镇青白瓷业的影响。如德化碗坪仑窑下层属于北宋晚期至南宋中期,产品以纯白釉和青白釉为主,胎质坚硬细致,胎体轻薄,胎色较白,釉层匀薄,釉面晶莹润泽。器形主要有碗、盘、钵、碟、执壶、盒、瓶、炉、洗等。装饰技法有刻划与模印两种,刻划纹样主要有卷草、篦点、莲瓣、牡丹等,印花纹样有莲花、牡丹、菊花、缠枝、卷草、芦雁、游鱼等。这些造型和纹样均可在景德镇湖田窑中找到原型,说明两地可能有着直接的窑业技术交流。①

　　浙南泰顺、苍南等地的青白瓷窑存在于北宋中后期至南宋早期。其青白瓷胎质坚硬匀薄,胎色灰白,釉面纯洁晶莹,器形主要有碗、盘、碟、盏、罐、壶、瓶、灯盏、水盂等。以素面为多,纹样与同时期的青瓷纹饰颇为相似,少量内壁饰篦梳纹,外壁刻数组斜直线纹纹饰或莲瓣纹。②

　　北宋,岭南青白瓷胎质纯净细密,胎色灰白,釉色白中偏淡青,釉面光润,多数开细冰裂纹片,器形主要有碗、盘、壶、盆、罐、盂、盏托、杯、炉、瓶及瓷塑等。装饰手法以划花为主,雕刻和镂孔次之,印花少见,纹样主要有弦纹、卷草、平行斜线、篦纹、水波、云龙、莲瓣等。南宋岭南青白瓷胎质洁白细腻,造型更为轻盈精致,多仿瓜果形状,装饰技法以印花为主,还有刻花、划花等,纹样主要有缠枝菊、缠枝莲、折枝牡丹、婴戏、飞禽、束莲、摩羯等纹。元代,岭南瓷业步入低潮,青白瓷胎质粗糙,体型厚重,釉面多开细片,施釉多不及底,器多素面,少量装饰也是以印花为主。

　　①　福建省博物馆:《德化窑》,文物出版社,1990年;叶文程、林忠干:《福建陶瓷》,福建人民出版社1993年,第206～215页;栗建安:《福建古瓷窑考古概述》,《福建历史文化与博物馆学研究——福建省博物馆成立四十周年纪念文集》,福建教育出版社,1993年,第175～181页;李辉柄:《关于德化屈斗宫窑的我见》,《文物》1979年第5期;曾凡:《关于德化屈斗宫窑的几个问题》,《文物》1979年第5期;德化古瓷窑址考古发掘队等:《福建德化屈斗宫窑址发掘简报》,《文物》1979年第5期。

　　②　王同军:《浙江温州青瓷窑址调查》,《考古》1993年第9期。

（三）建窑和吉州窑系黑釉瓷的形态

宋代,在斗茶习俗的推动下,建窑黑盏以宜茶而备受茶家珍爱,社会需求量巨大。福建的闽江上游及闽江口,江西的赣江流域,浙江的瓯江流域、金衢盆地,广东的珠江口、东江、韩江等地各窑口均兼烧黑釉瓷。黑釉能掩盖胎质、胎色之不足,各地瓷窑在烧青瓷和青白瓷的同时,常将下脚料等粗坯用以制作黑瓷。

建窑黑瓷创烧于五代晚期至北宋初期,早期建窑黑盏均直口微敛,直折腹,内底心稍隆起,矮圈足。其胎色灰黑,釉色有浅黑、酱黑等色,外壁施釉不及底,底足露胎。北宋建窑黑瓷胎质粗糙,胎色灰黑,釉层较厚,釉水下流导致口沿釉层较薄而近底处出现聚釉现象,釉色滋润莹亮,有的釉面有兔毫斑纹。器型主要有敞口碗、敛口碗、高足杯等。北宋晚期至南宋初期,建窑黑瓷的器型增多,有束口、撇口、敛口和盅式等各类碗及钵、灯盏等,纹饰除兔毫外,还有羽斑状、手指印、瓜皮纹的黄褐色彩斑。南宋中晚期,建窑黑瓷渐趋衰落,器型单一,窑址所出物皆为黑釉碗,以小圆碗为大宗,撇口、束口碗次之。南宋晚期至元初建窑不再烧造黑釉瓷,而改烧青白瓷。

闽江上游的建瓯小松窑、南平茶洋窑和武夷山遇林亭窑均是仿烧建盏颇为著名的窑口。其中建瓯小松窑黑瓷与建窑黑瓷十分相似,器形以碗为主,兼有罐、碟、炉、壶等,釉色乌黑光亮,腹下部流釉厚挂现象普遍,部分黑瓷表面呈现兔毫状窑变花纹。茶洋窑黑瓷器形主要有碗、碟、高足杯、壶、盏托等,部分黑瓷表面有兔毫纹,其中庵后山窑址出土的黑釉深腹碗可能就是东传日本的著名的"灰被天目"茶碗。① 遇林亭窑黑釉瓷胎色浅灰或灰白,釉层较薄,釉色蓝黑或酱黑,器型以束口碗、撇口碗为大宗,其他还有盘、碟、灯盏、罐、钵形器等,少量釉面有金银彩绘痕迹。② 这些窑口虽然在器型和釉色上与建窑十分相似,但是胎色多偏灰白。(图 4 – 13)

闽江下游、赣江流域、瓯江流域、金衢盆地、岭南地区等地的仿建窑口,多是将原来的青瓷坯胎涂上黑釉后直接入窑烧造,因此其胎体较建盏细腻

---

① 福建省博物馆、南平市文化馆:《福建南平宋元窑址调查简报》,《福建文博》1983 年第 1 期;傅宋良、林元平:《中国古陶瓷标本——福建汀溪窑》,岭南美术出版社,2002 年,第 9 ~ 22 页;叶文程、林忠干:《福建陶瓷》,福建人民出版社,1993 年,第 222 页;林忠干、张文鉴:《同安窑系青瓷的初步研究》,《东南文化》1990 年第 5 期。

② 福建省博物馆:《武夷山遇林亭窑址发掘报告》,《福建文博》2000 年第 2 期。

白净,釉色也不似建盏那样黑亮如漆,而多呈褐色或黄褐色,瓷器造型也多与当地青瓷相似。其中也不乏精品,如福清石坑窑黑瓷釉色乌黑发亮,称为"乌金釉",部分釉面有兔毫纹。①

吉州窑黑瓷大量生产于南宋时期,器形以碗为大宗,碗多敛口和敞口两类,胎体由口及底渐厚,其碗足切削方式与建窑黑瓷明显不同,多在圈足的外壁上端有一道或深或浅、指向边壁的切痕。施釉多采用洒釉或吹釉的方法,釉层极薄且匀,与建窑浸釉法所导致的釉层极厚区别明显。吉州窑黑瓷碗表面装饰异常丰富,除素黑外还有兔毫纹、虎皮斑、彩绘、剪纸贴花、鹧鸪斑、木叶纹、油滴、玳瑁斑、彩书文字等。②(图4-13)

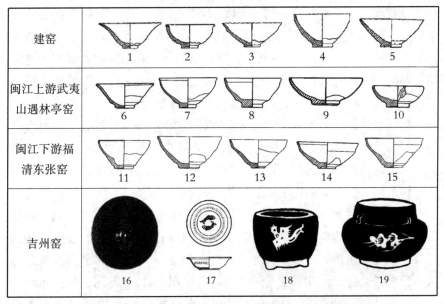

图4-13 宋元建窑、吉州窑及各地仿烧窑址器形对比图③

1.撇口盏(建阳水吉窑) 2、4.敛口盏(建阳水吉窑) 3、5.敞口盏(建阳水吉窑) 6.撇口盏(武夷山遇林亭窑) 7、8.束口盏(武夷山遇林亭窑) 9、10.敛口碗(武夷山遇林亭窑) 11.敛口盏(福清东张窑) 12.撇口盏(福清东张窑) 13、15.折腹盏(福清东张窑) 14.束口盏(福清东张窑) 16.乌金釉木叶纹盏(吉州窑) 17.双鱼洗(吉州永和窑门岭窑) 18.剪纸凤纹炉(吉州窑) 19.剪纸梅花纹罐(吉州窑)

① 曾凡:《福建陶瓷考古概论》,福建省地图出版社,2001年,第171页。
② 邓宏文:《吉州窑和建窑黑瓷的研究》,《湖南考古辑刊》第7辑,求索杂志社,1999年。
③ 1~5采自建阳县文化馆:《福建建阳古瓷窑址调查简报》,《考古》1984年第7期;6~15采自曾凡:《福建陶瓷考古概论》,福建省地图出版社,2001年,第114~116页;16采自张文朴:《中国古代陶瓷》,北京科学技术出版社,1995年,第71页;17采自余家栋:《江西陶瓷史》,河南大学出版社,1997年,第244页;18、19采自刘品三:《吉州窑瓷器的剪纸纹样》,《南方文物》1997年第1期。

（四）其他窑系的文化内涵

釉下褐彩是磁州窑瓷器的常用装饰方法。在衢县两弓塘窑、闽南晋江磁灶窑、闽北浦城大口窑和南平茶洋窑、广州西村窑、雷州半岛等地，均有见这种在胚胎上彩绘铁锈褐色花纹后再罩以青釉或黄釉的瓷器。衢县两弓塘元代窑址绘彩瓷器形主要有盆、罐、瓶、钵、壶、盘、器盖和腰鼓等。主要绘画手法有笔绘、平涂剔划花、划花填彩、平涂、勾绘、划花勾绘等，纹样有牡丹、忍冬、鱼、文字、荷花等。图案一般绘于盆盘类器物的内腹与底部和钵、罐、壶、瓶、花盆、鼓、炉等器物的外壁。① 磁灶窑釉下彩系在胚胎上彩绘铁锈褐色花纹后，再罩以青釉或黄釉，有的在绘制前先敷一层白色化妆土，不少瓷盆内题写诗句或书铭。雷州半岛釉下褐彩瓷有着鲜明的地方特色，如不施化妆土，纹样多为南方常见的菊花和荷花，人物多穿长裙短套，盘着各种发式，手中握蛇翩翩起舞等南方俚族特色等。

仿钧窑址在金衢盆地和西江上游有一定的分布。金衢盆地的典型仿钧窑址为金华铁窑，其器形主要有花盆、三足鼓钉洗、鬲式炉、盂、灯台、灯盏、贯耳瓶、高足杯、鼓钉罐等。陈设器胎骨多厚重，碗、盂等日用生活用具胎壁较薄，胎色普遍呈深紫或深灰色，釉色多为天青，少量呈月白色乳浊釉。大部分产品素面光洁，仅有少量花口、模印兽头足、鼓钉纹、划纹、弦纹等装饰。铁店村仿钧瓷技术在金衢盆地范围内有一定的传播，在衢县的大川乡、湖南乡、白坞口乡等元代窑址中也发现了一定数量的窑变天蓝色或蓝紫色釉瓷。位于桂北兴安县的严关窑也发现有月白、墨绿、兔毫、玳瑁等窑变釉。金华铁店等窑口的仿钧瓷产品在韩国新安元代沉船之上曾有发现。

绿釉瓷器在江西吉州窑和晋江磁灶窑均有发现。吉州窑绿釉瓷器多属南宋至元代产品，器型以腰圆形瓷枕为多，枕面刻划蕉叶纹样，有的枕底面压印"舒家记"款。② 磁灶窑绿釉器多系淋色釉二次焙烧而成，常见"返银"现象，锈色深入釉层。

---

① 浙江省文物考古研究所、衢县文物管理委员会：《衢县两弓塘绘彩瓷窑》，《浙江省文物考古研究所学刊——建所十周年纪念（1980～1990）》，科学出版社，1993年，第275～286页。
② 余家栋：《江西陶瓷史》，河南大学出版社，1997年，第237页。

第三节　大航海时代的陶瓷贸易体系

一　广、泉、明三大港市的壮大

宋元时期中央王朝的海洋开放政策,催发了东南沿海港市经济生机,广州、泉州、明州等中心港市的地位进一步加强,并逐步迈进当时世界最大港市的行列,外围港湾业迅速扩张,带动了腹地海洋社会经济的蓬勃发展,也成为东南瓷业走向海洋世界的重要枢纽。

宋代,杭州"户口蕃息,近百万家",是一座极度繁华的消费型大都市。宋代词人柳永的《望海潮》为我们描述了它的繁华景象:"东南形胜,三吴都会,钱塘自古繁华。烟柳画桥,风帘翠幕,参差十万人家。"阜盛的人口、发达的商业以及奢侈的消费吸引了众多满载奇珍异物、香料珠宝的海舶"往来聚散乎"其中,海外贸易兴旺一时。宋太宗太平兴国三年(978),设两浙市舶司于杭州。北宋中后期,钱塘江潮屡次肆虐,江道梗塞,加之运河淤塞也日益严重,杭州的港口通航条件日渐恶化,其港市职能最终被明州和澉浦所分担。①南宋,作为国都的杭州更是不能任由外国海舶随意出入,作为杭州港外港的澉浦开始全权接纳来杭海舶。因此宋元时期,杭州市舶司的设置有数次废立。元至元三十年(1293),位于杭州湾北岛的澉浦正式设立市舶司,杭州港市衰落。

宁波在南宋初依然延称"明州",南宋绍熙五年(1194)才改称"庆元",元代因之。自8世纪后半期开辟了横渡东海直航日本的南路北线后,宁波就一直是对航日本、高丽的主要口岸。日本、高丽使者来华多从明州上岸,宋人赴日本、高丽也多至"四明放洋而去"②。《乾道四明图经》如此评价明

---

① 吴振华编著:《杭州古港史》,人民交通出版社,1989 年,第 97~113 页。
② (宋)蔡絛:《铁围山丛谈》卷四,中华书局,1983 年,第 66 页。

州港:"明之为州,实越之东郊,观舆地图则偏在一隅,虽非都会,乃海道辐辏之地。故南则闽广,东则倭人,北则高句丽,商船往来,物货丰衍,东出定海,有蛟门虎蹲天设之险,亦东南之要会也。"①杭州商业发达,但港口条件不如明州,宋政府在选择两浙市舶司的治所上摇摆不定。宋太宗淳化三年(992),两浙市舶司由杭州移至明州定海,次年又移回杭州。咸平二年(999),始于杭州和明州两地分设市舶司,听凭海商自由选择征榷点。元丰三年(1080),去日本、高丽的唯一合法港限定在明州,"诸非广州市舶司辄发过南蕃纲舶,非明州市舶司而发过日本、高丽者,以违制论"②。1984年,宁波市在调查海交史文物史迹时发现的三块刻石佐证了浙闽船商以宁波为中心往来中日间并寄居日本的历史事实,其中一块碑文记曰:"建州普城县寄日本国孝男张公意,舍钱十贯,明州礼拜路一丈。公德荐亡考张六郎、妣黄氏三娘,超升佛界者。"③"普城"应当就是今之闽北浦城。寄居日本的福建浦城人张公意在宁波捐资修路,说明宋代福建海商多是从宁波东渡日本的。南宋初年,明州曾遭金兵洗劫,海外贸易一度受到严重破坏。不久,明州又恢复了往日繁荣的景象,"万里之舶,五方之贾,南金大贝,委积市肆,不可数知"④。元代,宁波是重要的商港和军港,元军数次远征日本均由此港出发。元世祖至元三十年(1293),正式裁撤杭州市舶司并入庆元市舶司,不再屈于杭州港阴影之下的宁波获得较大发展。另一方面,杭州市舶司的裁撤,表明杭州湾沿岸港市经济的总体衰落,随着浙南温州及福建泉州港的崛起,浙江海洋性瓷业中心向浙南转移。1975和1978年,宁波市文物管理委员会相继在和义路和东门口发现码头遗迹,林士民等将其分为六期,其中属于宋元时期的有第四至六期。第四期为五代晚期到北宋早期,包括和义路遗址第二文化层,瓷器主要产于上林湖、东钱湖和上虞窑寺前等窑区,晚唐长沙窑瓷器不见于此期,新增龙泉、婺州等窑瓷器,器型轻盈端雅,圈足外撇,釉色青绿莹润,器表刻、划、雕、印等装饰日渐增多。第五期为南宋后期,包括东门口码头遗址第三文化层,瓷器主要来自浙南龙泉金村、大窑等地,器形有碗、盘、洗、罐、瓶和鬲式炉等,釉层丰厚莹润,釉色呈粉青、梅子青等色,器表刻、划花等纹饰少见。第六期为元代中期,

---

① (宋)张津等撰:《乾道四明图经》卷一"分野",台湾成文出版社有限公司,1983年。

② (宋)苏轼:《东坡全集》卷五十八"乞禁商旅过外国状",载《景印文渊阁四库全书》第1107册,台湾商务印书馆,1986年,第818页。

③ 林士民:《铜镜、青瓷、刻石——浙东居民迁移东瀛之研究三题》,《东方博物》第13辑,浙江大学出版社,2004年。

④ (宋)陆游:《渭南文集》卷十九"明州育王山买田记",载《景印文渊阁四库全书》第1163册,台湾商务印书馆,1986年,第451~452页。

瓷器也主要产自浙南龙泉窑,器形中陈设瓷增多,有碗、洗、盘、杯、瓶、奁式炉、盅、荷叶盖罐等,器表的贴花、印花、浅雕等装饰渐多。① 和义路、东门口的发现表明宁波在唐五代和北宋是越窑等瓷器的主要输出港,在南宋和元代对龙泉窑瓷器的对外舶出也起到了重要作用。

温州地处浙南瓯江入海口,地近闽地。秦汉之际为东瓯所都之地,三国时为吴国重要的造船基地。宋元时,温州也曾设置过隶属于两浙市舶司的市舶务等机构,但时间都不长。瓯江沿江植被茂盛,森林资源丰富,作为庆元的附属港,温州也主要以造船、木材输出和烧瓷而闻名。宋元温州港的主要贸易对象为日本和高丽,"盖倭船自离其国渡海而来,或未到庆元之前,预先过温、台之境,摆泊海涯,富豪之民公然与之交易。倭所酷好者,铜钱而止,海上民户所贪嗜者,倭船多有珍奇"②。宋元时期也有较多日本僧人来到温州,徐照《题江心寺》《移家雁池》等诗就有"两寺今为一,僧多外国人","夜来游岳梦,重见日东人"等语句。这些日本僧人对建窑曜变天目、油滴等黑盏在日本的流行可能起到了一定的作用。宋元龙泉窑产品主要从温州港舶出,龙泉窑从瓯江上游的龙泉沿瓯江流域和飞云江流域向下,分别形成了云和、丽水、永嘉及泰顺、文成、苍南等两条龙泉窑系外销瓷生产的系列基地。

宋元时期,福建"地狭人稠,为生艰难,非他处可比",③其"民间所需的织帛等,皆资于吴航所至",而"福、兴、漳、泉四郡,全靠广米以给民食"。④在这种背景下,福建海商崛起,南北"工商兴贩,以乐其利"。"七闽之冠"的福州,"工商之饶,利尽山海",亦是"百货随潮船入市"的重要沿海贸易港口。福建海商多将闽江腹地包括陶瓷在内的经济产品转运至明州或泉州,然后放洋而去,如闽商柳悦、黄师舜等"世从本州(指明州)给凭,贾贩高丽"⑤。元代福州港海外贸易依然繁荣,意大利人马可·波罗曾说,"此

---

① 宁波市文物考古研究所:《浙江宁波和义路遗址发掘报告》,《东方博物》第 1 辑,杭州大学出版社,1997 年;林士民:《浙江宁波市出土一批唐代瓷器》,《文物》1976 年第 7 期;林士民:《宁波东门口码头遗址发掘报告》,《浙江省文物考古所学刊》,文物出版社,1982 年,第 105 页;林士民:《青瓷和越窑》,上海古籍出版社,1999 年,第 301~305 页;虞浩旭:《从宁波出土长沙窑瓷器看唐时明州港的腹地》,《景德镇陶瓷》1996 年第 2 期。

② (宋)包恢:《敝帚稿略》卷一"禁铜钱申省状",载《景印文渊阁四库全书》第1178 册,台湾商务印书馆,1986 年,第 713 页。

③ (宋)廖刚撰:《高峰集》卷一"投省论和买银扎子",海峡文艺出版社,1999 年,第 17 页。

④ (宋)真德秀:《西山真文忠公文集》卷十五"申尚书省乞措置收捕海盗",载《四部丛刊》第 208 册,上海书店,1989 年。

⑤ (明)杨士奇等撰:《历代名臣奏议》卷三百四十八"四裔",载《景印文渊阁四库全书》第442 册,台湾商务印书馆,1986 年,第 702 页。

城为工商辐辏之所","制糖甚多,而珍珠宝石之交易甚大,盖有印度船舶数艘常载不少贵重货物而来也"。①

宋初,泉州与广州、交州、两浙同为通番贸易港口,但其地位尚不及广州、明州等港。② 北宋中期,广州市舶司官员巧取豪夺,海舶、番商纷纷避至泉州。随着闽商的崛起,加之泉州港航道深邃、港湾曲折的天然良港条件以及处于东海和南海两大贸易圈的航路交汇点等地利之便,泉州港迅速崛起。宋元祐二年(1087),泉州市舶司设立后,其海外贸易发展的速度迅速加快,不久就超过明州而与广州并驾齐驱。南宋迁都杭州后,离首都较近的泉州获得了更大的发展。建炎初(1127),宋皇室南外宗正司迁至泉州,皇室人员奢靡的消费增加了泉州南海香料进口的份额。从南宋中叶开始,泉州的海外贸易已渐渐超过广州。③ 南宋末,由广州移至泉州的蒲氏家族中"总管海舶,擅蕃舶到利者三十年"的蒲寿庚被起用为泉州提举市舶司。他招徕番商,发展市舶,一时间海舶云集而至,泉州海外交通贸易出现极度兴盛的局面。④ 宋末,蒲寿庚举城降元,使得泉州港免于战火。相对于宋末遭遇军民殊死抵抗的广州,元政府对泉州港予以特别重视,重用"素主市舶"的蒲寿庚。蒲氏则利用家族在海商中的影响积极发展海外贸易,使得元代泉州港成为中国第一大港。时人赞曰:"泉,七闽之都会也。番货远物,异宝珍玩之渊薮,殊方别域,富商巨贾之窟宅,号为天下最。"⑤元代意大利旅行家马可·波罗(Marco Polo)称"刺桐(泉州)是世界上最大的港口之一,大批商人云集这里,货物堆积如山"⑥。与泉州港的宋元崛起相对应,海洋性瓷业在东南的中心分布区已由隋唐五代的浙东上林湖地区而向浙南、福建等地转移。

入宋之后,广州依然是最重要的对外贸易港口。北宋开宝四年(971),宋军占领广州之后旋即设置市舶司机构,"命同知广州潘美、尹崇珂并充市舶使",以"掌市易南蕃诸国物货航舶而至者"⑦。然而广州市舶官员渔侵舶商,"海舶久不至","驿路荒远,室庐稀疏,往来无所芘"。经过整饬吏治后,

① 冯承钧译:《马可·波罗行纪》第一百五十五章"福州之名贵",东方出版社,2007年,第422页。

② 孙光圻:《中国古代航海史》,海洋出版社,1989年,第472页。

③ 王冠倬:《中国古船图谱》,生活·读书·新知三联书店,2000年,第161页。

④ 李东华:《泉州与我国中古的海上交通》,台湾学生书局,1986年,第1页。

⑤ (元)吴澄:《吴文正公集》卷二十八"送姜曼卿赴泉州路录事序",载《景印文渊阁四库全书》第1197册,台湾商务印书馆,1986年,第299页。

⑥ 陈开俊等合译:《马可·波罗游记》,福建科学技术出版社,1981年,第192页。

⑦ (清)徐松:《宋会要辑稿》"职官"四四之一,中华书局,1957年,第3364页。

北宋末年广州港又现一片繁荣景象，"崇宁初，三路(粤、闽、浙)各置提举市舶官，三方唯广最盛"①。南宋初年，广州依然为国内最大的对外贸易港，"收课入倍于他路"②。南宋孝宗乾道(1165~1173)以后，泉州港的发展日益加快，而广州的地位则有所下降，"大贾自占城、真腊、三佛齐、阇婆涉海而至，岁数十柁"③。宋末元初的战争使广州船舶被毁，番商不至，港市凋零，对外贸易陷入停顿。元初，广州重建市舶司，海外贸易迅速恢复，一时间中外商贾云集，珠宝珍奇、香料异物堆积如山。摩洛哥大旅行家依宾·拔都他(Ibn Bat-uteh)在其游记中称，"秦克兰城(即广州)者，世界大城市之一也"，"市场优美，为世界各大城市所不能及。其间最大者莫过于陶器场。由此，商人转运磁器至中国各省及印度、也门"。④ 广东瓷业在北宋时期达到了顶峰，这与其港市发展大体同步。南宋时期，随着泉州港市的崛起和广州港的相对衰落，广东窑场逐渐萎缩，其销售市场多被福建瓷器所占领。北宋盛极一时的韩江流域笔架山窑、东江流域惠州窑头山窑、珠江三角洲广州西村窑等大窑场此时均已衰落，不少瓷窑停烧或规模缩小。原来聚集于韩江和东江下游以窑业为生的窑工溯江而上，在各流域的中上游地区设窑烧瓷，窑场也随之由州治、府治所在地向内陆城镇转移。⑤

二　四洋通番航路网络上的陶瓷输出

随着宋元大航海时代的到来，东南船家的海洋世界视野大为开阔，远洋帆船经南海越洋航行于印度洋的两岸，汉唐时期的"四海"航路，逐步为以东南沿海为中心的"四洋"通蕃航路网络所取代。宋元以来，"海"的概念逐步为"洋"所取代。元陈大震《大德南海志》进一步将海南诸国细分为小东洋、大东洋、小西洋、西洋等区域。东西洋的划分是以马六甲海峡为界，马六甲海峡以东为东洋，以西为西洋。其中东洋又以渤泥(今加里曼丹岛西岸坤甸Pontianak)为界，其东为大东洋，以西为小东洋；西洋以印度半岛南端的故临(今印度西岸南端奎隆 Quilon)为界，其西的阿拉伯海、红海、东非沿海等称

---

① (宋)朱彧：《萍洲可谈》卷二，载《景印文渊阁四库全书》第 1038 册，台湾商务印书馆，1986年，第 288 页。
② (清)徐松：《宋会要辑稿》"职官"四四之十四，中华书局，1957 年，第 3370 页。
③ (宋)洪适：《师吴堂记》，《盘洲文集》卷三十，北京图书馆出版社，2004 年。
④ 张星烺：《拔都他游历中国记》，《中西交通史料汇编》第 2 册，中华书局，1977 年，第 79 页。
⑤ 黄慧怡：《广东唐宋制瓷手工业遗存分期研究》，《东南文化》2004 年第 5 期。

"西洋"或"大西洋",其东的孟加拉湾称"小西洋"。① 东南沿海的越窑、龙泉窑和仿龙泉窑青瓷,建窑黑釉瓷,景德镇的青白瓷等代表性的海洋性贸易陶瓷,沿着西洋航路网络广泛、大量地输出到环中国海及印度洋两岸。

936 年,高丽先后灭掉新罗与百济,统一朝鲜半岛。北宋中期,为共同对付辽国,宋王室与高丽互通使者,并通过海路互易有无。北宋熙宁(1068~1077)以前,对朝航线多为北路航线,即由山东登州或密州板桥镇出发,向东横渡黄海,直抵朝鲜半岛西海岸。北路航线航程甚短,顺风一宿便达,宋人亦认为"至登、密州,问知得二处海道并可发船至高丽,比明州实近便"②。熙宁以后,北路航线濒临辽境,商船时为辽舰袭掠,故改为从明州、泉州等江南港口出发。《宋史·高丽传》载:"往时高丽人往反皆自登州,(熙宁)七年遣其臣金良鉴来言,欲远契丹,乞改涂由明州诣阙。"③船只自明州等江南港口沿岸北行至江苏连云港附近海面后不再北上,而是直接东渡黄海抵达朝鲜半岛南侧岛屿,再逐岛航行至朝鲜西海岸。这条航线就是宋代中国与高丽间的南路航线,其航程远较登州、密州赴高丽为远。北宋宣和五年(1123),徐兢奉使高丽,从明州起碇沿此线航行,包括中途岛屿的停泊候风在内,抵达开城时已耗去了 27 天。高丽王室对宋商倍加优待,凡"贾人之至境……遣官迎劳……计其直,以方物数倍偿之"④。有时宋商还会得到高丽国王赐宴。如高丽文宗九年(1055)二月寒食节,国王于娱宾、迎宾、清河三馆犒劳宋商,与会商人竟达 285 人之多。⑤ 所以尽管路途艰险遥远,宋商对往赴高丽还是趋之若鹜。《宋史·高丽传》载:"(高丽)王城有华人数百,多闽人因贾舶至者。"

五代以后,日本即转为闭关锁国,严禁国人私自渡海经商,但同时对抵日之吴越及北宋船舶又善加优待。北宋东南船家则在政府的扶持之下开展活跃的对日贸易,航线大多沿袭唐代中后期所开辟的东海北线,即由明州等江南港口出发,横渡东海,到达肥前的值嘉岛一带,再转航筑前的博多港或越前的敦贺地区。宋船抵达博多港后,日本大宰府官员即会前来登记、检验,择其善者与官府交易后方许民间买卖。宋船返棹之时,亦常携沙金、水银、硫黄、刀剑等日本方物以归。这一期间活跃于中日间而见诸史籍的民间航海家有

---

① 孙光圻:《中国古代航海史》,海洋出版社,1989 年,第 428~429 页。

② (宋)李焘撰:《续资治通鉴长编》卷三百四十一,中华书局,2004 年,第 8197 页。

③ (元)脱脱等撰:《宋史》卷四百八十七"列传"第二百四十六"高丽传",载《二十五史》第 8 册,上海古籍出版社,1986 年,第 1590 页。

④ (宋)徐兢:《宣和奉使高丽图经》卷六"宫殿"二"长龄殿",商务印书馆,1937 年,第 21 页。

⑤ 〔韩〕郑麒趾:《高丽史》,韩国亚细亚文化社,1992 年。

李充、周文德、朱仁聪等 20 多人,其中很多人是数次往返。① 南宋,中日间中方船只单方面往返日本的局面得以改变,在摈弃闭关锁国的保守政策后,日本驶往中国的海船与日俱增,"倭人冒鲸波之险,舳舻相衔,以其物来售"②。中国赴日船舶在平户岛中途停泊后,可经博多而驶入濑户内海,舶近京都。元初,忽必烈两次对日用兵,但都因台风突至、舟船覆没而失败。至元二十九年(1292),一度中断的中日贸易重新恢复,不断有日本商船前来"四明(即宁波)求互市,风坏三舟,唯一舟达庆元路"③。进入 14 世纪后,中日间的香料贸易十分兴旺,日本学者木宫泰彦认为"元末六七十年间,恐怕是日本各个时代中商船开往中国最盛的时代"④。

　　1975 年发现并于次年开始发掘的装载了大量中国陶瓷的韩国新安沉船,前后十次的水下调查和发掘共出水瓷器 20664 件,有龙泉青瓷、景德镇白瓷和青白瓷、建窑黑釉瓷、吉州窑白釉黑花瓷、磁州窑白釉褐花瓷及东南各地的仿烧品等。⑤ 其中龙泉青瓷及其仿烧品约占了陶瓷船货的一半以上,器形既有碗、钵、盘、洗、罐、执壶等日常生活用瓷,也有瓶、炉、花盆等陈设瓷。从器物造型及胎釉特征来看,其中大部分还是属龙泉窑产品,部分大口径的碗、盘和陈设瓷可能是龙泉大窑和溪口窑烧造的。沉船中的青白瓷和白瓷大部分属于景德镇窑系的产品,碗、盘等器物因采用覆烧方法而器多芒口,这些芒口器可能是浙南、闽东、闽南等地的元代窑址沿用宋代景德镇的仿定技术而烧造的。沉船中的折腰直腹碗是元代景德镇湖田窑的典型器——枢府碗。沉船中有较多建窑系黑釉瓷,但真正属于建窑所产的寥寥无几,且多有使用痕迹,可能在当时就已经为世人所珍而作为古董贩运,大多数黑釉瓷是闽江下游两岸窑口的仿烧品。此外,沉船中还有少量其他窑系的产品,如江西吉州窑的白釉黑彩绘花、磁州窑系的白釉褐彩胆瓶、双耳小口罐等器物。⑥ 根据宋元高丽的瓷业状况、沉船船货组成及特

　　① 孙光圻:《中国古代航海史》,海洋出版社,1989 年,第 378~379 页。
　　② (宋)梅应发等:《开庆四明续志》卷八,台湾成文出版社有限公司,1983 年,第 5442 页。
　　③ 柯劭忞、屠寄撰:《新元史·世祖本纪》,上海古籍出版社,2012 年,第 51 页。
　　④ 〔日〕木宫泰彦:《日中文化交流史》,商务印书馆,1980 年。
　　⑤ 〔韩〕崔光南著,郑仁甲、金宪镛译:《东方最大的古代贸易船舶的发掘——新安海底沉船》,《海交史研究》1989 年第 1 期;〔韩〕尹武炳著,张仲淳译:《新安打捞文物的特征及其意义》,《海交史研究》1989 年第 1 期;李德金等:《新安沉船中的中国瓷器》,《考古学报》1979 年第 2 期;〔韩〕郑良谟著,程晓中译:《新安海底发现的陶瓷器的分类与有关问题》,《海交史研究》1989 年第 1 期。
　　⑥ 李德金、蒋忠义、关甲堃:《朝鲜新安海底沉船中的中国瓷器》,《考古学报》1979 年第 2 期;〔韩〕郑良谟著,故宫博物院研究室编译:《新安海域陶瓷编年考察》,《中国古外销陶瓷研究资料》第 1 辑,中国古外销陶瓷研究会编印,1981 年 6 月,第 6~9 页。

点、高丽和日本的陶瓷消费习惯及当时的局势等情况判断,新安沉船应当是从华南港口始发,取道朝鲜欲抵日本的元代商船。①

宋元东洋航路是指中国至马来半岛南端、马六甲海峡以东的印尼、菲律宾群岛之间的航线,这里包括三佛齐(今苏门答腊岛东南巨港)、阇婆(今爪哇)、渤泥(今加里曼丹岛西岸坤甸)、麻逸(今菲律宾民都洛岛)、三屿(今菲律宾卡拉棉群岛、巴拉望岛、布桑加岛等)、蒲里噜(今吕宋东的波利略群岛)等国家和地区。

随着宋代造船技术的提高及指南针在海上的广泛应用,宋代已开辟了由泉州、广州横跨南海而直航三佛齐和阇婆的航线。这一航线远较隋唐五代由无数少则半日、多则十日的航程缀合而成的"广州通海夷道"先进。其远离陆岸,单次航程远、航期长,海上跨度大,也更为方便快捷。周去非《岭外代答》对东洋诸番国有了粗略介绍:"正南诸国,三佛齐其都会也。东南诸国,阇婆其都会也。"②三佛齐位于马六甲海峡东南,扼中印、中西海上交流之要冲,东、西方远洋船舶多于此停泊贸易。《岭外代答》曰:"三佛齐国,在南海之中,诸蕃水道之要冲也。东自阇婆诸国,西自大食、故临诸国,无不由此境而入中国者。"三佛齐国至广州、泉州无须再绕行占城等越南东海岸地区,而是"正北行,舟历上下竺(马来半岛东南奥尔岛 Pulau Aur)与交洋,乃入中国之境;其欲至广州者,入自屯门;欲至泉州者,入自甲子门"③,"泛海便风二十日到广州。如泉州,舟行顺风,月余也可到"④。阇婆在三佛齐东南,"地广人稠,实甲东洋诸番"⑤,"阇婆之东,东大洋海也,水势渐低,女人国在焉"⑥。由泉州、广州至阇婆,多冬季发船,先正南行至上下竺屿,再稍偏丙巳方向,"盖藉北风之便,顺风昼夜行,月余可到"⑦。而"阇婆之来也,稍西北行,舟过十二子石,与三佛齐海道合于竺屿之下"⑧。渤泥正好位于泉、广直航阇婆航线西侧。北宋间,商人蒲芦歇在驶往阇婆途中"遇猛风,破其船",漂至渤泥海口,素慕中华而"无路得到"的渤泥人"闻自中国来,国人皆大喜,即造船舶,令蒲芦歇导于朝贡"⑨。而

---

① 吴春明:《环中国海沉船——古代帆船、船技与船货》,江西高校出版社,2003 年,第 3 页。
② (宋)周去非:《岭外代答》卷二"海外诸蕃国",上海远东出版社,1996 年,第 37 页。
③ (宋)周去非:《岭外代答》卷三"航海外夷",上海远东出版社,1996 年,第 70 页。
④ (元)马端临:《文献通考》卷三百三十二"三佛齐",中华书局,2011 年,第 9163 页。
⑤ 陈佳荣:《宋元明清之东西南北洋》,《海交史研究》1992 年第 1 期。
⑥ (宋)周去非:《岭外代答》卷二"海外诸蕃国",上海远东出版社,1996 年,第 37 页。
⑦ (宋)赵汝适:《诸蕃志》"阇婆"条,上海古籍出版社,1993 年,第 8 页。
⑧ (宋)周去非:《岭外代答》卷三"航海外夷",上海远东出版社,1996 年,第 70 页。
⑨ (元)脱脱等撰:《宋史》卷四百八十九"列传"第二百四十八"渤泥传",载《二十五史》第 8 册,上海古籍出版社,1986 年,第 1596 页。

阇婆前往泉州、广州等地也多经由渤泥或三佛齐中转。

其他如麻逸、三屿、蒲里喽等东洋各地在宋代尚无直航泉、广之航线，其货物贸易多由中国帆船驶抵三佛齐、阇婆、渤泥等地后再转运。宋赵汝适《诸蕃志》记述此转运贸易甚详："麻逸国在勃泥之北，团聚千余家，夹溪而居"，"盗少至其境，商舶入港，驻于官场前，官场者其国阛阓之所也。登舟与之杂处。酋长日用白伞，故商人必赍以为贶。交易之例，蛮贾丛至，随皮篦搬取货物而去，初若不可晓，徐辨认搬货之人，亦无遗失。蛮贾乃以其货转入他岛屿贸易，率至八九月始归，以其所得准偿舶商。亦有过期不归者。故贩麻逸舶回最晚。三屿、白蒲延、蒲里喽、里银东、流新、里汉等皆其属也。土产黄蜡、吉贝、真珠、毒瑁、药槟榔、于达布。商人用瓷器、货金、铁鼎、乌铅、五色琉璃珠、铁针等博易"；"三屿乃麻逸之属，曰加麻延、巴佬酋、巴吉弄等。各有种落，散居岛屿，舶舟至则出而贸易，总谓之三屿。其风俗大略与麻逸同，每聚落各约千余家"；"番商每抵一聚落，未敢登岸，先驻舟中流，鸣鼓以招之。蛮贾争棹小舟，持吉贝、黄蜡、番布、椰心簟等与贸易；如议之价未决，必贾豪自至说谕，馈以绢伞、瓷器、藤笼，仍留一二辈为质，然后登岸互市。交易毕，则返其质，停舟不过三四日，又转而之他。诸蛮之居环绕三屿，不相统率。其山倚东北隅，南风时至，激水冲山，波涛迅驶，不可舶舟。故贩三屿者率四五月间即理归棹。博易用瓷器、帛绫、缬绢、五色烧珠、铅网坠、白锡为货"；"蒲里喽与三屿联属，聚落差盛，人多猛悍，好攻劫。海多卤股之石，槎牙如枯木芒刃，铦于剑戟，舟过其侧，预曲折以避之"。①

元代由福建沿海经澎湖列岛而东航菲律宾的航路在前代的基础上真正形成。②《元史》载："三屿国，近琉求。世祖至元三十年，命选人招诱之，平章政事伯颜等言：'臣等与识者议，此国之民不及二百户，时有至泉州为商贾者。'"③汪大渊《岛夷志略》中亦载三屿"男子常附舶至泉州经纪，罄其资囊以文其身，既归其国，则国人以尊长之礼待之，延之上坐，虽父老亦不得与争焉。习俗以其至唐，故贵之也"。此时元人已认识到"三屿国近琉求"，且与泉州等闽地多有往来，表明经澎湖而至菲律宾群岛的航路已趋成熟。④

宋元时期，随着泉州港市的逐步繁荣，在其周围涌现出一大批以下海通番牟利为主要目的的海洋性瓷业群，这些瓷器大多从泉州港出发，或沿

---

① （宋）赵汝适：《诸蕃志》"麻逸""三屿"条，上海古籍出版社，1993年，第24～25页。

② 吴春明：《东洋航路网络中的贸易陶瓷与沉船考古》，《闽南古陶瓷研究》，福建美术出版社，2002年，第31～49页。

③ （明）宋濂：《元史》卷二百一十一"三屿传"，中华书局，1997年，第1195页。

④ 吴春明：《环中国海沉船——古代帆船、船技与船货》，江西高校出版社，2003年，第209～211页。

闽、粤等东南沿海辗转往赴东南亚地区并销往马六甲海峡以西的广阔亚非市场,或北上宁波而销往日本等地。与此相对应的是闽、粤沿海大量沉船遗迹及陶瓷船货的发现。1973 年,福建省博物馆和厦门大学历史系等单位的考古人员在泉州后渚港的海滩上发现一艘南宋沉船,该沉船上的大宗船货是香料和药物等物品。陶瓷器数量不多且多为器物残片,陶器以瓮、罐居多,瓷器器形有碗、瓶、钵、壶、军持、釜、碟、三足炉等,其中碗有 22 件。瓷器釉色有青、青黄、黑、白、米黄、酱色等,装饰花纹有莲瓣纹、花瓣纹、刻划纹、缠枝花纹等。主要产自建窑、龙泉窑以及泉州各窑口。该船发现的陶瓷器似乎多为船上日常生活或贮藏淡水所用,不像是准备大批输出的陶瓷船货。[1] 1976 年,泉州海交史博物馆在泉州东郊法石淤陆中发现了一艘宋元沉船。1982 年,在对该船进行发掘时,在船舱及船体所在的地层中发现了一些小口瓶、灯盏、碗、注子等瓷片和瓮、罐等陶器。丰肩、平底、口肩部施褐色釉的小口瓶和器内施青釉的灯盏可能是南宋晋江磁灶窑所产,珠光青瓷可能来自同安汀溪窑、安溪桂瑶窑等窑口,此外还有德化窑白瓷和景德镇窑系青白瓷碗等。[2] 与后渚沉船相似,这些瓷器也非陶瓷船货而是船上日常生活所用,但是其丰富的陶瓷种类也暗示着宋元泉州港输出陶瓷船货的多样性。

福建连江定海湾海域是出闽江口往东、北航线的重要通道。1990 和1995 年中国历史博物馆等单位在这一海域调查和发掘了数处宋元沉船遗址和可疑地点,有白礁Ⅰ号宋元沉船、龙翁屿Ⅰ号地点、大埕渣地点、金沙岛等。白礁Ⅰ号沉船出土了大批陶瓷船货,主要有 1800 多件黑釉盏和 300多件青白瓷碗。黑釉盏胎质粗糙,胎色灰白或灰黄,釉色黑褐或酱褐,与典型建盏差别甚大,应当是主要来自闽江口附近的南屿窑、石坑窑、鸿尾窑、浦口窑等仿建窑口;青白瓷和青瓷釉层薄、釉色浅白,制作粗糙,应是出自福建土龙泉窑口。龙翁屿Ⅰ号、大埕渣等地点所出黑釉盏、青白瓷碗等物与白礁Ⅰ号沉船遗物颇为相似。连江定海是福建陶瓷北上宁波销往日本的航海必经之地,黑釉盏等器物备受日本茶道推崇,在日本多有发现,因此

① 泉州湾宋代海船复原小组、福建泉州造船厂:《泉州湾宋代海船复原初探》,《文物》1975年第 10 期;福建省泉州海外交通史博物馆:《泉州湾宋代海船发掘与研究》,海洋出版社,1987 年,第 36～42 页。

② 中国科学院自然科学史研究所等:《泉州法石古船试掘简报和初步探讨》,《自然科学史研究》1983 年第 2 期;陈鹏、杨钦章:《泉州法石乡发现宋元碇石》,《自然科学史研究》1983 年第2 期。

连江海域沉船所载陶瓷船货应当是准备销往日本的。①

近年来,备受人们关注的南海Ⅰ号沉船位于广东省台山县川山岛的南海海域。1987 年由广州救捞局首先发现,1989 年以来中国历史博物馆水下考古研究室和广东省考古所水下考古研究室相继组织水下考古队伍对其进行调查和试掘,2007 年完成了整体打捞工作。从已发表资料来看,瓷器是该沉船的重要船货,主要是宋元时期福建和江西的一些窑口产品,有景德镇窑系的青白瓷划花碗、小瓶、葫芦形瓶等,德化窑系的白瓷四耳罐、小盒等,建窑系的黑釉小口矮颈壶等和龙泉窑系的青釉划花碗、盏等。②

1969 年,珠海市博物馆等单位在珠海市南水镇蚊洲岛北面的沙滩冲积层中发现了成摞分层叠放,并有草木包装物痕迹的 212 件青瓷碗等瓷器。这些瓷器制作粗糙,表面施青釉和青黄釉,有少量刻划和印花花纹,应当是宋元时期福建沿海土龙泉窑产品。该处瓷器堆积类型单一,同类器数量多,具有陶瓷船货的典型特点,应为一处宋元沉船遗存物。③

西沙群岛是宋元东南帆船航行西、南洋航线的主要中继站,其星罗棋布的明礁暗沙导致其海底、礁盘之上散落着丰富的宋元沉船及其陶瓷船货。

位于西沙群岛最北部的北礁是历次考古调查的重点。1974 年,广东博物馆及海南行政区文化局的考古工作者在北礁的礁盘上调查时发现了宋代的青瓷釉罐、洗和元代龙泉窑青釉大盘。④ 1975 年,广东文物部门在北礁再次调查时采集出水了大量宋元时期的陶瓷器。主要有广东、福建、浙江等地的龙泉窑系青瓷、景德镇窑系青白瓷、建窑系黑瓷等,还发现有一件元代景德镇窑青花荷叶形小罐盖及瓶、坛等陶器。⑤ 1998 ~ 1999 年,中

---

① 中澳合作水下考古专业人员培训班定海调查发掘队:《中国福建连江定海 1990 年度调查、发掘报告》,《中国历史博物馆馆刊》1992 年第 18、19 期合刊;中澳联合定海水下考古队:《福建定海沉船遗址 1995 年度调查与发掘》,《东南考古研究》第 2 辑,厦门大学出版社,1999 年,第 186 ~ 198 页;张威、林果、吴春明:《关于福建定海沉船考古的有关问题》,《东南考古研究》第 2 辑,厦门大学出版社,1999 年,第 199 ~ 207 页。

② 张威:《南海沉船的发现与预备调查》,《福建文博》1997 年第 2 期;俞伟超:《十年来中国水下考古学的主要成果》,《福建文博》1997 年第 2 期;朝日新闻社:《以中国南海沉船文物为中心的遥远的海上陶瓷之路展》,1993 年;任卫和:《广东台山宋元沉船文物简介》,《福建文博》2001 年第 2 期;吴建成、孙树民:《"南海Ⅰ号"古沉船整体打捞方案》,《广东造船》2004 年第 3 期。

③ 珠海市博物馆等:《珠海考古发现与研究》,广东人民出版社,1991 年,第 224 页;珠海市文物管理委员会:《珠海市文物志》,广东人民出版社,1994 年,第 65 ~ 67 页。

④ 广东省博物馆:《广东省西沙群岛文物调查简报》,《文物》1974 年第 10 期。

⑤ 广东省博物馆、广东省海南行政区文化局:《广东省西沙群岛第二次文物调查简报》,《文物》1976 年第 9 期;广东省博物馆、广东省海南行政区文化局:《广东省西沙群岛北礁发现的古代陶瓷器——第二次文物调查简报续篇》,《文物资料丛刊》第 6 辑,文物出版社,1982 年,第 151 ~ 168 页。

国历史博物馆水下考古研究中心和海南省文管办等单位再次对北礁展开
了调查,共发现4个遗物点和3处沉船遗址。其中北礁Ⅰ号沉船遗址发现
宋元青白瓷碗、小杯、执壶,青瓷印花菊瓣纹大盘,釉下褐彩小罐和大量清
代中期青花瓷器,说明该遗址包含宋元和清代两个不同历史时期的遗存。
在北礁Ⅰ号遗物点采集到元代龙泉窑粉青釉青瓷大盘、青瓷碗、盒、碟等
物,晋江磁灶窑酱釉器和窑口不明的青白瓷小罐一件。北礁Ⅱ号遗物点发
现的宋元瓷器有青白瓷碗、盘、盒等,其造型特征与华光礁Ⅰ号沉船遗址出
水的同类器基本相同。北礁Ⅲ号遗物点采集出水的青瓷双鱼洗是典型的
元代龙泉窑的产品。①

　　华光礁位于西沙群岛的中部偏南,1998～1999年度西沙水下考古调
查时发现了被渔民盗掘的华光礁Ⅰ号沉船遗址,并对其进行了抢救性发
掘,出土了大批南宋青白瓷和青瓷,以及少量酱釉瓷。青白瓷器多数制作
较规整,器物较小,有碗、盘、碟、盏、钵、壶、瓶、罐、粉盒等。其中胎体较薄、
釉色青白者可能产自宋代景德镇湖田窑,而胎色灰白、胎体稍厚者则可能
来自福建泉州德化、南安等宋代窑址。青瓷器器皿一般较大,多为大碗和
大盘,还有钵、瓶、执壶、小口罐等,其中灰白胎、釉不及底、足部露胎、刻划
和篦划纹装饰较疏朗者可能为泉州、南安宋代窑口产品,灰胎、刻划和篦划
纹装饰繁缛者可能是闽北松溪回场等窑口和龙泉窑产品,胎质粗糙、胎体
厚重、施青釉或青釉褐彩者则应是福建晋江磁灶窑的产品。酱褐釉器,胎
体粗糙,施釉较薄,应是宋元晋江磁灶窑产品。②（图4－14）

　　此外,在西沙其他各岛也都有零星发现。1974年,在金银岛调查时采
集有1件元代龙泉窑的瓷盘残件。1975年,在全富岛采集宋、元青釉碗各
25件,宋代青白釉划花大盘5件。1975年,在南岛采集3件宋代福建窑口
青釉划花碗,胎色灰白,挖足草率,内壁划简单的花草纹和篦梳纹。1991
年,王恒杰先生在金银岛礁盘上采集到宋代白瓷洗和残洗各1件、元代净
瓶1件,在琛航岛及广金岛礁盘上采集到元代四系瓜瓣洗2件、双耳洗2
件。1998～1999年,中国历史博物馆水下考古中心等单位在石屿Ⅰ号遗
物点采集到宋元青白瓷折沿盘、壶、杯罐、小口瓶及陶盆等,在银屿Ⅰ号遗
物点采集到宋代龙泉窑青瓷碗、盘、碟、盏、罐、粉盒等和泉州宋代窑口所产

　　① 中国国家博物馆水下考古研究中心、海南省文物保护管理办公室编著:《西沙水下考古
(1998～1999)》,科学出版社,2006年,第30～34、139～149、185～195页。
　　② 中国国家博物馆水下考古研究中心、海南省文物保护管理办公室编著:《西沙水下考古
(1998～1999)》,科学出版社,2006年,第29～30、66～138页。

的青白瓷碟等。①

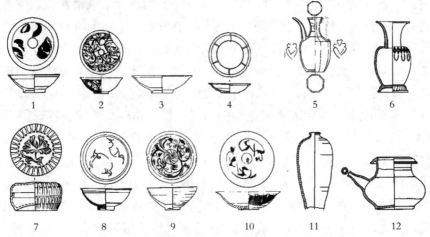

图4-14 西沙华光礁Ⅰ号沉船遗址部分出水瓷器②

1.篦划纹青白瓷碗(99XSHGW1：0180) 2.篦划折枝荷花纹青白瓷碗(99XSHGW1：0480) 3.青白瓷葵口碗(99XSHGW1：0426) 4.青白瓷葵口碟(99XSHGW1：0854) 5.青白瓷执壶(99XSHGW1：0577) 6.青白瓷瓶(99XSHGW1：0563) 7.青白瓷粉盒(99XSHGW1：0798) 8.刻划花草纹束口碗(99XSHGW1：0388) 9.篦划纹青瓷碗(99XSHGW1：0501) 10."吉"字纹青瓷盘(99XSHGW1：0656) 11.酱褐釉小口罐(99XSHGW1：0576) 12.酱褐釉军持(99XSHGW1：0223)

南沙群岛也应该有相当丰富的水下沉船遗迹,但因调查和发掘工作不充分,目前见诸报道的发现不多。1992年,王恒杰先生赴南沙调查时,在郑和群礁发现有宋元时期福建土龙泉青瓷碗,在大现暗礁和南通暗礁水下采集到宋元时期的青瓷器。1995年,王恒杰先生再次赴南沙调查,在南薰礁和鸿庥岛之间的一片无名沙洲上采集到宋元时期的青白瓷,其中有一器底有阳文"兴"字。③

宋元装载中国瓷器的沉船发现明显较五代隋唐为多,但目前的发现主要集中于马六甲以东的东南亚地区。20世纪七八十年代,海洋考古学自

---

① 广东省博物馆等：《广东省西沙群岛文物调查简报》,《文物》1974年第10期；《广东省西沙群岛第二次文物调查简报》,《文物》1976年第9期；《广东省西沙群岛北礁发现的古代陶瓷器》,《文物资料丛刊》第6辑；王恒杰：《西沙群岛考古调查》,《考古》1992年第9期；中国国家博物馆水下考古研究中心、海南省文物保护管理办公室编著：《西沙水下考古(1998～1999)》,科学出版社,2006年,第196～223页。

② 1～12均采自中国国家博物馆水下考古研究中心、海南省文物保护管理办公室编著：《西沙水下考古(1998～1999)》,科学出版社,2006年,第66～138页。

③ 王恒杰：《南沙群岛考古调查》,《考古》1997年第9期。

西方兴起后开始向东南亚等环中国海海域扩散。"水下考古之父"美国人乔治·巴斯地中海水下考古培训班的学生——西澳大利亚海洋博物馆考古部主任吉米·格林积极推动水下考古工作在越南、泰国、菲律宾等地的开展。1988 年,菲律宾国家博物馆与西澳大利亚海洋博物馆合作在吕宋岛西南部的圣安东尼奥港(San Antonio)50 米深的海底发现装有宋元福建仿龙泉窑青瓷器的沉船。在民都乐岛北部的皮托加拉港(Puerto Galera)发现的沉船中,装载大量元明时期的中国青花瓷器和近半数的暹罗青瓷。①2003 年 2 月,一支德国海底勘测船队在印度尼西亚爪哇井里汶岛(Ceribon)北约 100 海里处的海域,发现了一艘五代宋初的沉船。从沉船周围已打捞出水 10 万余件越窑青瓷,其中绝大部分为碗、碟等物,执壶有200 多件,还有盘、八角杯、盏托、四曲形套盒等。青瓷表面装饰以细线划花纹为主,兼有浮雕、刻花等装饰纹样,总体上属于越窑北宋早期的风格。此外,还有 3000 件左右的白瓷及一定数量的陶器。一件越窑青瓷浅雕莲瓣纹碗的底足铭有"戊辰徐记造"的字样,据推算此年应当为北宋乾德六年(968),与瓷器共出的铅钱上铸有南汉"乾亨通宝"字样,这些都说明该沉船的年代应当为五代宋初。②

元代马六甲海峡兰里(今苏门答腊西北班达亚齐)以西即为西洋。但宋代周去非在介绍西洋诸国时,将因航路关系而途经的南海航段沿岸地区统于"西洋"名下。其描述如下:"西南诸国,浩乎不可穷,近则占城、真腊为窴里(马来地)诸国之都会,远则大秦为西天竺诸国之都会,又其远则麻离拔国(阿拉伯半岛)为大食诸国之都会,又其外则木兰皮国(摩洛哥)为极西诸国之都会";"是海也,名曰细兰(斯里兰卡),细兰海中有一大洲名细兰国,渡之而西复有诸国,其南为故临国,其北为大秦国、王舍城、天竺国。又其西有海曰东大食海(阿拉伯海),渡之而西则大食诸国也,大食之地甚广,其国甚多,不可悉载。又其西有海名曰西大食海(地中海),渡之而西则木兰皮诸国,凡千余。更西则日之所入(大西洋),不得而闻也。"③

南海航段沿岸包含了交趾(今越南河内)、占城(今越南归仁)、真腊(今柬埔寨)、罗斛(今泰国南部)、吉兰丹(今马来半岛南部哥打巴鲁)等东南亚地区。这一地区的来华航线多是沿泰国湾沿岸航行至中南半岛中部的占城,再于此处放洋,越西沙、南海而至中国:"(真里富国)欲至中国者,

<hr>

① Paul Clark, Eduardo Conese, Norman Nicolas, Jeremy Green, "Philippines Archaeological site survey, February 1988". *IJNA* (1989) 18.3.

② 李刚:《中国青瓷外销管窥》,《东方博物》第 21 辑,浙江大学出版社,2006 年。

③ (宋)周去非:《岭外代答》卷二"海外诸蕃国",上海远东出版社,1996 年。

自其国放洋，五日抵波斯兰（今柬埔寨南部海），次昆仑洋（今越南昆仑岛海面），经真腊国，数日至宾达椰国（今越南藩朗），数日至占城界。十日过洋，傍东南有石塘，名曰万里，其洋或深或浅，水急礁多，舟覆溺者十七八，绝无山岸，方抵交趾界。五日至钦廉州，皆计顺风为则。"①元代，这条沿岸航线依然畅通。元贞二年（1296），周达观自明州出使真腊时仍循此道："自温州开洋，行丁未针历闽、广海外诸州港口，过七洲洋经交趾洋到占城。又自占城顺风可半月到真蒲，乃其境也。又自真蒲行坤申针过昆仑洋入港。港凡数十，惟第四港可入，其余悉以沙浅故不通巨舟。然而弥望皆修藤古木，黄沙白苇，仓卒未易辨认，故舟人以寻港为难事。自港口北行，顺水可半月，抵其地曰查南，乃其属郡也。又自查南换小舟，顺水可十余日，过半路村、佛村，渡淡洋，可抵其地曰干傍，取城五十里。"②

宋元中国远洋帆船欲往马六甲海峡以西的大、小西洋，无不提前到达位于苏门答腊岛西北端的兰里（今班达亚齐），在那里住至次冬再扬帆续航。在这里西洋航路分为三支：其一是自兰里横渡孟加拉湾，直达印度半岛南端故临国，再自故临改乘阿拉伯三角帆小船，沿阿拉伯海与波斯湾沿岸逐港航行，深入大食腹地，甚至溯红海而上，以达勿斯里（埃及）和木兰皮（摩洛哥）。故临位于印度半岛西南部著名的马拉巴贸易海岸，物产殷富，云帆荟集。中国海舶载重量大，吃水深，不适合在阿拉伯海沿岸航行，故中国舶主常于此地换乘阿拉伯三角帆小船深入大食腹地。而阿拉伯商人则多至"故临国，易大舟而东行"。由此可知故临在有宋一代是中西海舶转运贸易的重要港口。《诸蕃志》有载："故临国与大食国相迩，广舶四十日到兰里住冬，次年再发船，约一月始达"；"中国舶商欲往大食必自故临易小舟而往，虽以一月南风至之，然往返经二年矣"。其二是中国远洋帆船自兰里横渡孟加拉湾抵达故临后，没有"改易小舟而行"，而是再次横渡北印度洋海域而直达阿拉伯半岛的麻离拔（今阿拉伯半岛南岸卡马尔湾沿岸）。麻离拔是大食诸国对外贸易的总窗口，其水陆交通发达，可辐射整个阿拉伯地区，东非、北非、西亚、阿拉伯半岛上的大食诸国均至此贸易。③宋周去非《岭外代答》云："大食者，诸国之总名也，有国千余所，知名者特数国耳。有麻离拔国，广州最远，番舶艰于直达。自泉发船，四十余日至兰里，博易住冬。次年再发，顺风六十余日方至其国。本国所产多运载与三佛齐贸易，贾转贩以至中国。"其三则是自兰里横渡印度洋，经马尔代夫群

① （清）徐松：《宋会要辑稿》"蕃夷"四"真里富国"，中华书局，1957 年，第 7763 页。
② （元）周达观：《真腊风土记》"总叙"，上海古籍出版社，1993 年，第 54 页。
③ 孙光圻：《中国古代航海史》，海洋出版社，1989 年，第 410 页。

岛而直达东非海岸。这段航路位于赤道与北纬 5°线之间,海况极好,风向平稳,又有赤道逆流相助,航程短,航行也十分安全快捷,对于善于横跨大洋的宋元越洋海舶而言不失为一条捷径。[①] 东非海岸丰富的宋元陶瓷堆积及宋代铜钱,说明中国帆船必然曾到此直接交易。

三　海外遗留宋元东南陶瓷的历史

　　宋代,东南陶瓷窑业技术分别传播至高丽、暹罗和占城等地,在这些地区分别演化为高丽青瓷、宋加洛瓷和越南瓷。以上地区在结束主要依赖华瓷进口的局面后,反过来影响到中国瓷业,如高丽青瓷以其釉色为宋人所珍视,宋加洛和越南瓷则与中国东南瓷器在东南亚及阿拉伯等地展开了市场角逐。宋元,东南越窑和龙泉青瓷、景德镇青白瓷、建窑黑瓷及同安窑珠光青瓷等瓷种均对日本产生影响,其中建窑黑瓷及其所蕴含的茶文化对日本影响尤巨,濑户烧等日本釉陶业就是模仿建窑黑瓷而创烧的。在亚齐以西的印度半岛和中西亚、东非等地,黑釉瓷则较少发现,这里输入的主要瓷种是龙泉青瓷及其仿烧品、景德镇窑系青白瓷、定窑系白瓷以及元代兴起的青花瓷等。(图 4 – 15)

　　9 ~ 10 世纪,越窑平焰龙窑技术传入朝鲜后,朝鲜结束了以往依靠从中国输入瓷器的历史。[②] 朝鲜出土陶瓷考古资料亦表明北宋瓷器输入朝鲜的数量尚为可观,从南宋到元代华瓷输入锐减。龙窑技术被朝鲜窑工加以消化吸收,逐渐本土化。如五代宋初传入的越窑"M"形匣钵的叠堆以充分利用窑内空间和提高产量的功能被朝鲜人完全忽视,匣钵堆叠不超过三层,大量窑室空间被浪费,但他们却十分在意匣钵的护釉作用。[③] 因缺乏激烈竞争而丧失空间意识、成本意识的朝鲜陶瓷业反而转向了量少质精的生产方向,在吸收了南方越窑及北方汝窑、定窑、磁州窑等多种陶瓷烧造和釉料配方技术后,高丽青瓷在宋代的大陆陶瓷市场也占有一席之地。[④] 徐兢《宣和奉使高丽图经》载:"陶器色之青者,丽人谓之翡色。近年以来,制

---

① 孙光圻:《中国古代航海史》,海洋出版社,1989 年,第 413 页。
② 熊海堂:《东亚窑业技术发展与交流史研究》,南京大学出版社,1994 年,第 221 ~ 235 页。
③ 熊海堂:《东亚窑业技术发展与交流史研究》,南京大学出版社,1994 年,第 252 ~ 253 页。
④ 彭善国:《宋元时期中国与朝鲜半岛的瓷器交流》,《中原文物》2001 年第 2 期。

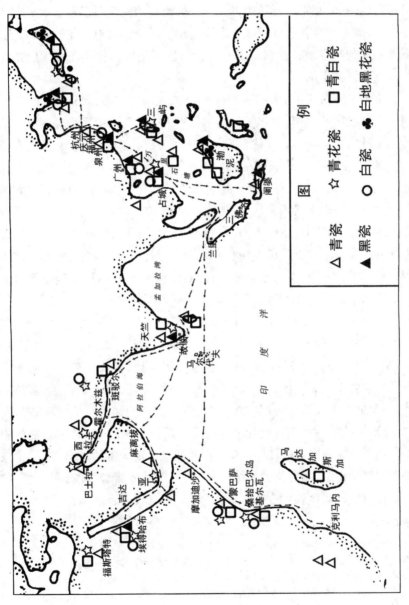

图 4-15 宋元航路及海洋性陶瓷的海外发现

作工巧,色泽尤佳。"①宋元时,朝鲜与东南瓷业产地依然保持着窑业技术上的交流,在 13 世纪前后,10 世纪左右产生于广东潮州、惠州等地的分室龙窑技术也传播到了朝鲜半岛。② 北宋,中国陶瓷器在朝鲜的分布仅限于半岛中部以南,多在京城开城附近。在开城附近的龙媒岛发现了大量北宋定窑白瓷、景德镇窑青白瓷和高丽青瓷共出。磁州窑白地黑花及定窑天目釉等器物在朝鲜也多有发现。江原道春川邑出土青白瓷印花盘 30 件,也是与高丽青瓷共出的。③

日本的平安时代中后期相当于中国北宋和南宋初期,镰仓时代相当于中国南宋中后期和元初,南北朝时期则相当于中国元代中后期和明初。唐末黄巢之乱后,日本即以"大唐凋敝",遣唐使"或有渡海不堪命者,或有遭贼亡身者"为由停止了遣唐使活动。④ 五代以至北宋,日本处于闭关锁国状态,严禁本国人私自下海通商。但是日本政府对中国民间帆船往彼贸易却是极为欢迎。东南帆船常从宁波等港口扬帆东海往赴日本,东南海洋性陶瓷也因此而在日本大量倾销。在这一背景之下,平安时代中后期以来日本本国的陶瓷技术一直处于停滞状态。镰仓时代后,日本逐渐抛弃了闭关锁国政策,倭船来华日益增多。随高僧道元、荣西来华的加藤四郎等陶瓷工匠从中国学成制陶技术返回日本后,促进了日本釉陶技术的发展,濑户烧即创烧于此时。濑户烧深受中国宋元饮茶风俗和建窑黑釉瓷的影响,其器形多为茶罐、茶碗等茶具,表面也多施以茶褐色釉,釉下有简单的印花、划花、贴花等装饰。⑤ 与粗糙的濑户烧等釉陶器相比,宋元东南异彩纷呈的海洋性陶瓷无疑是市场的宠儿。其分布范围很广,北至青森县,南至冲绳县,主要集中于九州岛北部。在博多、京都、镰仓、福冈等地发现较为密集,既有出自城址、寺庙的,也有出自墓葬等遗址之中的。⑥ 日本发现的中国宋元陶瓷主要有来自浙江、福建等东南海洋性瓷业带的越窑青瓷、龙泉窑粉青和梅子青、磁灶窑黄釉和绿釉器、同安窑珠光青瓷、建窑黑釉瓷、仿景德镇青白瓷,也有定窑系白瓷、磁州窑系白地黑花等品种。

---

① (宋)徐兢:《宣和奉使高丽图经》卷三十二"器皿",商务印书馆,1937 年,第 109 页。
② 熊海堂:《东亚窑业技术发展与交流史研究》,南京大学出版社,1994 年,第 249 页。
③ 〔韩〕崔淳雨:《南朝鲜出土的宋元瓷器》,《中国古外销陶瓷研究资料》第 1 辑,中国古外销陶瓷研究会编印,1981 年 6 月;中国硅酸盐学会编:《中国陶瓷史》,文物出版社,1982 年,第 311～312 页。
④ 〔日〕原营道真:《请诸公卿议定遣唐使进止状》,转引自孙光圻:《中国古代航海史》,海洋出版社,1989 年,第 283 页。
⑤ 王玉新、关涛编著:《日本陶瓷图典》,辽宁画报出版社,2000 年,第 15～16 页。
⑥ 〔日〕长谷部乐尔:《日本的宋元陶瓷》,《中国古外销陶瓷研究资料》第 1 辑,中国古外销陶瓷研究会编印,1981 年 6 月。

　　越窑瓷器在日本的发现:福冈大宰府鸿胪馆遗址出土的大量唐至北宋时期的瓷器中越窑系的数量和种类最多,器形有碗、执壶、罐、灯、盆、盒、盘口壶、碟等。① 京都府宇治市木幡净妙寺遗迹出土的越窑青瓷执壶,高0.21 米,流较唐五代执壶长,柄较唐五代瘦高,外扩弧度没有唐五代大,其时代应在北宋。② 在 12 世纪的经冢中出土了相当数量的越窑系的经筒和四耳壶,如大宰府遗址北面的四王寺山经冢的青瓷经筒、岛根县益田市横田町丰田神社经冢的青瓷经筒、奈良县高市郡明日村美阿神社十三层塔塔基出土的褐釉四耳壶、岛根县大原郡加茂町神原经冢出土的褐釉四耳壶、岛根县稳岐郡西之岛町美田高田山寺之峰经冢的灰釉四耳壶、佐贺县鹿岛市能古见水梨经冢的褐釉四耳壶、佐贺县鹿岛市片山第一经冢的褐釉四耳壶、福冈县四王寺山第三经冢的褐釉六耳壶、福冈县添田町英彦山出土的藏骨器的褐釉四耳壶、福冈市博多区圣福寺院内出土的褐釉双耳水注、熊本县多良木町莲华寺遗址出土的褐釉彩四耳壶等。③

　　龙泉窑青瓷在日本又被称为"砧青瓷",在日本神奈川县镰仓市区发现最多。如在镰仓市传藤内定员邸遗迹出土北宋中后期的龙泉青瓷划花鱼纹盘及小碟;在镰仓市小町日生大楼用地,龙泉青瓷与划花纹碗以一比五的比例共出;在镰仓市大町衣张山古墓发现两件外壁饰浅雕莲瓣纹的元代龙泉青瓷钵等。在福冈县发现的龙泉青瓷数量也不少。如在大宰府町五条月见山遗址的沟中,龙泉青瓷与带有"贞应三年"铭文的木札共出等。另外在博多区博多遗迹出土的龙泉青瓷划花纹碗,京都市下京区东盐小路町出土的龙泉青瓷划花莲花纹碗,京都市中京区七观音町出土的南宋青瓷碗、青瓷莲瓣纹碗,京都市下京区常叶町出土的龙泉青瓷折沿双鱼盘,等等。④

　　磁灶窑黄釉和绿釉器在日本的发现集中在以福冈县和镰仓市为中心的数十处遗址之中:福冈市博多区博多遗迹出土了口径达 0.43 米、表面施以黄褐釉铁绘龙纹折沿大盘;1975 年,从福冈市城西区田岛京之隈经冢出

---

　　① 〔日〕田中克子著,黄建秋译:《鸿胪馆遗址出土的初期贸易陶瓷初论》,《福建文博》1998年第 1 期;〔日〕山本信夫:《大宰府的发掘与中国陶瓷》,《北九州的中国瓷器——从出土瓷器看古代中日交流》,北九州考古博物馆开馆 5 周年纪念特别展,1988 年。

　　② 李知宴:《中国陶瓷的对外传播》(十一·上),《中国文物报》2002 年 5 月 22 日,第 5 版"陶瓷";〔日〕矢部良明著,王仁波、程维民译:《日本出土的唐宋时代的陶瓷》,《中国古外销陶瓷研究资料》第 3 辑,中国古外销陶瓷研究会编印,1983 年 6 月。

　　③ 〔日〕矢部良明著,王仁波、程维民译:《日本出土的唐宋时代的陶瓷》,《中国古外销陶瓷研究资料》第 3 辑,中国古外销陶瓷研究会编印,1983 年 6 月。

　　④ 李知宴:《中国陶瓷的对外传播》(十一·上),《中国文物报》2002 年 5 月 22 日,第 5 版"陶瓷"。

土口径 0.37 米的黄釉铁绘花纹折沿盘;福冈县久山町白山神社经冢出土通高 0.42 米的黄釉褐彩四耳大壶;长野县饭田市米中村经冢出土黄褐釉铁绘牡丹纹盘;京都市右京区双个岗经冢出土黄釉铁绘章鱼纹盘等;1974年,在山形县东田川郡藤岛町平形曾出土磁灶窑绿釉器;在神奈川逗子市发现绿釉铁绘卷草纹双耳壶;在镰仓市小町一街坊发现绿釉铁绘壶残片;在镰仓市小町镰仓邮局遗址出土元代绿釉印花纹棱花碟残片。① 这种在粗坯上先敷一层白色化妆土,然后再在其上彩绘铁锈褐色花纹,最后罩以青釉或黄釉的瓷器,属日本学者称之为"华南彩瓷"的磁灶窑系。

同安窑划花篦点纹青瓷是宋元时期日本出土数量相当多的一类青瓷,主要是碗、盘、碟等日常生活用器。与越窑、龙泉窑青瓷多发现于寺院、官邸、经冢、古墓不同,同安窑划花篦点纹青瓷多发现于一般居住遗址,说明两者所面对的消费群体截然有别。从 13 世纪起土龙泉青瓷开始大量输入日本,这一年代正好与因泉州港市大兴而带动的同安窑的崛起年代相吻合。可能是价格优势较为明显,这种土龙泉青瓷在镰仓时代大量倾销于福冈、佐贺、熊本等九州地区,并迅速席卷了除北海道之外的全日本。在福冈市博多区博多遗址、福冈县中村北岛地藏堂、福冈大宰府 S × 864(木棺墓)、福冈市东区高见 2 号墓、福冈市东区下和白墓、佐贺县鹿儿岛和富士町、京都市下京区东盐小路町、京都府田边町宇三木、京都市右京区松尾西芳寺等遗址中均有出土同安窑划花篦点纹青瓷。②

建窑黑瓷创烧于五代晚期至北宋初期之间,在宋代因斗茶习俗的推动而风靡大江南北,在闽江流域有密集的仿建窑址分布,此外在闽南及浙江、广东等地也有少量窑址分布。大约在 13 世纪,建窑及其仿烧品与同安窑等土龙泉青瓷一起大量涌入日本,对日本饮茶习俗和濑户窑黑釉陶器的生产有一定的推动作用。典型建窑茶盏在日本并不多见,日本所发现的黑釉瓷多是闽江流域及其他各地的仿建产品,一般黑釉光平,颜色并非纯黑,有的甚至是酱褐色,兔毫、油滴等特征不甚明显。而日本的"曜变天目"等稀世之宝,在中国国内和建窑窑址尚未见到,为中国陶瓷史留下了一宗悬案。发现建窑系黑釉瓷的遗址有镰仓长胜寺遗址和小町日本生命大楼用地、镰仓市极乐寺和大町多宝寺遗址望楼、横滨市金泽区海岸尼姑庵址、山口县

① 李知宴:《中国陶瓷的对外传播》(十二·下),《中国文物报》2002 年 7 月 3 日,第 4 版"陶瓷";〔日〕矢部良明著,王仁波、程维民译:《日本出土的唐宋时代的陶瓷》,《中国古外销陶瓷研究资料》第 3 辑,中国古外销陶瓷研究会编印,1983 年 6 月。

② 〔日〕矢部良明著,王仁波、程维民译:《日本出土的唐宋时代的陶瓷》,《中国古外销陶瓷研究资料》第 3 辑,中国古外销陶瓷研究会编印,1983 年 6 月;李知宴:《中国陶瓷的对外传播》,《中国文物报》2002 年 5 月 22 日,第 5 版"陶瓷"。

光市清山等。①

景德镇青白瓷及其在东南沿海的仿烧品几乎是与同安窑青瓷同时席卷全日本。但这些青白瓷多发现于日本 12～14 世纪的经冢之中,器型一般较小,有小壶、小蝶、小碗、小瓶、小杯、小香炉、水滴等,大型器物主要有四耳壶、四耳罐、经筒等。出自经冢以外遗址的青白瓷种类还有挖足较浅、胎壁较厚的圈足碗、梅瓶、水注,以及产自广州西村窑的青白釉下铁绘花碗等。青白瓷在日本经冢的大量发现,可能与其青白淡雅的颜色符合佛教徒诚心贡斋的心理有关。青白瓷在日本的发现主要有:长崎县佐世保市广田町三岛山经冢、新潟县西蒲原郡峰冈村大字竹野金仙寺经冢、琦玉县东松山市下野本利仁神社经冢、千叶县东哥饰郡八幡町经冢、福冈县大宰府町经冢等处。②

中国东南沿海以外的宋元瓷器在日本也有发现,但数量不多。如在日本神奈川县镰仓市北条邸遗迹出土的定窑刻花象牙白瓷,1981 年在福冈地铁工程出土的两片黑定瓷片,③在福井市一乘谷朝仓氏遗址出土的北宋定窑划花白瓷钵残片,④在日本京都市中京区西横町出土的两片刀法犀利的耀州窑缠枝花卉青瓷,⑤在京都市伏见区竹田田中宫町鸟羽离宫遗址出土的白地黑花剔地和黑地白花刻花磁州窑瓷器,在滋贺县大津市上仰木遗迹出土的绿釉白地刻花磁州窑瓷器,⑥在广岛县尾道市和冈山绿赤野遗址出土的景德镇枢府瓷,⑦1965 年在冲绳岛连城遗址和福井市郊区一乘谷的朝仓邸宅遗址出土的景德镇元青花残片等。⑧

———————————

①　李知宴:《中国陶瓷的对外传播》(十二·上),《中国文物报》2002 年 6 月 19 日,第 5 版"陶瓷";〔日〕矢部良明著,王仁波、程维民译:《日本出土的唐宋时代的陶瓷》,《中国古外销陶瓷研究资料》第 3 辑,中国古外销陶瓷研究会编印,1983 年 6 月。

②　李知宴:《中国陶瓷的对外传播》(十一·上),《中国文物报》2002 年 5 月 22 日,第 5 版"陶瓷";〔日〕矢部良明著,王仁波、程维民译:《日本出土的唐宋时代的陶瓷》,《中国古外销陶瓷研究资料》第 3 辑,中国古外销陶瓷研究会编印,1983 年 6 月。

③　李知宴:《中国陶瓷的对外传播》(十一·上),《中国文物报》2002 年 5 月 22 日,第 5 版"陶瓷"。

④　〔日〕矢部良明著,王仁波、程维民译:《日本出土的唐宋时代的陶瓷》,《中国古外销陶瓷研究资料》第 3 辑,中国古外销陶瓷研究会编印,1983 年 6 月。

⑤　李知宴:《中国陶瓷的对外传播》(十一·上),《中国文物报》2002 年 5 月 22 日,第 5 版"陶瓷"。

⑥　李知宴:《中国陶瓷的对外传播》(十一·下),《中国文物报》2002 年 6 月 5 日,第 5 版"陶瓷"。

⑦　〔日〕长谷部乐尔著,王仁波、程维民译:《日本出土的元、明陶瓷》,《中国古外销陶瓷研究资料》第 3 辑,中国古外销陶瓷研究会编印,1983 年 6 月。

⑧　〔日〕长谷部乐尔著,王仁波、程维民译:《日本出土的元、明陶瓷》,《中国古外销陶瓷研究资料》第 3 辑,中国古外销陶瓷研究会编印,1983 年 6 月。

宋元时期,中国东南船家取代了阿拉伯人而成为南海、印度洋海域航行的主角。随着东南港市中心由广州北移至泉州,中国开辟了由泉州、广州横跨南海而直航苏门答腊和爪哇的远洋航线。其他如民都洛岛、三屿、马尼拉等东洋各地则由中国帆船先行驶抵苏门答腊、爪哇、加里曼丹等地后再转运而至。新航线的开辟使得越南东海岸、泰国湾等地区在宋元陶瓷的对外输出中的转运地位大为降低,这一地区发现的宋元陶瓷较少。印尼苏门答腊、爪哇、马来半岛等靠近马六甲海峡地区发现宋元瓷器较多。菲律宾群岛上发现的宋元陶瓷也多为中国东南船家转贩所致。

位于中南半岛和泰国湾的占城、真腊、暹罗诸国与中国的关系较为密切,有着较为稳定的朝贡关系。早在宋代,暹罗和占城就在中国的影响之下掌握了制瓷技术,生产宋加洛瓷和越南瓷。这是除航路变迁以外,这一地区较少发现宋元陶瓷的另一重要原因。① 这一地区的陆地陶瓷考古资料发现较少,20 世纪五六十年代,在越南红河流域以及北部清化各地的古墓中发现有宋元时期的龙泉青瓷。②

宋元时期,泰国和越南所生产的宋加洛瓷和越南瓷已经开始在印尼、马来和菲律宾等东南亚销售,但是其粗糙的质量远不能和华瓷相抗衡,所以在这一地区处于主流的依然是泛海而来的东南海洋性陶瓷,但是也时常伴出一些泰国和越南的瓷器。马来西亚出土的宋元陶瓷数量十分惊人,主要分布于东马来西亚沙捞越河三角洲的圣土邦(Santubang)及尼亚大窟(Great Cave at Niah)。③ 开始于 1948 年的沙捞越山都望考古发掘,在宋加江遗址(Sungei Jaong)找到了大量与铁矿渣共存的中国唐宋瓷器,还有一些小件的罐、盒、碗等瓷器与一些金器共出;1955 年在望基三遗址(Bong Kissam)的发掘中出土了 49393 片硬陶和瓷片,其中石台表面的碎瓷具有典型的宋代瓷器风格;宋加武宜遗址(Sungei Buah)第六发掘区的两条探沟中出土的 7028 片瓷片以宋瓷为主,不见唐代瓷片;丹戎古堡墓地(Tanjong Kubor)在 208 平方米的发掘区域内出土了 1383 片唐宋瓷片;丹戎直谷墓地(Tanjong Tegok)发掘出土了 1583 片唐宋时期的瓷片;此外在西起特克沙捞邦(Telok Sarabang),东至穆拉特巴(Muara Tebas)的海岸上还保

---

① 叶文程:《明代我国瓷器销行东南亚的考察》,《中国古外销瓷研究论文集》,紫禁城出版社,1988 年,第 129 页。

② 叶文程:《宋元时期龙泉青瓷的外销及其有关问题的探讨》,《中国古外销瓷研究论文集》,紫禁城出版社,1988 年,第 54 页。

③ 冯先铭:《综论我国宋元时期"青白瓷"》,《中国古陶瓷论文集》,文物出版社,1982 年,第 208 页。

存有较多含有中国瓷器的墓地遗存。① 这里的宋元瓷器包括福建德化、泉州和广东潮安、广州西村等窑口的青白瓷,浙江、福建沿海的青瓷,闽江及晋江等地的黑瓷,福建、广东等地仿烧的磁州窑白地黑花瓷等。②

　　印尼发现的宋元瓷器较为完整,但缺乏科学发掘,大多出处不明。宋元陶瓷主要出于东爪哇、西里伯斯和北摩鹿加等地,主要为东南福建、广东、浙江等地窑口所生产,种类有德化青白瓷、建窑及各地仿烧的黑釉瓷、龙泉及浙闽粤的土龙泉青瓷等。③

　　菲律宾在拜耶教授(H. Otley Beyer)、福克斯博士(Robert B. Fox)、洛克辛夫妇(Locsin)等考古学家主持下,相继发掘了八打雁卡拉塔甘、马尼拉圣安娜、内湖等遗址,出土了大约 4 万件瓷器。这些瓷器中元瓷占了大多数,宋瓷则相对较少。北宋瓷器多来自浙江等地窑口,器型主要有刻划粗线条莲瓣纹罐、浮雕莲瓣纹小罐、缠枝花卉篦点纹刻花瓶、五管瓶等;南宋瓷器则主要为福建德化、泉州等地青白瓷,闽江、晋江流域仿建黑瓷及浙江、福建等地的土龙泉窑青瓷等;元代瓷器主要为福建等地青瓷,德化青白印花瓷器,景德镇青白釉带铁斑瓷器和元青花等。④

　　在文莱柯达巴都(Kota Batu)发掘中,出土了许多 12 ~ 16 世纪中国瓷器,其中宋元瓷器有福建、广东地区刻花青白瓷,底呈黑色或深褐色的南方磁州窑系产品,圈足露胎处呈土红色的浙江龙泉窑系的产品等。⑤

　　宋元马六甲海峡以西的西洋航路更为丰富,由苏门答腊西端的兰里横渡孟加拉湾,直达印度半岛南端故临国后,可易小舟循阿拉伯海岸绕行,也可直接横渡北印度洋海域而直达阿拉伯半岛的麻离拔,更可自兰里横渡印度洋,经马尔代夫群岛而直达东非海岸。航路的多样化,再加上东南船家在西洋航线频繁的航海实践,促使海洋性陶瓷在南亚、西亚、北非、东非等地的分布范围更为广泛。

　　宋元时期,印度南端的故临国依然是中西海舶转运贸易的重要港口。

---

　　① 郑德坤著,李宁译:《沙捞越考古》,《东南考古研究》第 2 辑,厦门大学出版社,1999 年,第289 ~ 291 页。

　　② 中国硅酸盐学会编:《中国陶瓷史》,文物出版社,1982 年,第 311、354 页。

　　③ 〔菲〕苏莱曼:《东南亚出土的中国外销瓷器》,《中国古外销陶瓷研究资料》第 1 辑,中国古外销陶瓷研究会编印,1981 年 6 月。

　　④ 〔菲〕苏莱曼:《东南亚出土的中国外销瓷器》,《中国古外销陶瓷研究资料》第 1 辑,中国古外销陶瓷研究会编印,1981 年 6 月;中国硅酸盐学会编:《中国陶瓷史》,文物出版社,1982 年,第310 ~ 311、354 页。

　　⑤ 冯先铭:《元以前我国瓷器销行亚洲的考察》,《文物》1981 年第 6 期;叶文程:《宋元时期龙泉青瓷的外销及其有关问题的探讨》,《中国古外销陶瓷研究论文集》,紫禁城出版社,1988 年,第55 页。

中国船主多在此地换乘阿拉伯小船西行,而阿拉伯商人则在此易大船东往。在南印度迈索尔邦昌德拉瓦利遗址(Chandravalli)发现了与北宋"元丰通宝"共出的龙泉青瓷,福建、广东窑口青白瓷和黑褐釉瓷片。在可里卖都(Korimedu)发现了同安窑系珠光青瓷碗残片和青白瓷罐残片,在特里凡得琅(Trivandram)发现少量青瓷和吉州窑釉下彩绘壶,在马德拉斯州南端德卡雅尔(Kayal)发现少量宋元瓷残片。元代,中西海路、陆路交通全面繁荣之际,南亚陶瓷贸易似乎移至印度北部地区,瓷器品种也似乎只限于青瓷和青花瓷。在德里附近发现了14世纪龙泉窑系青瓷、景德镇窑系元青花等;在现德里南郊叨古拉卡巴特的图格拉克朝的王宫遗址,发现了67件精美的元青花大盘和5件元青瓷大盘。①

斯里兰卡发现的也多为14世纪以前的中国陶瓷,元代所开创的中西陆路畅达的局面对海洋性瓷业的对外输出也有一定的影响。印度德里王宫青花瓷的发现似乎也暗示着南亚地区的伊斯兰化趋势。在斯里兰卡首都科伦坡东边德地卡玛(Dadigama)的佛塔周围散布着南宋龙泉窑青瓷碗残片、青白瓷小罐和香炉、华南窑黄釉四耳罐残片等。在雅帕护瓦(Yap-ahuva)附属于城塞遗址的僧院址前,发现了浅雕莲瓣纹龙泉窑青瓷碗、华南窑青白瓷碗、橄榄色青瓷狮子头和多达1352枚的以两宋时期为主的铜钱。②

由印度半岛南端的故临国沿阿拉伯海北上,沿途会经过巴基斯坦的斑驳尔(Banbhore)、伊朗的霍尔木兹(Hormuz I.)和西拉夫(Siraf),最后抵达两河河口的巴士拉。位于印度河口的斑驳尔是控制阿拉伯海入口处商贸的重要港口,在这里发现的宋元瓷器既有宋代初期的越窑青瓷残片和华南青白瓷片,也有宋末元初的龙泉青瓷片,更多的则是广东或福建等地的黄釉四耳罐残片。③ 由斑驳尔沿印度河北上,翻越开伯尔山口就可进入阿富汗境内。在西接阿富汗的兴都库什山脉北方巴录库附近的台派、扎鲁卡兰发现有元青花大盘和元白瓷。④

从斑驳尔沿阿拉伯海岸继续西行,便可抵达伊朗重要贸易港口霍尔木兹和西拉夫。在霍尔木兹岛,多数元代青瓷与青花混杂。在霍尔木兹岛对岸的米纳布、卡拉屯等城址及周围的遗址里,发现了大量的宋元陶瓷,其中

---

① 〔日〕三上次男著,李锡经等译:《陶瓷之路》,文物出版社,1984年,第121~129页;〔日〕三上次男著,杨琮译:《13~14世纪中国陶瓷的贸易圈》,《南方文物》1990年第3期。

② 〔日〕三上次男著,杨琮译:《13~14世纪中国陶瓷的贸易圈》,《南方文物》1990年第3期。

③ 叶文程:《宋元时期龙泉青瓷的外销极其有关问题的探讨》,《中国古外销瓷研究论文集》,紫禁城出版社,1988年,第54页。

④ 〔日〕三上次男著,杨琮译:《13~14世纪中国陶瓷的贸易圈》,《南方文物》1990年第3期。

不乏精致者。在伊朗内陆的内沙布尔（Nishapur）、赖伊（Rayy）等地发现的元青花瓷均是由霍尔木兹转运而至。① 位于厄尔布尔山南麓的赖伊，是11世纪塞尔柱帝国时代的都城之一。在赖伊遗址出土了南宋龙泉浅雕莲瓣纹凸白筋青瓷碗碎片。② 在阿尔德比勒（Ardebil）神庙珍藏有宋元龙泉青瓷、青白瓷、枢府瓷及元青花等瓷器。甚至在伊朗西北部塔克提苏莱曼部落的生活遗址也出土了外壁刻有棱状竖条花纹的龙泉青瓷，可见宋元青瓷在伊朗社会生活中影响的广度和深度非同一般。③

在伊拉克忒息丰（Ctesiphon）发现了12~13世纪的龙泉青瓷；在瓦几特（Wasit）发现外壁饰仰葵瓣纹的龙泉青瓷，还有一种碗心开有小孔并以菊花形贴花稍加掩盖的青瓷碗，这种特殊器型仅见于中东地区，颇为特殊；在底格里斯河畔的萨马拉遗址出土了13世纪前后的龙泉窑青瓷和华南窑的白瓷。④

沿两河流域往上，宋元陶瓷深入到叙利亚、黎巴嫩和土耳其等地。如叙利亚阿西河畔的哈马城发掘出土了南宋至元代的龙泉等窑口的青瓷⑤，还发现了绘有精美纹饰的元青花⑥。在黎巴嫩贝卡高原的巴勒贝克，发现了13世纪龙泉刻花青瓷小钵残片。⑦ 土耳其伊斯坦布尔的托普卡普·撒莱（Topkapi Saray）博物馆收藏该国历代帝王宫廷珍藏的来自世界各国的各种各样的陶瓷器，有保留下来的当时王室收藏进库的清单，总数约1万件，来自东亚地区的陶瓷器皿约8000件，绝大多数是中国陶瓷。据美国著名陶瓷专家波普先生的调查，青瓷约有1300件，数量最多。属于13世纪南宋后期的产品有一些，但数量较少。⑧

宋元时期，由印度南端故临国横渡北印度洋直达亚丁（Aden），再北上绕行祖法儿（Zafar）、苏法尔（Sohar）、巴士拉、西拉夫、霍尔木兹等港口，将陶瓷输入阿拉伯半岛和西亚、欧洲的航线远较故临—斑驳尔—霍尔木兹—

① 〔日〕三上次男著，杨琮译：《13~14世纪中国陶瓷的贸易圈》，《南方文物》1990年第3期。
② 李知宴：《中国古代陶瓷的对外传播》（十六），《中国文物报》2002年9月18日，第4版"陶瓷"。
③ 〔日〕三上次男著，李锡经等译：《陶瓷之路》，文物出版社，1984年，第104~108页。
④ 〔日〕三上次男著，杨琮译：《13~14世纪中国陶瓷的贸易圈》，《南方文物》1990年第3期；〔日〕三上次男著，李锡经等译：《陶瓷之路》，文物出版社，1984年，第80~82页。
⑤ 叶文程：《宋元时期龙泉青瓷的外销极其有关问题的探讨》，《中国古外销瓷研究论文集》，紫禁城出版社，1988年，第55页。
⑥ 〔日〕三上次男著，杨琮译：《13~14世纪中国陶瓷的贸易圈》，《南方文物》1990年第3期。
⑦ 〔日〕三上次男著，杨琮译：《13~14世纪中国陶瓷的贸易圈》，《南方文物》1990年第3期。
⑧ 李知宴：《中国古代陶瓷的对外传播》（十六），《中国文物报》2002年9月18日，第4版"陶瓷"。

西拉夫—巴士拉的航线繁盛得多。因此在阿拉伯半岛,宋元陶瓷也在唐五代的基础上向纵深发展。在也门亚丁港及其附近的加乌德·阿姆·塞拉(Kaud am Saila)、阿尔·哈比尔(Al Habil)、阿布扬(Abyan)等遗址中发现了 12~15 世纪的中国青瓷;在扎哈兰(Zahlan)发现了 14 世纪的青瓷盘及共出的元代青花盘残片;①在津季巴尔遗址发现了 12~14 世纪的龙泉青瓷;在考德安赛拉和阿哈布尔发现了 12~13 世纪的龙泉青瓷;②在巴林出土了 14 世纪后半叶至 15 世纪初的龙泉青瓷,部分碗内也有菊花形贴花。③

由亚丁向南横渡红海便踏上了辽阔的非洲大地,溯红海而上,可达苏丹著名港口城市埃得哈布(Aidhab),陶瓷船货多在这里卸下,再经陆路转运至尼罗河畔的库斯(Kus)和阿斯旺,顺尼罗河而下运抵埃及的福斯塔特(Fustat)和亚历山大。这条北非陶瓷线路可能是宋元东南陶瓷输入非洲的主要途径,在这里发现的龙泉青瓷、景德镇窑系青白瓷等瓷器质量往往较高,反映了阿拉伯财富中心由巴格达迁至福斯塔特后东南船家对西亚、北非陶瓷市场的适应。作为北非东方陶瓷主要卸货港的埃得哈布,其陶瓷碎片和种类都较他处为多,计有越窑青瓷、龙泉青瓷、景德镇青白瓷、元青花、定窑白瓷、黑褐釉瓷等。其中龙泉青瓷有灰绿釉贴花双鱼盘和印有八思巴文的翠青釉龙泉青瓷片等。④阿斯旺位于尼罗河畔,是中国至福斯塔特水陆转运的必经之地,在这里发现有南宋和元朝的青瓷片。在其上游的结贝尔·阿达(Jebel Adda)也发现有 12~14 世纪的中国青瓷片。⑤福斯塔特是宋元时期北非地区中国陶瓷的主要消费地,在这里发现的宋元瓷器主要为龙泉窑系青瓷,景德镇窑系青白瓷及福建、广东等地窑口的仿烧品,景德镇元青花,以及少量褐釉瓷等。龙泉窑青瓷,器型丰富多彩,有刻划缠枝花篦点线纹碗、浅腹洗、盘口瓶、粉盒、莲瓣纹盘、蔗段洗、折沿双鱼纹洗、折沿贴花双鱼大盘、瓜棱纹罐等,胎质坚硬致密,釉色莹润光泽,质量较高。景德镇窑系青白瓷主要有刻花斗笠碗、涡纹梅瓶、素釉盘、杯、罐、盒及褐斑动

① 〔日〕三上次男著,杨琮译:《13~14 世纪中国陶瓷的贸易圈》,《南方文物》1990 年第 3 期;〔日〕三上次男著,李锡经等译:《陶瓷之路》,文物出版社,1984 年,第 44~46 页。

② 叶文程:《宋元时期龙泉青瓷的外销极其有关问题的探讨》,《中国古外销瓷研究论文集》,紫禁城出版社,1988 年,第 55 页。

③ 叶文程、芮国耀:《宋元时期龙泉青瓷的外销及其有关问题的探讨》,《海交史研究》1987 年第 2 期。

④ 马文宽、孟凡人:《中国古瓷在非洲的发现》,紫禁城出版社,1987 年,第 6 页;〔日〕三上次男著,杨琮译:《13~14 世纪中国陶瓷的贸易圈》,《南方文物》1990 年第 3 期。

⑤ 〔日〕三上次男著,李锡经等译:《陶瓷之路》,文物出版社,1984 年,第 28 页。

物雕塑残件等,装饰技法有素釉、刻花和印花三种。福斯塔特遗址出土元代景德镇青花瓷有几百片,器物有缠枝牡丹变形莲瓣纹瓶、鸳鸯莲花纹碗、蓝地白花大盘和青花小壶等。在福斯塔特稍北的开罗市东端阿斯巴尔清真寺附近的山丘一带,散布着大量优质的南宋、元龙泉青瓷,景德镇青白瓷及元青花瓷片等。① 沿尼罗河而下,在地中海入海口处的亚历山大城,1964 年一支波兰考察队在此发掘出一些 12 ~ 14 世纪的龙泉青瓷片。② 位于埃及红海沿岸的库赛儿(Kuseir)是北非埃得哈布以外的另一不容忽视的华瓷卸货港,在这里不仅发现了唐末、宋初的越窑青瓷,还有宋龙泉青瓷、景德镇青白瓷,元末明初的青花瓷等。③

　　埃塞俄比亚的萨丁岛(Saaddin I.)与亚丁隔红海相望,由这里绕过非洲之角——瓜达富伊角(The Horn of Africa)后就可依次抵达东非海岸的索马里摩加迪沙(Mogadicio),肯尼亚曼达岛(Manda I.)、马林迪(Malindi)、蒙巴萨(Monbass),坦桑尼亚奔巴岛(Pemba I.)、桑给巴尔岛(Zanzibar I.)、基尔瓦·基西尼瓦岛(Kilwa Kisuwani I.)。萨丁岛是华瓷在埃塞俄比亚的重要卸货场,陶瓷在这里卸船后,经陆路转运至内地交易,所以在埃塞俄比亚的奥贝尔、奥博巴、德比尔和谢赫巴卡布等遗址均发现有 12 ~ 15 世纪的中国青瓷。④ 索马里境内的中国古瓷集中发现于索埃交界处的博腊马地区。1934 年,泰勒和柯尔在阿姆德、阿巴萨、戈吉萨、哈萨丁尔、达米拉哈德、库尔加布、阿罗加拉布、比约达德拉、德尔比加阿达德、穆萨哈桑和卡巴布 11 处遗址中的清真寺和石头房屋中都发现有 12 ~ 15 世纪的中国青瓷。此外,在摩加迪沙之北的阿拜达哈姆发现有 14 世纪的青瓷片。⑤

　　在东非海岸,肯尼亚发现的中国瓷器无疑是最多的,主要分布于拉姆群岛区、梅林迪海岸区和蒙巴萨区三大区域,但所发现的多为明清青花瓷和青瓷,宋元瓷器发现较少。如 1966 年奇蒂克在拉姆群岛曼达岛北部的曼达城进行了发掘,发现了 9 ~ 10 世纪的越窑瓷和白瓷,这是东非迄今为止发现的最早的中国瓷器。1953 ~ 1954 年,柯克曼在梅林迪海岸区安哥瓦那古城址发掘时,发现了许多元代青瓷。马林迪城邦出土的几件青花梅瓶残片可看出是元代的。1948 ~ 1949 年,柯克曼在此地发掘了很多 13 至 17 世纪初的宫殿、清真寺、房屋和墓葬等遗迹,出土很多宋元龙泉窑系青瓷,景德镇窑青白

① 马文宽、孟凡人:《中国古瓷在非洲的发现》,紫禁城出版社,1987 年,第 3 ~ 5 页。
② 〔日〕三上次男著,李锡经等译:《陶瓷之路》,文物出版社,1984 年,第 27 页。
③ 马文宽、孟凡人:《中国古瓷在非洲的发现》,紫禁城出版社,1987 年,第 5 页。
④ 马文宽、孟凡人:《中国古瓷在非洲的发现》,紫禁城出版社,1987 年,第 8 ~ 9 页。
⑤ 马文宽、孟凡人:《中国古瓷在非洲的发现》,紫禁城出版社,1987 年,第 9 ~ 10 页。

瓷、青花瓷和釉里红,南方白瓷和广东缸胎瓷等。2010 年 12 月至 2011 年 1 月,以北京大学为主导的中方研究人员对马林迪市格迪古城遗址出土的 1275 件中国瓷器进行了产地和时代分析。从中辨认出南宋至元广东窑口酱釉双系长颈瓶,元代龙泉青瓷碗、盘、洗、罐、炉,莆田庄边窑青瓷碗,闽清义窑青瓷碗,德化白瓷碗,磁州窑白地黑花芦雁纹盆等器形。① 图(4-16)在基尔朴瓦所出青瓷年代为 13~14 世纪,釉色为失透的浅翠青色或浅青白色,其中一件折沿大盘可能是龙泉窑产品。在蒙巴萨区杰萨斯堡以北约 2 千米处,出土的多为釉色浅青的龙泉青瓷,器形主要是小碗和盘,还有一些涩圈青瓷、青白瓷片、缸胎瓷罐残片、青花瓷碗残片等,时代均不早于 13 世纪。②

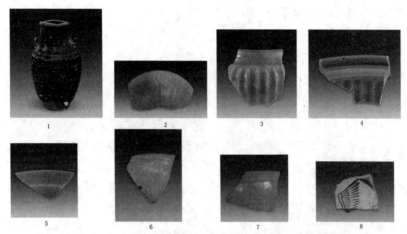

图 4-16　肯尼亚滨海省格迪古城遗址出土的中国宋元瓷器③

1. 南宋至元代广东窑口酱釉双系长颈瓶　2. 元代龙泉窑青瓷碗　3. 元代龙泉窑青瓷罐　4. 元代龙泉窑青瓷盘　5. 元代龙泉窑青瓷洗　6. 元代福建德化窑白瓷碗　7. 元代福建莆田庄边窑青瓷碗　8. 元代磁州窑白地黑花芦雁纹盆

在坦桑尼亚达累斯萨拉姆,1956~1959 年哈丁在此发现弦纹碗、外壁刻莲瓣纹碗、贴花双鱼洗等宋元瓷器。1959 年,哈吉又在达累斯萨拉姆南约 90 千米的基尤西发现两片南宋青瓷碗口沿和一件内外壁有棱纹的元代青瓷花口碗残片。在奔巴岛姆库姆布发现北宋定窑白瓷碗一件及 14 世纪以后的青瓷和青白瓷,在恩达贡尼发现宋至明代的青瓷、奶白釉定窑瓷,在

①　刘岩、秦大树等:《肯尼亚滨海省格迪古城遗址出土中国瓷器》,《文物》2012 年第 11 期。

②　马文宽、孟凡人:《中国古瓷在非洲的发现》,紫禁城出版社,1987 年,第 10~16 页。

③　1~8 均采自刘岩、秦大树等:《肯尼亚滨海省格迪古城遗址出土中国瓷器》,《文物》2012 年第 11 期。

姆坦姆布韦库岛发现宋代外壁刻莲瓣纹碗,在什瓦克发现宋代内壁刻纹的瓷片,在桑给巴尔岛翁古贾发现元代瓷器,在马菲亚岛西部的基西马尼马菲亚,发现少量宋代青瓷。[①] 坦桑尼亚基尔瓦岛发现的宋元瓷器居东非沿岸各港市之首,堪称"东非的福斯塔特"。在"大清真寺"遗址出土了大量龙泉青瓷和福建、广东等地的青瓷、青白瓷以及少量德化白瓷和磁州窑、定窑、耀州窑等的瓷器。龙泉窑青瓷多为碗、盘、钵、洗、罐和器盖等日常生活用具。釉色淡绿或灰绿,多刻花、印花及贴花等装饰手法,纹样有莲瓣、瓜棱、菊瓣、双鱼、弦纹等。福建、广东等地的青瓷、青白瓷多为元代印花装饰。在"大房子"遗址除出土元代龙泉青瓷和南方青白瓷片外,还出土景德镇窑元青花瓷缠枝花纹罐、变形莲瓣纹瓶等残片。此外,在马库丹尼遗址、胡逊尼库布瓦宫殿遗址、胡逊尼恩多果遗址、蒋丸瓦清真寺遗址、"带门廊房子"遗址、松哥穆纳拉岛等地均有出土宋元青瓷或青白瓷片。[②]

　　在基尔瓦岛以南的中南非洲,宋元瓷器发现并不是很多,只有在津巴布韦、马达加斯加、南非等地略有发现。津巴布韦遗址出土了一些宋元时期的青瓷片;在马达加斯加岛上武黑马尔附近发现过许多元瓷,如龙泉青瓷贴花双鱼洗、景德镇褐斑青白瓷葫芦形小壶等;1933～1934 年,在南非马庞古布韦遗址出土有 12～14 世纪的青瓷。[③]

　　宋元东南海洋性瓷业技术中心已经由浙东地区转移到浙南龙泉等地,福建、广东等地的瓷器烧造技术与浙江的差距日益缩小。窑址分布与港市之间形成了兴衰共荣的依存局面,如随着浙东海洋性瓷业中心的南移,原本默默无闻的浙南温州港迅速崛起。北宋中期以后,东南港市中心由广州移往泉州,广东瓷业均溯江而上向内陆转移,福建泉州及其周围窑址数量剧增,呈现出一片繁荣景象。在海洋性瓷器品种上,因宋元东南船家对南海、印度洋海权的操控,中原各大名窑全在东南沿海仿烧,被纳入海洋性瓷业体系,这与唐五代阿拉伯人东来的局面有着显著的区别。东南海洋性瓷业的辐射能力大为加强,江西等内陆腹地也逐渐被纳入到这一体系之中。在海洋性瓷业消费市场方面,随着东南船家在东西洋海域航海实践的日益丰富,航路航线也日益复杂化,海洋性瓷业的消费市场也在唐五代的基础上向纵深发展。在东非等地区,海洋性陶瓷已融入到当地上层社会的日常生活之中,对其经济、文化产生了一定的影响。

---

① 马文宽、孟凡人:《中国古瓷在非洲的发现》,紫禁城出版社,1987 年,第 17～23 页。
② 马文宽、孟凡人:《中国古瓷在非洲的发现》,紫禁城出版社,1987 年,第 23～29 页。
③ 马文宽、孟凡人:《中国古瓷在非洲的发现》,紫禁城出版社,1987 年,第 32、35～36 页。

第五章

明清东南
海洋性瓷业格局的变化

第一节　朝贡、海禁与私商通番——明清东南海洋性瓷业的背景

明初,帖木儿统一了中亚,建立了强大的撒马尔罕国。大部分时间里,明朝保持了与撒马尔罕的良好关系。中国通过这条横贯中亚的商路,不但和埃及马木鲁克统治下的麦加保持着外交和贸易上的关系,甚至也和摩洛哥取得了一定的联系。宋元以来的海洋开放政策在明初被彻底改变,朱元璋为削弱海外反明势力和应对倭寇侵扰,在洪武四年(1371)、十四年(1381)和二十三年(1390)数次下诏"申严交通外番之禁",禁止百姓出海贸易。在禁止私商通番的同时,明政府积极推行官方"朝贡贸易",即"凡外夷贡者,我朝皆设市舶司以领之……许带方物,官设牙行与民贸易,谓之互市。是有贡舶即有互市,非入贡即不许其互市"。① 为使海外诸国入明朝贡,明政府除加强海禁、切断东南沿海与海外诸国的走私贸易迫其就范外,还采用厚往薄来、怀柔等绥抚手法招徕诸番。从永乐三年(1405)到宣德八年(1433),郑和七下西洋与亚非两大洲的许多国家和地区建立了友好的外交关系,发展了双方的贸易往来,交流了彼此的文化和技术,将明代官方朝贡贸易推向了顶峰。

在航海技术方面,明清两代闭关锁国的政策遏制了东南远洋帆船业的发展,在洋船东进的背景之下,东南船家逐渐从印度洋海域淡出,而主要活动于马六甲以东的南海海域。在东洋海域,随着中国东南船家航海实践的增多,东洋航路已逐步网络化,并与洋船东进所构成的亚欧大航路相衔接,使得明末东南私商支持下的海洋性瓷业拥有了更大的世界市场。

在明代与泛伊斯兰化的中西亚、东南亚、北非等地的官方朝贡贸易中,青花瓷器备受欢迎。于是在明政府扶植之下,官窑景德镇将青花瓷生产推上了巅峰并使之最终取代了各种单色釉瓷器而成为中国瓷器生产的主流。景德镇也因此成为明清瓷业生产的中心。明代中后期,伴随着朝贡贸易体系的破产,景德镇青花瓷业出现官民竞市的繁荣局面,官窑衰落,民窑兴盛,技术转移。嘉万年间,部分景德镇窑工辗转东南沿海寻找生计,青花瓷

---

① （清）王圻:《续文献通考》卷三十一"市籴考",现代出版社,1986 年,第 459 页。

业逐步向东南沿海地区进行技术转移。东南海洋性青花瓷业都是在宋元青瓷、青白瓷窑业技术基础之上，对景德镇瓷器成型、上釉、装烧等工艺加以借用、简化，对其青花纹饰加以模仿而形成的。

明清两代的禁海政策对东南民船制造业非常不利，①但是明初永乐年间，明成祖在限制民间航海的同时却集中全国优秀工匠来京组建龙江船厂，打造形体巨大的宝船以供郑和扬帆西洋，将中国官营船舶制造业推向了顶峰："洪武、永乐时，起取浙江、江西、湖广、福建、南直隶滨江府县居民四百余户，来京造船。……编为四厢。一厢出船木、梭橹、索匠；二厢出船木、铁、缆匠；三厢出舱匠；四厢出棕蓬匠。"②该船厂人员众多，分工明确，打造的郑和宝船"体势巍然，巨无与敌"，"大者长四十四丈四尺，阔一十八丈；中者长三十七丈，阔一十五丈"③，其"蓬、帆、锚、舵，非二三百人莫能举动"④。1957 年，在江苏南京下关三汊河龙江船厂旧址上发现的木质舵杆长达 11.07 米，直径 0.4 米，是迄今环中国海海域发现的最大的古代船舵遗物。⑤

明永乐、宣德以后，东南民间造船业在政府的禁锢之下日趋没落。明仁宗登基伊始即宣诏："下西洋诸番国宝船，悉皆停止。如已在福建、太仓等处安泊者，俱回南京，将带去货物仍于内府该库交收。诸番国有进贡使臣当回去者，只量拨人船护送前去。原差去内外官员速皆回京，民梢人等各放宁家。……各处修造下番海船，悉皆停止。"⑥嘉靖四年（1525），明政府令"浙、福二省巡按官，查海舡但双桅者，即捕之，所载虽非番物，以番物论，俱发戍边卫。官吏军民，知而故纵者，俱调发烟瘴"⑦。嘉靖十二年（1533），又命"兵部其亟檄浙、福、两广各官督兵防剿，一切违禁大船，尽数毁之。自后沿海军民，私与市贼，其邻舍不举者连坐"⑧。清初禁海平台之时对民间船舶的限制有过之而无不及。清康熙二十三年（1684），在收复

---

① 王冠倬：《中国古船图谱》，生活·读书·新知三联书店，2000 年，第 269～270 页。
② （明）李昭祥：《龙江船厂志》卷三"官司志"，江苏古籍出版社，1999 年，第 92 页。
③ （明）马欢：《瀛涯胜览》，中华书局，1985 年。
④ （明）巩珍著，向达校注：《西洋番国志》"西洋番国志自序"，中华书局，1961 年，第 6 页。
⑤ 叶庙梅、韩毓萱：《三汊河发现古代木船舵杆》，《文物参考资料》1957 年第 12 期；周世德：《从宝船厂舵杆的鉴定推论郑和宝船》，《文物》1962 年第 3 期；吴春明：《环中国海沉船——古代帆船、船技与船货》，江西高校出版社，2003 年，第 135 页。
⑥ 台湾"中研院"历史语言研究所校勘：《明实录》"大明仁宗昭皇帝实录"卷一上，上海古籍书店，1983 年，第 15～16 页。
⑦ 台湾"中研院"历史语言研究所校勘：《明实录》"大明世宗肃皇帝实录"卷五十四，上海古籍书店，1983 年，第 1333 页。
⑧ 台湾"中研院"历史语言研究所校勘：《明实录》"大明世宗肃皇帝实录"卷一百五十四，上海古籍书店，1983 年，第 3488～3489 页。

台湾后不久即开海禁,但同时又规定:"如有打造双桅五百石以上违式船只出海者,不论官兵民人,俱发边卫充军。该管文武官员及地方甲长,同谋打造者,徒三年;明知打造不行举首者,官革职,兵民杖一百。"①尽管明清政府再三申明对造船业的种种禁令,仍然有滨海居民私自打造违禁船只。宣德年间(1426～1435)即有"官员军民不知遵守,往往私造海舟,假朝廷干办为名,擅自下番"②。成化时,"湖海大姓私造海舰,岁出诸番市易,因相剽杀"③。嘉靖十五年(1536),"龙溪嵩屿等处,地险民犷,素以航海通番为生,其间豪纵之家,往往藏匿无赖,私造巨舟,接济器食,相倚为利"④。就船舶质量而言,民船往往较战船和官船为好。那些民间私造之船事关船主、商人之身家性命,造船者舍得花费成本并亲自督造,"造舶费可千余金,每还往岁一修辑,亦不下五六百金"⑤。而《广州通志·兵下》记载官船"承委人员,每多染指,铺行办料,通同匠人作弊。于是因陋就简,狭其制,稀薄其料,徒具一船"。其造价也仅约为民船的八分之一。为逃避官府追究,船主往往选择禁海弛疲之地私造海舶,"在福建者,则于广东之高、潮等处造船,浙江之宁绍等处置货,纠党入番。在浙江、广东者,则于福建之漳、泉等处造船置货,纠党入番。……所造海舶,必千斛以上"⑥。

明清东南船家对风帆的使用技术更趋娴熟。宋应星《天工开物》对此有详尽说明:"凡船篷,其质乃析篾成片织就,夹维竹条,逐块折叠,以俟悬挂。粮船中桅篷,合并十人力方克凑顶,头篷则两人带之有余";"凡风篷之力,其末一叶敌本三叶。调匀和畅顺风则绝顶张篷,行疾奔马;若风力渐至,则以次减下;狂甚则只带一两叶而已"。风帆的尺寸也并非越大越好,"凡风篷尺寸,其则一视全舟横身,过则有患,不及则力软"。桅座的设置、风帆的悬挂也颇有讲究,"凡舟身将十丈者,立桅必两。树中桅之位,折中过前二位,头桅又前丈余。粮船中桅,长者以八丈为率,短者缩十分之一二;其本入窗内亦丈余,悬篷之位约五六丈"。桅杆不再要求是单根通直之

---

① 《大清会典事例·光绪》卷七百七十六,台湾文海出版社,1992 年。
② 台湾"中研院"历史语言研究所校勘:《明实录》"大明宣宗纯孝章皇帝实录"卷一百三,上海古籍书店,1983 年,第 2308 页。
③ (明)何乔远:《闽书》卷四十八,福建人民出版社,1994 年,第 1215 页。
④ 台湾"中研院"历史语言研究所校勘:《明实录》"大明世宗肃皇帝实录"卷一百八十九,上海古籍书店,1983 年,第 3997 页。
⑤ (明)张燮著,谢方点校:《东西洋考》,中华书局,1981 年,第 170 页。
⑥ (明)胡宗宪:《广福浙兵船当会哨论》,《明经世文编》卷二百六十七,中华书局,1962 年,第 2825 页。

材,可随意增长,"椗用端直杉木,长不足则接,其表铁箍逐寸包围"。①

在天文导航方面,明代利用航行过程中观测天体高度变化进行导航的"过洋牵星术"正式见诸历史文献之中。如《郑和航海图》中苏门答腊西北的龙涎屿到东非索马里的葛儿得风哈甫儿雨就明确标明了该航段的针法和牵星位:"龙涎屿开船时月用辛戌针,十更船见翠兰屿(今尼科巴群岛),用丹辛针,三十更,船用辛酉针,五十更,船见锡兰(斯里兰卡),在华盖星五指内去,到北辰星四指,坐斗上山势,坐癸丑针,六十五更,船收葛儿得风哈甫儿雨。"②在《郑和航海图》中还有古里往返勿鲁谟斯、锡兰山往返苏门答腊等四幅过洋牵星图,在图上标明了各处的观星数据并注有导航提示。如勿鲁谟斯回古里国过洋牵星图的右侧导航提示为:"勿鲁谟斯回来,沙姑马开洋,看北辰星十一指,看东边织女星七指为母,看西南布司星八指平,丁得把昔看北辰星七指,看东边织女星七指为母,看西北布司星八指。"③

在地文导航方面,出现了以对景写实为主、文字航路指南为辅,既及近海又涉远洋的航海图。《郑和航海图》所绘海图既有中国东南沿海,也有东南亚地区、印度洋沿岸、东非沿岸等地区。虽然没有经纬度,但是随航线的延伸而展开,移步对景,对航行途中的障碍物、山峰、岛屿、浅滩、暗礁、水深、险狭水道、底质、港口标志等特征详加描述。如:"船取孝顺洋,一路打水九托,平九山,对九山西南边,有一沉礁打浪"④;昆仑洋,"其水不见山二十五托,沟内可五十托,过沟可三十五托"⑤;"二更船平檀头山,东边有江片礁,西边见大佛头山,平东西崎"⑥。

宋元随着指南针在远洋船舶上的广泛应用,中国东南船家在长期的航海实践基础之上,逐渐总结了一些固定航线上的导航针路。起初,这些指南针路是以师徒教授、父传子承的方式在民间流传。明清随着一些精通文字的官吏与文人亲自参与了一些航海活动,这些指南针路开始以官方文本或民间刻本、手抄等形式出现。《郑和航海图》是宋元至明初中国远洋船舶兴贩东西二洋航海针路的集大成者,其"内涵复杂、航向多变、连续不断、聚散有致,还叠加了所途航区的地文、水文、气象、天文等诸自然因素",构

---

① (明)宋应星著,潘吉星译注:《天工开物》卷下"舟车"第十五,上海古籍出版社,2008年,第248、252页。

② 向达整理:《郑和航海图》,中华书局,1961年,第54~55、57页。

③ 向达整理:《郑和航海图》,中华书局,1961年,第66页。

④ 向达整理:《郑和航海图》,中华书局,1961年,第30页。

⑤ (明)黄省曾著,谢方校注:《西洋朝贡典录》卷上"占城国"第一,中华书局,1982年,第10页。

⑥ 向达整理:《郑和航海图》,中华书局,1961年,第31页。

建了一幅横跨亚非的多点纵横交叉的综合性远洋航路网络。① 明清其他航路指南及相关书籍还有《顺风相送》《指南正法》《东西洋考》《海国广记》《海国闻见录》《渡海方程》《古航海图》等。

明清东南船家对指南针路也颇为依赖。曾随郑和下西洋的通事巩珍在《西洋番国志》说海上航行："惟观日月升坠,以辨西东,星斗高低,度量远近,皆斫木为盘,书刻干支之字,浮针于水,指向行舟。经月累旬,昼夜不止。海中之山屿形状非一,但见于前,或在左右,视为准则,转向而往,要在更数起止,计算无差,必达其所";"选取驾船民梢中有经惯下海者称为火长,用作船师,乃以针经图式付与领执,专一料理,事大责重"。②

总之,明清时期受制于政府禁令的中国造船业日趋没落,在西方夹板船和蒸汽轮船的竞争之下,中国帆船的生存空间日益缩小。同治五年(1866),闽海关税务英桂奏云:"兵燹之后,商业既属萧条,而运货民船又为洋船侵占。……是洋船日多则民船日少。"③

第二节　明清东南
海洋性瓷业格局的变化

明初海洋政策的改变使得东南海洋性瓷业受到较大的限制,建窑系黑瓷、龙泉窑系青瓷、景德镇窑系青白瓷、同安窑等仿龙泉青瓷窑口相继衰落凋零,部分窑场苟延残喘,但瓷器质量已是粗陋不堪。在元、明两代政府的扶持下,景德镇利用其优质的瓷土原料和海纳百川的窑业技术烧造青花瓷、色釉瓷及五彩瓷等瓷种,取代了没落的龙泉窑而成为东南海洋性瓷业新的中心。明代中后期,随着海禁政策的松弛,东南海洋性瓷业又重新在浙南、闽南、粤东等私商猖獗之走私港市附近崛起,并将景德镇青花瓷业技术引入东南沿海,实现了东南海洋性瓷业品种的变化。(图5-1)

① 孙光圻:《中国古代航海史》,海洋出版社,1989年,第512~520页。
② (明)巩珍著,向达校注:《西洋番国志》,中华书局,1961年,第5~6页。
③ 同治五年六月十三日,福州将军兼管闽海关税务英桂奏折,引自聂宝璋:《中国近代航运史资料》第1辑下册,上海人民出版社,1983年,第1271页。

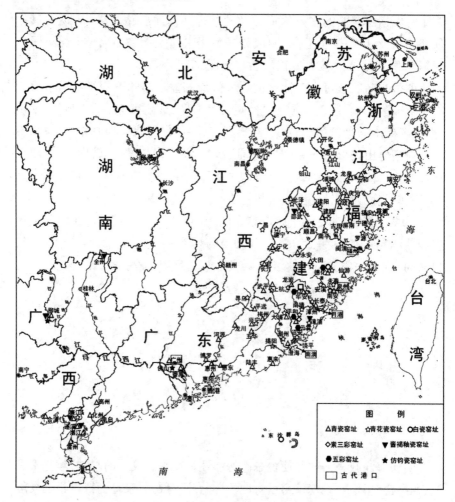

图 5-1　明清海洋性瓷业分布图

一　彩瓷时代的东南瓷业格局

入明以后,宋代形成的百花争艳的瓷业格局风光不再,钧窑窑变色釉瓷、龙泉窑青瓷、磁州窑釉下黑花、定窑白瓷、景德镇青白瓷等瓷器品种的生产日益衰落。景德镇以外的各地瓷窑日趋没落。龙泉、磁州窑系的部分窑场虽然苟存,但产品质量与瓷业规模早已不如昔日,很多仅生产日用粗瓷。在厉行私商不许通番,官方主导朝贡贸易的海禁政策打击下,民窑主导的东南海洋性瓷业迅速衰落,许多仿龙泉青瓷窑场纷纷废弃,青白瓷窑的数目也大大减少。而官窑景德镇以其优良的瓷土资源和高超的、多种多样的高低温色釉瓷器烧成技术成为中国瓷业生产的中心。①

明代初期,浙南龙泉青瓷与景德镇瓷尚可相提并论,亦能烧造一些优质产品。除元代遗留下来的龙泉县和云和县部分窑场继续沿烧外,庆元县还建立了新窑。明中期以后,其产品质量日趋粗糙,成型、施釉、装烧等各项工艺均甚草率,瓷器胎体粗笨、釉色灰暗,在与景德镇瓷器竞市中处于下风并最终在明代后期停烧。② 地处闽、浙、赣三省交界的浙江江山市,与景德镇相距甚近,陶瓷窑业素有往来。明中期后,在景德镇青花窑业的影响之下改烧青花瓷。

与浙江窑火奄奄一息相比较,福建明清时期的窑业依然兴旺。虽然各地窑址数量与规模远较宋元时期逊色,但闽南德化、永春、安溪、南安等地的瓷业却依然继续发展,尤其是德化白瓷的烧制成功,使得德化窑以"象牙白""鹅绒白""猪油白"等称号而闻名于世,成为明代景德镇之外的又一"瓷都"。③ 明代中后期,在闽北武夷山主树垅、老鹰山、郭前,闽南安溪翰苑、银坑、平和五寨、漳浦坪水等地兴建了一大批仿烧景德镇青花瓷的窑口。

除数量众多的青花瓷窑址外,闽南漳州亦新兴起一些烧造素三彩、五彩及米黄釉等瓷器品种的新窑场。位于平和县南胜镇法华村的田坑窑是福建省目前发现的唯一以烧造素三彩瓷器为主的窑场,其产品以素三彩盒为主,多销往日本、菲律宾等国,日本学者称之为"交趾香盒""形物香盒"等。平和南胜花仔楼、五寨田中央、云霄高窑、华安东溪窑等窑则多生产五彩瓷盘、碗等物,亦多见于东南亚与日本等国而鲜见于国内,日本人称之为"吴须赤绘"。华安东溪窑则是生产米黄色釉即所谓"漳窑器"的主要窑场。

明清广东陶瓷业全面复苏,其窑址数量由元代的 75 处迅速攀升到 527处。其瓷业主要分为四大区域:粤东韩江流域在景德镇青花瓷向漳州月港

① 中国硅酸盐学会编:《中国陶瓷史》,文物出版社,1982 年,第 357～359 页;栗建安:《福建古瓷窑考古概述》,《福建历史文化与博物馆学研究——福建省博物馆成立四十周年纪念文集》,福建教育出版社,1993 年,第 179 页。

② 朱伯谦:《龙泉青瓷简史》,《龙泉青瓷研究》,文物出版社,1989 年,第 29 页;中国硅酸盐学会编:《中国陶瓷史》,文物出版社,1982 年,第 390～391 页;阮平尔:《浙江古陶瓷的发现与探索》,《东南文化》1989 年第 6 期。

③ 栗建安:《福建古瓷窑考古概述》,《福建历史文化与博物馆学研究——福建省博物馆成立四十周年纪念文集》,福建教育出版社,1993 年,第 179 页;冯先铭主编:《中国陶瓷》,上海古籍出版社,2001 年,第 536～537 页。

寻求外销出路的过程中,在宋元青瓷窑业技术基础上仿烧景德镇青花瓷,在兴宁、大埔、饶平、潮州、揭阳等地涌现出大量青花瓷窑;韩江流域与东江流域之间的广大区域,如惠来、陆丰、博罗、惠阳、惠东、河源、龙川等地继续沿烧宋元间风靡浙闽的仿龙泉青瓷;珠江口的佛山石湾等窑大量仿烧钧窑等名窑产品,清代珠江南岸等地的瓷窑在景德镇白瓷坯上依照西洋画法施以彩绘,形成有名的"广彩";雷州半岛的廉江、遂溪等地,明清时期窑火依然兴旺,大量烧制民用酱褐釉、青釉或青白釉等瓷器。明清广东流行用龙窑烧瓷,在东江流域等地馒头窑依然使用,在毗邻福建的大埔等地发现了阶级窑。①

自元代衰落的广西瓷业在明清时期依然处于低迷状态。原本就以桂北和桂东南为陶瓷倾销地的景德镇陶瓷在明清时期成为全国瓷都,江西和临近省份发达的瓷窑业使得广西瓷业的生存空间日益缩小。明清随着广东瓷业的逐渐恢复,既没有韩江、东江、珠江口、雷州半岛那样的地理位置优势,又没有景德镇制瓷技术优势的广西瓷业,其衰落低迷在所难免。明清广西仅有全州、柳城、合浦、北海等地零星分布一些青瓷窑址,且多以日用粗瓷的生产为主。广西北海在没有直接的山坡地势可以利用的情况下,以地表耕土和河沙垒筑而成的斜坡龙窑颇具特色。

二 明清东南海洋性瓷业的文化内涵

明初,浙南龙泉尚能生产一些优质产品。明万历中期以后景德镇官窑青花瓷器所用的"浙料"部分产自江山。在景德镇青花窑业的影响之下,江山利用自产青料的优势,在原有瓷业技术基础上烧造青花瓷。江山明代窑址仅3处,分别为峡口镇三卿村米碓顶窑址、白洋村沙槽坑顶洋槽窑址和碗窑乡碗窑村桐子坞窑址,窑址分布面积分别为200、200、150平方米,各处堆积厚度最厚处1~3米。地表采集有大小碗、盆、碟、杯等青花瓷片,胎质粗糙,胎色灰白,釉色白中泛青或青泛灰白,青花呈色灰褐。青花纹样多为花草纹,线条流畅。窑具有垫饼、托座等。装烧方法为托座叠烧。清代江山依然有清湖镇山后村窑山和峡口镇三卿口两处窑址,其中三卿口青

① 曾广亿:《广东瓷窑遗址考古概要》,《江西文物》1991年第4期;广东省博物馆:《广东考古十年概述》,《文物考古工作十年》,文物出版社,1990年,第226页;冯先铭:《中国陶瓷史研究回顾与展望》,《中国古陶瓷研究》第4辑,紫禁城出版社,1997年,第4页。

花瓷窑址面积近 3000 平方米,窑炉为长约 35 米的龙窑,堆积厚度达 3 米,装烧方法采用匣钵叠烧,自清乾隆年间建窑并一直延续到近代。① 除江山市外,浙江常山县、开化县、瑞安陶山区等地也发现了数处青花瓷窑。②

明清福建窑业有了进一步的发展。德化白瓷创烧成功,德化县的明清白瓷窑址约有 31 处,主要分布于浔中镇、三班镇、葛坑镇及龙浔镇一带,其中尤以浔中镇最为集中。2001 年福建省博物馆等单位对龙浔镇宝美村甲杯山窑址进行了发掘,共清理窑炉遗迹 3 座,Y1、Y2 叠压于 Y3 之上,Y1 和 Y2 的方向、结构、形式基本相同,都为分室龙窑。两窑残长分别约为 20 米和 17 米,窑室前窄后宽,窑室分间,有隔墙,墙下有一排竖长方形通火孔,窑底为斜坡式沙底。窑外有护窑墙。产品均为白瓷,胎骨虽略厚却温润如玉,釉色白如凝脂,在光照下隐现出肉红或乳白的色调,胎釉结合紧密。器形主要有碗、盘、碟、盏、杯、钵、罐、洗、瓶、炉、灯、砚以及观音、弥勒、狮、兔、猴、寿桃等瓷塑作品。器表纹饰较少,而刻意追求材料的质地美。窑具主要有筒形匣钵、支圈、支钉、垫饼、垫柱、垫座、火照等。装烧方法主要为匣钵正烧。德化白瓷的盛烧时期约在明代中期前后。明代中叶以后,景德镇青花瓷业技术经广昌越戴云山脉传播到了这里,白瓷生产日益粗糙进而衰落。明代德化白瓷雕塑颇负盛名,其瓷塑观音、达摩像给人以一种清净、圣洁的美感。明宋应星《天工开物》曰:"凡白土曰垩土,为陶家精美器用。中国出惟五六处,北则真定州……南则泉郡德化……德化窑惟以烧造瓷仙、精巧人物、玩器,不适实用。"③

明清之际,漳州等地崛起了一批烧造素三彩、五彩及米黄釉等瓷器品种的新窑场。田坑窑是一处以烧造素三彩瓷器为主的窑场。它位于平和县南胜镇法华村东古洋溪谷边沿的山麓坡上,东古洋溪汇入南胜河后直通九龙江。多次的调查发掘表明田坑窑是一个烧造时间较短、规模较小的民间窑场,产品以专供外销的素三彩盒为大宗。瓷器种类可分素瓷、素三彩瓷、青花瓷等。素三彩瓷的半成品素瓷数量最大,约占 85% 以上,其胎质略粗,胎色多呈灰黄。素瓷和素三彩瓷内壁的青灰、米黄、白色等釉是在第一次入窑时高温烧成的,器表彩色釉是第二次入窑低温焙烧而成。彩色釉多施于盒盖部分,颜色偏重于绿、紫等色。器形以盒占绝大多数,此外还有盘、碟、碗、罐、钵、瓶、杯、盏及笔架等。数量最多的盒类瓷器造型各异,多

①　姜江来:《江山古窑址调查》,《东方博物》第 20 辑,浙江大学出版社,2006 年。

②　阮平尔:《浙江古陶瓷的发现与探索》,《东南文化》1989 年第 6 期。

③　(明)宋应星著,潘吉星译注:《天工开物》卷中"陶埏"第十一,上海古籍出版社,2008 年,第 248、252 页。

模制成龟、鸟、象、蛙、蟹等动物形状和瓜形、竹节状、莲花、莲瓣、松球、牡丹等植物花卉形。器表装饰多见模印和刻划两类。纹样主要有梅花、菊花、莲花、仙桃、鱼藻、海水波浪、荷塘芦雁、如意云头等。窑具主要有筒形和"M"形匣钵以及支钉、垫柱、垫饼、垫圈、火照、印模等。素三彩瓷器多经两次烧成,第一次匣钵高温正烧,匣钵底垫一层沙,以防匣钵同器物相粘;第二次低温烧成,以支钉将器底与匣钵隔开。田坑窑的产品多见于日本、菲律宾等国,日本学者称之为"交趾香盒""形物香盒"等。其窑址烧制年代约在明代末期。①

生产五彩瓷的窑址主要有平和南胜花仔楼(图5-2)、五寨田中央、云霄高窑、华安东溪等窑。其胎质坚密,胎体厚重,胎色灰白,釉色青灰,釉面黯淡无光,内壁满釉,外壁多不及底。器形以盘、碗为主,也有盆、罐、瓶等。装饰技法主要为实笔绘画,纹样主要有开光凤凰牡丹、折枝花、麒麟、狮、楼阁、山水、印章纹等。其彩绘多用红色,配以绿、褐、黄等色点缀,色彩鲜艳、色调柔和。五彩瓷多见于东南亚与日本等国,日本人称之为"吴须赤绘"。其烧造年代亦在明代末期。②

华安东溪窑是生产米黄色釉即所谓"漳窑器"的主要窑场,其窑址主要分布于下东溪的寨仔山、洪门坑、东坑庵、松柏下和媳妇寮等地。窑址分布面积约6000平方米,其中寨仔山发现了暴露的阶级窑窑炉(图5-3)。这些窑生产的米黄釉瓷胎质略显粗疏,胎色呈淡黄、浅灰、浅褐等色,釉色白中泛黄,釉面普遍有细小开片。器形主要有炉、瓶、鼎、觚、佛像等陈设器,碗、盘、系、盅等日用器,砚、笔架、盂等文房用具等。米黄釉瓷多素面,即使有纹饰也较简单,装饰技法有堆贴、镂雕、模印、刻花等。窑具有筒形、"M"形匣钵,垫饼,垫圈等。装烧方法主要为匣钵正烧,用垫饼和垫圈垫烧,也有涩圈叠烧。漳窑米黄釉器创烧于明代中期,鼎盛于明晚至清初,清中期衰落。③

① 林公务、郑辉:《平和田坑窑及出土"素三彩"瓷器的初步研究》,《交趾香盒特别展——福建省出土文物与日本的传世品》,日本茶道资料馆编,1998年,第144~151页。

② 傅宋良:《闽南陶瓷概述》,《闽南古陶瓷研究》,福建美术出版社,2002年,第9页;福建省博物馆:《漳州窑——福建漳州地区明清窑址调查发掘报告之一》,福建人民出版社,1997年,第109页;漳州市博物馆:《2006年度漳州市古窑址调查报告》,《福建文博》2007年第4期。

③ 吴其生:《中国古陶瓷标本·福建漳窑》,岭南美术出版社,2002年,第1~31页;傅宋良:《闽南陶瓷概述》,《闽南古陶瓷研究》,福建美术出版社,2002年,第9~10页。

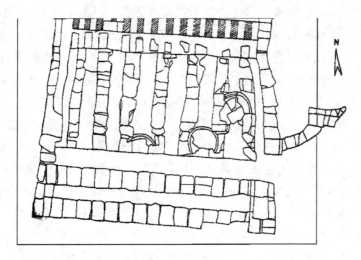

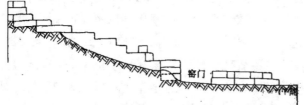

图 5 - 2　花仔楼窑址 Y3 平面、剖面图①

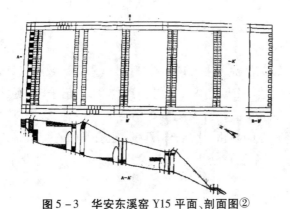

图 5 - 3　华安东溪窑 Y15 平面、剖面图②

① 采自福建省博物馆:《漳州窑——福建漳州地区明清窑址调查发掘报告之一》,福建人民出版社,1997 年,第 40 页。

② 采自福建省博物馆:《漳州窑——福建漳州地区明清窑址调查发掘报告之一》,福建人民出版社,1997 年,第 101 页。

明代中后期,在景德镇青花瓷向东南沿海技术转移的过程中,粤东大埔高陂、饶平九村等地亦兴建了大规模的青花瓷窑址群。高陂位于韩江上游沿岸,明清以来一直是粤东的瓷器重要产区,其产品可顺江而下直达樟林港和粤东明清走私港南澳。九村位于黄岗河边,瓷器也可通过水运出海。1974年,广东省博物馆在饶平九村调查时发现四期遗存。第一期为元至明嘉靖前后。仅见于郑屋坷窑址下层。主要烧造青瓷和青白瓷,在青釉堆积上部采集的两件青花碗,胎骨、器型、釉色均与青釉碗同,说明九村窑场大约是嘉靖年间起由青釉器改烧青花瓷的。第二期为嘉靖至明末。窑址分布于郑屋坷、顶竹坪、三斗坑、老屋坷和铁寮坑等地。全为青花瓷,胎质细腻坚薄,胎色洁白,釉面光洁润泽,青花呈色较深,显普蓝色。青花主要绘于器物内底心和外壁,纹样有山石、灵芝、兰草、折枝花、天官、童子、仙鹤、鱼藻、团龙、鸳鸯等,笔法流畅,风格简朴。瓷器匣钵单件装烧,钵底垫沙,器底成沙足。第三期为清初以至嘉庆、道光时期。遗存明显减少,分布于三斗坑、老屋坷、下坪铺和铁寮坑等地。青花呈色较前期浅淡明亮,器型也较大。青花绘画逐渐趋于草率。器物仍为匣钵单件装烧,足底垫沙。第四期为清嘉庆、道光直至近代。遗存散布于除郑屋坷和顶竹坪外的各窑址。器型硕大,胎体厚重。青花呈色更为鲜艳明亮,绘画也更趋草率,很多山水、花卉多为写意,难辨图形。圈足内多写商号字款。沙足器减少,修足多较规整平滑。饶平九村窑址的调查清楚地表明,明清东南青花瓷业是景德镇青花瓷向东南沿海技术转移过程中与闽粤本土原有海洋性青瓷业相结合的产物。①

明代广东仿龙泉窑址主要位于韩江流域、东江流域及二江之间的沿海广大地区。在大埔、兴宁、五华、龙川、河源、澄海、惠来、平远、陆丰、惠州、惠阳、惠东、博罗等市县均有发现仿龙泉窑址,另外在珠江口的中山、番禺以及雷州半岛附近的高州、化州、遂溪等地也有类似青瓷窑址发现,共发现窑址约53处。广东明代仿龙泉青瓷窑业的兴起与明清港市的变迁息息相关。

① 何纪生、彭如策等:《广东饶平九村青花窑址调查记》,《中国古代窑址调查发掘报告集》,文物出版社,1984年,第155~161页;王新天、吴春明:《论明清青花瓷业海洋性的成长——以"漳州窑"的兴起为例》,《厦门大学学报》(哲学社会科学版)2006年第6期。

"太祖洪武初年,设市舶司于太仓黄渡,寻罢。后设市舶司于宁波、泉州、广州。宁波通日本,泉州通琉球,广州通占城、暹罗、西洋诸国。"①明代,泉州港衰落,广州逐步恢复成为东南沿海的中心港区。加之随着葡萄牙、西班牙人的东来,其贸易通商区域和陶瓷外销市场大为扩展。因此,除粤东韩江流域的青花瓷产业外,宋元间风靡浙闽的仿龙泉青瓷也在韩江、东江及二江之间的沿海广大地区迅速扩张。② 1960 年,由广东省文物部门和华南师院历史系联合发掘的惠阳新庵三村窑是明代广东仿龙泉窑的典型代表。新庵三村窑址位于惠阳县城东约 80 千米的新庵三村虾公塘山、烂麻坑山、埔顶山和三官肚山一带。烂麻坑山、埔顶山和三官肚山分别发现半倒焰馒头窑一座。三官肚窑址方向正西南,窑壁与窑顶均系用白色土夯打而成,分窑门、火膛、窑床、烟道 4 部分。窑门宽 0.68 米,高 1.14 米。火膛低于窑床 0.46 米,长 0.6 米,宽 1.24 米,残留大量植物炭末。窑床宽 3.02 米,长 2.6 米,堆积内含大量匣钵、渣饼、垫环、瓷片和炭末等。窑床后壁设五个长方形的烟门,壁后是三个罐形烟道,通高 2.86 米。三官肚馒头窑窑形与北方地区流行的馒头窑极为相似,不同的是北方馒头窑在宋以后燃烧室都多了一个漏灰炉箅的设施,说明北方已改用煤炭作为主要燃料,惠阳县三官肚馒头窑则依然使用草木烧瓷。(图 5-4)惠阳三村窑虽然是一处仿龙泉青瓷窑场,但是其烧成技术却与龙泉窑的龙窑技术明显不同,由此我们可见广东窑业技术的复杂性与多样性。三村窑所烧瓷器胎质坚硬,胎色灰白或砖红,釉色以青釉为最多,约占 70%,其他还有灰釉、黄釉和白釉,外壁施釉不及底,圈足露胎。瓷器种类有碗、杯、折沿盘、盆等。花纹装饰不甚复杂,多刻划弦纹、水波纹、菊瓣纹等,碗心印"福""寿""溪""晴"等文字。窑具主要有漏斗形匣钵、垫环、渣饼、火照等。装烧方法应为匣钵正烧,垫以渣饼和垫环等。新庵三村各处窑址所烧瓷器釉色、胎体、造型与烧造方法基本相似,年代大体一致,约为明代早中期。③

佛山石湾窑位于珠江口地区的佛山市石湾区石湾镇,创烧于唐,发展于宋,盛于明清。直至近代,佛山石湾窑火依然不断。其中龟山原为石湾

① (清)张廷玉等撰:《明史》卷八十一"志"第五十七"食货"五,中华书局,1974 年,第 1980 页。

② 曾广亿:《广东明代仿龙泉青瓷及其外销初探》,《中国古代陶瓷的外销——1987 年福建晋江年会论文集》,紫禁城出版社,1988 年,第 88~93 页;曾广亿:《广东瓷窑遗址考古概要》,《江西文物》1991 年第 4 期。

③ 广东省文物管理委员会、华南师范学院历史系:《广东惠阳新庵三村古瓷窑发掘简报》,《考古》1964 年第 4 期;熊海堂:《东亚窑业技术发展与交流史研究》,南京大学出版社,1995 年,第 68~75 页。

"上窑"的龙窑集中之地,现存面积数千平方米,堆积层最厚处达 3.5 米。在明清龙窑及遗物堆积下叠压着南宋至元代窑址遗物堆积。南风灶龙窑,建于明正德年间,窑壁和窑顶均以沙砖结砌,窑膛略呈船底形,窑长 32.6 米,窑膛高 1.8 米,宽 2.38～2.5 米,窑身左右两侧分设 4 个和 2 个窑门,窑顶有 34 排火眼。此龙窑依然为现代陶瓷厂所沿用。石湾窑产品胎体多较厚重,釉层较厚,釉面光泽润洁,以善仿钧窑的蓝色、玫瑰紫、墨彩等窑变釉而闻名。石湾窑仿中有创,钧窑的窑变釉是一层釉色,而石湾窑窑变釉却有底釉与面釉之分,其中称为"雨淋墙"的品种最为著名。明代晚期以来制品上往往印有店号、作者姓名等款识。清代除生产陈设瓷、文房用具外,还大量生产瓦脊等建筑用陶和碗、碟之类的日用器皿。

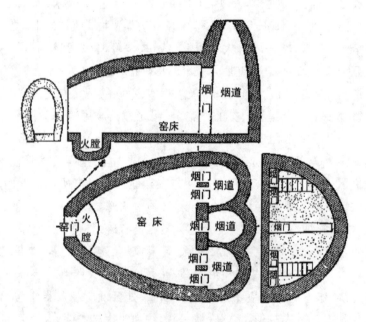

图 5 - 4 三官肚窑址平面、剖面图①

清初,广州为中国主要通商口岸,中国商人于景德镇订制白瓷,运抵广州后,于珠江南岸设炉烧瓷,依照西洋画法加以彩绘,图案多用大红大绿、金彩等色,浓重艳丽,绚彩辉煌。清刘子芬《竹园陶说》:"海通之初,西商之来中国者,先至澳门,后则逐广州。清代中叶,海舶云集,商务繁盛,欧土重华瓷,我国商人投其所好,乃于景德镇烧造白器,运至粤垣,另雇工匠,仿

---

① 采自广东省文物管理委员会、华南师范学院历史系:《广东惠阳新庵三村古瓷窑发掘简报》,《考古》1964 年第 4 期。

照西洋画法,加以彩绘,于珠江南岸之河南,开炉烘染,制成彩瓷,然后售之西商。"①

雷州半岛及其周围的廉江、遂溪、湛江、雷州、电白、化州等地,明清时期窑火依然兴旺,但是窑业规模和产品质量均不如宋元时期。窑炉结构依然以龙窑为主,廉江县也发现个别窑用馒头窑烧造黄釉印花瓷器。产品以酱褐釉、青釉或青白釉等民用粗瓷为主。器形主要有碗、杯、碟、盅、瓶、罐、壶、灯盏、砚、烟斗、煲、陶网坠等。其中位于廉江县车板镇的碗窑村窑址,亦烧造碗、碟、盆、罐、瓮、钵、灯盏、香炉等青花瓷器。②

自元代衰落的广西瓷业在明清时期依然处于低迷状态,仅有全州、柳城、合浦等地零星分布一些青瓷窑址,且多以日用粗瓷的生产为主。

位于桂北湘江岸边的全州永岁乡藤家湾初发村窑在明清依然烧造青釉、酱釉等日用粗瓷。初发村窑址面积约 3 万平方米,堆积丰富。产品胎质粗糙,胎体厚重,胎色灰或红色,釉色主要为青釉和酱釉两种,釉层较薄,釉面光洁度差。器形以缸、坛、罐为多,还有碗、碟、杯、钵、盆、壶等。器表装饰较少,多为素面。器物装烧多为支钉叠烧。③

桂中的柳城窑址虽然多数窑口在元以后衰落,但是也有部分地方零星烧造坛、罐等粗器。位于柳城县洛崖乡洛崖圩渡口西侧及对岸岗地上的洛崖窑烧造年代较木桐等窑址略晚,可能延烧至明代。产品多为碗、盏、盘、碟、罐、缸等日用瓷器,釉色以青釉为主,也有酱釉和仿钧瓷等。纹饰较少,有莲瓣纹、卷草等,碗心印有"福""寿"等文字。装烧方法均为明火叠烧。大埔窑址的部分窑口烧造年代最晚至清代,产品也多为日用粗瓷。④

明代,在今广西北海市银海区福成镇周围仍然有一些青瓷窑址维持生产。上窑窑址,位于银海区福城镇西约 500 米的上窑村,有福成河自北向南从福成镇与窑址之间流过。窑址破坏严重,窑包残高约 15 米,占地约 100 平方米。下窑窑址位于银海区福成镇下窑村,共有 12 座窑包,窑址分

① 广东省文化厅编:《中国文物地图集·广东分册》,广东省地图出版社,1989 年,第 396 页;佛山市博物馆:《广东石湾古窑址调查》,《考古》1978 年第 3 期;中国硅酸盐学会编:《中国陶瓷史》,文物出版社,1982 年,第 441~442、453 页;冯先铭主编:《中国陶瓷》,上海古籍出版社,2001 年,第 590 页。

② 广东省文化厅编:《中国文物地图集·广东分册》,广东省地图出版社,1989 年,第 434 页;邓杰昌:《广东雷州市古窑址调查与探讨》,《中国古陶瓷研究》第 4 辑,紫禁城出版社,1997 年,第 210~218 页。

③ 广西壮族自治区文物工作队、全州县文物管理所:《全州古窑址调查》,《广西考古文集》,文物出版社,2004 年,第 98~99 页。

④ 广西壮族自治区文物工作队、柳城县文物管理所:《柳城窑址发掘简报》,《广西考古文集》,文物出版社,2004 年,第 63~79 页。

布面积约 3 万平方米,范围较大,窑址的保存情况也较好。红坎岭窑址位于银海区福成镇卖兆社檀山村,仅有一个窑包,高 7.2 米,面积 154 平方米。东窑、西窑窑址分别位于铁山港区营盘镇火禄居委会的东窑村和西窑村,共发现 14 座窑包遗存,其中东窑村 6 座,西窑村 8 座,窑址主要分布在宽约 200 米的古河道东西两岸。北海市银海区的这四处窑址只有上窑窑址于 1980 年由广西文物工作队和合浦县博物馆进行过抢救性发掘。出土器形主要有罐、壶、盆、瓮、碗、钵、烟斗等,胎色多为灰白,釉色青中带黄,挂釉厚薄大体均匀。器物以素面居多,仅少部分如壶、瓮、盆等器物饰简单的水波纹、云雷纹、蜜蜂纹和海鸟纹。有些器物腹部用釉下红彩书"福""禄""寿""喜""长""命"等吉语,有的盆底部书红彩"盆"字。其中壶最具有地方特色,一种为喇叭形口,扁圆腹,平底,长流,在流与肩之间有一扁状曲形条相连。另一种壶为直口,口沿有一个三角形短流,长圆腹,平底,肩一侧有一管状把柄。北海的几处窑址都是在瓷土原料、柴草燃料和水陆海运便利的地方选址建窑。其窑炉结构也与广西其他地区发现的斜坡式龙窑明显不同。因为没有直接的山坡地势可以利用,所以当地窑工因地制宜的将地表耕土和河沙垒筑成斜坡,然后再在其上建筑窑床,以后每烧造一次,废品及窑渣即就地倒放,随后又在废品堆上修造窑床,从而不断增高窑床床位的高度及倾斜度,最后形成一座座窑包。北海市银海区青瓷龙窑的发现为研究中国沿海地区古代龙窑窑炉结构特点提供了新的资料。① 1980 年11 月,在对上窑窑址进行发掘时,发现了一件背刻"嘉靖二十八年四月二十四日造"楷书款的压槌,说明上窑窑址的烧造年代当属明代嘉靖年间。② 下窑村、红坎岭窑、东窑、西窑等窑址所烧造的产品釉色、胎质和纹饰均与上窑窑址所出相同或相似,年代应同属明代。清人王露《烟筒传赞》曰:"前明嘉靖间有烟者,本粤东夷产,以医术游中华,善治瘴疠,驱寒疾,消膈胀,屡试辄效,中土人争延致之。"上窑村瓷烟斗的发现为研究烟草输入中国的时间问题提供了实物依据,说明广西北海在明嘉靖时已经为适应海上作业而生产耐用防水的瓷烟斗了。③

---

① 邓兰:《北海古窑址群初探》,《广西社会科学》2006 年第 3 期。
② 广西文物考古工作队:《广西合浦上窑窑址发掘简报》,《考古》1986 年第 12 期。
③ 广西壮族自治区博物馆编:《广西博物馆古陶瓷精粹》,文物出版社,2002 年,第 18 页。

三　青花瓷业从内地向沿海转移的历史轨迹

　　明代中后期粤东闽南"漳州窑"的兴起将明清闽粤海洋性瓷业带入到一个新的发展时期。"漳州窑"是指明清时期遍布于粤东闽南地区,以宋元东南青瓷窑业技术为基础,以仿造景德镇青花瓷的造型和纹饰为主要特征的庞大窑系。早在20世纪50年代,故宫博物院陈万里先生就曾对漳州地区的古代窑址进行过调查。① 到80年代,福建文物考古部门在漳州地区已经发现了几十处各个时期的古窑址,并对其中的平和县南胜、五寨和华安下东溪头等古窑址进行了专题调查。② 1990年,曾凡、栗建安、朱高建等人对平和县窑仔山、垅仔山、巷口等古窑址进行了专题调查,根据这些窑址内涵的文化特征,提出了"漳州窑"的概念。③ 1994年,中日在福州"明末清初福建沿海贸易陶瓷的研究"学术讨论会上,对"漳州窑"的文化内涵及其外销等问题进行了初步的探讨,之后福建博物院等单位相继对平和南胜花仔楼、五寨大垅、二垅等窑址进行了系统的发掘,"漳州窑"的文化面貌日益清晰地展现在学术界面前。随着调查范围的扩大,同类遗存还扩大到闽南晋江流域和粤东沿海地区。

　　"漳州窑"以仿烧景德镇青花瓷为主要特征,但是元以前青花瓷与当时国内大多数消费者的审美观念暂还不吻合,青花瓷业被官方控制,只生产元王朝向下番牟利的定向产品。④ 入明以来,永乐皇帝为了"利诱诸蕃,使万国来朝",派郑和六下西洋,为东南亚、南亚、西亚、北非、东非海岸等地穆斯林所喜爱的青花瓷便成为主要礼赠和贸易的货物。⑤ 官窑制度的建立更是将青花瓷的生产推向了高峰,官窑景德镇迅速发展为青花瓷都。明代前期官府对青料和青花瓷器的控制,使得青花瓷业的发展在相当长一段

---

　　① 陈万里:《调查闽南古代窑址小记》,《文物参考资料》1957年第9期。

　　② 福建省博物馆:《漳州窑——福建漳州地区明清窑址调查发掘报告之一》,福建人民出版社,1997年,第5页。

　　③ 福建省博物馆考古部、平和县博物馆:《平和县明末清初青花窑址调查》,《福建文博》1993年第1、2期合刊。

　　④ 张松林、廖永民:《唐代青花瓷探析》,《中原文物》2005年第3期;罗学正:《青花瓷产生与发展规律探讨》,《江西文物》1990年第2期;马希桂:《中国青花瓷》,上海古籍出版社,1999年,第13页;冯先铭:《有关青花瓷器起源的几个问题》,《文物》1980年第4期。

　　⑤ 张咏梅:《阿拉伯—伊斯兰装饰艺术风格与中国外销瓷》,《文博》2003年第1期。

时间内局限于景德镇及其周边地区。①

明代中后期,伴随着朝贡贸易体系的破产,景德镇青花瓷业出现官民竞市的繁荣局面,官窑衰落,民窑兴盛,技术转移。嘉万年间,景德镇出现的洪灾、窑工起事、瓷土资源短缺的情况使其瓷业陷于内外交困之中。部分窑工辗转东南沿海寻找生计,青花瓷业逐步向东南沿海地区进行技术转移。从目前的窑址考古线索来看,景德镇青花瓷烧制技术向福建、广东的转移主要有三条线路:一是由铅山五里峰窑向闽北武夷山主树垅、老鹰山、郭前等传播的北线;一是由广昌高虎脑乡中寺村窑向安溪翰苑、银坑等窑址直接传播的中线;一是由赣南的寻乌桂竹帽、安远镇岗、赣县上碗棚等地经广东大埔、饶平向漳浦坪水窑和平和五寨传播的南线。(图5-5)

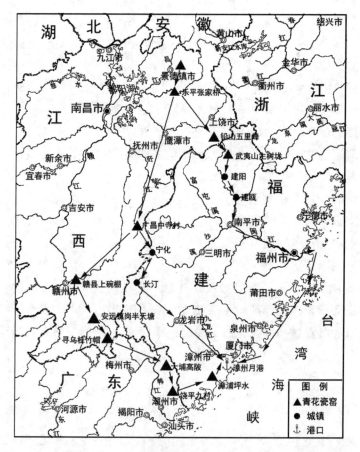

图5-5　明中后期赣、闽、粤青花瓷窑分布图及景德镇青花瓷外销路线图

---

①　甄励:《明代景德镇民间青花制瓷业述略》,《景德镇陶瓷》1986年第3期。

　　在北线上,赣东的铅山县五里峰窑是一处明代中后期的青花瓷窑址。① 该窑产品以壶、高足杯等茶具为主,也有香炉、罐、碟、盘等,瓷胎细腻,表面施以青白釉,玻璃质感强。青花呈色较淡,纹饰主要有缠枝牡丹、缠枝莲、缠枝菊、剑兰花、圆钱纹等,在壶腹、碟底多有"福""寿"等字。窑具有垫饼、匣钵、垫柱等。武夷山山脉福建一侧的武夷山市也发现了主树垅、老鹰山、郭前等明中后期青花瓷窑址。② 主树垅窑址青花产品以碗类居多,白胎白釉,同窑还出土青瓷。老鹰山窑址也多出碗、罐等器类,青花呈色浅淡。郭前窑址器形以碗、罐为主,纹饰为鸟禽花卉等,青花呈色浅淡,碗内圈多"福""寿"等字,窑具有高、矮两种碗垫。闽北青花瓷窑与江西铅山五里峰窑在产品种类、装饰图案、釉色、烧制技术等方面都极为相似,应当是景德镇窑系在明中后期向闽江上游的扩张所致。沿崇阳溪、建溪、闽江而下,在沿线的建阳、建瓯、古田、闽清、罗源等地均有青花瓷窑的分布。

　　在中线,广昌县境南部的中寺河沿岸共发现了 16 座明代青花古瓷窑,③均为阶级窑,一般有 4~6 个窑室,产品以碗为大宗,其他还有壶、罐、灯等器物,胎体厚重,有生烧现象,器物表面施以青白釉,多伴有自然开片现象,有的有明显的橘皮纹。碗类挖足草率,底足中心常常有乳钉状突起,部分器足泛火石红斑点,碗内壁有涩圈叠烧痕迹。纹饰有缠枝菊花、松、竹、梅、水草、双鱼等,有的碗壁有"招财进宝"吉言款,有的壶腹有"福""喜"等吉语。福建安溪在嘉靖时期也开始制作青花瓷。嘉靖三十一年版《安溪县志》记载:"磁器色白而浊,昔时只做粗青碗,近而制花又更清,次于饶瓷,出崇善、龙兴、龙涓三里,皆外县人作也。"④翰苑窑区和银坑窑区的产品相似,主要有碗、盘、罐、炉、盂、灯座等,以碗为主。瓷器胎质较粗,满釉,青料因涣散而模糊,圈足露胎,碗内壁涩圈叠烧。许多碗底足常见明显的轮状旋削痕,即所谓"跳刀"。外壁饰折枝牡丹、缠枝菊、山水等,内壁器心则多饰小品青花及"福""寿""禄"等单字款。窑具发现有带圈足的瓷质碗垫。银坑还发现了残存的阶级窑遗迹。安溪翰苑窑、银坑窑区与广昌中寺河沿岸的青花瓷窑在胎质、器物造型和种类、纹饰、挖足风格、窑炉结构与装烧工艺上有着诸多雷同,因此两者之间有着渊源关系。青花瓷技术

---

① 王立斌:《江西铅山五里峰窑址调查》,《南方文物》1999 年第 4 期。
② 罗立华:《福建青花瓷器的初步研究》,《东南考古研究》第 1 辑,厦门大学出版社,1996年,第 93 页。
③ 姚澄清:《广昌发现的明代青花瓷窑》,《南方文物》1985 年第 2 期。
④ (明)林有年:《安溪县志》,《天一阁藏明代方志选刊》第 33 册,上海古籍书店,1982 年,第 33 页。

传入后,泉州青花瓷业逐渐兴盛起来。其中安溪青花瓷窑共110处,主要分布于西溪、兰溪流域的魁斗、长坑、龙涓、尚卿等乡。德化青花瓷窑130余处,主要分布于浔中、三班、上涌、葛坑等地,很多瓷窑是明代中叶以后在白瓷生产的基础上改烧青花瓷的。清康乾时期,德化青花瓷取代白瓷,成为瓷业的主流。永春发现窑址13处,主要分布在介福、苏坑、湖洋、东平等乡。南安仅在东田乡发现3处青花瓷窑。①

在南线上,赣南的寻乌桂竹帽、全南大庄、安远镇岗半天塘、赣县上碗棚等地也发现了明中后期的青花窑址。② 其中安远镇岗半天塘发现4个地点5座窑炉,为分室斜底龙窑,产品多为碗、盘、碟、钵等日常用瓷,胎质灰白,釉色多青灰、青褐等色,青花呈色较浅淡,釉多不及足,碗底有叠烧痕迹。纹饰简单,多弦纹、梅花纹、水草纹、缠枝菊、如意云纹和鱼纹等,在碗、壶的外壁及碗底内圈多用“福”“寿”或“福禄寿”三字与花卉配合组成混合纹饰。赣县上碗棚窑址为一处分室阶级龙窑,其产品胎质细腻洁白,青花色泽灰淡,釉色多样,有黑釉、青釉、黄绿釉、白釉、青白釉和青花6种,器形主要有壶、炉、碗、杯、盏、豆、灯等,壶腹有草书“福”字青花款,碗外壁青花似为潦草的兰花纹。其他如寻乌桂竹帽、全南大庄等地的青花瓷窑均为斜坡式龙窑,产品也多为碗、盘、壶、杯等日常生活用品,青花绘画多粗放潦草,纹饰除常见的缠枝花卉、水草、如意云纹、鱼纹、太极外,还有“福”“禄”“寿”“喜”等吉言款。在赣南青花瓷业的直接影响下,粤东饶平九村窑场大约从嘉靖年间起由青釉器转烧青花瓷器。③ 饶平九村的郑屋坷窑址青花瓷碗胎质粗松,釉层薄,开冰裂纹片,釉色偏青白和青灰,外壁画青花卷草纹,足部四周露胎,足内挖修不规整,足端因垫沙而成沙足。漳浦坪水窑青花瓷与饶平九村的青花瓷窑场有着密切的关系。有关坪水窑的历史,当地老乡称之为“尧遍”瓷,“尧遍”是闽南话广东“饶平”的音转。④ 坪水窑青花瓷产品胎质粗松,胎色灰白,釉色有淡青、浅灰等色,釉面有冰裂纹,青花发色多为青灰或青黑色。器形主要有碗、盘、洗、炉等,器物满釉,足底或圈足内露胎,足底都粘沙。碗外壁画卷草、花卉等纹饰,碗心则绘龙首、三

① 傅宋良:《闽南明代青花瓷器的生产与外销》,《厦门博物馆建馆十周年成果文集》,福建教育出版社,1998年,第128~144页。

② 童有庆、黄承焜等:《赣南文物工作概述》,《南方文物》1984年第2期;欧阳意:《安远县发现明代瓷窑》,《南方文物》1984年第2期;李科友:《江西考古调查发掘大事记(1956~1985)》,《南方文物》1986年第S1期;薛翘、罗星:《明代赣县瓷窑及其外销琉球产品的调查记略》,《南方文物》1983年第2期。

③ 何纪生、彭如策等:《广东饶平九村青花窑址调查记》,《中国古代窑址调查发掘报告集》,文物出版社,1984年,第155~161页。

④ 福建省博物馆:《福建漳浦县古窑址调查》,《考古》1987年第2期。

角纹等,也有的底心写有"福""寿""玉""雅"等吉字款。由赣南经粤东辗转而来的青花瓷业技术在闽南九龙江流域落地生根,平和窑址最多,集中分布于南胜、五寨等乡;华安发现青花瓷窑 5 处,分布于高安、新圩、高东、马坑等乡;南靖的 7 处窑址分别位于船场和奎洋等乡;此外还有漳浦坪水窑、长泰林溪岩仔尾窑、诏安秀篆等窑。①

有趣的是,景德镇青花瓷业向闽粤沿海技术转移的北、中、南三线,正好与明清时期沟通中国中部地区与沿海地区的交通要道相吻合。② 青花瓷业由铅山入崇安后,进入闽江流域,可沿武夷山、建阳、延平、水口、侯官一线到达福州。广昌是通向赣、闽、粤三省的重要通道,由其向东入福建建宁后,可沿宁化、连城、龙岩一线进入晋江、九龙江流域。赣州、安远等地则是由赣入闽的重要通道,过此后,青花瓷业再经广东大埔、饶平等地而汇到闽南等地。"漳州窑"的窑址主要分布于粤东闽南,其兴起是明代中后期海禁政策松弛后东南海洋性瓷业恢复与发展的结果,更与以私商海外贸易著称的月港的兴起息息相关。

在窑炉结构上,漳州窑窑炉类型分为横室阶级窑和阶级龙窑,以横室阶级窑为主。横室阶级窑的基本特征是窑室平面呈长方形,一般宽度大于进深,每间窑室前有燃烧部,后有出烟口,两壁直立,前后起券,隔墙到顶,单独成间,每间实际上都是一个相当独立的半倒焰窑炉。窑炉通常依山坡而建,前低后高,呈阶级状。阶级龙窑的外形如传统的斜坡式龙窑,窑室一通到底,但窑底不是斜坡而是阶级式的。横室阶级窑和阶级龙窑都是在南方龙窑的基础上发展起来的,其中横室阶级窑可能是结合了南方龙窑和北方馒头窑各自的优点而产生的。③ 明代景德镇瓷窑则先后经历了早期的小型龙窑、早中期的葫芦形窑、中期的马蹄形窑和晚期的蛋形窑等的演变。④ 我们不难发现明朝中期以后景德镇瓷窑多采用的是葫芦形窑和蛋形窑,而"漳州窑"则是在利用东南传统龙窑基础上发展起来的横室阶级窑来仿烧景德镇青花瓷,因此其核心技术仍然是本地的。(图 5-6)

在装烧工艺与窑具上,漳州窑的瓷器装烧工艺仍然是以匣钵装烧为主,而且其匣钵仍然是宋元时期沿海窑址大量使用的"M"形匣钵;景德镇

① 傅宋良:《闽南明代青花瓷器的生产与外销》,《厦门博物馆建馆十周年成果文集》,福建教育出版社,1998 年,第 128~144 页。

② 陈东有:《走向海洋贸易带——近代世界市场互动中的中国东南商人行为》,江西高校出版社,1998 年,第 62~70 页。

③ 刘振群:《窑炉的改进和我国古陶瓷发展的关系》,《中国古陶瓷论文集》,文物出版社,1982 年。

④ 甄励:《明代景德镇民间青花制瓷业述略》,《景德镇陶瓷》1986 年第 3 期。

瓷窑此时普遍采用的匣钵则是漏斗形匣钵。使用匣钵装烧时,通常在瓷器和匣钵底之间有一层垫隔物,起防止瓷器因釉水流淌而与匣钵粘连的作用。漳州窑多在匣钵里面垫一层薄沙作为垫隔物,因而多数器物的底部有或多或少的粘沙,俗称"沙底器"。景德镇则使用渣沙垫饼、细沙垫饼以及细白薄腻的瓷制垫饼作为垫隔物。实际上,明嘉靖年间瓷质碗垫、饼垫等垫隔器具就已经传到了安溪翰苑和银坑窑区了。① 为什么这些窑址最后还是选择了容易使器物不光洁、落后的沙足叠烧方法呢? 这是因为瓷质垫饼须用瓷泥制作,成本较高,②直接将沙作为垫隔物既省时又节约成本,反映了"漳州窑"追求产量和利润的特点。(图5-7)

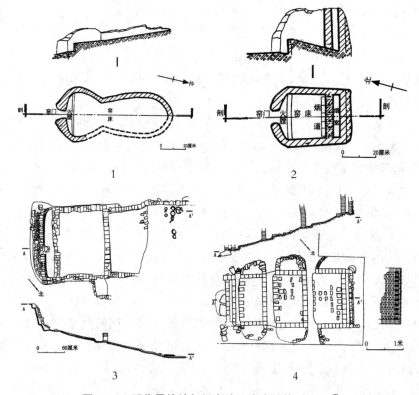

图5-6 明代景德镇与闽南地区瓷窑结构对比图③

1. 明早中期景德镇葫芦形窑 2. 明中期景德镇马蹄形窑 3. 明后期平和五寨二垅(Y1)斜底横室窑 4. 明末平和陂沟(Y2)横室阶级窑

① 安溪县文化馆:《福建安溪古窑址调查》,《文物》1977年第7期。
② 刘新园、白焜:《景德镇湖田窑各期碗类装烧工艺考》,《文物》1982年第5期。
③ 1、2采自刘新园、白焜:《景德镇湖田窑考察纪要》,《文物》1980年第11期,第42页;3、4采自陈文:《闽南古代瓷窑的类型学考察》,《闽南古陶瓷研究》,福建美术出版社,2002年,第84页。

图 5-7 "漳州窑"与景德镇青花瓷碗圈足底面比较图①

1.平和五寨二垅窑址出土的青花碗底面　2.景德镇窑明嘉靖青花缠枝莲捧纹碗底面

四　东南沿海青花瓷业空间转移的文化轨迹

明清两代,景德镇青花瓷迅速成为中国瓷器生产的主流。青花瓷是指用钴料在瓷坯上描绘纹饰,然后施以透明釉,在高温中一次烧成所形成的白地釉下蓝花瓷器。② 明代中后期以后,瓯江、闽江、晋江、九龙江、韩江等私商贸易繁盛的区域,许多窑均是在宋元青瓷、青白瓷的窑业基础上改烧青花的。这些青花瓷产品与景德镇同类产品既有联系也有区别,有一些独有的特征。以下以"漳州窑"为例,从胎质、器型、施釉、纹饰、青花钴料等方面来比较"漳州窑"青花瓷与景德镇窑同类器的异同,从中也可以看出明清东南海洋性青花瓷业从内地向沿海空间转移的文化轨迹。

1.胎质

自元代开始景德镇青花瓷的瓷胎就多采用二元配方法,即在瓷石中加入一定量的高岭土混合料制胎,其作用是扩大烧成温度范围和减少变形,其胎质洁白细腻,透明度高。"漳州窑"青花瓷明显也采用了二元配方法,但由于其对原料的精工粉碎和淘洗不够,因而所含杂质较多,导致胎体结构疏松。其胎质发灰的原因则可能是胎中三氧化二铁和氧化钛的含量较高引起的。(表 5-1)

---

① 1采自福建省博物馆:《漳州窑——福建漳州地区明清窑址调查发掘报告之一》图版13,福建人民出版社,1997年;2采自黄云鹏、甄励:《中国陶瓷·景德镇民间青花瓷器》图版107,上海人民美术出版社,1994年。

② 汪庆正主编:《简明陶瓷词典》,上海辞书出版社,1989年,第106页。

表 5-1 漳州窑与景德镇窑明代青花瓷胎的化学成分比较[①]

名称	氧化物含量%									烧失
	SiO_2	TiO_2	Al_2O_3	Fe_2O_3	MnO	K_2O	Na_2O	CaO	MgO	
平和五寨垅子山窑1号残片	70.97	0.28	20.93	1.82	0.071	4.68	0.44	0.31	0.27	
平和五寨垅子山窑2号残片	70.44	0.31	20.26	1.86	0.069	4.71	0.49	0.31	0.30	1.09
明嘉靖青花罐 M5	73.99	0.12	18.90	1.08	0.03	3.05	1.69	1.19	0.27	
明万历青花盘 M4	74.00	–	20.40	0.97	–	2.69	1.11	0.50	0.51	

2. 器型

"漳州窑"瓷器的胎壁修饰一般都很粗糙,景德镇瓷器在经过两次印坯整型和二次利坯之后一般胎壁较光滑。漳州窑瓷器底足普遍带有放射状的跳刀痕,不少器物的足心出现乳钉状突起,足墙厚,足端平切,这与宋元时期福建地区大部分窑址瓷器圈足的做法相似;[②](图 5-7)景德镇瓷器一般在内外壁均画上青花和上釉后再挖底足,且圈足修理规整。漳州窑瓷器多碗、盘、碟等日常生活器物,一般器型不甚规整,往往厚薄不匀,有的大盘内底心微微拱起;景德镇瓷器品种丰富多样,器型规整,厚薄均匀。(图 5-8)直径在 0.3 米以上的开光大盘在"漳州窑"多有发现,开光有圆形式、椭圆式、窗式等,开光内绘以山水、折枝花卉、水藻鱼石等图案。相比景德镇同类器而言,"漳州窑"的开光大盘质地粗糙,透明度不好,青花呈色也偏浅灰。(图 5-9)

---

① 平和五寨垅子山窑 1 号、2 号残片的化学组成数据来自于中国科学院上海硅酸盐研究所 1994 年 4 月 4 日的化学组成分析报告单,详见福建省博物馆:《漳州窑——福建漳州地区明清窑址调查发掘报告之一》,福建人民出版社,1997 年,第 105 页;明嘉靖青花罐 M5、明万历青花盘 M4 的化学组成数据来自于周仁、李家治:《景德镇历代瓷胎、釉和烧制工艺的研究》表 1,《中国古陶瓷研究论文集》,轻工业出版社,1983 年,第 136～137 页。

② 栗建安:《福建古瓷窑考古概述》,《福建历史文化与博物馆学研究——福建省博物馆成立四十周年纪念文集》,福建教育出版社,1993 年。

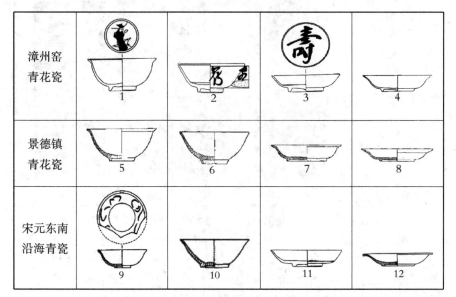

图 5~8 漳州窑青花瓷与景德镇青花瓷及宋元东南沿海青瓷形制对比图①

1.青花人物碗(平和五寨二垅窑址发掘 E141②) 2.青花"花香"字碗(南靖梅林窑址采集 NM04) 3.青花"寿"字碟(平和南胜花仔楼发掘 H218) 4.青花立凤牡丹开光大盘(平和南胜花仔楼发掘 H022) 5.青花侈口碗 6.青花敞口碗 7.碟 8.盘 9.青瓷撇口碗 10.青瓷敞口碗 11.青瓷碟 12.青瓷折沿盘

① 1~4 分别采自福建省博物馆:《漳州窑——福建漳州地区明清窑址调查发掘报告之一》,福建人民出版社,1997 年,第 87、26、54、46 页;5~8 分别采自陈柏泉:《江西乐平明代青花窑址调查》,《文物》1973 年第 3 期,第 43 页;9~10 分别采自郑东:《厦门宋元窑址调查与研究》,《东南文化》1999 年第 3 期,第 36、38 页;11 采自孟原召:《泉州沿海地区宋元时期制瓷手工业遗存研究》,北京大学硕士学位论文,2005 年 6 月,第 76 页;12 采自何纪生、彭如策等:《广东饶平九村青花窑址调查记》,《中国古代窑址调查发掘报告集》,文物出版社,1984 年,第 156 页。

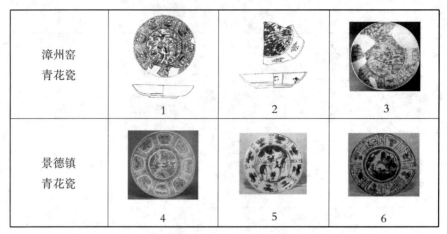

图 5 - 9　漳州窑与景德镇青花开光大盘形制与纹饰对比图①

　　1. 青花荷塘芦雁开光大盘(平和花仔楼窑址发掘 H091)　2. 青花松鹿开光花口大盘(平和五寨二垅窑址发掘 E026)　3. 青花荷塘水禽开光大盘(平和花仔楼窑址发掘 H010)　4. 青花开光图案菱口大盘(明万历三十一年江西省博物馆收藏)　5. 青花双鹿开光大盘(明万历私人收藏)　6. 青花野鸭开光大盘(明万历景德镇民窑艺术研修院收藏)

3. 施釉

　　漳州窑瓷器多是先挖圈足,再以泼釉或浇釉的方式给外壁施釉,多数釉不及底,釉层厚薄不均,圈足露胎,露胎处多呈胎体本色,也有的呈砖红色或浅褐色。景德镇瓷器则是在一次利坯之后就绘内壁青花,然后以荡釉的方式给内壁上釉,接下来是二次利坯,之后绘外壁青花,然后以浸釉的方式给外壁上釉,最后挖圈足,写底款,以促釉方式给圈足内上釉。② 比较两种施釉方法,漳州窑瓷器生产急功近利的特点暴露无遗。

4. 纹饰

　　景德镇窑青花瓷主题纹饰的内容十分丰富,多为吸取大自然和现实生活中最典型最喜闻乐见的题材,常见的有花草、鱼虫、山水、人物、八宝、如意、吉祥语等,多用写意手法,自由奔放,不受拘束,其笔墨韵味尤似中国传

---

　　①　1~3 分别采自福建省博物馆:《漳州窑——福建漳州地区明清窑址调查发掘报告之一》,福建人民出版社,1997 年,第 48、84 页和图版 7;4 采自黄云鹏、甄励:《中国陶瓷·景德镇民间青花瓷器》,上海人民美术出版社,1994 年,图版 141;5、6 分别采自李莉:《景德镇民窑》,人民美术出版社,2002 年,第 82、84 页。

　　②　唐蔚纯、喻志芳:《福建平和窑外销瓷初探》,《南方文物》1996 年第 4 期。

统水墨画。尤其是开光图案具有较强的时代特征。"漳州窑"青花瓷的许多图案和纹样与景德镇民窑青花的同类题材雷同或相似,装饰技法方面与景德镇器物相比缺乏规整与严谨,但构图与线条的表现随意抒发,画风简练朴实又不失之简陋。(图5-9、10)

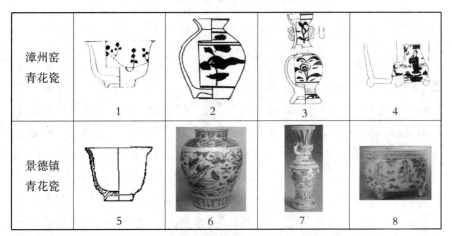

图5-10 漳州窑与景德镇青花瓷器形制与纹饰对比图①

1.青花小盅(平和洞口窑址采集 DK24) 2.青花折枝花小罐(平和洞口窑址采集 DK67) 3.青花双耳瓶(平和洞口窑址采集 DK68、DK69) 4.青花人物炉(平和洞口窑址采集 DK75) 5.青花小盅 6.青花莲池鸳鸯纹罐(明隆庆—万历南京市博物馆藏128) 7.青花缠枝牡丹纹兽耳瓶(明正德景德镇陶瓷馆藏93) 8.青花人物三足香炉(明成化江西省博物馆藏56)

5. 青花钻料

漳州窑一般使用本地钻料,青花发色灰暗有晕散现象;景德镇多使用衢州、信州的浙料及江西上高的邑青和丰城的粗料,青花色泽鲜艳明快。

---

① 1~4分别采自福建省博物馆:《漳州窑——福建漳州地区明清窑址调查发掘报告之一》,福建人民出版社,1997年,第26、27页;5采自陈柏泉:《江西乐平明代青花窑址调查》,《文物》1973年第3期,第43页;6~8分别采自黄云鹏、甄励:《中国陶瓷·景德镇民间青花瓷器》,上海人民美术出版社,1994年,图版128、93、56。

第三节　明清亚欧航路大网络与
陶瓷贸易体系

　　明清亚欧航路大网络的形成奠基于唐宋以来东南船家丰富的航海实践及明初郑和七下西洋的壮举。随着中外官方朝贡贸易船只的往来和东南民船的出没，西、南洋航路逐步网络化，东洋航路也逐步向纵深拓展，郑和船队远达东非海岸的麻林地或更南的南非海域。16世纪前后，葡萄牙人绕过好望角后在阿拉伯水手的带领下沿着郑和航路首先进入印度洋海域。随后西班牙、荷兰、英国、法国、美国等欧美洋船相继深入南海海域，最终构筑了一条连接欧亚的航路大网络。（图5-12）明清亚欧航路大网络的纵深扩展，使得以青花瓷为代表的明清东南海洋性贸易陶瓷史无前例地传播到太平洋、印度洋和大西洋两岸。

一　从私商口岸到限口通商——明清瓷器的对外输出

　　因明清王朝在海洋政策上往复摇摆，东南港市历经了一系列曲折的变迁过程。明初广州、泉州、福州、宁波等官方朝贡贸易港，由于民间航海事业的限制，逐步衰落，已经远远不如宋元时代作为国际贸易大港的繁荣，明代东南港市中最有活力的是东南船家违禁通番下海的地点，如广东屯门、福建月港、浙江双屿等私商口岸。历经清初禁海迁界的摧残，康熙二十三年(1884)以后的限口通商建立起新的港市格局，成为古代港市向近代港市发展的重要基础。明清东南港市的变迁，成为东南海洋性青花瓷业贸易体系变化的重要原因。

　　明初，为保证官方朝贡贸易的正常进行，在宋元东南港市基础上仅保留了广州、泉州、福州、宁波等少数港口作为诸番朝觐的登陆口岸。其中通南海、西洋诸番的广州一直保持合法、稳定的港口地位，而泉州、福州、宁波等港口则时立时撤，极不稳定，所以明清广州又重新成为中国东南沿海最大的中心港市。"洪武初,设于太仓黄渡,寻罢。复设于宁波、泉州、广东。宁波通日本,泉州通琉球,广州通占城、暹罗、西洋诸国。""(永乐)三年,以诸番贡使益多,乃置驿于福建、浙江、广东三市舶司以馆之。福建曰来远,浙江曰安远,广东曰怀远。"①明初市舶司的主要职责是"掌海外诸蕃朝贡市易之事。辨其使人、表文、堪合之真伪。禁通番、征私货、平交易"②。明人丘浚也指出当朝市舶司有其名而无其实:"本朝市舶司之名,虽沿其旧,而无抽分之法。"③明正德、嘉靖年间,随着葡萄牙人在中国东南沿海活动及私商违禁下海通番愈演愈烈,在广州部分地方官员的推动下明政府开始对海舶榷以关税。《明实录》载嘉靖八年(1529)"令广东番舶例许通市者,毋得禁绝"④。抽分制度的确立标志着广州朝贡贸易的名存实亡。⑤ 明初洪武年间,宋元盛极一时的泉州依然被选为接待琉球来使的朝贡正口。但明代泉州港口淤塞,港市条件日益恶化,加上海洋水文、潮汐等客观因素影响,琉球贡使并不总能从泉州登陆,而时常漂至浙江定海和福建福州等地。加之往返于中琉之间的通事三十六姓又多是福州河口人,多愿意从那霸港归航后泊于福州就近省亲。所以,成化八年(1472)福建市舶司由泉州迁至福州。琉球国小民乏,对于与明廷的朝贡贸易乐此不疲,其目的则是"贸中国之货以专外夷之利"⑥。其贡船常一年再至、三至,"天朝虽厌其烦,不能却也"⑦。琉球贡使上岸后往往飞扬跋扈,"所至之处,势如风火,叱辱驿官,鞭挞民夫,官民以为朝廷方招怀远人,无敢与其为,骚扰不可胜言"⑧。其一切费用全赖福建地方供给,给福建带来极大的负担,更别说促进福州港市的发展了。⑨

① (清)张廷玉等撰:《明史》卷八十一"志"第五十七"食货"五,中华书局,1974 年,第1980 页。

② (清)张廷玉等撰:《明史》卷七十五,"志"第五十一"职官"四,中华书局,1974 年,第1848 页。

③ (明)丘浚:《大学衍义补》卷二十五"市籴之令",中州古籍出版社,1995 年,第 378 页。

④ 台湾"中研院"历史语言研究所校勘:《明实录》"大明世宗肃皇帝实录"卷之一百六,上海古籍书店,1983 年,第 2507 页。

⑤ 黄启臣:《明代广东海上丝绸之路的高度发展》,《海上丝路与广东古港》,中国评论学术出版社,2006 年,第 153 页。

⑥ 台湾"中研院"历史语言研究所校勘:《明实录》"大明宪宗纯皇帝实录"卷之一百七十七,上海古籍书店,1983 年,第 3198 页。

⑦ (清)龙文彬:《明会要》下册卷七十七"外番"一"琉球",中华书局,1956 年,第 1503 页。

⑧ 台湾"中研院"历史语言研究所校勘:《明实录》"大明仁宗昭皇帝实录"卷五上,上海古籍书店,1983 年,第 161 页。

⑨ 福建省地方交通史志编纂委员会:《福建航运史》(古、近代部分),人民交通出版社,1994 年,第 144~145 页。

嘉靖元年(1522),宁波发生"争贡之役"后,宁波市舶使被关闭。嘉靖倭乱日炽之时,宁波港市一片消寂。直到万历二十七年(1599),明神宗大榷天下关税时,浙江市舶司才得以恢复。① 明代中日间紧张的关系和十年一贡的限期使得专通日本的宁波远不如广州市舶司。

与官方朝贡贸易传统港市的逐步衰落相对应的是广东屯门、浪白澳、柘林、南澳,福建安海、月港、诏安,浙江双屿等私商口岸的相继崛起。这些走私港大多地处航海要冲,同时又是官方统治薄弱之地。有些则是明洪武年间的迁海后人迹罕至的荒岛,东南私商常引诱番商前来岛上交易,"乃搭棚于地,铺板而陈所置之货",一时间岛上房屋麇集,俨然市镇。以月港为例,明正德年间,被驱离广州的葡萄牙人北上漳州月港海面交易,"于是利归于闽,而广之市井萧然矣","市舶官吏设于广东者,又不如漳州私通之无禁"。② 明隆庆元年(1567)漳州月港首先开禁,"于是五方之贾,熙熙水国,刳艅艎,分市东西路。其捆载珍奇,故异物不足述,而所贸金钱,岁无虑数十万"③。

清代,广州、宁波等传统贸易港得以恢复和繁荣,月港因其良好的港口条件和已有的贸易基础取代了福州和泉州成为闽海关所在地。清康熙二十三年(1684),在平定台湾后,清政府大开海禁,于广州、漳州、宁波、云台山分别设置粤、闽、浙、江海关。

广州是清代最重要的对外贸易港口。清代,江、浙、闽等海关仅委以巡抚或将军管辖,而广州却专设监督,可见其地位非同一般。④ 康熙二十五年(1686)后,广州专门从事海外贸易的公行组织"十三行"逐步成立,诸番船只停泊靠岸后投行榷税然后进行贸易。乾隆二十二年(1757),闽、浙、江海关被关闭,诸番舶"止许在广东收泊交易"⑤,广州成为唯一的对外通商口岸。闽、浙帆船多载货至广州贸易,名曰"走广",这一格局一直维系到鸦片战争后的五口通商。

宁波在明代受倭寇之乱尤甚,港市凋敝,商馆废圮。明末清初,宁波港的外港定海、双屿等地走私贸易十分猖獗,宁波港则较少有外国帆船停靠贸易,浙海关事务多由浙江巡抚委任道、府管理。但是,宁波毕竟地近江浙等丝茶产地,乾隆二十二年,英国东印度公司商船多直接前往宁波,而至广

① 李金明、廖大珂:《中国古代海外贸易史》,广西人民出版社,1995 年,第 263 页。

② (明)张萱撰:《西园闻见录》卷之六十八"兵部"十七,台湾文海出版社,第 5012 页。

③ 周起元:张燮《东西洋考》"序",中华书局 1981 年,第 17 页。

④ 李金明、廖大珂:《中国古代海外贸易史》,广西人民出版社,1995 年,第 417 ~ 418 页。

⑤ (清)王先谦撰:《东华续录》"乾隆"四十六,据清光绪十年长沙王氏刻本影印《续修四库全书》第 372 册,上海古籍出版社,1995 年,第 613 页。

州的船只日少。出于海防考虑,乾隆帝下诏:"将来只许在广东收泊交易,不得再赴宁波,如或再来,必令原船返棹至广,不准入浙江海口。"①

厦门港口深邃,且地处澎、台咽喉,加之明季郑氏的经营,已经日显繁华,于清代正式成为闽海关的所在地。康熙平台之后,厦门港获准从事南洋贸易,"江西等省客贾,并土著商人俱将各货物运至汀、漳,装舡由同安、海澄等口驾出口,在厦门泊舡,往外番各国贸易"②,其货物"则漳之丝绸、纱绢,永春窑之磁器及各处所出雨伞、木屐、布匹、纸劄等物"③。雍正、乾隆时期,西班牙等国洋船获准入厦门港交易,厦门洋行趋于全盛,嘉庆、道光年间东南民船猖獗的走私逃税行为使得洋船无利可图,西班牙等国商船不再至,厦门口岸逐渐走向衰落。④

二　航路网络上的沉船陶瓷考古发现

14～19世纪,中国东南船家自印度洋全面退缩,逐渐局限于马六甲以东海域,装载陶瓷船货的东南帆船也主要发现于东南沿海和这一区域。陶瓷的对外输出更多地依赖于由欧美洋船所构筑的亚欧大航路,在印度洋、大西洋、太平洋等更为广阔的海域都有发现满载陶瓷准备输往欧美的洋船。

1990和1995年中国历史博物馆水下考古中心等单位调查试掘的福建连江白礁Ⅱ号地点时代大约属于明末清初。虽然还未确定明确的沉船遗迹,但是在这一区域亦出水了一部分瓷器,主要为青花瓷碗、盆和青瓷盘等。青花瓷器挖足草率、碗心突出,可能是明末清初闽江上游在景德镇青花瓷业影响下而兴起的武夷山主树垄窑、郭前窑以及浦城碗窑等窑口的产品,青瓷盘内刻划五组波浪纹排线纹,应当是福建土龙泉窑产品。该沉船位于闽江口外北上宁波和东航琉球、日本的交通孔道之上,可能会与明末

①　《清实录》"高宗纯皇帝实录"卷五五〇"乾隆二十二年十一月戊戌",中华书局,1986年,第1023、1024页。
②　中国第一历史档案馆:《户科史书》"康熙二十四年四月七日户部尚书科尔坤题",转引自陈希育:《清代福建的外贸港口》,《中国社会经济史研究》1988年第4期。
③　《厦门志》卷五"船政略·洋船",台湾大通书局,1984年,第177页。
④　李金明、廖大珂:《中国古代海外贸易史》,广西人民出版社,1995年,第456～457页。

清初的走私贸易有关。①

2005 年,东海平潭碗礁Ⅰ号沉船出水了大量清康熙年间景德镇瓷器,以青花瓷占绝大多数。主要有碗、盏、碟、盘、杯、盅、将军罐、筒瓶、筒花觚、凤尾尊、盖罐、炉、盒、葫芦瓶等器形。器物胎质坚硬,胎色粉白,部分瓷器略可透光而见指影,青花呈色鲜艳明快,青花绘画有丰富的层次感和立体感,纹样主要有山水楼台、草木花卉、珍禽瑞兽、人物故事、文房陈设等。青花器中还发现了少量的青花釉里红盘和青花青釉葫芦瓶、青花酱釉葫芦瓶和盏等。其他还有五彩盖罐、盘、杯,仿哥窑冰裂纹洗等。碗礁Ⅰ号沉船瓷器多属清康熙景德镇民窑,瓷器质量较高,应当是从赣东南而入闽江水系,再自闽江口南下厦门或广州而销往国外的。②

20 世纪 50 年代以来,日本濑户内海东部友岛海域的渔民就经常在从事渔业生产时从海底拖网捞出古代瓷器。经鉴定主要为明代绘青花花卉和碗心书写"福""寿"等字的青花碗、瓶等,因此可以初步推测这里是一处中国明朝贸易沉船遗址。③

文莱以东的东南洋地区是明清时期东南船家重点拓殖的区域。这一地域与明代的官方往来较少。《西洋朝贡典录》中说苏禄国"其国在东海之洋……其朝贡无常"④。吕宋在明中后期为西班牙占领后,"已非贡夷之旧,直蒙故号与相羁縻而已"⑤。在官方涉足较少的东南洋区域,民船异常活跃。尤其是占据吕宋的西班牙人开辟了一条横渡太平洋的"马尼拉帆船"航路,直接以美洲白银支付给中国货商,漳泉海商趋之若鹜。⑥"华人即多诣吕宋,往往久住不归,名为压冬。聚居涧内为生活,渐至数万,间有

① 中澳合作水下考古专业人员培训班定海调查发掘队:《中国福建连江定海 1990 年度调查、发掘报告》,《中国历史博物馆馆刊》1992 年总第 18～19 期;中澳联合定海水下考古队:《福建定海沉船遗址 1995 年度调查与发掘》,《东南考古研究》第 2 辑,厦门大学出版社,1999 年,第 186～198 页;张威、林果、吴春明:《关于福建定海沉船考古的有关问题》,《东南考古研究》第 2 辑,厦门大学出版社,1999 年,第 199～207 页。

② "东海平潭碗礁Ⅰ号"沉船遗址水下考古队:《"东海平潭碗礁Ⅰ号"沉船水下考古的发现与收获》,《福建文博》2006 年第 1 期;碗礁一号水下考古队:《东海平潭碗礁Ⅰ号出水瓷器》,科学出版社,2006 年。

③ 〔日〕小江庆雄著,王军译:《水下考古学入门》,文物出版社,1996 年,第 108～109 页。

④ (明)黄省曾著,谢方校注:《西洋朝贡典录》卷上"苏禄国"第七,中华书局,1982 年,第 46～47 页。

⑤ (明)张燮:《东西洋考》卷五"东洋列国考",中华书局,1981 年,第 108 页。

⑥ (清)顾炎武:《天下郡国利病书》,据四部丛刊本影印《续修四库全书》第 597 册,上海古籍出版社,1995 年。

削发长子孙者。"①明代东南船家中亦流传"若要富,须往猫里务"之语。②
明清,东南洋航路逐渐向纵深发展。明万历《东西洋考》中东南洋针路只
有 9 条,而《顺风相送》中所附东洋针路增至 20 条,明末清初的《指南正
法》中辑录了 30 余条东南沿海、东南洋、日本三地间的往返针路,构成了一
个复杂的航路网络。③ 清代,在欧洲洋船东进的强劲势头之下,东南民船
在东南洋航路上出没的频率也日益减少。

　　西沙发现的明清瓷器不可胜数,简述如下:(1)全富岛,1974 年在礁盘
上采集到 10 件清代嘉庆、道光年间德化窑的青花碗、碟。1975 年采集到
13 件产自福建的明代仿龙泉窑青釉墩式碗。④ (2)北礁,1975 年在礁盘上
发现了大量明清时期的陶瓷器,其中明代 525 件陶瓷器主要为青花瓷、白
瓷、青白瓷三类,还有少量釉陶、蓝釉、酱釉瓷器等。青花瓷主要来自嘉靖
年间江西民窑,少量为明末福建窑产品,器型主要有菱花口盘、折沿盘、直
口盘、侈口盘、直口碗、小碗、盒、小杯、八角形小罐、小瓶、罐等;白瓷也多为
景德镇民窑盘、碗等物,德化白瓷仅有 1 件小杯;青白瓷有 19 件,全部为墩
式碗残件;釉陶 3 件,为墨绿色釉四耳大陶瓮残件,来自广东和福建地区;
蓝釉盘口沿残片和酱釉小杯各 1 件,产自嘉靖景德镇民窑。清代的瓷器有
63 件,其中青花瓷主要为粤东闽南窑口产品,仅 1 件青花折沿盘产自康熙
景德镇民窑,另外还有广东石湾窑的釉陶壶盖和灯盘、广西钦县的紫砂茶
壶盖及景德镇民窑生产的釉上彩绘器盖。⑤ 1998～1999 年,中国历史博物
馆水下考古研究中心等单位在北礁再次调查时发现的北礁Ⅰ号、Ⅲ号沉船
遗址和 1～3 号遗物点,均有包含明清瓷器。北礁Ⅰ号沉船遗址,出水瓷器
以青花瓷为主,青白瓷次之,青瓷最少,该遗址包含宋元和清代两个不同时
期的遗存。其中青花瓷主要是盘、碗等器形,胎色灰色或浅灰,胎质粗松,
盘心或碗心多有涩圈,青花呈色昏暗,图案为印花,可能是清代福建德化、
安溪等地窑口的产品。(图 5-11:1、2)北礁Ⅲ号沉船遗址,发现于北礁礁
盘之上,出水大量青花瓷碗、盘、碟、罐、器盖等物,尤以碗、大盘为多。胎色
灰白,青花呈色蓝灰,足底多有粘沙。盘和大盘的形制有口沿为敞口和撇

① (明)张燮:《东西洋考》卷五"东洋列国考",中华书局,1981 年,第 89 页。
② (明)张燮:《东西洋考》卷五"东洋列国考",中华书局,1981 年,第 98 页。
③ 向达校注:《两种海道针经》,中华书局,1961 年,第 137～190 页;吴春明:《环中国海沉船——古代帆船、船技与船货》,江西高校出版社,2003 年,第 260～261 页。
④ 广东省博物馆:《广东省西沙群岛文物调查简报》,《文物》1974 年第 10 期;广东省博物馆、广东省海南行政区文化局:《广东省西沙群岛第二次文物调查简报》,《文物》1976 年第 9 期。
⑤ 广东省博物馆、广东省海南行政区文化局:《广东省西沙群岛北礁发现的古代陶瓷器——第二次文物调查简报续篇》,《文物资料丛刊》第 6 辑,文物出版社,1982 年,第 151～168 页。

口宽折沿的两种,口沿、内腹壁多绘以山水、花草、折枝花等开光图案,盘底心多绘山水、花草、梅花鹿等主题纹样,瓷器特征与明代晚期漳州窑产品极为类似,而且极有可能就是平和南胜花仔楼和五寨大垅、二垅等窑口的产品。① (图5-11:3~7)北礁Ⅱ号遗物点,青花瓷仅发现碗,胎色灰白,青花

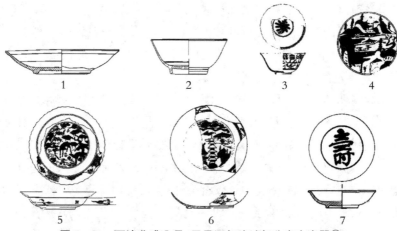

图5-11　西沙北礁Ⅰ号、Ⅲ号沉船遗址部分出水瓷器②

1.青花瓷盘(99XSBW1:0034)　2.青花瓷碗(99XSBW1:0039)　3.青花八卦火焰纹碗(99XSBW3:0071)　4.青花山水纹碗(99XSBW3:0063)　5.青花开光盘(99XSBW3:0060)　6.青花山水瓷盘(99XSBW1:0155)　7.青花"寿"字纹碟(99XSBW3:0121)

呈色偏黑蓝或蓝灰,足底刮釉露胎,外壁绘疏朗的花草图案,足内有青花"元兴""上今"款,似出自福建德化、安溪等地清代窑址。北礁Ⅲ号遗物点,出水器物较少,仅采集10件,其中青花瓷碗2件、盘7件,青花特征与明末清初福建漳州窑产品相似。③ (3)珊瑚岛,1975年在珊瑚岛东侧礁盘上,采集了78件清代青花盘和7件青花碗。青花盘摞叠在一起,应当是陶瓷船货,盘内壁印连弧纹和两行半月的"寿"字纹图案,内底心印双线方框"祠堂瑞兴""祠堂德斋"等铭款,少数外壁印蝶状图案。碗外壁印两行"寿"字纹图案,有两件底心印"良德""荣玉"铭款。印花技法的应用说明

①　中国国家博物馆水下考古研究中心、海南省文物保护管理办公室:《西沙水下考古(1998~1999)》,科学出版社,2006年,第150~184、270~274页。

②　1~7均采自中国国家博物馆水下考古研究中心、海南省文物保护管理办公室:《西沙水下考古(1998~1999)》,科学出版社,2006年,第140~181页。

③　中国国家博物馆水下考古研究中心、海南省文物保护管理办公室编著:《西沙水下考古(1998~1999)》,科学出版社,2006年,第191~195页。

其年代应为清代晚期。根据花纹及铭款对比可以推测这批瓷器应当出自清晚期闽南地区青花瓷窑口。① (4)南沙洲,1975 年调查时主要发现明、清两代的瓷器。明代主要有白釉小杯 2 件、蓝釉小杯 2 件、青花小杯 4 件。清代瓷器以德化窑青花碗、盘最多,还有清仿"成化年制"款青花碗、清"玩玉"款青花杯等可能产自广东平远清代青花瓷窑口的产品。② (5)北岛,1974 年采集 1 件明万历蟹纹青花小碗残件。1975 年在同一地点又采集到 27 件明青花碗底残片,胎质洁白细腻,青花色泽较深,花纹用深色勾线后再用较淡的青料平涂。青花纹样主要有花卉、葡萄、蕉石、桃、菊石、灵芝和蟹纹等。圈足内双圈线中写"宣德年造""嘉靖年制""万福攸同""长春富贵""永保长春"等双排款和"天下太平""永保长春""长命富贵"等钱形款。清初青花碗仅见 3 件碗内底画芙蓉花残片。③ (6)南岛,1975 年采集的主要是清代德化窑青花瓷,主要有青花云凤纹碗、云龙火珠纹碗和青花佛手纹碟各 1 件,两件清晚期青花碗内底心草书"宝玉""利"字款。④ (7)和五岛,1975 年在沙滩上采集到 3 件清早期景德镇民窑青花瓷,分别为青花加彩大罐、山水大瓶和罐盖残件。⑤ (8)石屿Ⅰ号遗物点,采集出水的青花瓷器主要为碗、盘等物,胎质细腻,胎体较薄,青花呈色蓝灰,碗心多圈弦纹内绘折枝花,外壁绘折枝花和蓝花,圈足内多书"和玉""美玉"等铭款,与福建德化、安溪等地清代窑址产品相似。⑥ (9)银屿Ⅱ、Ⅲ号遗物点,Ⅱ号遗物点采集的青瓷菱口盘,胎色灰白,釉色青灰,撇口、圆唇、斜直腹、平底、矮圈足,似为明代龙泉窑产品;Ⅲ号遗物点采集出水器物主要为清中期青花瓷,有碗、盘、杯、勺等。⑦ (10)琛航岛及广金岛,1991 年王恒杰先生在岛上及礁盘上采集到元代四系瓜瓣洗 2 件、双耳洗 2 件和明代青花粉盒底

① 广东省博物馆、广东省海南行政区文化局:《广东省西沙群岛第二次文物调查简报》,《文物》1976 年第 9 期。
② 广东省博物馆、广东省海南行政区文化局:《广东省西沙群岛第二次文物调查简报》,《文物》1976 年第 9 期。
③ 广东省博物馆、广东省海南行政区文化局:《广东省西沙群岛第二次文物调查简报》,《文物》1976 年第 9 期。
④ 广东省博物馆、广东省海南行政区文化局:《广东省西沙群岛第二次文物调查简报》,《文物》1976 年第 9 期。
⑤ 广东省博物馆、广东省海南行政区文化局:《广东省西沙群岛第二次文物调查简报》,《文物》1976 年第 9 期。
⑥ 中国国家博物馆水下考古研究中心、海南省文物保护管理办公室编著:《西沙水下考古(1998～1999)》,科学出版社,2006 年,第 196～204 页。
⑦ 中国国家博物馆水下考古研究中心、海南省文物保护管理办公室编著:《西沙水下考古(1998～1999)》,科学出版社,2006 年,第 223～227 页。

2件。① (11)永兴岛,1974年,在永兴岛西部出土5件清康熙年间景德镇民窑青花五彩大盘残片。② (12)金银岛,1974年,在礁盘上采集到1件明嘉靖年间景德镇民窑青花凤纹盘底部残件。③

1992、1995年,王恒杰先生赴南沙调查时,在郑和群礁发现有明清时期广东民窑青花瓷碗,在道明礁发现有明代景德镇窑系的青花瓷,在福禄暗礁发现有"永保长春""尚美"等款的清代青花瓷器,在南通暗礁、皇路礁、大现礁等地均采集到明清青花瓷器。④

在东南亚海域,也时常有装载瓷器的中国沉船被发现,这些也恰好可以反映明清东南船家在亚欧大航道东亚陶瓷贸易网络上的作为。1977~1982年,泰国先后与丹麦、澳大利亚的水下考古人员在泰国湾东海岸的帕塔亚(Pattaya)和科兰岛(Ko Lan)之间海域调查、发掘一艘尖圆底有着三层外壳的中国龙骨帆船,曾出水中国东南沿海元明的陶器和晚明青花瓷器残片。⑤1979~1980年泰国、澳大利亚水下考古人员对泰国湾东南部科拉德岛(Ko Kradat)海域一处沉船遗址进行了水下勘测和发掘,中国青花瓷器是其出水船货的主要组成部分,其中一件青花瓷盘圈足书有"大明嘉靖年造"款。⑥1983~1985年,泰—澳联合考古队在泰国湾西昌岛(Ko Sichang)海域局部发掘了一艘横断面圆底近平的双层船壳板龙骨船,出水青花瓷多属明后期闽南粤东窑口产品。⑦ 1983~1985年,英国人米歇尔·哈彻(Michael Hartcher)在印尼宾坦岛(Bintan)外约12海里的斯特霖威夫司令礁(Admiral Stelingwerf Reef)发现明代的中国平底帆船,打捞出2.7万件瓷器,其中主要是明末青花瓷,主要器形有"克拉克"开光大盘、执壶、瓶、罐、盒、军持等。以前一般认为该沉船所载青花瓷是景德镇窑的产品,现在看来更有可能是福建"漳州窑"

① 王恒杰:《西沙群岛考古调查》,《考古》1992年第9期。

② 广东省博物馆等:《广东省西沙群岛文物调查简报》,《文物》1974年第10期。

③ 广东省博物馆等:《广东省西沙群岛文物调查简报》,《文物》1974年第10期

④ 王恒杰:《南沙群岛考古调查》,《考古》1997年第9期。

⑤ Jeremy Green and Vidya Intakosai, "The Pattaya wreck site excavation, Thailand, An interim report". *IJNA*(1983)12.1:3~13; Jeremy Green and Rosemary Harper, *The excavation of the Pattaya Wreck site and survey of three other sites*, *Thailand*, Australian Institute for Maritime Archaeology Specoal Publication No.1 , 1983.

⑥ Jeremy Green, Rosemary Harper and S. Prishanchittara, *The excavation of the Ko Kradat wreck-site Thailand* (1979~1980), Special Publication of Western Australian Museum, 1981.

⑦ Jeremy Green and Rosemary Harper, *The excavation of the Pattaya Wreck site and survey of three other sites*, *Thailand*, Australian Institute for Maritime Archaeology Specoal Publication No.1, 1983. Jeremy Green, Rosemary Harper and V. Intakosi, "The Kosichang one shipwreck excavation 1983~1985, A progress report". *IJNA*(1986)15.2.

的产品。此外还有一些其他窑口的青瓷、彩瓷和白瓷等。① 1985 年,法国"环球第一"(World Wide First)探险队在菲律宾巴拉望岛西面海域发现了一艘明代商船——"皇家舰长"暗沙Ⅱ号沉船,打捞出明代万历年间陶瓷器 3768件,这些瓷器多属于南方江西景德镇窑和福建德化窑、漳州窑的产品。② 在马六甲海峡东入口处的深水地带,马六甲、吉隆坡等博物馆调查了几处明代早中期沉船,其中的"皇家南海"沉船内发现了中国明朝的瓷器,"宣德"沉船内发现的瓷器可能在宣德或万历年间。③ 1990～1991 年,越南国家打捞公司与新加坡考古学者在越南南部的昆仑岛海域发现并打捞了一处清代中国尖底帆船,主要船货是清代"漳州窑"青花瓷器,还装载具有闽南工艺特点的红砖、石雕柱础等建材。④ 1995 年,菲律宾国家博物馆在潘达南岛(PandananI.)与巴拉望岛之间的水域发现了一艘中国尖圆底木帆船,出水陶瓷包括明代景德镇窑、福建德化窑、"漳州窑"的青花瓷器,明代龙泉窑系的青瓷器等。⑤ 1995 年,马六甲州博物馆在马六甲市南部浅海地带调查时,发现了来自福建德化、"漳州窑"、江西景德镇窑的青花瓷。⑥ 1999 年,哈彻在印尼贝尔威得暗礁(Belvidere Reef)的南海海域再次打捞一艘清代沉船——"泰兴"号(TekSing),打捞青花瓷器约 35 万件,这些青花瓷器几乎都是福建德化窑的产品。⑦

　　明代中后期,随着官方海禁政策的松弛,东南私商民船主要活跃于马六甲海峡以东的广大海域。明万历年间张燮所著《东西洋考》收录的 16 条闽南船家的东、西洋针路中已无一条越过苏门答腊岛西北班达亚齐以西。⑧ 清代中国远洋帆船业在政府的种种限制及东进洋船的挤压之下日

　　① 黄时鉴:《从海底射出的中国瓷器之光——哈契尔的两次沉船打捞业绩》,上海文艺出版社,1998 年。

　　② Franck Goddio, *Discovery and archaeological excavation of a 16th century trading vessel in the Philippines*, World Wide First, 1988.

　　③ 袁随善译:《关于在南中国海发现的四艘明代沉船的消息披露》,《船史研究》1997 年第 11、12 期。

　　④ Michael Flecker, "Excavation of an oriental vessel of c. 1690 off Con Dao, Vietnam". *IJNA* (1992)21.3:221～244.

　　⑤ Alya B. Honasan, "The Pandanan junk: the wreck of a fifteenth-century junk is found by chance in a pearl farm off Pandanan island"; Eusebio Z. Dizon, "Anatomy of a shipwreck: archaeology of the 15th century pandanan shipwreck"; Allison I. Diem, "Relics of a lost Kingdom: ceramics from the Asian maritime trade". *The pearl road, tales of treasure ships in the Philippines*. Christophe Loviny, 1996.

　　⑥ Michael Flecker, "Magnetomter Survey of Malacca Reclamation site". *IJNA* (1996)25.2:122～134.

　　⑦ 林文荣等:《保护德化古瓷历史遗产产权——德化县呼吁向英国打捞者讨回公道》,《厦门晚报》2001 年 3 月 2 日;《德化古瓷重归故里》,《厦门晚报》2001 年 5 月 13 日。

　　⑧ (明)张燮:《东西洋考》卷九"舟师考",中华书局,1981 年。

趋没落。《海国闻见录》的作者陈伦炯竟然感叹嘛喇甲"往西海洋,中国洋艘从未经历,到此而止"①。《海录注》中亦载:从"明呀喇(即孟加拉)"向西至"唧肚国(今印度西北)"的小西洋"来中国贸易俱附英咭利船,本土船从无至中国,中国船亦无至小西洋各国者"。② 可见清代以来西洋航路上已鲜有中国东南船家的身影了。

明初,中国官方正式自印度洋海域隐退。在官方海禁政策之下的东南民船也多无力再染指马六甲以西海域。而此时西欧各海洋势力相继崛起,首先是葡萄牙人绕过南非好望角后循郑和船队足迹先后进入印度洋和中国南海,接着西班牙人从墨西哥横渡太平洋而侵占吕宋进而深入中国东南沿海。两国分别在向西、向东两个方向上控制了 16 世纪远东与欧洲的海上航路。到了 17 世纪,葡、西海权已经衰落,荷、英两国取而代之。除传统的横渡北印度洋航线外,荷兰人新辟了一条绕过好望角之后继续南行,靠近极圈东行,再折而向北经澳洲西海域而达巴达维亚的近便航程。除有时亦走荷兰人开辟的新航线外,英国东印度公司商船主要还是循北印度洋西行的传统航道,也开辟了一条横渡大西洋、绕道南美合恩角、再横跨太平洋进入南海的新航路。18 世纪中晚期以来,法国、美国、德国、奥地利、丹麦和瑞典等欧美新海洋势力相继染指亚欧航路,其航线则多是循葡、西、荷、英旧道。伴随着船坚炮利的洋船东进,中国东南民船自明代中晚期开始逐步退回到马六甲海峡以东地区,中国瓷器运抵吕宋、巴达维亚等西欧殖民据点再由洋人经洋船所构筑的亚欧大航路而运往欧洲。

16 世纪初,葡萄牙人在垄断印度洋贸易后开始突入中国南海海域。正德六年(1511),葡萄牙征服马六甲,并以其为据点继续向东扩张。③ 正德九年(1514)后,葡萄牙人屡次派使者来华要求通商均遭拒绝。正德十二年(1517),葡萄牙大使皮尔斯(T. Pirez)登陆广州,随行船只还北上漳州勘察中国东南海岸。正德十五年(1520)进京觐见武宗的皮尔斯因葡人在广州为乱而被逐出京城。嘉靖元年,转贩人口至南洋的葡萄牙人被逐出广东。于是,葡萄牙人北上浙闽沿海,盘踞浙江双屿与福建浯屿等地,与浙闽私商贸易。《皇明世法录》卷八十二载:"后诸番夷舶,并不之粤,潜市漳州

---

① (清)陈伦炯撰,李长傅校注,陈代光整理:《海国闻见录校注》"南洋记",中州古籍出版社,1985 年,第 54 页。

② 谢清高口述,杨炳南笔授,冯承钧注释:《海录注》卷上"唧肚",中华书局,1955 年,第35 页。

③ 福建省地方交通史志编纂委员会:《福建航运史》(古、近代部分),人民交通出版社,1994年,第 148 页。

久之。"①嘉靖二十一年(1542),浙江巡抚、浙闽海防军务朱纨进剿双屿港,葡萄牙人南逃至福建漳州、浯屿一带。嘉靖二十六年(1547),"有佛朗机船载货泊浯屿,漳、泉贾人往贸易焉。巡海使者柯乔发兵攻夷船,而贩者不止"②。嘉靖二十六年和二十八年(1549),朱纨又至福建海面围剿诸番,葡人"又犯诏安。官军迎击于走马溪,生擒贼首李光头等九十六人,余遁去"③。葡萄牙人重回广东海面。1557年,葡萄牙人通过贿赂广东地方官员得以租借澳门,在其地"筑室建城,雄踞海畔,若一国然"④。16世纪,葡萄牙人以澳门、马六甲、印度果阿等地为据点,建立了一条东起日本长崎,经澳门、马六甲、印度果阿、霍尔木兹、南非开普敦直达里斯本的东西航路。1977年伊港博物馆与伊港历史学会对1647年沉没于南非东南许曼斯多普(Schoenmakerskop)海域的葡萄牙"圣迪司摩·萨卡门多"(Santissimo Sacramento)号沉船进行了水下调查,发现了中国明代的瓷器。⑤ 1977年,南非纳塔尔(Natal)省博物馆对1544年沉没于南非东部特兰斯凯(Transkei)海岸的"圣班多"(San Bento)号沉船进行了调查,发现了大量16世纪中叶中国的瓷器。⑥

西班牙人在16世纪中期从北美洲墨西哥横渡太平洋征服了吕宋岛。"其人既得地,即营室筑城,列火器,设守御具,为窥伺计。已,竟乘其无备,袭杀其王,逐其人民,而据其国,名仍吕宋,实佛郎机也。""佛郎机既夺其国,其王遣一酋来镇,虑华人为变,多逐之归,留者悉被其侵辱。"⑦为了获得中国的生丝、瓷器等商品,西班牙人将美洲银币通过太平洋航线源源不断地运往马尼拉,直接以银币支付中国货商,漳泉等地私商趋之若鹜,马尼拉遂成为西班牙远东贸易、航路的基地。16世纪后半期,西班牙人屡次遣使请求通商均遭拒绝,遂以厚利吸引华人前往吕宋互市,华人益多,又虑华

---

① (明)陈仁锡撰:《皇明世法录》卷八十二"佛朗机","中国史学"丛书影印明崇祯刻本,见《四库禁毁书丛刊》史部16,北京出版社,1998年,第401页。

② (明)张燮著,谢方点校:《东西洋考》卷七"饷税考",中华书局,1981年。

③ (清)张廷玉等撰:《明史》卷三百二十五"列传"第二百十三"外国"六"佛郎机",中华书局,1974年,第8432页。

④ (清)张廷玉等撰:《明史》卷三百二十五"列传"第二百十三"外国"六"佛郎机",中华书局,1974年,第8432~8433页。

⑤ James P. Delgado, *Encyclopedia of Underwater and Maritime Archaeology*, Yale University Press 1997, pp.360.

⑥ James P. Delgado, *Encyclopedia of Underwater and Maritime Archaeology*, Yale University Press 1997, pp.362.

⑦ (清)张廷玉等撰:《明史》卷三百二十三"列传"第二百十一"外国"四"吕宋",中华书局,1974年,第8370页。

人反叛,数次大屠之,"然华商嗜利,趋死不顾,久之复成聚"①。西班牙远洋帆船航线与葡萄牙人背道而驰,其帆船由吕宋向东直航,横跨太平洋而达墨西哥西海岸阿卡普尔科港,再经陆路转运至墨西哥东岸的维拉克鲁斯后,穿越凶险的大西洋而达西班牙首都马德里。1988 年,菲律宾国家博物馆与西澳大利亚海洋博物馆在吕宋与民都乐岛之间的维德(Verde)岛海域,找到了 18 世纪西班牙马尼拉帆船"纳斯特拉·塞诺拉·维达"号(Nuestra Senora de la Vida)沉址,该沉船的主要船货是中国的青花瓷器和陶器。② 1991～1994 年,菲律宾国家博物馆和"环球第一"探险队对沉没在马尼拉湾南口好运礁(Fortune I.)海面的西班牙商船"圣迭哥"(San Diego)号沉船进行了发掘,出水数千件景德镇和漳州窑生产的所谓"克拉克瓷"青花瓷器。③ 20 世纪 40～60 年代,美国加州大学伯克利分校在加州德雷克斯(Drakes)海岸的 6 个土著民遗址的发掘中获得近千件明朝万历的瓷器,被确认为 16 世纪西班牙著名帆船"圣·阿古斯汀"(San Agustin)号沉船的船货。④ 1966 年,罗伯特·马克斯率领队伍对沉于海底的牙买加古罗亚尔港进行水下调查,发现了多件德化"中国白"观音像。1981～1983 年,美国海洋考古研究所在牙买加的佩德罗沙岛调查时,在 V 号沉船遗址中出土了至少 3 件德化白瓷茶杯。1987 年,美国海洋考古研究所和德克萨斯农工大学的联合考古队在罗亚尔港地面发掘时,出土了 28 件中国瓷器,其中有德化白瓷狮像。牙买加佩德罗沙岛 V 号沉船约在 17 世纪晚期,因此可以推测这些德化白瓷是经过西班牙马尼拉帆船横渡太平洋经加勒比群岛而输往欧洲的。⑤

17 世纪初,荷兰开始崛起并踏上通往东方的航路。1601 年以后的 10 余年内,荷兰人先后四次提出与华通商请求均遭拒绝。荷兰人与葡萄牙人在东方海域素有利益冲突。1596 年,荷兰人赶走了爪哇万丹的葡萄牙人,并于 1602 在万丹成立荷兰东印度公司。1611 年荷兰东印度公司总部由万

① (清)张廷玉等撰:《明史》卷三百二十三"列传"第二百十一"外国"四"吕宋",中华书局,1974 年,第 8371 页。

② Paul Clark, Eduardo Conese, Norman Nicolas, Jeremy Green, "Philippines Archaeological site survey, February 1988". *IJNA* (1989) 18.3.

③ Cynthia Ongpin Valdes, Allison I. Diem, *Saga of the San Diego* (*AD*1600), National Museum, Inc. Philippines, 1993;〔日〕森村健一:《菲律宾圣迭哥号沉船中的陶瓷》,《福建文博》1997 年第 2 期。

④ James P. Delgado, *Encyclopedia of Underwater and Maritime Archaeology*, Yale University Press 1997, pp. 356～358.

⑤ 龚国强:《牙买加发现的德化"中国白"》,《中国古陶瓷研究》第 3 辑,紫禁城出版社,1990 年。

丹迁移至雅加达,1622 年更其名为"巴达维亚"。1601 年,荷兰人来澳门求市,葡萄牙人从中作梗,未许。在海面上,荷兰屡劫葡萄牙商船。1622 年,荷兰人更是直接兵犯澳门,未果后北上据澎湖。1624 年,窃据台湾安平、赤嵌两城,开展中、日、东南亚三地的转口贸易达 40 年之久。终明一代,荷兰人始终未能如葡萄牙一样与中国官方建立贸易关系,却经常出没浯屿、古雷、沙洲等闽粤沿海地区,与"海上奸民,阑出货物与市"①。入清以后,荷兰终于获得合法的在华贸易地位,顺治帝准其八年一贡,"念其道路险远……以示体恤远人之意"②。"康熙二年荷兰助剿海逆,并请贸易"③,获得准许两年一贡的优待。康熙二十三年(1684),康熙帝平台后大开海禁,设广州、漳州、宁波、云台山四关通商外国,与清廷友善的荷兰获得免税待遇。荷兰以巴达维亚为中心,主要从事中、日、东南亚三地的三角贸易,并新辟了一条由巴达维亚经西澳海域南行,再近极地圈后转向西北,直取南非开普敦,绕过好望角后沿非洲西海岸北上抵达阿姆斯特丹的近便航程。1985 年,哈彻在印尼吉德亚多夹暗礁(Reefs of Deldria's Droogte)发现了1752 年沉没的荷兰东印度公司商船"吉特摩森"(Geldermosen)号商船,从该沉船上打捞出水 15 万件瓷器,主要是清乾隆年间景德镇青花瓷器,还有少量釉上珐琅彩等瓷器。青花瓷器中茶具约占三分之一,有茶壶、有柄杯、碗与碟等。④ 1970 年开普敦大学发掘了南非开普敦市桌湾(Table Bay)的荷印商船"奈伦约"(Nieuw Rhoon)号沉址,发现了 3 件装饰菊花纹饰的青花瓷碗,这是明清时期福建典型的青花瓷器的特点。⑤ 1976 年,一家私人机构在大西洋英属圣赫勒拿岛湾海域发现并打捞了 17 世纪初期的荷兰东印度公司"威特·利沃"(Witte Leeuw)号沉船,出水瓷器主要是明末清初江西景德镇和闽南粤东等地的"克拉克瓷"。⑥

17 世纪初,英国亦开始深入并活跃于东南亚海域。1600 年伦敦东印度贸易公司成立,次年公司在爪哇万丹设立商馆。英国人一直十分渴望与

---

① (清)张廷玉等撰:《明史》卷三百二十五"列传"第二百一十三"外国"六"和兰",中华书局,1974 年,第 8436 页。

② 《清实录·世祖章皇帝实录》卷一〇二,中华书局,1985 年,第 793 页;包乐史、庄国土:《〈荷使初访中国记〉研究》,厦门大学出版社,1989 年。

③ 《大清会典事例》卷三百九十八,台湾文海出版社,1992 年。

④ Antony Thorncroft, *The Nanking Cargo*, London,1987;黄时鉴:《从海底射出的中国瓷器之光——哈契尔的两次沉船打捞业绩》,《东西交流论谭》,上海文艺出版社,1998 年。

⑤ Robert Allan Lightley, "An 18th century Dutch East Indiaman, Found at Cape Town,1971". *IJNA*(1976)5.4;305~316.

⑥ C. L. van der Pijl – ketel, *The ceramic load of the 'Witte Leeum* (1613), Rilks Museum Amsterdam, 1982.

华直接接触,"(东印度公司)非常渴望在中国得到一个立足点,以从事直接贸易",但葡萄牙和荷兰一直从中阻挠,直到17世纪30年代,英国商船还未与中国展开直接的海上接触。① 1637年,由约翰·威德尔(John Wedell)率领的四艘船队在英王查理一世的授意下抵达澳门,葡萄牙人拒绝其登陆,威德尔未经允许,擅自赴广州海面贸易,在遭中国官员阻止的情况下炮击虎门炮台,这是中英第一次直接接触。② 郑成功时期,英国人在郑氏割据的厦门、台湾设立商馆,"漳州窑"瓷器经过这里大批运往欧洲。1698年,继伦敦东印度公司之后,英国又成立了一个旨在开展对华贸易的东印度公司。1709年,两公司合并为英国东印度公司。直到1834年之前,英国的对华贸易主要操纵在东印度公司之手,其贸易额也远较其他列强为多。而1840年鸦片战争以前,英国经过多次外交努力,也没有获得清政府合法的通商特权。17世纪以来,英国东印度公司商船虽然也开始走荷兰人所开辟的靠近极圈的新航路,但其主要航线依然是沿北印度洋西行的传统航路。这条航路东起日本平户和中国厦门、广州等地,中衔苏门答腊、爪哇,西接印度以达朴次茅斯和伦敦,连接着英国在远东的各处商馆。③ 此外,英国人亦开辟了一条沿美洲东岸南下绕过南美合恩角、横渡太平洋进入南海的新航路,这一航路也时而为后期的美国商船所采用。④ 1985年,"环球第一"考察队与菲律宾国家博物馆合作调查、打捞了位于菲律宾民都乐(Mindanao)岛海域的英国东印度公司"格里芬"(Griffin)号沉船,出水数千件瓷器。⑤ 1987年,法国考古学家对1738年沉没于非洲东部莫桑比克海峡南部的巴斯洒印度礁(Bassa da India)海域的英国东印度公司"苏塞克斯"(Sussex)号沉船进行了水下发掘,出水150件完整瓷器和539件瓷片,主要是清代青花瓷盘、碗、杯、碟等,青花图案主题为花草、人物、云雷、回纹等,一件碗底部有"雍正"款。⑥

---

① 〔美〕马士:《东印度公司对华贸易编年史》第一、二卷,中山大学出版社,1991年,第7~8页。

② (清)夏燮:《中西纪事》卷一"通番之始",岳麓书社,1988年,第13页;张轶东:《中英两国最早的接触》,《历史研究》1958年第5期。

③ 〔日〕松浦章:《清代前期中英海运贸易》,载中外关系史学会编:《中外关系史译丛》第3辑,上海译文出版社,1986年。

④ 〔英〕H. P. 霍尔德:《二百多年前英舰远航南海记》,载朱杰勤译:《中外关系史译丛》,海洋出版社,1984年。

⑤ C. Dagget, E. Jay, F. Osada, "The Griffin, An English East Indiaman Lost in the Philippines in 1761", *IJNA* (1990) 19.1 : 35 ~ 41.

⑥ G. Bousquet, M. L' hour and F. Richez, "The discovery of an English East Indiaman at Bassas da India, a french atoll in the Indian Ocean : the Sussex (1738)". *IJNA* (1990) 19.1 : 81 ~ 85.

18 世纪中晚期以后,法国、丹麦、瑞典、德国、奥地利、美国等后起之秀相继染指远东航路,但其贸易规模均无法与英、荷两国东印度公司相提并论。其航路也多是沿袭葡、西、荷、英等国所构筑的原有欧亚航海网络,只是更为复杂多变。1960 年,美国潜水员在旧金山北面的卡布里罗角(Point Cabrillo)海域发现了 19 世纪中叶美国商船"弗罗来克"(Frolic)号沉址,后经圣约瑟州立大学人类学系对其进行水下调查和发掘,出水瓷器、茶叶等中国船货。①1983、1985 年法国文化部门组织了对 18 世纪中叶沉没于法国西部洛斯科特(Loscat)海域的法国东印度公司"康迪王子"(Prince de Conty)号沉船遗址的发掘,沉船中最大宗的船货是清乾隆年间的景德镇瓷青花瓷和白瓷等,瓷器显然是按欧洲客商的来样生产的,许多形态颇具欧式风格,也装点部分中国花草纹样。② 1984～1997 年,瑞典国家文物机构对 18 世纪中叶沉没在瑞典哥德堡市不到 1 千米的港外触礁沉没的瑞典东印度公司最大商船"哥德堡"(Gotheborg)号沉址进行了水下考古打捞,出水瓷器 50 多万件,大部分是中国景德镇窑系所生产专供欧洲市场的货物。③

此外,在东非海岸和红海海域都有运载中国瓷器的国外沉船发现。1971 年在埃及的沙姆沙伊赫(Sharm el Sheikh)和沙德万(Sadana)红海海域发现两处含有 18 世纪中国船货的沉船遗址。1995 年埃及海洋考古研究所对其进行了水下考古调查,发现了闽南德化、"漳州窑"青花瓷器,浙闽沿海龙泉窑系青瓷,以及日本伊万里(Imari)窑产品。沙姆沙伊赫沉船的船货与沙德万沉船的相似。④

三　世界市场上的东方青花瓷

明清,由于东南船家在东洋水域的活跃及与洋船东进所构筑的亚欧大通

① James P. Delgado, *Encyclopedia of Underwater and Maritime Archaeology*, Yale University Press 1997, pp. 333～334.

② M. L' Hour and F. Richez, "An 18th century French East Indiaman: the Prince de Conty (1746)", *IJNA*(1990)19.1:75～79.

③ Berit Wastfelt, Bo Gyllenevard, Jorgen Weibull, *Porcelain from the East Indiaman Gotheborg*. Forlags AB Denmark 1991;辛元欧:《瑞典的航海船舶博物馆与水下考古事业》,《船史研究》1997 年第 11、12 期;龚缨晏:《哥德堡号沉船与 18 世纪中西关系史研究》,载黄时鉴主编:《东西交流论谭》,上海文艺出版社,1998 年。

④ A. Raban, "The Shipwreck off Sharm el – Sheikh", *Archaeology*(1971)24.2:146～155; Cheryl Haldane, "Sadana Island shipwreck, Egypt: Preliminary report". *IJNA*(1996)25.2:83～94.

道相衔接,东南青花瓷被输送到近至环中国海的日本、菲律宾、越南、泰国、新加坡、印尼、马来西亚,远到印度洋两岸的印度、斯里兰卡、伊朗、阿富汗、土耳其、埃及、索马里、坦桑尼亚以及葡萄牙、荷兰、西班牙、英国、法国、德国、瑞典、丹麦、比利时、格鲁吉亚、俄罗斯、美国等世界各地。[1] (图5-12)

明代,朝鲜与中国保持着较好的朝贡关系。继9~10世纪平焰龙窑技术和13世纪前后分室龙窑技术相继传入朝鲜后,15世纪左右的明前期,朝鲜又接纳吸收了中国青花瓷技术开始生产青花瓷。[2] 这一时期恰好是明洪武、永乐年间,青花瓷技术主要集中于景德镇御窑,虽然地方民窑也有烧造青花但往往粗陋不堪,因此青花瓷业技术通过何种途径传入朝鲜是一个颇耐人寻味的课题。

明初,日本处于南北朝时代。与朝鲜不同的是,在日本,一片明初的青花残片都没有出土过。[3] 此时朱元璋禁止私商通番,只允许在朝贡基础上进行官方的有限贸易,日本人若想得到景德镇青花必须依赖明皇室的馈赠。但明初中日关系却颇为微妙,对于倭寇的屡次侵扰,朱元璋并未效仿元世祖加之以兵,而是一再克制,屡遣使赴日教谕求和,南朝怀良亲王却斩杀明使、反唇相讥。洪武十三年(1380),胡惟庸案发之后,朱元璋"怒日本特甚,决意绝之,专以防海为务"。在这种时代背景下,日本没有发现明初青花瓷也是情理之中的事。

1392年,南朝投降,日本南北朝对立的局面结束,随后进入室町时代(约1338~1466)和战国时代(约1467~1573)。室町时代约相当于明永乐至天顺朝,此时中日间尚保持着正常的朝贡贸易。1467年,应仁之乱后,日本进入长达百年之久的战国时代,约相当于明成化至嘉靖朝。战国时代,室町幕府依然存在,但随着幕府控制力的降低,大量流亡武士频繁骚扰中国东南沿海,酿成倭寇之患。南北朝以至室町时代中期,日本制陶业几乎处于停滞状态,器型不规整,制作粗糙。[4] 大量的日常生活用具主要依赖华瓷进口,品种主要是龙泉窑系青瓷和德化白瓷等。龙泉窑系的青瓷几乎遍及日本全国,如北海道余市町大滨中遗址、秋田市八田山之泽氏富翁的宅地、宫崎市曾井城及冲绳石垣岛名藏湾等遗址均有发现。德化白瓷鲜

① 冯小琦:《景德镇民窑青花瓷的对外传播》,《景德镇陶瓷》1986年第3期;冯先铭、冯小琦:《荷兰东印度公司与中国瓷器》,《江西文物》1990年第2期;叶文程、罗立华:《中国青花瓷器的对外交流》,《江西文物》1990年第2期。

② 中国硅酸盐学会编:《中国陶瓷史》,文物出版社,1982年,第412页。

③ 〔日〕长谷部乐尔著,王仁波、程维民译:《日本出土的元、明陶瓷》,《中国古外销陶瓷研究资料》第3辑,中国古外销陶瓷研究会编印,1983年6月。

④ 王玉新、关涛编著:《日本陶瓷图典》,辽宁画报出版社,2000年,第16~17页。

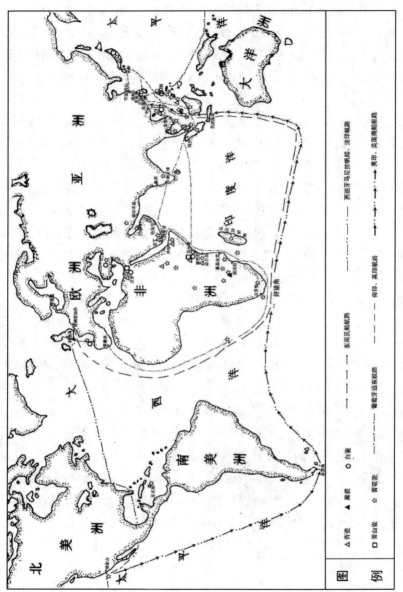

图 5-12　明清航路及海洋性陶瓷的海外发现

见完整器物,以小件居多,器形有碟、酒杯等,另在熊本县矢部町滨之馆遗址出土了抓球的白瓷狮子等小件雕塑。①

嘉万年间,浙南、闽南、粤东等地兴起大量青花瓷窑,其产品伴随着嘉靖倭乱、东南私商通番和荷兰东印度公司商船的中、日、东南亚三角贸易输入日本。这一时期,日本从战国时代过渡到织田信长和丰田秀吉的安土桃山时代,丰田秀吉两次入侵朝鲜,大掠朝鲜陶工而还,促进了日本制陶业向制瓷业的转变。② 青花瓷在这一时期的日本遗址中大量发现,但多为杂项器皿,有铭文的精品很少。出土地点有东京八王寺城址、山梨县一之宫町、岛根广濑富田川湖床遗址及墓葬、福井一乘谷朝仓邸宅遗址等。器物种类有碗及带有各式各样图案、花纹的小碟,带文字的碗、碟等。如画着简化了的狮子抓球图纹和摩羯花纹的小碟,中央画有菊花、草花纹、"寿"字纹、"十"字花纹等的小碟,带有荷花池纹、飞马图纹、波涛纹等的小碗、中型碟,底部有"福""寿"等文字的碗,等等。漳州平和等地生产的素三彩盒、五彩盘罐等物也于此时传入日本,被分别称为"交趾香盒""形物香盒"和"吴须赤绘"。如在熊本滨之馆遗址出土的交趾三彩水鸟形水注、在一乘院出土有吴须赤绘大盘的残片等。③

1616年,朝鲜陶工李承平在日本发现瓷土并烧制出白瓷,在其影响之下,以有田为中心的伊万里青花瓷业在江户时代迅速崛起并一度取代内战连年的中国而向欧洲输出瓷器。④ 此后,日本瓷业迅速崛起并逐渐摆脱了依靠华瓷进口的局面。清代,日本陶瓷也以其独特的艺术风格和较高的质量抢占了部分华瓷的国际市场。

明清,中国东南船家自印度洋海域全面退缩至马六甲海峡以东地区,推动了东洋海域陶瓷消费向纵深发展。明代,中国与日本的民间直接贸易因政府限制而趋于中断。为了互通有无,中日民船选择了在第三地——越南会安进行交易。"这个国家中居住着许多中国人,而且来自福州和漳州的商船也云集于此,从这里满载日用百货来到日本的所谓交趾商船中,有的实际上受雇于居住在当地的中国商人,代替他们完成从交趾送货到日本的任务,船上也常见当地人。交趾也有许多早年远渡重洋,在那里定居的

---

① 〔日〕长谷部乐尔著,王仁波、程维民译:《日本出土的元、明陶瓷》,《中国古外销陶瓷研究资料》第3辑,中国古外销陶瓷研究会编印,1983年6月。

② 王玉新、关涛编著:《日本陶瓷图典》,辽宁画报出版社,2000年,第24~25页。

③ 〔日〕长谷部乐尔著,王仁波、程维民译:《日本出土的元、明陶瓷》,《中国古外销陶瓷研究资料》第3辑,中国古外销陶瓷研究会编印,1983年6月。

④ 王玉新、关涛编著:《日本陶瓷图典》,辽宁画报出版社,2000年,第24~25页。

日本人及其后裔,他们多集中居住于'日本街'."①平和田坑窑的素三彩盒从这里起船转运至日本,被日本人称之为"交趾香盒".② 在与福建、广东充分商贸往来的情况下,大约自15世纪起,越南开始通过直接聘请中国制瓷工匠来烧造青花瓷器.③ 明代,泰国与中国的官方关系非同一般,万历二十年(1592)丰臣秀吉大举入侵朝鲜之时,"暹罗请遣师直捣日本,牵其后".在民间,泰国与福建等地也素有往来.成化间,汀州人谢文彬"以贩盐下海,飘入其国,仕至坤岳,犹天朝学士也"④,后来谢文彬经常充任暹罗贡使来华.15世纪,青花瓷技术传入暹罗.菲律宾大学拜耶教授认为,15世纪初叶,泰国、越南等地出产的瓷器同中国制品在争夺菲律宾南部市场时曾发生过激烈的竞争,最后以它们所占的比例达到陶瓷贸易总额的20%~40%为止.⑤ 已经掌握了陶瓷生产技术的越南、泰国等地对华瓷输入的量想必不会太大.1936年,在泰国库民别答姆发现了中国16世纪的青花瓷,有大明年款的青花大碗、红色描花小罐、贴花小罐等.⑥

在马来西亚的发现明显较越南、泰国为多.1953年在马来半岛的旧柔佛哥打丁宜(Kota Jinggi)出土了大量明代瓷器,除一件压手杯为华南窑系外,其余均为景德镇青花;1958年,马来亚大学在今城内发现了一个包含15世纪和16世纪早期的中国瓷片和宋加洛瓷片堆积,其中中国瓷片有青瓷、白瓷和青花瓷等;1960年,在马六甲一座古镇废墟发现7件15世纪的青花瓷片;在布吉巴士林登出土景德镇和德化窑印花瓷器;1964年,在旧柔佛甘榜发现一个装有35件明青花和白瓷的窖藏;韩槐准在旧柔佛遗址上还拾得明代民窑残碗及沙底瓷片若干.在沙捞越东北的弥利(Miri)发现的墓葬中出土了完整的青花瓷;在沙捞越北部的拉瓦斯(Lawas)及林邦(Limbang)发现大量的明初和明中期的瓷器.⑦

———————————

① 〔日〕长崎西川求林斋编辑:《增补华夷通商考》第三卷(宝永五年发行),三井文库收藏,转引自〔日〕清水实:《关于交趾》,《交趾香盒——福建省出土文物与日本的传世品》,茶道资料馆,1998年10月,第141页.

② 〔日〕赤沼多佳:《交趾香盒——传世品与出土物》,《交趾香盒——福建省出土文物与日本的传世品》,茶道资料馆,1998年10月,第130页.

③ 中国硅酸盐学会编:《中国陶瓷史》,文物出版社,1982年,第412页.

④ (清)张廷玉等撰:《明史》卷三百二十四"列传"第二百十二"外国"五"暹罗",中华书局,1974年,第8400页.

⑤ 〔菲〕富斯:《菲律宾发掘的中国陶器》,《中国古外销陶瓷研究资料》第1辑,中国古外销陶瓷研究会编印,1983年6月.

⑥ 叶文程:《郑和下西洋和明代陶瓷的外销》,《中国古外销瓷研究论文集》,紫禁城出版社,1988年,第150页.

⑦ 叶文程:《宋元明时期外销东南亚陶瓷初探》《明代我国瓷器销行东南亚的考察》《郑和下西洋和明代陶瓷的外销》,《中国古外销瓷研究论文集》,紫禁城出版社,1988年,第73、126~129、150页.

印度尼西亚发现的明清瓷器十分丰富,主要集中收藏于雅加达博物院,但大多无法知道准确的出土地点。唯一经考古发掘出土是在 1936 年,日本学者在甘榜·巴九哥(Rampang Paseco)西里伯斯首府望加锡附近,发掘出中国瓷器 181 件,其中 43 件青瓷、4 件彩瓷,余者多为 15 世纪青花瓷。①

明清,菲律宾群岛各地都有发现中国瓷器。此时,中国瓷器主要从福建月港、厦门,广东南澳等港口出发,经由澎湖列岛等地由北而南输入菲律宾。越南、泰国的瓷器则由南方印尼、婆罗洲而来,在菲律宾南部群岛越南、泰国瓷约占全部瓷器的五分之一至三分之一。② 马尼拉圣安娜墓区发掘了 1800 多件中国陶瓷,时代多为元末至明初,品种包括青瓷、白瓷、黑釉瓷、元青花等,其中多数瓷器来自福建泉州及其周围,如泉州青釉军持、黑褐釉小罐,德化白瓷小瓶、碗、盖盒等,部分青瓷来自浙江龙泉窑,如青瓷双鱼托盘及青瓷小壶等,少量青花来自景德镇,如湖田窑青花菊纹小罐等。卡拉塔甘发掘的 15 ~ 16 世纪早期的 505 个墓葬里出土中国瓷器 411 件,暹罗瓷器 96 件,越南瓷器 9 件及不明产地的瓷器 4 件,中国瓷器依然占领了菲律宾陶瓷市场的绝大部分。在中国瓷器中,青花瓷所占比例约为青瓷的 3 倍,说明青花瓷已成为对外输出的主要瓷种。青瓷的生产则日益衰落,墓葬中出土的青瓷刻划莲瓣碗做工十分粗糙。③

在南亚,明清瓷器较隋唐、宋元显著减少,一些宋元西洋航路上的重要港口、地区如斯里兰卡、斑驳尔等相继衰落,这可能是洋船东进破坏了原有的印度洋贸易秩序后的客观反映。1955 年,三上次男先生在印度本地治里西北 10 千米左右的可里卖都(Korimedu)发现了 14 世纪以后闽南、粤东等地烧制的漳州窑青花残片。在印度故宫博物馆、孟买威尔斯王子博物馆等地所收藏的瓷器以 15 ~ 17 世纪前半期的明代青瓷和青白瓷为主。有些画有特殊纹样的青花在中国都看不到。④ 在斯里兰卡发现的多为 14 世纪以前的中国贸易陶瓷,科伦坡博物馆陈列的 15 世纪以后的青瓷和青花瓷可能是郑和七下西洋时的遗物。⑤ 斯坦因在印度河上游的旁遮普地区发

① 〔菲〕苏莱曼:《东南亚出土的中国外销瓷器》,《中国古外销陶瓷研究资料》第 1 辑,中国古外销陶瓷研究会编印,1983 年 6 月。

② 〔菲〕苏莱曼:《东南亚出土的中国外销瓷器》,《中国古外销陶瓷研究资料》第 1 辑,中国古外销陶瓷研究会编印,1983 年 6 月。

③ 〔日〕青柳洋子东著,梅文蓉译:《东南亚发掘的中国外销瓷》,《南方文物》,2000 年第 2 期。

④ 〔日〕三上次男著,李锡经等译:《陶瓷之路》,文物出版社,1984 年,第 127 ~ 130 页。

⑤ 〔日〕三上次男著,李锡经等译:《陶瓷之路》,文物出版社,1984 年,第 134 ~ 135 页;〔日〕三上次男著,奚国胜译:《斯里兰卡发现中国瓷器和伊斯兰国家陶瓷——斯里兰卡出土的中国瓷器调查纪实》,《南方文物》1986 年第 1 期。

现了 15 五世纪前后的明代青花瓷小片,这些瓷器可能是从印度河口附近的斑驳尔逆流而上经布拉夫米那巴德(Brahminabad)扩散而来的。[①]

伊朗发现的明代瓷器大多属于明初期,与宋元瓷器多发现于霍尔木兹、西拉夫等港口不同,明初瓷器大多收藏于马什哈德、伊斯法罕、阿尔德比勒、大不里士等地的博物馆之中,这些瓷器大多精致优美,不像是普通的贸易陶瓷。马什哈德收藏中国瓷器的博物馆位于什叶派清真寺的旁边,其中的中国明清瓷器主要有明初龙泉贴花龙纹青瓷碗、鱼藻纹青花瓷碗,清灵兽卷草纹青花大盘和青花柏叶花草纹大盘等。伊斯法罕黑尔斯顿宫殿里保存着精致的明初青花和青瓷器。阿尔德比勒神庙所收藏的瓷器全系自南宋以至明初的珍品。明初瓷器主要为青花瓷,器形有水注、梅瓶、罐、扁壶、碗、大盘等。大不里士也珍藏着明初青花大盘、梅瓶、碗等上品。[②] 这些精美绝伦的瓷器多属于明初,使人不由自主地将其和郑和下西洋的事迹联系在一起。

明政府实行的限制私商下海通番的政策割断了东南海洋性瓷业与海洋世界的绝大部分联系。失去陶瓷进口地的西亚、北非各国开始通过其他途径来获得瓷器或其代用品。首先,是 14～15 世纪埃及利用本国瓷土对青花瓷器纹饰和造型的仿造。其次,是 15 世纪越南、泰国在中国瓷工直接参与下烧制青花成功后,将其产品作为中国瓷器的替代品输入到西亚、北非等地。再次,是 16 世纪波斯阿巴斯王招聘数百名中国瓷工前往伊斯法罕设窑烧瓷。[③] 位于土耳其伊斯坦布尔的托普·卡普·撒莱博物馆的中国瓷器收藏品年代最早的也仅到 13 世纪下半叶的南宋,其藏品既有宋元龙泉青瓷,也有珍贵的元和明初青花,还有元明白瓷及明清五彩、五彩描金器、青花等器物。[④] (图 5 - 13)

印度洋旧有的伊斯兰—中国贸易体系被打破后,新的贸易体制随着葡萄牙等国洋船的东来逐步建立起来。葡萄牙及后来的英国殖民者延续了中国宋元船家所开辟的横渡北印度洋、孟加拉湾等地的航线,而不再深入波斯湾沿岸等伊斯兰腹地。他们以印度果阿、阿拉伯半岛、东非、南非等少数几个据点为纽带,将中国瓷器源源不断地运回欧洲。因此明清青花等瓷器除在这条亚欧大航路沿线几个重要港口有所发现外,在波斯湾沿岸等西南亚地区鲜有出土,这与宋元以伊斯兰社会为主要消费地的陶瓷贸易结构

---

① 〔日〕三上次男著,李锡经等译:《陶瓷之路》,文物出版社,1984 年,第 134～135 页。

② 〔日〕三上次男著,李锡经等译:《陶瓷之路》,文物出版社,1984 年,第 83～108 页。

③ 沈福伟:《中西文化交流史》,上海人民出版社,1985 年,第 312 页;〔日〕三上次男著,李锡经等译:《陶瓷之路》,文物出版社,1984 年,第 73,103 页。

④ 〔日〕三上次男著,李锡经等译:《陶瓷之路》,文物出版社,1984 年,第 54～67 页。

图 5 – 13　土耳其托普·卡普·撒莱博物馆收藏的中国瓷器①

1. 加镶了金鋬的龙泉青瓷壶　2. 改装成奥斯曼风格水壶的龙泉玉壶春瓶　3. 用金镶装后的青瓷葫芦瓶　4. 被倒置改装成水具的青花瓶　5. 用两种青花瓷器并成的一件高托咖啡壶　6. 用两只白瓷碗对合加上青花盘改装成的香熏

　　有很大不同。而伊朗、土耳其等国家的青花瓷器大多属于皇室收藏,其来源似乎与郑和下西洋活动及朝贡贸易有关。

　　位于阿拉伯半岛的阿布扬、亚丁、苏哈尔、巴林等地发现的明清贸易陶瓷数量相对较多。在阿布扬及其以南的阿拉伯遗址中发现了 13 ~ 15 世纪的青瓷和 15 ~ 17 世纪的青花瓷。在亚丁发现了 15 世纪的明代瓷器。在苏哈尔港市街遗址下发现了中国明代青花瓷。在巴林发现了明初龙泉青瓷和明中期以后的卷草纹、莲花纹青花瓷。② 经由巴林,明清瓷器扩散至北非各地。在北非埃得哈布港发现了明初的龙泉青瓷、青花瓷等,其中"青花小碗,饰缠枝花卉"者似明永乐时期的产品。③ 在福斯塔特发现有从 14 世纪末到 17 世纪的明代青瓷、青花瓷、白瓷、青白瓷、五彩瓷等。

---

① 　1 ~ 6 均采自王川:《蓝色的珍藏——观土耳其的托普卡比王宫博物馆》,《美术报》2013年 2 月 23 日,第 40 版。

② 　〔日〕三上次男著,李锡经等译:《陶瓷之路》,文物出版社,1984 年,第 44 ~ 53 页。

③ 　马文宽、孟凡人:《中国古瓷在非洲的发现》,紫禁城出版社,1987 年,第 6 页。

在东非发现的明清陶瓷主要可以分为三大类：第一类，是在明初随着郑和下西洋活动，通过官方馈赠等形式播迁于东非各地；第二类，是三上次男先生提出的定居于东南亚的华侨依靠自身和印度、阿拉伯商人的力量输入东非的；①第三类，是 16 世纪以后由葡萄牙、英国等欧洲船只转运而至。② 在埃塞俄比亚奥贝尔、奥博巴、德比尔和谢赫巴卡布等遗址发现有12～15 世纪的青瓷和 16～17 世纪的青花瓷。里马岛的一座教堂内保存了一件精致的明代瓷罐，罐内装着顿加尔王的内脏。贡德尔 17 世纪建造的宫殿遗址中，发现许多中国古瓷。③

索马里境内发现中国古瓷集中于索埃交界处的博腊马地区，在这里的清真寺和石头房屋都发现有 12～15 世纪的青瓷，以及 16～17 世纪的青花瓷。④

在肯尼亚拉姆群岛区的帕塔岛帕塔城遗址出土很多 16 世纪、特别是17～18 世纪中国古瓷片，其中绝大部分是青花瓷片。在曼达岛南部的台克瓦遗址，发现了 15 世纪晚期至 16 世纪早期的青瓷片，以及晚期青花瓷片。在梅林迪海岸区安哥瓦那遗址出土许多元明时期的青瓷和明代青花瓷，许多青瓷被镶于清真寺建筑和柱墓之上作为装饰。在木瓦那的清真寺和墓葬等遗迹发现有 15 世纪的青瓷。在马林迪，发现有 14～16 世纪的中国青瓷、青花瓷和少量青白瓷被镶于柱墓的壁龛上。在曼布鲁伊发现明代万历时期青花瓷盘和青花瓷碗。在给地，13～17 世纪初的宫殿、清真寺、房屋和墓葬等遗迹中出土 14 世纪龙泉青瓷莲花碗、盘，15 世纪下半叶青花瓷及少量青瓷，以及部分万历时期青花瓷碗。在基尔朴瓦，出土明正德、嘉靖年间的青花瓷碗。在蒙巴萨区杰萨斯堡出土 1300 片以上中国古瓷，其中以明末清初的青花瓷居多，彩瓷和白瓷等也有少量发现。在基那尼出土一件成化款青花瓷器和一些青花瓷片，属 16 世纪晚期，还有一件万历时期的青花瓷碗。在木那拉尼出土 15 世纪的青瓷、缸胎瓷、青花瓷、白瓷、青白瓷等。两件完整的青花瓷碟，属 16 世纪。⑤

在坦桑尼亚坦噶地区的很多遗址发现有 16～19 世纪中国古瓷，如博马拉恩达尼出土的 16～19 世纪中国瓷片，楚巴金尼遗址的海滩上发现许多 16～19 世纪的中国瓷片等。在奔巴岛什瓦克发现宋代内壁刻纹的瓷片及明代青瓷片；普吉尼发现 16 世纪青花瓷片；基丸尼岛发现一件 18 世纪

① 〔日〕三上次男著，李锡经等译：《陶瓷之路》，文物出版社，1984 年，第 43 页。
② 马文宽、孟凡人：《中国古瓷在非洲的发现》，紫禁城出版社，1987 年，第 70 页。
③ 马文宽、孟凡人：《中国古瓷在非洲的发现》，紫禁城出版社，1987 年，第 8～9 页。
④ 马文宽、孟凡人：《中国古瓷在非洲的发现》，紫禁城出版社，1987 年，第 9～10 页。
⑤ 马文宽、孟凡人：《中国古瓷在非洲的发现》，紫禁城出版社，1987 年，第 17 页。

中期左右的中国瓷盘等。在桑给巴尔岛东南的清真寺遗址发现明代青瓷片。在基西马尼马菲亚,发现较多 17～18 世纪的青花瓷片;朱安尼岛发现 15 世纪的瓷碗;吉邦多岛的海滩上散落有大量 16 世纪或之后的中国古瓷片;乔尔岛码头发现许多 17～19 世纪的中国瓷片。在基尔瓦岛"大清真寺""大房子"遗址出土明景德镇窑青花瓷、明龙泉窑青瓷、清德化窑瓷器、晚明漳州窑青花和清素三彩瓷片等。蒋丸瓦清真寺遗址出土有明代的素面瓷碗残片及云头纹青花瓷碗残片。苏丹墓地出土有德化窑火珠云龙纹青花碗,外底绘四株小草,还有一件 19 世纪的小白瓷碗。① 松哥穆纳拉岛出土了大量明代青瓷和青花瓷。②

此外在中南非洲也发现有明清瓷器。如在津巴布韦哈密遗址、得赫罗遗址、卢安兹遗址、丹巴瑞里遗址、安哥瓦遗址、马拉姆卡遗址等发现明清时期的青花瓷、黄釉瓷、黑釉缸胎瓷、棕色釉缸胎瓷等中国古瓷。在莫桑比克发现少量明清时期的青花瓷片。在扎伊尔、赞比亚、马拉维、博茨瓦纳发现一些明清时期的瓷片。在马达加斯加出土有许多明清时期的瓷器,如明中期的凤穿花纹碗。在南非开普敦出土了一些清代青花瓷片。③

综上所述,明清东南海洋性瓷业格局发生了较大的变化。明初,在官方禁止私商下海通番的禁海政策之下,东南远洋帆船业和航海活动受到较大的限制,东南海洋性瓷业也因此而萎缩。龙泉窑这一东南瓷业技术中心也趋于没落。明代中后期,在官方朝贡贸易体系瓦解、私商下海日趋频繁的情况下,东南海洋性瓷业又重新在浙南、闽南、粤东等私商猖獗之走私港市附近崛起。在洋船东进所构建的亚欧大航路所带来的巨大市场引诱下、在明朝中后期景德镇暂时的内外交困的契机下,青花瓷技术由景德镇官窑向民窑、进而向东南沿海转移。在东南港市方面,传统朝贡贸易港如广州、泉州、福州、宁波等对东南海洋性瓷业的聚散功能反倒不如走私港口如月港、南澳、双屿等强。海洋性瓷业也主要围绕在这几个私商港口周围。受明清禁海政策的影响,或为逃避官府打击,此时海洋性陶瓷窑址多分布于九龙江、晋江、韩江、瓯江等流域及其支流的中上游地区,这里位置一般较偏僻,但水运至私商港市又较为便利,而且瓷土、燃料等自然资源较为充足,与宋元较多窑址位于沿海甚至海岛之上区别明显。在陶瓷消费市场上,因东南船家在东洋航路上拓展的深化及与洋船亚欧航路的衔接,海洋性陶瓷在原有基础上进一步延伸至欧美等更为广大的区域。

---

① 马文宽、孟凡人:《中国古瓷在非洲的发现》,紫禁城出版社,1987 年,第 29 页。
② 马文宽、孟凡人:《中国古瓷在非洲的发现》,紫禁城出版社,1987 年,第 29 页。
③ 马文宽、孟凡人:《中国古瓷在非洲的发现》,紫禁城出版社,1987 年,第 36 页。

结　语

　　虽然自 20 世纪二三十年代起,中国学者就已经注意到了中国古代陶瓷的对外传播问题,但是大多数学者都是从中原文化核心、统一的角度出发,将东南沿海面向海洋世界的海洋性贸易陶瓷视为中国大陆性陶瓷体系的外销部分。在中原中心、大陆中心的传统史观下,外销瓷难免成为中国大陆性陶瓷统一体中的旁枝末节,无法凸显中国古代海洋性与大陆性二元对立统一之文化体系之下东南沿海古代陶瓷业因海洋文化圈的兴衰、消长而产生、发展、变化的独立的海洋性性格。20 世纪七八十年代以来,随着外销瓷研究与海交史、港史、水下考古等专题研究相结合,不少学者已经客观上注意到了外销瓷的产销与海洋世界的关联,提出了"陶瓷之路""海上丝绸之路"等相对独立的概念,但尚无学者真正触及到外销瓷相对独立于大陆性陶瓷之外的海洋性本质。本文即是在导师吴春明教授所构建的东南海洋性贸易陶瓷的宏观框架之下,在充分吸收了几代古陶瓷学者在外销瓷、贸易陶瓷、海洋性陶瓷等领域已有学术成果的基础上,通过系统地收集、整理中国东南沿海地区历代海洋性窑业、陶瓷考古资料,运用环中国海海洋社会经济史的宏观视角,以历时编年的逻辑结构,全面阐述中国古代东南沿海地区海洋性陶瓷的发展史。

一　东南瓷业沿江河分布及向港口类聚的空间特征

　　水源对制瓷业的重要性不言而喻,主要表现在生产与运输两个方面。首先,瓷器的生产离不开水,无论是瓷石的粉碎、淘洗和陈腐,还是釉料的拣选和调制,以及瓷胎的拉坯和成型都离不开水。其次,瓷器产品的运输也主要仰仗水运。水运同时具有价格低廉和载重量大的特点。相同的货物,水运的价格往往不及陆运价格的三分之一,大大降低了瓷器运输成本。船舶的载重量多达数百石,远非人力、畜力所能及。因此东南瓷业为了减少运输环节成本和损耗,往往具有沿江河、溪流分布和向港口类聚的空间特征。

在东汉晚期成熟瓷器烧造成功后,青瓷窑址原本集中分布于其发源地即上虞曹娥江中游地区。随着西晋浙东运河的开凿成功,窑址逐步沿曹娥江南下向浙东运河和曹娥江交汇处集中。东晋南朝青瓷窑址进一步沿浙东运河向钱塘港和句章港方向扩散。东晋六朝,在陶瓷沿东冶、梁安、番禺等东南港市转运舶出的过程中,青瓷窑业技术也随之传播到福州怀安窑、晋江磁灶窑、深圳岗头村窑等地。这一时期东南瓷业呈现出以钱塘港和句章港为中心分布,零星播迁于东冶、梁安、番禺等东南港市周围的特点。东汉瓷器烧造之初,窑址主要集中分布于上虞县曹娥江中游两岸,此外在杭州湾北岸的德清和太湖的宜兴、浙南的永嘉等地也有东汉晚期陶瓷窑址的发现。三国西晋时期,上虞的曹娥江两岸依然是东南制瓷业的中心,并以上虞为中心在宁绍地区形成了一个庞大的越窑窑系。此外,瓯窑、婺州窑、德清窑等窑场林立,也各自发展成为庞大的瓷窑体系。江苏宜兴丁蜀镇也在汉代的基础上形成了南山窑窑业体系。东晋南朝时期,随着厚葬风的迅速消退,各类用于随葬的青瓷冥器到东晋已基本停烧,窑址数目锐减。①处于越窑中心区的窑业暂时衰落,但是瓷窑的分布面却更为广泛,除浙江境内的越窑、瓯窑、婺州窑与德清窑继续烧造瓷器外,在闽江口的福州市怀安、晋江下游的泉州磁灶,珠江口的深圳步涌,西江上游支流水系的桂林上窑、象州牙村、藤县马鹿头岭等地均有设窑烧瓷。

隋唐五代,东南瓷业迅速发展,窑址大多位于港市周围或港市所在河流及其支系的两岸地区。随着唐代明州港的崛起,越窑中心分布区已由上虞曹娥江中上游地区转移到了慈溪上林湖,并以慈溪上林湖为中心密集分布,部分分布于其周围的白洋湖、里杜湖、古银锭湖一带。同时以越窑系为中心的青瓷产业从浙北钱塘江南岸地区迅速扩张,沿江、沿河发展到浙东南沿海和浙西、浙南山地。在宁波和温州之间的浙江东南沿海台州市等地发现众多的唐五代窑址。瓯窑窑址的集中分布区进一步延伸至温州的西山等地。婺州窑的日用粗瓷作坊广布于金衢盆地。地处浙南偏僻山区的丽水、龙泉等地依旧生产着质量低下的青瓷。在区域开发和海洋市场的拉

---

① 浙江省博物馆:《青瓷风韵——永恒的千峰翠色》,浙江人民美术出版社,1999年,第24页。

动下,仿越窑的青瓷业还广泛分布于闽江、晋江、九龙江流域及岭南地区。闽江上游及其支流的建阳、建瓯一带唐五代窑口分布十分密集,其产品质量及窑炉技术均较高,可能是唐代中、晚期越窑系统向闽北地区的扩散,两地之间极有可能有着直接的工匠移动和交流。① 闽江下游及以福州为中心的闽江口流域唐五代窑址在工艺上都不同程度地继承了本地六朝青瓷技术模仿越窑产品,青瓷面貌有一定的滞后性。闽南晋江流域等地窑址的瓷器烧造技术更为原始,在越窑普遍使用匣钵装烧时,这里却依然沿用六朝甚至三国时期常用的支钉和托座等装烧工具。② 九龙江口晚唐五代陶窑分为两群,一群分布于同安,窑业技术面貌与晋江流域窑址一样落后,同属于晚唐五代泉州外围港口窑址群;一群分布于杏林、海沧,采用了中原地区常见的匣钵装烧技术,似乎与中唐以后汉人对九龙江流域的开发直接相关。岭南瓷窑密集分布于瓷土资源丰富、交通便利的潮州、珠江口和雷州半岛等地。③ 韩江流域的潮州、梅县等地是唐五代岭南海洋性瓷业的重要分布区,梅县水车窑的青瓷玉璧底碗、无耳罐等产品在东南亚地区多有发现。在珠江口的广州西村、佛山等地有唐五代馒头窑和少量龙窑分布。雷州半岛的雷州市通明河出口处,湛江市坡头镇、遂溪县和廉江县等地也都有唐五代龙窑和馒头窑烧造日用粗瓷。此外在东江流域、西江上游、桂东南以及沿海的阳江、合浦等地都有唐五代青瓷窑址。

宋元东南海洋性瓷业极度扩张,窑址多以港口为中心密集分布,并且沿江形成了广袤的瓷业生产带,窑址分布与港市之间形成了兴衰共荣的依存局面。北宋早期,越窑继续繁荣发展,窑址主要分布于宁波港附近的鄞县东钱湖、上虞窑寺前窑等地。浙南山地、闽江、晋江流域和岭南地区在原有越窑技术基础上继续烧制青瓷。在宋代斗茶习俗的推动下,建阳水吉等地窑大量烧制黑釉碗,闽江上游各窑纷纷仿造,形成了大规模的黑瓷窑群和产区。北宋中期,越窑衰落,景德镇青白瓷技术翻越武夷山脉,扩散至闽江上游建阳地区和金衢盆地一带,并由此扩散至浙南泰顺、苍南及闽江下游、闽南等地。青白瓷还翻越南岭,传播至环珠江口广州西村窑、韩江流域笔架山窑,形成以珠江口和潮州港为中心的青白瓷窑业群。北宋晚期,宁

① 福建省博物馆:《建阳将口唐窑发掘简报》,《东南文化》1990年第3期;吴裕孙:《建阳将口窑调查简报》,《福建文博》1983年第1期。
② 李德金:《古代瓷窑遗址的调查和发掘》,载中国社会科学院考古研究所编:《新中国的考古发现与研究》,文物出版社,1984年;栗建安:《福建古瓷窑考古概述》,载福建省博物馆编:《福建历史文化与博物馆学研究——福建省博物馆成立四十周年纪念文集》,福建教育出版社,1993年。
③ 孔粤华:《唐代梅县水车窑青瓷的特色及对外贸易》,《中国古陶瓷研究》第9辑,紫禁城出版社,2003年,第330~333页。

绍平原瓷窑数量锐减,部分窑工向浙南丽水、龙泉等地迁移。浙南龙泉窑迅速崛起,在丽水地区形成庞大的青瓷窑系,还侵吞了原婺州窑和瓯窑的部分区域,并为了便于瓷器的对外输出沿瓯江和飞云江流域而下形成以温州港为依托的产业基地。南宋前期,随着泉州港的崛起,在福建闽江、晋江、九龙江等地区崛起一大批仿龙泉青瓷窑、仿景德镇青白瓷窑和仿建窑黑瓷窑,很多窑口往往兼烧两种以上的瓷器品种。南宋后期,龙泉窑吸取了南宋官窑的乳浊釉和多次上釉技术,制造出了大量釉层丰厚、滋润如玉的高档精美产品。此时原有的龙泉青瓷瓷场进一步扩大,瓷窑密集,瓷业更加繁荣。但南宋后期龙泉青瓷乳浊釉技术对东南瓷业的辐射力度明显大不如前。此时,闽江上游、闽江下游、闽南地区、韩江流域、东江流域依然多仿烧南宋前期的龙泉青瓷,称之为"土龙泉"。青白瓷与土龙泉是东南制瓷手工业最为丰富的产品。建窑黑瓷已趋于衰落。元代,龙泉瓷窑数目激增,在龙泉县东部到丽水县的瓯江两岸建立了很多新窑,在瓯江下游的永嘉、金衢盆地的武义均有元代龙泉青瓷窑址的发现。以泉州港为中心的青白瓷窑数目不减反增。建窑黑瓷完全衰落,黑瓷窑址仅在闽江下游、闽南等地零星可见。受宋末元初战争的影响,加之元代广州港市的沉寂和因此而导致的广州港市集散陶瓷能力的降低,元代西江上游瓷业急剧衰落。由于缺乏海外市场或产品竞争力不强,桂东南青白瓷业很快销声匿迹。

明初,在官方禁止私商下海通番的禁海政策之下,东南海洋性瓷业迅速萎缩,东南瓷业不再以大型港市为中心分布,而多崛起于月港、南澳等走私港周围及其山区腹地。在厉行私商不许通番,官方主导朝贡贸易的海禁政策打击下,民窑主导的闽、粤等地瓷业迅速衰落,许多仿龙泉青瓷窑场纷纷废弃,青白瓷窑的数目也大大减少。明代初期,浙南龙泉青瓷尚能烧造一些优质产品,明中期以后,其产品质量日趋粗糙,在与景德镇瓷器竞市中处于下风并最终在明代后期停烧。[①] 官窑景德镇以其优良的瓷土资源和高超的青花瓷烧成技术成为中国瓷业生产的中心。[②] 明代中后期,在官方朝贡贸易体系瓦解和私商下海日趋频繁的情况下,景德镇青花瓷技术由官窑而民窑,进而向东南沿海转移。浙南江山,闽北武夷山,闽南安溪、平和,粤东饶平、大埔等东南窑址于宋元在生产青瓷、青白瓷的技术基础之上,在

①　朱伯谦:《龙泉青瓷简史》,《龙泉青瓷研究》,文物出版社,1989 年,第 29 页;中国硅酸盐学会编:《中国陶瓷史》,文物出版社,1982 年,第 390～391 页;阮平尔:《浙江古陶瓷的发现与探索》,《东南文化》1989 年第 6 期。

②　中国硅酸盐学会编:《中国陶瓷史》,文物出版社,1982 年,第 357～359 页;栗建安:《福建古瓷窑考古概述》,《福建历史文化与博物馆学研究——福建省博物馆成立四十周年纪念文集》,福建教育出版社,1993 年,第 179 页。

纹饰上模仿镇瓷而改烧青花瓷。东南海洋性瓷业又重新在浙南、闽南、粤东等私商猖獗之走私港市附近崛起。除数量众多的青花瓷窑址外,闽南漳州亦新兴起一些烧造素三彩、五彩及米黄釉等瓷器品种的新窑场。德化窑则以"象牙白""鹅绒白""猪油白"等称号而闻名于世,成为明代景德镇之外的又一"瓷都"。① 晋江流域、九龙江流域、韩江流域与东江流域之间的广大区域仍有大量窑场继续延烧宋元间风靡浙闽的仿龙泉青瓷;珠江口的佛山石湾等窑大量仿烧钧窑等名窑产品,清代珠江南岸等窑在景德镇白瓷坯上依照西洋画法施以彩绘,形成有名的"广彩"。雷州半岛的廉江、遂溪等地,明清时期窑火依然兴旺,大量烧制民用酱褐釉、青釉或青白釉等瓷器。②

二 东南瓷业技术从内地向沿海转移的历史过程

东南陶瓷海洋性的形成实际上就是名窑在沿海窑场被仿烧而成为沿海手工业产品的过程。原料、水源、交通、人口、城镇、港市经济、海洋市场、海洋政策、消费习俗变迁等因素对这一过程的形成都起着重要作用。下文将分别阐述不同釉色和窑系的瓷器品种在东南瓷业被仿烧的过程。

(一)青瓷

1. 越窑

东汉六朝,越窑青瓷窑址主要分布于钱塘江南岸的上虞、余姚、绍兴等地。钱塘江北岸的德清、宜兴和瓯江下游的永嘉、金衢盆地的婺州等地的青瓷技术面貌与越窑中心区大体保持同步。东晋六朝时期,在陶瓷经东冶、梁安、番禺等东南港市转运舶出的过程中,青瓷窑业技术也随之传播到

① 栗建安:《福建古瓷窑考古概述》,《福建历史文化与博物馆学研究——福建省博物馆成立四十周年纪念文集》,福建教育出版社,1993 年,第 179 页;冯先铭主编:《中国陶瓷》,上海古籍出版社,2001 年,第 536~537 页。

② 曾广亿:《广东瓷窑遗址考古概要》,《江西文物》1991 年第 4 期;广东省博物馆:《广东考古十年概述》,《文物考古工作十年》,文物出版社,1990 年,第 226 页;冯先铭:《中国古陶瓷研究回顾与展望》,《中国古陶瓷研究》第 4 辑,紫禁城出版社,1997 年,第 4 页。

以上地区。闽江、晋江的窑业技术来源较为单纯,应该是越窑和瓯窑青瓷技术南传的结果。珠江口的窑业技术面貌则比较复杂,其采用汉代中原南传至此的馒头窑窑炉技术来模仿生产越窑青瓷。隋唐五代,除明州港市附近的上林湖、里杜湖、东钱湖等地窑群外,在台州、温州、福州、泉州、漳州、潮州、广州、合浦等地均有唐五代窑址的大量分布。在上林湖、里杜湖、东钱湖等越窑中心区,匣钵、垫圈等先进的窑具广泛应用。台州、温州等地的窑业技术面貌也基本与浙东同步。闽江流域和泉州等地则沿用六朝支钉和托座等装烧工具仿烧越窑青瓷。潮州、珠江口、西江上游等地在唐代还是主要使用北方的馒头窑。雷州半岛和合浦则采用的是南方常见的龙窑,这可能与唐五代泉州、兴化向广南西路的移民有关。而漳州附近的海沧、杏林等地的唐五代窑址虽然采用的是南方常见的龙窑,却使用了先进的匣钵装烧技术,这应该和中唐后汉人对九龙江流域的开发直接相关。北宋早期,越窑在宁绍平原继续繁荣发展,此时产品很多是用匣钵烧造,胎质细腻致密,圈足薄而稍向外撇,釉色青绿或青中泛黄。纹饰繁缛,题材有荷花、莲瓣、水草鹦鹉、蝴蝶等。采用刻花、划花、刻划并用、镂空等方法精心制作。浙南山地、瓯江流域、闽江流域、闽南地区和韩江、东江、西江、环珠江口等地仍在本地前朝窑业技术基础之上继续仿烧越窑瓷器。

2.龙泉窑

北宋中晚期,越窑衰落,部分窑工向浙南丽水、龙泉等地迁移。龙泉窑改烧青黄釉瓷器,胎壁厚薄匀称,胎色淡灰或灰色,釉色青黄,釉面光洁,器表常刻划团花、菊花、莲瓣、缠枝牡丹及篦划点线和弧线纹等。南宋前期,龙泉窑崛起,窑址遍布龙泉境内,还沿瓯江和飞云江而下远达泰顺、文成、永嘉等县,替代了原来分布于此的瓯窑。此时的青瓷釉色青翠,极少有开片和流釉现象;胎壁较厚但更紧密,新出现葵口碗、瓶、炉、碟、盒、尊等器形;盛行单面刻划花,以刻花为主,划花次之,篦纹越来越少,纹饰多为云纹、水波纹、蕉叶纹、莲花、荷叶以及鱼、雁等生动活泼的图案。

南宋后期,龙泉窑吸取了南宋官窑的乳浊釉和多次上釉技术,烧出了大量釉层丰厚、滋润如玉的高档精美产品,瓷器品种除饮食器皿等实用瓷外,尚有文具、陈设瓷、祭器、娱乐用瓷等。光泽柔和的粉青色釉和碧绿的梅子青釉也在此时烧制成功。可能是生产高档瓷的原因,南宋后期龙泉青瓷乳浊釉技术对东南瓷业的辐射力度明显大不如前。

南宋和元代,闽江上游、闽江下游、闽南地区、韩江流域、东江流域分布众多仿烧北宋中晚期至南宋前期的龙泉青瓷的窑场,称之为"土龙泉",代表性窑址为同安汀溪窑。其产品大多胎体厚重粗糙,釉色青黄或黄绿,釉层厚薄不均,釉面开细小冰裂纹,使用刻、划等装饰技术,花纹有莲瓣、菊瓣、缠枝、卷草、篦点等,碗内心模印图案有双鱼和小鹿等。

此时,福建、广东等地的瓷器烧造技术与浙江的差距日益缩小,东南地区窑业普遍采用龙窑和匣钵装烧技术,量产技术在东南窑业中得到广泛应用。

(二)青白瓷

青白瓷是在唐末五代南方地区崇尚白瓷的背景下,处于长江中游的安徽繁昌窑等南方窑场,在特定的资源条件下,吸收南北方技术试烧白瓷时出现的新的瓷器品种。北宋早期,青白瓷生产中心在安徽繁昌窑,其产品主要供上层社会使用,青白瓷也主要发现于大的区域中心城市和港口。北宋中期以后,青白瓷逐步在南方普及,其生产中心转移至江西景德镇,并以此为中转站向东南地区传播。北宋中期,青白瓷技术沿赣江水系翻越南岭传播至珠江口和韩江流域,广州西村窑、韩江流域笔架山窑均为这一时期重要的青白瓷窑址。与此同时,南方地区常见的龙窑技术逐渐在岭南地区上升到主导地位。无论是珠江三角洲地区,粤东韩江流域,还是西江上游的郁南等地,均有发现宋代龙窑叠压于唐代馒头窑之上的情况。而龙窑技术的广泛应用似乎与其窑身长、产量大、更易于满足旺盛的市场需求直接相关。北宋中后期,青白瓷技术翻越武夷山脉,传播至闽江上游建阳地区和金衢盆地一带,并由此扩散至浙南泰顺、苍南等地,漏斗形匣钵和支圈覆烧技术也随之传播至此。闽南德化盖德碗坪仑窑址下层青白瓷器的造型、纹样、装饰技法等与景德镇湖田窑极其类似,似乎受到了景德镇青白瓷业的直接影响。南宋随着泉州港的崛起和广州港的消寂,珠江口陶瓷的市场份额逐渐为福建瓷业所夺,窑址数目锐减。在闽江下游和闽南地区围绕着港市形成了一大批青白瓷窑址,许多窑址经常是主烧青瓷,而兼烧青白瓷,青白瓷的生产技术及工艺往往不及闽北地区,青白瓷的造型与纹饰也多与本地前期青瓷类同。南宋后期在失去景德镇青白瓷技术直接支持后,闽南德化碗坪仑上层器物与下层器物风格迥异,胎釉均略显粗糙,装饰花纹趋于简单草率,瓷器从造型和纹饰上来看都与闽南的土龙泉窑产品十分相似。

（三）青花瓷

青花瓷起于唐宋,盛于元明清,逐步成为中国瓷器的主流。明代中后期,伴随着朝贡贸易体系的破产,景德镇青花瓷业出现官民竞市的繁荣局面,官窑衰落,民窑兴盛,技术转移。嘉万年间,景德镇出现的洪灾、窑工起事、瓷土资源短缺的情况使景德镇陷于内外交困之中。随着16、17世纪葡萄牙、西班牙、荷兰等国洋船东进,青花瓷由此而拥有了更大的欧洲市场。部分窑工辗转东南沿海寻找生计,青花瓷业逐步向东南沿海地区进行技术转移,沿海的青花瓷窑便趁机勃然兴起。从目前的窑址考古线索来看,景德镇青花瓷烧制技术向福建、广东的转移主要有三条线路:一是由铅山五里峰窑向闽北武夷山主树垅、老鹰山、郭前等传播的北线;一是由广昌高虎脑乡中寺村窑向安溪翰苑、银坑等窑址直接传播的中线;一是由赣南的寻乌桂竹帽、安远镇岗、赣县上碗棚等,经广东大埔、饶平向漳浦坪水窑和平和五寨传播的南线。在瓯江、闽江、晋江、九龙江、韩江等私商贸易繁盛的区域,许多窑址均在宋元青瓷、青白瓷的窑业基础上改烧青花。

（四）黑瓷

东汉晚期的德清窑是中国最早发现的黑瓷产地之一。唐五代,黑瓷的产量和质量有了较大提高。黑釉瓷以宜茶而在宋代备受吹捧,建阳水吉等地窑址大量烧制黑釉碗,一度为宋室宫廷烧制御用茶盏,闽江上游各窑纷纷仿造,形成了大规模的黑瓷窑群和产区。其主要窑址有建阳水吉、武夷山遇亭林、南平茶洋、建瓯小松、光泽茅店、浦城半路等。南宋以后建窑黑釉瓷器风靡海内外,在巨大的市场需求的刺激之下,闽江下游和闽南沿海的一些窑址相继加入到仿烧建瓷的行列之中。这些窑址的兴起直接缩短了建窑瓷器和海外市场之间的空间距离,减少了瓷器运输成本,对于黑釉瓷器的对外传播起到了积极的意义。同时由于瓷土质量的不同,这些窑口的黑釉瓷器往往较建盏胎体细腻白净,釉色也不似建盏那样黑亮如漆,而多呈褐色或黄褐色。

（五）其他瓷器品种

其他瓷器品种主要有长沙窑釉下褐绿彩、磁灶窑绿釉瓷器、磁州窑釉下褐彩、钧瓷等。长沙窑釉下褐绿彩的兴起与活跃于东西航路的阿拉伯人直接将中西亚的陶瓷市场消费信息带到中国以及长江下游具有强大商品集散能力的扬州港的崛起有着莫大的关系。磁灶窑绿釉瓷器的烧造则与居于泉州蕃坊的阿拉伯人直接相关。磁灶窑釉下褐彩器在金衢盆地衢县两弓塘窑，闽南晋江磁灶窑，闽北浦城大口窑、南平茶洋窑，广州西村窑，雷州半岛等地均有被仿烧。仿钧窑址则主要见于金衢盆地的金华铁窑，衢县大川乡、湖南乡、白坞口乡等元代窑址。位于西江上游兴安县的严关窑也发现有月白、墨绿、兔毫、玳瑁等窑变釉。

从总体上说，每个窑系海洋性瓷业的形成，是由于原瓷器品种在或深或浅的层次被仿烧导致窑系的扩展与扩大而不是完全的迁移和代替的结果。新的时空范畴形成后，原有的瓷器产品也被销往海上，但格局体系发生了重大变化。

三　海洋性陶瓷的特点和海外文化特征

海洋性瓷业与大陆性瓷业的区别在于其以海洋世界为市场的导向和逐利的海洋性本质。海洋性瓷业生根于植被茂盛、水源与瓷土资源丰富，同时人多地少矛盾又十分突出的东南地区。这里的人们拥有着娴熟的航海术，早已习惯了以海为生、驾舟楫而梯航万国的海洋性生活方式。晚唐五代以来，割据一方的地方势力和中央政府官员也乐于鼓励子民（北方汉人、当地人及其通婚后裔）利用东南地处中原与海外"岛夷"之间独特的地理空间交接地带的优势，将"陶器钢铁，泛于蕃国，取金贝而还"，以缓解日益增加的人口与物产贫乏之间的矛盾。因此海洋性瓷业是以海洋世界为市场的，这一市场既有可能是与南宋对峙的辽、金，也有可能是占城、真腊、三佛齐、阇婆等海外诸番。海洋性瓷业产品还具有逐利的海洋性本质，其产品大多是中原名窑同类器的仿烧品，但是在瓷胎淘洗、成型、施釉、装烧工艺等各个环节都充斥着简化与缩减。如漳州窑对原料的精工粉碎和淘洗不够，导致胎体结构疏松和胎质发灰；利坯整型不足，导致瓷器器型不甚规整，底足普遍带有放射状的跳刀痕；以泼釉或浇釉的方式给外壁施釉，导致釉不及底和釉层厚薄不均；装饰技法缺乏规整与严谨，导致构图与线条的表现随意抒发，画风朴实简陋；对青花钴料的锻炼不足，导致青花发色灰暗且有晕散现象；为节省成本，直接将器物放置于沙上而舍弃景德镇瓷质垫饼技术,导致沙足器的产生,无不体现了漳州窑瓷器生产急功近利的特点。

东南海洋性陶瓷是海洋社会经济体系中的重要商品,其造型与纹饰无不浓缩了输出地的社会时尚和风俗,充分体现了东西方文化的交流与融合。晚唐五代,越窑青瓷、长沙窑釉下褐绿彩、唐三彩等陶瓷器常被输往中亚、西亚、北非等阿拉伯市场。宋元,建窑黑瓷主要销往日本等茶道初兴之地,龙泉青瓷和景德镇青白瓷主要销往中东、阿拉伯半岛、北非和东非,仿龙泉青瓷和仿景德镇青白瓷等瓷器则在菲律宾北部、加里曼丹岛和爪哇岛等东南亚地区倾销。消费地习俗变迁也对东南瓷器品种产生重要影响。宋元,销往中西亚、东南亚的瓷器品种主要为龙泉青瓷、景德镇青白瓷及其仿制品,伴随着伊斯兰教在这一区域的传播,更符合穆斯林审美情趣的青花瓷成为明清销往该地区的主要瓷器品种。东南海洋性陶瓷对输入地的经济、社会生活等方面也产生重要影响,如东非柱墓、伊斯兰清真寺青花瓷装饰等。

本书仅仅就本课题作了一个初步的研究和探索,囿于本人学识及时间的限制,尚存有诸多遗憾和不足,也是今后应该继续努力的方向。

第一,海外遗留华瓷与东南窑口器型与纹饰的比较研究。目前海外遗留华瓷研究在日本、英国等国已取得较多丰硕成果,但是由于直接的资料标本限制,国人对其最新进展知之甚少。除20世纪80年代初故宫博物院等单位曾集中翻译一批外文著作外,以后很难见到大规模的译著。而且国内陶瓷学者对于海外遗留华瓷研究长于釉色、纹饰等表征的语言描述,很少有考古学上的陶瓷器型与纹饰的对比研究。

第二,内地大陆性瓷业与东南海洋性瓷业格局的区界及文化交流、东南海洋性瓷业腹地的变迁等问题。江西地区是东南瓷业的重要分布区,尤其是宋元时期,江西景德镇窑和吉州窑等窑口利用其地理要冲的位置,成为南北窑业技术交流、融合的重要区域,并成为东南瓷业技术来源的次中心。明清,江西景德镇成为全国制瓷业一枝独秀之地,对东南青花瓷业兴起影响甚巨。由于时间限制,本书对江西瓷业的探讨明显不足,这一东南海洋性瓷业腹地的具体变迁过程尚有赖于更多的田野工作和对陶瓷窑址考古资料的整理研究。

第三,海洋性陶瓷在东西文化交流中的地位与作用。东南海洋性陶瓷是海洋社会经济体系中的重要商品,其造型与纹饰无不浓缩了输出地的社会时尚和风俗,充分体现了东西方文化的交流与融合,如东传日本的建窑黑瓷所代表的点茶文化等,也反映了输入地的文化传统、族群心理、审美习惯,如长沙窑釉下褐绿彩、青花瓷所包含的伊斯兰崇蓝尚白审美心理等。
东南海洋性陶瓷对输入地的经济、社会生活等方面也产生了重要影响,如
东非柱墓、伊斯兰清真寺青花瓷装饰等。所有这些,也需要在海洋性瓷业
编年史研究的基础上,作进一步深入的专题探讨。

参考文献

中 文

A

[1]安金槐.谈谈郑州商代瓷器的几个问题[J].文物,1960,(8、9).

[2]安溪县文化馆.福建安溪古窑址调查[J].文物,1977,(7).

[3]安志敏.一九五二年秋季郑州二里岗发掘记[J].考古学报,1954,(8).

B

[4]包乐史、庄国土.《荷使初访中国记》研究[M].厦门:厦门大学出版社,1989.

C

[5]蔡全法、寇玉海.长沙窑析议[J].东南文化,2001,(5).

[6]陈东有.走向海洋贸易带——近代世界市场互动中的中国东南商人行为[M].南昌:江西高校出版社,1998.

[7]陈佳荣.宋元明清之东西南北洋[J].海交史研究,1992,(1).

[8]陈娟英.隋唐五代闽南地区瓷业[A].中国古陶瓷研究,第9辑.北京:紫禁城出版社,2003.

[9]陈开俊等合译.马可·波罗游记[M].福州:福建科学技术出版,1981.

[10]陈历明.潮州笔架山龙窑探讨[A].潮汕考古文集.汕头:汕头大学出版社,1993.

[11]陈鹏、黄天柱等.福建晋江磁灶古窑址[J].考古,1982,(5).

[12]陈鹏、杨钦章.泉州法石乡发现宋元碇石[J].自然科学史研究,1983,(2).

[13]陈邵龙.福建将乐县积善唐窑发掘收获[J].南方文物,2008,(2).

[14]陈铁梅等.中子活化分析对商时期原始瓷产地的研究[J].考古,1997,(7).

[15]陈万里.从几件瓷造像谈到广东潮州窑[A].潮汕考古文集.汕头:汕头大学出版社,1993.

[16]陈万里.调查闽南古窑址小记[J].文物参考资料,1957,(9).

[17]陈万里.宋末—清初中国对外贸易中的瓷器[J].文物,1963,(1).

[18]陈万里.再谈明清两代我国瓷器的输出[J].文物,1964,(10).

[19]陈小波.广西桂平古窑址调查[A].中国古代窑址调查发掘报告集.北京:文物出版社,1984.

[20]陈仲玉.试论中国东南沿海史前的海洋族群[J].考古与文物,2002,(2).

[21]程朱海等.洛阳西周青釉器碎片的研究[A].中国古陶瓷研究.北京:科学出版社,1987.

[22]慈溪市博物馆编.上林湖越窑[Z].北京:科学出版社,2002.

[23]慈溪市文物管理委员会办公室.慈溪东晋窑址的调查[J].东南文化,1993,(3).

D

[24]《大清会典事例》[Z].台北:文海出版社,1992.

[25]德化古瓷窑址考古发掘队等.福建德化屈斗宫窑址发掘简报[J].文物,1979,(5).

[26]德化陶瓷志编纂组.德化陶瓷志[Z].北京:中国方志出版社,2004年.

[27]〔德〕黑格尔.历史哲学[M].北京:生活·读书·新知三联书店,1956.

[28]邓宏文.吉州窑和建窑黑瓷的研究[A].湖南考古辑刊,第7辑.长沙:求索杂志社,1999.

[29]邓杰昌.广东雷州市古窑址调查与探讨[A].中国古陶瓷研究,第4辑.北京:紫禁城出版社,1997.

[30]邓兰.北海古窑址群初探[J].广西社会科学,2006,(3).

[31]丁炳淳.同安汀溪窑址调查的新收获[J].福建文博,1987,(2).

[32]"东海平潭碗礁Ⅰ号"沉船遗址水下考古队."东海平潭碗礁Ⅰ号"沉船水下考古的发现与收获[J].福建文博,2006,(1).

[33]杜伟.上虞越窑窑址调查[A].东方博物,第24辑.杭州:浙江大学出

版社,2007.

[34]杜伟.东汉上虞瓷业生产状况及与"始宁县"之关系[A].东方博物,
第26辑.杭州:浙江大学出版社,2008.

F

[35]〔菲〕费·兰达·约卡诺.中菲贸易关系上的中国外销瓷[A].中国古
外销陶瓷研究资料,第1辑.1986.

[36]〔菲〕富斯.菲律宾发掘的中国陶器[A].中国古外销陶瓷研究资料,
第1辑.1983.

[37]〔菲〕苏莱曼.东南亚出土的中国外销瓷器[A].中国古外销陶瓷研究
资料,第1辑.1981.

[38]〔菲〕苏莱曼著,穆来根等译.中国印度见闻录[M].上海:中华书
局,1983.

[39]冯承钧译.马可·波罗行纪[M].北京:东方出版社,2007.

[40]冯承钧注,谢清高口述.海录注."唧肚国"条[Z].上海:中华书
局,1955.

[41]冯先铭.有关青花瓷器起源的几个问题[J].文物,1980,(4).

[42]冯先铭.元以前我国瓷器销行亚洲的考察[J].文物,1981,(6).

[43]冯先铭.中国古代外销瓷的问题[J].海交史研究,1980(2).

[44]冯先铭.中国陶瓷考古的主要收获[J].文物,1965,(9).

[45]冯先铭.中国陶瓷史研究回顾与展望[A].中国古陶瓷研究,第4辑.
北京:紫禁城出版社,1997.

[46]冯先铭.综论我国宋元时期"青白瓷"[A].中国古陶瓷论文集.北京:
文物出版社,1982.

[47]冯先铭主编.中国陶瓷[M].上海:上海古籍出版社,2001.

[48]冯小琦.景德镇民窑青花瓷的对外传播[J].景德镇陶瓷,1986,(3).

[49]佛山市博物馆.广东石湾古窑址调查[J].考古,1978,(3).

[50]符杏华.浙江绍兴两处东周窑址的调查[J].东南文化,1992,(6).

[51]福建博物院.浦城仙阳商周窑址发掘的初步收获[J].福建文博,
2006,(1).

[52]福建省博物馆、福州市文物管理委员会.福州怀安窑址发掘报告[J].
福建文博,1996,(1).

[53]福建省博物馆、南平市文化馆.福建南平宋元窑址调查简报[J].福建
文博,1983,(1).

［53］福建省博物馆、厦门大学等.福建建阳芦花坪窑址发掘简报［A］.中国
　　　古代窑址调查发掘报告集.北京:文物出版社,1984.

［54］福建省博物馆.德化窑［Z］.北京:文物出版社,1990年.

［55］福建省博物馆.福建漳浦县古窑址调查［J］.考古,1987,(2).

［56］福建省博物馆.漳州窑——福建漳州地区明清窑址调查发掘报告之
　　　一［Z］.福州:福建人民出版社,1997.

［57］福建省博物馆.建阳将口唐窑发掘简报［J］.东南文化,1990,(3).

［59］福建省博物馆.武夷山遇林亭窑址发掘报告［J］.福建文博,2000,
　　　(2).

［60］福建省博物馆考古部、平和县博物馆.平和县明末清初青花窑址调查
　　　［J］.福建文博;1993,(1、2).

［61］福建省博物院.莆田古松柏山窑址发掘报告［J］.福建文博,2007,
　　　(2).

［62］福建省博物院.闽侯县碗窑山窑址Y2－Y3发掘简报［J］.福建文博,
　　　2011,(4).

［63］福建省博物院、三明市文管办、大田县博物馆.大田瓷寮山窑址发掘
　　　报告［J］.福建文博,2006,(4).

［64］福建省博物院、德化县文物管理委员会、德化陶瓷博物馆.德化明代
　　　甲杯山窑址发掘简报［J］.福建文博,2006,(2).

［65］福建省博物院、泉州市文保中心、南安市文管办.南安寮仔窑发掘简
　　　报［J］.福建文博,2008,(4).

［66］福建省地方交通史志编纂委员会.福建航运史(古、近代部分)［Z］.北
　　　京:人民交通出版社,1994.

［67］福建省泉州海外交通史博物馆,泉州湾宋代海船发掘与研究［Z］.北
　　　京:海洋出版社,1987.

［68］傅宋良、林元平.中国古陶瓷标本——福建汀溪窑［M］.广州:岭南美
　　　术出版社,2002.

［69］傅宋良、郑东等.厦门杏林晚唐、五代窑址及相关问题的初探［A］.厦
　　　门博物馆建馆十周年成果文集.福州:福建教育出版社,1998.

［70］傅宋良.闽南陶瓷概述［A］.闽南古陶瓷研究.福州:福建美术出版
　　　社,2002.

［71］傅振伦.中国古代陶瓷的外销［A］.古陶瓷研究,第1辑.厦门:厦门大
　　　学印刷厂,1982.

G

[72] 高建进. 福建浦城猫耳弄山发现商代窑址群[N]. 光明日报,2006-6-11.

[73] 龚国强. 牙买加发现的德化"中国白"[A]. 中国古陶瓷研究,第3辑. 北京:紫禁城出版社,1990.

[74] 龚缨晏. 哥德堡号沉船与18世纪中西关系史研究[A]. 中西交流论集. 上海:上海文艺出版社,1998.

[75] 贡昌. 婺州古瓷[M]. 紫禁城出版社,1988.

[76] 贡昌. 浙江金华铁店村瓷窑的调查[J]. 文物,1984,(12).

[77] 广东省博物馆、广东省海南行政区文化局. 广东省西沙群岛北礁发现的古代陶瓷器[A]. 文物资料丛刊,第六辑. 北京:文物出版社,1982.

[78] 广东省博物馆、广东省海南行政区文化局. 广东省西沙群岛北礁发现的古代陶瓷器——第二次文物调查简报续篇[A]. 文物资料丛刊. 第6辑. 北京:文物出版社,1982.

[79] 广东省博物馆、广东省海南行政区文化局. 广东省西沙群岛第二次文物调查简报[J]. 文物,1976,(9).

[80] 广东省博物馆. 广东考古十年概述[A]. 文物考古工作十年. 北京:文物出版社,1990.

[81] 广东省博物馆. 广东梅县古墓葬和古窑址调查、发掘简报[J]. 考古,1987,(3).

[82] 广东省博物馆. 广东省西沙群岛文物调查简报[J]. 文物,1974,(10).

[83] 广东省博物馆编. 潮州笔架山宋代窑址发掘报告[Z]. 北京:文物出版社,1981.

[84] 广东省博物馆等. 广东惠州北宋窑址清理简报[J]. 文物,1977,(8).

[85] 广东省博物馆等. 广东省西沙群岛第二次文物调查简报[J]. 文物,1976,(9).

[86] 广东省博物馆等. 广东省西沙群岛文物调查简报[J]. 文物,1974,(10).

[87] 广东省文化厅编. 中国文物地图集·广东分册[Z]. 广州:广东省地图出版社,1989.

[88] 广东省文物管理委员会、广东师范学院历史系. 广东新会官冲古代窑址[J]. 考古,1963,(4).

[89] 广东省文物管理委员会、华南师范学院历史系. 广东惠阳新庵三村古

瓷窑发掘简报[J].考古,1964,(4).

[90]广东省文物管理委员会.佛山专区的几处古窑址调查简报[J].文物,1959,(12).

[91]广东省文物考古研究所、五华县博物馆.广东五华县华城屋背岭遗址和龙颈坑窑址[J].考古,1996,(7).

[92]广东省文物考古研究所、新会市博物馆.广东新会官冲古窑址[J].文物,2000,(6).

[93]广西文物考古工作队.广西合浦上窑窑址发掘简报[J].考古,1986,(12).

[94]广西梧州市博物馆.广西苍梧倒水南朝墓[J].文物,1981,(12).

[95]广西壮族自治区博物馆编.广西博物馆古陶瓷精粹[Z].北京:文物出版社,2002.

[96]广西壮族自治区文物工作队、柳城县文物管理所.柳城窑址发掘简报[A].广西考古文集.北京:文物出版社,2004.

[97]广西壮族自治区文物工作队、全州县文物管理所.全州古窑址调查[A].广西考古文集.北京:文物出版社,2004.

[98]广西壮族自治区文物工作队、兴安县博物馆.兴安宋代严关窑址[A].广西考古文集.北京:文物出版社,2004.

[99]广西壮族自治区文物工作队.广西融安安宁南朝墓发掘简报[J].考古,1984,(7).

[100]广西壮族自治区文物工作队.广西永福县寿城南朝墓[J].考古,1983,(7).

[101]广西壮族自治区文物工作队.广西永福窑田岭宋代窑址发掘简报[A].中国古代窑址调查发掘报告集.北京:文物出版社,1984.

[102]广西壮族自治区文物工作队.广西壮族自治区融安县南朝墓[J].考古,1983,(9).

[103]桂林市文物工作队.桂林市东郊南朝墓清理简报[J].考古,1988,(5).

H

[104]〔韩〕崔光南.东方最大的古代贸易船舶的发掘——新安海底沉船[J].海交史研究,1989,(1).

[105]〔韩〕崔淳雨.南朝鲜出土的宋元瓷器[A].中国古外销陶瓷研究资料,第一辑.1981.

［106］〔韩〕尹武炳.新安打捞文物的特征及其意义［J］.海交史研究,1989,
　　　（1）.

［107］〔韩〕郑良谟.新安海底发现的陶瓷器的分类与有关问题［J］.海交史
　　　研究,1989,（1）.

［108］〔韩〕郑良谟.新安海域陶瓷编年考察［A］.中国古外销陶瓷研究资
　　　料.第一辑.中国古外销陶瓷研究会编印,1981.

［109］韩振华.魏晋南北朝时期海上丝绸之路的航线研究［A］.中国与海上
　　　丝绸之路——联合国教科文组织海上丝绸之路综合考察泉州国际
　　　学术讨论会论文集.福州:福建人民出版社,1991.

［110］韩振华.我国古代航海用的量天尺［A］.文物集刊,第2辑.北京:文
　　　物出版社,1980.

［111］韩振华.伊本柯达贝氏所记唐代第三贸易港之Djanfu［J］.福建文化,
　　　1947,（3）.

［112］（汉）司马迁.史记·平准书第八［Z］.延吉:延边人民出版社,1995.

［113］（汉）司马迁.史记·越王勾践世家［Z］.延吉:延边人民出版
　　　社,1995.

［114］（汉）袁康、吴平辑录.越绝书［Z］.上海:上海古籍出版社,1985.

［115］何纪生、彭如策等.广东饶平九村青花窑址调查记［A］.中国古代窑
　　　址调查发掘报告集.北京:文物出版社,1984.

［116］何振良、林德民编著.磁灶陶瓷［M］.厦门:厦门大学出版社,2005.

［117］河南省文化局文物工作队第一队.郑州商代遗址的发掘［J］.考古学
　　　报,1957,（1）.

［118］河南省文物考古研究所.郑州市杜岭商代遗址和汉墓［A］.中国考古
　　　学年鉴（1994）.北京:文物出版社,1997.

［119］河南省文物考古研究所等.1995年郑州小双桥遗址的发掘［J］.华夏
　　　考古,1996,（3）.

［120］（后晋）刘昫等撰.《旧唐书》［Z］.上海:中华书局,1975.

［121］黄彩虹、陈福亮.缙云大溪滩窑址群地面调查简报［A］.东方博物,
　　　第33辑.杭州:浙江大学出版社,2009.

［122］黄慧怡.广东唐宋制瓷手工业遗存分期研究［J］.东南文化,2004,
　　　（5）.

［123］黄启臣.明代广东海上丝绸之路的高度发展［A］.海上丝路与广东古
　　　港.香港:中国评论学术出版社,2006.

［124］黄时鉴.从海底射出的中国瓷器之光——哈契尔的两次沉船打捞业

绩[A].东西交流论谭.上海:上海文艺出版社,1998.

[125]黄义军.宋代青白瓷的历史地理研究[M].北京:文物出版社,2010.

[126]黄玉质、杨少祥.广东潮安笔架山宋代瓷窑[J].考古,1983,(6).

J

[127]吉林市博物馆.吉林市郊发现金代窖藏文物[J].文物,1982,(1).

[128]季志耀、沈华龙.浙江衢县元代窑址调查[J].考古,1989,(11).

[129]建瓯县文化馆.福建建瓯小松宋代窑址调查简报[J].福建文博,
1983,(1).

[130]建窑考古队.福建建阳县水吉北宋建窑遗址发掘简报[J].考古,
1990,(12).

[131]建窑考古队.福建建阳县水吉建窑遗址1991~1992年度发掘简报
[J].考古,1995,(2).

[132]姜江来.江山古窑址调查[A].东方博物,第20辑.杭州:浙江大学出
版社,2006.

[133]蒋乐平等.跨湖桥遗址发现中国最早的独木舟[N].中国文物报,
2002-3-21.

[134]江西省文物考古研究所、玉山县博物馆.江西玉山渎口窑址发掘简
报 [J].文物,2007,(6).

[135]蒋忠义.略谈越窑和龙泉青瓷的外销[A].古陶瓷研究,第1辑.厦
门:厦门大学印刷厂,1982.

[136]金柏东.浙江永嘉桥头元代外销瓷窑址调查[J].东南文化,1991,
(3、4).

[137]金祖民.龙泉溪口青瓷窑址调查纪略[J].考古,1962,(10).

[138]金祖民.台州窑新论[J].东南文化,1990,(6).

K

[139]柯凤梅、陈豪.福建莆田古窑址[J].考古,1995,(7).

[140]孔粤华.唐代梅县水车窑青瓷的特色及对外贸易[A].中国古陶瓷研
究,第9辑.北京:紫禁城出版社,2003.

L

[141]蓝日勇.宋代壮族地区陶瓷业的兴盛及其原因[J].广西民族研究,
1997,(1).

[142]李德金、蒋忠义、关甲堃.朝鲜新安海底沉船中的中国瓷器[J].考古学报,1979,(2).

[143]李德金.古代瓷窑遗址的调查和发掘[A].新中国的考古发现与研究.北京:文物出版社,1984.

[144]李德金等.新安沉船中的中国瓷器[J].考古学报,1979,(2).

[145]李东华.泉州与我国中古的海上交通[M].台北:台湾学生书局,1986.

[146]李刚.中国青瓷外销管窥[A].东方博物,第21辑.杭州:浙江大学出版社,2006.

[147]李铧.广西桂林窑的早期窑址及其匣钵装烧工艺[J].文物,1991,(12).

[148]李铧.广西兴安县严关宋代窑址调查[J].考古,1991,(8).

[149]李辉柄.调查浙江鄞县窑址的收获[J].文物,1973,(5).

[150]李辉柄.福建同安窑调查纪略[J].文物,1974,(11).

[151]李辉柄.关于德化屈斗宫窑的我见[J].文物,1979,(5).

[152]李辉柄.广东潮州古瓷窑址调查[J].考古,1979,(5).

[153]李辉柄.陶瓷研究的科学与求实——怀念先师陈万里先生[A].中国古陶瓷研究,第四辑.北京:紫禁城出版社,1997.

[154]李家治.我国瓷器出现时期的研究[A].中国古陶瓷论文集.北京:文物出版社,1982.

[155]李家治主编.中国科学技术史·陶瓷卷[M].北京:科学出版社,1998.

[156]李金明、廖大珂.中国古代海外贸易史[M].南宁:广西人民出版社,1995.

[157]李军.唐"海上丝绸之路"的兴起与长沙窑瓷器的外销[A].中国古陶瓷研究,第9辑.北京:紫禁城出版社,2003.

[158]李科友.江西考古调查发掘大事记(1956~1985)[J].南方文物,1986,(s1).

[159]李科友等.略论江西吴城商代原始瓷器[J].文物,1975,(7).

[160]李锡经.中国外销瓷研究概述[J].中国历史博物馆馆刊,1983,(5).

[161]李玉林.吴城商代龙窑[J].文物,1989,(1).

[162]李昭祥.龙江船厂志[Z].官司志.南京:江苏古籍出版社,1999.

[163]李知宴.浙江象山唐代青瓷窑址调查[J].考古,1979,(5).

[164]李知宴.中国陶瓷的对外传播(十一·下)[N].中国文物报,2002-

6 - 5.

[165] 李知宴. 中国陶瓷的对外传播(十二·下)[N]. 中国文物报,2002 - 7 - 3.

[166] 李知宴. 中国陶瓷的对外传播(十六)[N]. 中国文物报,2002 - 9 - 18.

[167] 李知宴. 中国陶瓷的对外传播(十一·上)[N]. 中国文物报,2002 - 5 - 22.

[168] 栗建安. 从水下考古的发现看福建古代陶瓷的外销[J]. 海交史研究,2001,(1).

[169] 栗建安. 福建古瓷窑考古概述[A]. 福建历史文化与博物馆学研究——福建省博物馆成立四十周年纪念文集. 福州:福建教育出版社,1993.

[170] 栗建安. 水下考古发现的福建古代外销瓷[A]. 海峡两岸水下考古学术讨论会论文集. 台北:台湾历史博物馆,2000.

[171] 栗建安. 水下遗珍——记中国水下考古发现的外销瓷[J]. 收藏,2002,(2).

[172] 栗建安. 宋元时期漳州地区的瓷业[J]. 福建文博,2001,(1).

[173] 栗建安. 漳州窑——福建漳州地区明清窑址调查发掘报告之一[M]. 福州:福建人民出版社,1997.

[174] (梁)萧子显. 南齐书. 卷五十八"列传"第三十九"东南夷传"[Z]. 长沙:岳麓书社,1998.

[175] 廖根深. 中原商代印纹陶、原始瓷烧造地区的探讨[J]. 考古,1993,(10).

[176] 林鞍钢. 永嘉县古窑址调查[A]. 东方博物,第9辑. 杭州:浙江大学出版社,2003.

[177] 林登翔. 福建闽侯硚油宋代瓷窑调查[J]. 考古,1963,(1).

[178] 林公务、郑辉. 平和田坑窑及出土"素三彩"瓷器的初步研究[A]. 交趾香盒特别展——福建省出土文物与日本的传世品. 日本茶道资料馆编,1998.

[179] 林惠祥. 福建武平县新石器时代遗址[J]. 厦门大学学报,1956,(4).

[180] 林惠祥. 台湾石器时代遗物的研究[J]. 厦门大学学报,1955,(4).

[181] 林士民. 宁波东门口码头遗址发掘报告[A]. 浙江省文物考古所学刊. 北京:文物出版社,1982.

[182] 林士民. 青瓷与越窑[M]. 上海:上海古籍出版社,1999.

[183]林士民.试谈越窑青瓷的外销[A].古陶瓷研究,第1辑.1982.

[184]林士民.铜镜、青瓷、刻石——浙东居民迁移东瀛之研究三题[A].东方博物,第13辑.杭州:浙江大学出版社,2004.

[185]林士民.再现昔日的文明——东方大港宁波考古研究[M].上海:上海三联书店,2005.

[186]林士民.浙江宁波市出土一批唐代瓷器[J].文物,1976,(7).

[187]林文明.泉州陶瓷外销问题的探讨[A].古陶瓷研究,第1辑.厦门:厦门大学印刷厂,1982.

[188]林文荣等.保护德化古瓷历史遗产产权——德化县呼吁向英国打捞者讨回公道[N].厦门晚报,2001-3-2.

[189]林文荣等.德化古瓷重归故里[N].厦门晚报,2001-5-13.

[190]林忠干、张文鉴.同安窑系青瓷的初步研究[J].东南文化,1990,(5).

[191]林忠干.论"中国白"——明清德化瓷器[J].东南文化,1993,(5).

[192]林忠干等.福建浦城宋元瓷窑考察[A].中国古陶瓷研究,第2辑.北京:紫禁城出版社,1988.

[193]刘成基.广东河源东埔古窑址调查[J].南方文物,1997,(3).

[194]刘新园、白焜.景德镇湖田窑各期碗类装烧工艺考[J].文物,1982,(5).

[195]刘洋.二十世纪以来国内古外销瓷研究回顾[J].中国史研究动态,2005,(4).

[196]刘毅.晚唐宋初越窑若干问题思考[J].江西文物,1991,(4).

[197]刘毅.我国古瓷研究的现状与展望[A].中国古陶瓷研究现状及展望论文集.景德镇:《中国陶瓷工业》杂志社,1994.

[198]刘振群.窑炉的改进和我国古陶瓷发展的关系[A].中国古陶瓷论文集.北京:文物出版社,1982.

[199]罗宏杰等.北方出土原始瓷烧造地区的研究[J].硅酸盐学报,1996,(3).

[200]罗立华.福建青花瓷器的初步研究[A].东南考古研究,第1辑.厦门:厦门大学出版社,1996.

[201]罗学正.青花瓷产生与发展规律探讨[J].江西文物,1990,(2).

M

[202]马文宽、孟凡人.中国古瓷在非洲的发现[M].北京:紫禁城出版

社,1987.

[203]马希桂.中国青花瓷[M].上海:上海古籍出版社,1999.

[204]马争鸣.高丽青瓷与浙江青瓷比较研究[A].东方博物,第 19 辑.杭州:浙江大学出版社,2004.

[205]马志坚.越窑中心论[J].东南文化,1991,(3、4).

[206]孟原召.泉州沿海地区宋元时期制瓷手工业遗存研究[D].北京大学硕士学位论文,2005.

[207]〔美〕马士.东印度公司对华贸易编年史[M].广州:中山大学出版社,1991.

[208]柯劭忞等选.新元史·世祖本纪[Z].上海:上海古籍出版社,2012.

[209](明)巩珍.西洋蕃国志[Z].上海:中华书局,1961.

[210](明)何乔远.闽书[Z].福州:福建人民出版社,1994.

[211](明)胡宗宪.广福浙兵船当会哨记[A].明经世文编.卷二百六十七.上海:中华书局,1962.

[212](明)林有年.安溪县志.天一阁藏明代方志选刊第 33 册[Z].上海:上海古籍书店,1982.

[213](明)马欢.瀛涯胜览[Z].上海:中华书局,1985.

[214](明)茅元仪辑.武备志[Z].上海:上海古籍出版社,1995.

[215](明)沈德符.万历野获编[Z].北京:北京燕山出版社,1998.

[216](明)宋濂.元史[Z].上海:中华书局,1976.

[217](明)宋应星.天工开物.卷中"舟车第九"[Z].台北:世界书局,1936.

[218](明)杨士奇.历代名臣奏议[Z].台北:商务印书馆,1986.

[219](明)姚广孝等.明实录[Z].1930 年据江苏国学图书馆传抄本影印,厦门大学古籍阅览室藏书.

[220](明)张燮著,谢方点校.东西洋考[Z].上海:中华书局,1981.

N

[221]宁波市文物考古研究所.浙江宁波和义路遗址发掘报告[A].东方博物,第 1 辑.杭州:杭州大学出版社,1997.

O

[222]欧阳意.安远县发现明代瓷窑[J].南方文物,1984,(2).

[223]瓯炀.古陶瓷研究的回顾与瞻望——访中国古陶瓷研究会副会长叶

文程先生[J].东南文化,1992,(Z1).

P

[224]彭善国.宋元时期中国与朝鲜半岛的瓷器交流[J].中原文物,2001,
(2).

Q

[225]秦大树.中国古代瓷器——石与火的艺术[M].成都:四川教育出版
社,1996.

[226](清)龙文彬.明会要[Z].上海:中华书局,1956.

[227](清)陈伦炯撰,李长傅校注.海国闻见录校注."南洋记"[Z].郑州:
中州古籍出版社,1985.

[228](清)董诰等编.全唐文[Z].上海:中华书局,1983.

[229](清)顾炎武.天下郡国利病书.卷一百二十[Z].上海:上海书
店,1935.

[230](清)王圻.续文献通考.卷三十一[Z].北京:现代出版社,1986.

[231](清)夏燮.中西纪事.卷一[Z].长沙:岳麓书社,1988.

[232](清)徐松.宋会要辑稿[Z].上海:中华书局,1957.

[233](清)张廷玉等撰.明史[Z].上海:中华书局,1974.

[234](清)周凯.厦门志[Z].台北:台湾大通书局,1984.

[235]清实录 [Z].上海:中华书局,1987.

[236]泉州湾宋代海船复原小组、福建泉州造船厂.泉州湾宋代海船复原
初探[J].文物,1975,(10).

R

[237]任卫和.广东台山宋元沉船文物简介[J].福建文博,2001,(2).

[238]〔日〕长谷部乐尔.日本的宋元陶瓷[A].中国古外销陶瓷研究资料,
第1辑.1981.

[239]〔日〕长谷部乐尔著,王仁波、程维民译.日本出土的元、明陶瓷[A].
中国古外销陶瓷研究资料,第3辑.1983.

[340]〔日〕长崎县鹰岛町教育委员会.鹰岛文化财调查报告书第2集[A].
鹰岛海底遗迹Ⅲ.长崎县鹰岛町教育委员会,1996.

[241]〔日〕木宫泰彦.日中文化交流史[M].北京:商务印书馆,1980.

[242]〔日〕青柳洋子东著,梅文蓉译.东南亚发掘的中国外销瓷[J].南方

文物,2000,(2).

[243]〔日〕三上次男著,杨琼译,13~14世纪中国陶瓷的贸易圈[J].南方文物,1990,(3).

[244]〔日〕三上次男著,李锡经等译.陶瓷之路[M].北京:文物出版社,1984.

[245]〔日〕三上次男著,杨琼译.晚唐、五代时期的陶瓷贸易[J].文博,1988,(2).

[246]〔日〕三上次男著,魏鸿文译.伊朗发现的长沙铜官窑瓷与越州窑青瓷[A].中国古外销瓷研究资料,第3辑.1983.

[247]〔日〕桑原骘藏著,陈裕菁译.蒲寿庚考[M].上海:中华书局,1954.

[248]〔日〕森村健一.菲律宾圣迭哥号沉船中的陶瓷[J].福建文博,1997,(2).

[249]〔日〕山本信夫.大宰府的发掘与中国陶瓷[A].北九州的中国瓷器——从出土瓷器看古代中日交流.北九州考古博物馆开馆5周年纪念特别展,1988.

[250]〔日〕矢部良明著,王仁波、程维民译.日本出土的唐宋时代的陶瓷[A].中国古外销陶瓷研究资料,第3辑.1983.

[251]〔日〕松浦章.清代前期中英海运贸易[A].中外关系史译丛,第3辑.上海:上海译文出版社,1986.

[252]〔日〕田中克子著,黄建秋译.鸿胪馆遗址出土的初期贸易陶瓷初论[J].福建文博,1998,(1).

[253]〔日〕小江庆雄著,王军译.水下考古学入门[M].北京:文物出版社,1996.

[254]〔日〕真人元开著,汪向荣译.唐大和上东征传[M].上海:中华书局,1979.

[255]阮平尔.浙江古陶瓷的发现与探索[J].东南文化,1989,(6).

S

[256]沙县博物馆.沙县水南鸡金山宋代窑址调查简报[J].福建文博,2011,(3).

[257]绍兴县文物保护管理所.浙江绍兴外潮山、馒头山古窑址[J].江汉考古,1994,(4).

[258]绍兴县文物管理委员会.浙江绍兴富盛战国窑址[J].考古,1979,(3).

[259]申家仁.岭南陶瓷史[M].广州:广东高等教育出版社,2003.

[260]深圳市文物管理委员会编.深圳文物志[Z].北京:文物出版社,2005.

[261]沈福伟.中西文化交流史[M].上海:上海人民出版社,1995.

[262]沈作霖、高军.绍兴吼山和东堡两座窑址的调查[J].考古,1987,(4).

[263]沈作霖.绍兴上灶官山越窑[J].东南文化,1989,(6).

[264](宋)包恢.敝帚稿略[Z].台北:台湾商务印书馆,1986.

[265](宋)蔡條.铁围山丛谈[Z].上海:中华书局,1983.

[266](宋)陈师道、朱彧撰,李伟国校点.后山谈丛,萍洲可谈[Z].上海:上海古籍出版社,1989.

[267](宋)洪适.师吴堂记[Z].盘洲文集.卷三十.上海:上海书店,1989.

[268](宋)李昉.太平御览[Z].上海:上海书店,1936.

[269](宋)李涛撰.续资治通鉴长编[Z].上海:中华书局,2004.

[270](宋)廖刚.高峰集[Z].福州:海峡文艺出版社,1999.

[271](宋)梅应发等.开庆四明续志[Z].台北:成文出版社有限公司,1983.

[272](宋)沈括.梦溪笔谈[Z].长沙:岳麓书社,1997.

[273](宋)苏轼.东坡全集[Z].四库本.台北:商务印书馆,1986.

[274](宋)王溥,唐会要[Z].上海:中华书局,1985.

[275](宋)吴自牧.梦梁录[Z].西安:三秦出版社,2004.

[276](宋)徐兢.宣和奉使高丽图经[Z].北京:商务印书馆,1937.

[277](宋)薛居正等.旧五代史.卷一三三[Z].上海:中华书局,1976.

[278](宋)张津等撰.乾道四明图经.台北:成文出版社有限公司,1983.

[279](宋)真德秀.西山真文忠公文集[Z].上海:上海书店,1989.

[280](宋)周去非.岭外代答[Z].上海:上海远东出版社,1996.

[281](宋)朱彧.萍洲可谈[Z].台北:商务印书馆,1986.

[282]宋正海、陈民熙等.中西远洋航行的比较研究[J].科学技术与辩证法,1992,9卷,(3).

[283]苏秉琦.中国文明起源新探[M].北京:生活·读书·新知三联书店,1999.

[284]苏垂昌、唐杏煌.隋唐五代中国古陶瓷的输出[A].古陶瓷研究,第1辑.1982.

[285]苏莱曼著,刘复译.苏莱曼东游记[J].地学杂志,1928,(1).

[286] 孙光圻. 试论公元前中国风帆存在的可能性及其最早出现的时限 [A]. 海洋交通与文明. 北京:海洋出版社,1993.

[287] 孙光圻. 徐福东渡航路研究[A]. 徐福研究论文集. 徐州:中国矿业大学出版社,1988.

[288] 孙光圻. 中国古代航海史[M]. 北京:海洋出版社,1989.

T

[289] 台州地区文管会、温岭文化局,浙江温岭青瓷窑址调查[J]. 考古,1991,(7).

[290] 汤苏婴. 临海许市窑产品及相关问题[A]. 东方博物,第 2 辑. 杭州:杭州大学出版社,1998。

[291] (唐)惠琳. 一切经音义. 卷六十一[Z]. 上海:上海古籍出版社,1986.

[292] (唐)魏征. 隋书·南蛮传[Z]. 上海:中华书局,1973.

[293] 唐蔚莼、喻志芳. 福建平和窑外销瓷初探[J]. 南方文物,1996,(4).

[294] 唐杏煌. 汉唐陶瓷的传出和外销[A]. 东南考古研究,第 1 辑. 厦门:厦门大学出版社,1996.

[295] 童有庆、黄承焜等. 赣南文物工作概述[J]. 南方文物,1984,(2).

W

[296] 碗礁Ⅰ号水下考古队编著. 东海平潭碗礁Ⅰ号出水瓷器[Z]. 北京:科学出版社,2006.

[297] 汪济英. 记五代吴越国的另一官窑——浙江上虞县窑寺前窑址[J]. 文物,1963,(1).

[298] 汪庆正主编. 简明陶瓷词典[Z]. 上海:上海辞书出版社,1989.

[399] 王冠倬. 中国古船图谱[M]. 北京:生活·读书·新知三联书店,2000.

[300] 王海民、刘淑华. 河姆渡文化的扩散与传播[J]. 南方文物,2005,(3).

[301] 王恒杰. 南沙群岛考古调查[J]. 考古,1997,(9).

[302] 王恒杰. 西沙群岛考古调查[J]. 考古,1992,(9).

[303] 王立斌. 江西铅山五里峰窑址调查[J]. 南方文物,1999,(4).

[304] 王日根、宋立. 海洋思维认识中国历史的新视角——评杨国桢主编"海洋与中国丛书"[J]. 历史研究,1999,(6).

[305] 王同军. 东瓯窑瓷器烧成工艺的初步探讨[J]. 东南文化,1992,(5).

[306] 王同军. 浙江市郊正和堂窑址的调查[J]. 考古,1999,(12).

[307] 王同军. 浙江泰顺玉塔古窑址的调查与发掘[A]. 考古学集刊,第1
集. 北京:中国科学出版社,1981.

[308] 王同军. 浙江温州青瓷窑址调查[J]. 考古,1993,(9).

[309] 王同军. 浙南青白瓷窑与福建曲斗宫窑、江西湖田窑关系初探[J].
东南文化,1989,(6).

[310] 王文强. 我国陶瓷的外销及其影响[A]. 中国古代陶瓷的外销——中
国古陶瓷研究会、中国古外销陶瓷研究会 1987 年福建晋江年会论文
集. 北京:紫禁城出版社,1988.

[311] 王新天、吴春明. 论明清青花瓷业海洋性的成长——以"漳州窑"的
兴起为例[J]. 厦门大学学报(哲学社会科学版),2006,(6).

[312] 王屹峰. 浙江萧山永兴河流域六朝青瓷窑址[A]. 东方博物,第13
辑. 杭州:浙江大学出版社,2004.

[313] 王玉新、关涛编著,日本陶瓷图典[Z]. 沈阳:辽宁画报出版社,2000.

[314] 王仲殊. 东晋南北朝时代中国与海东诸国的关系[J]. 考古,1989,
(11).

[315] 韦仁义. 广西藤县宋代中和窑[A]. 中国古代窑址调查发掘报告集.
北京:文物出版社,1984.

[316] 温州市文物保护考古所、乐清市文物馆. 乐清大坟庵窑址的调查与
认识[A]. 东方博物,第33辑. 杭州:浙江大学出版社,2009.

[317] 吴春明、林果. 闽越国都城考古研究[M]. 厦门:厦门大学出版
社,1998.

[318] 吴春明. 东洋航路网络中的贸易陶瓷与沉船考古[A]. 闽南古陶瓷研
究. 福州:福建美术出版社,2002.

[319] 吴春明. 环中国海沉船——古代帆船、船技与船货[M]. 南昌:江西高
校出版社,2003.

[320] 吴春明. 中国东南海洋性陶瓷贸易体系发展与变化[J]. 中国社会经
济史研究,2003,(3).

[321] 吴春明. 中国东南土著民族历史与文化的考古学观察[M]. 厦门:厦
门大学出版社,1999.

[322] 吴建成、孙树民. "南海Ⅰ号"古沉船整体打捞方案[J]. 广东造船,
2004,(3).

[323] 吴绵吉. 中国东南民族考古文选[M]. 香港:香港中文大学中国考古
艺术研究中心,2007 年.

[324]吴其生.中国古陶瓷标本·福建漳窑[M].广州:岭南美术出版社,2002.

[325]吴裕孙.建阳将口窑调查简报[J].福建文博,1983,(1).

[326]吴振华编著.杭州古港史[Z].北京:人民交通出版社,1989.

[327]伍显军.试论温州古陶瓷的文化内涵[A].东方博物,第19辑.杭州:浙江大学出版社,2006.

[328]武伯纶.唐代广州至波斯湾的海上交通[J].文物,1972,(6).

X

[329](西晋)陈寿.三国志[Z].郑州:中州古籍出版社,1996.

[330]夏鼐.作为古代中非交通关系证据的瓷器[J].文物,1963,(1).

[331]夏秀瑞、孙玉琴编著.中国对外贸易史[M].北京:对外经济贸易大学出版社,2001.

[332]厦门大学人类学博物馆.福建建阳水吉宋建窑发掘简报[J].考古,1964,(4).

[333]向达校注.两种海道针经[Z].上海:中华书局,1961.

[334]萧湘.试论唐代长沙铜官窑瓷器的对外传播[A].古陶瓷研究.第1辑.1982.

[335]谢纯龙.慈溪里杜湖越窑遗址[J].东南文化,2000,(5).

[336]谢明良.记黑石号(Batu Hitam)沉船中的中国陶瓷器[A].美术史研究集刊.第13期.台北:台湾大学艺术史研究所,2002.

[337]辛元欧.瑞典的航海船舶博物馆与水下考古事业[A].船史研究,1997,(11、12).

[338]熊海堂.东亚窑业技术发展与交流史研究[M].南京:南京大学出版社,1995.

[339]徐本章、叶文程等.略谈德化窑的古外销瓷器[J].考古,1979,(2).

[340]徐本章、叶文程等.再谈德化窑的古外销瓷[A].古陶瓷研究,第1辑.厦门:厦门大学印刷厂,1982.

[341]徐德志、黄达璋等编著.广东对外经济贸易史[M].广州:广东人民出版社,1994.

[342]徐晓望.论古代中国海洋文化在世界史上的地位[J].学术研究,1998,(3).

[343]许清泉.宋元泉州陶瓷的生产与外销[A].古陶瓷研究,第1辑.厦门:厦门大学印刷厂,1982.

[344] 薛翘、罗星. 明代赣县瓷窑及其外销琉球产品的调查记略[J]. 南方文物,1983,(2).

Y

[345] 杨国桢. 福建海洋发展模式的历史选择[J]. 东南学术,1998,(3).

[346] 杨国桢. 海洋人文类型:21 世纪中国史学的新视野[J]. 史学月刊, 2001,(5).

[347] 杨少祥. 广东梅县市唐宋窑址[J]. 考古,1994,(3).

[348] 杨熺. 中国古代的海运港口[J]. 大连海事大学学报,1958,(2).

[349] 杨永昌. 漫谈清真寺[M]. 银川:宁夏人民出版社,1981.

[350] 姚澄清. 广昌发现的明代青花瓷窑[J]. 南方文物,1985,(2).

[351] 叶庙梅、韩毓萱. 三汊河发现古代木船舵杆[J]. 文物参考资料, 1957,(12).

[352] 叶文程、林忠干. 福建陶瓷[M]. 福州:福建人民出版社,1993.

[353] 叶文程、罗立华. 中国青花瓷器的对外交流[J]. 江西文物,1990, (2).

[354] 叶文程、徐本章. 畅销国际市场的古代德化窑外销瓷器[J]. 海交史研究,1980,(2).

[355] 叶文程."建窑"初探[A]. 中国古代窑址调查发掘报告集. 北京:文物出版社,1984.

[356] 叶文程. 关于我国古外销陶瓷研究的几个问题[A]. 中国古外销瓷研究论文集. 北京:紫禁城出版社,1988.

[357] 叶文程. 晋江泉州古外销陶瓷初探[J]. 厦门大学学报,1979,(1).

[358] 叶文程. 略谈古泉州地区的外销陶瓷[J]. 厦门大学学报(史学增刊),1982.

[359] 叶文程. 明代我国瓷器销行东南亚的考察[A]. 中国古外销瓷研究论文集. 北京:紫禁城出版社,1988.

[360] 叶文程. 宋元明时期外销东南亚陶瓷初探[A]. 中国外销瓷研究论文集. 北京:紫禁城出版社,1988.

[361] 叶文程. 宋元时期龙泉青瓷的外销及其有关问题的探讨[A]. 中国古外销瓷研究论文集. 北京:紫禁城出版社,1988.

[362] 叶文程. 郑和下西洋和明代陶瓷的外销[A]. 中国古外销瓷研究论文集. 北京:紫禁城出版社,1988.

[363] 佚名. 海道经[Z]. 北京:中华书局,1985.

[364]尹福生.龙泉明代潘床口窑址的调查[A].东方博物,第26辑.杭州:浙江大学出版社,2008.

[365]〔英〕H.P.霍尔德著,朱杰勤译.二百多年前英舰远航南海记[A].中外关系史译丛.北京:海洋出版社,1984.

[366]于文荣.浅析唐代北方陶瓷工艺成就[J].中国历史文物,2000,(2).

[367]余家栋.江西陶瓷史[M].郑州:河南大学出版社,1997.

[368]余家栋.宋元明时期江西外销瓷初探[A].古陶瓷研究,第1辑.厦门:厦门大学印刷厂,1982.

[369]俞伟超.十年来中国水下考古学的主要成果[J].福建文博,1997,(2).

[370]虞浩旭.从宁波出土长沙窑瓷器看唐时明州港的腹地[J].景德镇陶瓷,1996,(2).

[371]虞浩旭.试论越窑发展史上的"黑暗时代"[J].景德镇陶瓷,(总78).

[372](元)马端临.文献通考[Z].上海:中华书局出版,1986.

[373](元)脱脱等撰.宋史[Z].上海:上海古籍出版社,1986.

[374](元)汪大渊.岛夷志略[Z].上海:上海古籍出版社,1993.

[375](元)周达观.真腊风土记[Z].上海:上海古籍出版社,1993.

[376]袁随善译.关于在南中国海发现的四艘明代沉船的消息披露[J].船史研究,1997,(11、12).

Z

[377]曾凡.福建南朝窑址发现的意义[J].考古,1989,(5).

[378]曾凡.福建陶瓷考古概论[M].福州:福建省地图出版社,2001.

[379]曾凡.关于德化屈斗宫窑的几个问题[J].文物,1979,(5).

[380]曾广亿.潮州唐宋窑址初探[A].潮州笔架山宋代窑址发掘报告.北京:文物出版社,1981.

[381]曾广亿.广东潮安北郊唐代窑址[J].考古,1964,(4).

[382]曾广亿.广东瓷窑遗址考古概要[J].江西文物,1991,(4).

[383]曾广亿.广东明代仿龙泉青瓷及其外销初探[A].中国古代陶瓷的外销——1987年福建晋江年会论文集.北京:紫禁城出版社,1988.

[384]张昌平.夏商时期中原与长江中游地区的文化联系[J].华夏考古,2006,(3).

[385]张剑.洛阳西周原始瓷器的探讨[A].中国古陶瓷研究,第2辑.北

京：紫禁城出版社，1984.

[386]张松林、廖永民.唐代青花瓷探析[J].中原文物，2005，(3).

[387]张轶东.中英两国最早的接触[J].历史研究，1958，(5).

[388]张威、林果、吴春明.关于福建定海沉船考古的有关问题[A].东南考
　　古研究，第2辑.厦门：厦门大学出版社，1999.

[389]张威.南海沉船的发现与预备调查[J].福建文博，1997，(2).

[390]张文崟.南平茶洋宋元窑址[J].福建文博，2008，(1).

[391]张翔.温州西山窑的时代及其与东瓯窑的关系[J].考古，1962，
　　(10).

[392]张翔.浙江金华青瓷窑址调查[J].考古，1965，(5).

[393]张星烺.中西交通史料汇编[M].上海：中华书局，1977.

[394]张咏梅.阿拉伯—伊斯兰装饰艺术风格与中国外销瓷[J].文博，
　　2003，(1).

[395]张云土、占剑.婺州窑制瓷工艺[A].东方博物，第20辑.杭州：浙江
　　大学出版社，2006.

[396]张仲淳.福建莆田庄边古瓷窑调查[J].福建文博，1987，(2).

[397]章金焕.浙江上虞龙浦唐代窑址[J].东南文化，1992，(3、4).

[398]章金焕.浙江上虞皂李湖古窑址调查[J].南方文物，2002，(1).

[399]章金焕.浙江上虞凤凰山青瓷窑群调查[J].南方文物，2006，(3).

[400]漳州市博物馆.2006年度漳州市古窑址调查报告[J].福建文博，
　　2007，(4).

[401]章巽.我国古代的海上交通[M].北京：商务印书馆，1986.

[402]章巽校注.法显传校注[Z].上海：上海古籍出版社，1985.

[403]赵青云.河南唐三彩的创烧发展与外销[A].中国古代陶瓷的外
　　销——中国古陶瓷研究会、中国古外销陶瓷研究会1987年福建晋江
　　年会论文集.北京：紫禁城出版社，1988.

[404]赵汝适.诸蕃志[Z].上海：上海古籍出版社，1993.

[405]浙江宁波市文物考古研究所、浙江奉化市文物保护管理所.浙江奉
　　化江口长汀山窑址发掘简报[J].南方文物，2012，(3).

[406]浙江省博物馆.青瓷风韵——永远的千峰翠色[Z].杭州：浙江人民
　　美术出版社，1999.

[407]浙江省轻工业厅编.龙泉青瓷研究[Z].北京：文物出版社，1989.

[408]浙江省文物管理委员会.浙江鄞县古瓷窑址调查纪要[J].考古，
　　1964，(4).

[409] 浙江省文物考古所、上虞县文化馆. 浙江上虞县发现的东汉瓷窑址 [J]. 文物,1981,(10).

[410] 浙江省文物考古研究所. 余杭石马蚪东晋窑址发掘简报[A]. 东方博物,第 26 辑. 杭州:浙江大学出版社,2008.

[411] 浙江省文物考古研究所、北京大学考古文博学院等. 浙江越窑寺龙口窑址发掘简报[J]. 文物,2001,(11).

[412] 浙江省文物考古研究所、云和县文物管理委员会. 云和县横山周窑址发掘简报 [A]. 东方博物,第 33 辑. 杭州:浙江大学出版社,2009.

[413] 浙江省文物考古研究所、温州市文物保护考古所、永嘉县文化馆. 浙江永嘉龙下唐代青瓷窑址发掘简报 [J]. 文物,2012,(11).

[414] 浙江省文物考古研究所、衢县文物管理委员会. 衢县两弓塘绘彩瓷窑[A]. 浙江省文物考古研究所学刊——建所十周年纪念(1980~1990). 北京:科学出版社 1993.

[415] 浙江省文物考古研究所. 浙江上虞县商代印纹陶窑址发掘简报[J]. 考古,1987,(11).

[416] 浙江省文物考古研究所等. 浙江越窑寺龙口窑址发掘简报[J]. 文物,2001,(11).

[417] 甄励. 明代景德镇民间青花制瓷业述略[J]. 景德镇陶瓷,1986,(3).

[418] 郑德坤著,李宁译. 沙捞越考古[A]. 东南考古研究,第 2 辑. 厦门:厦门大学出版社,1999.

[419] 郑麒趾. 高丽史[M]. 韩国亚细亚文化社,1992.

[420] 郑州市博物馆. 郑州市铭功路西侧的两座商代墓[J]. 考古,1965,(10).

[421] 郑州市文物工作组. 郑州市人民公园第二十五号商代墓葬清理简报[J]. 文物参考资料,1954,(12).

[422] 中澳合作水下考古专业人员培训班定海调查发掘队. 中国福建连江定海 1990 年度调查、发掘报告[J]. 中国历史博物馆馆刊,1992,(18、19).

[423] 中澳联合定海水下考古队. 福建定海沉船遗址 1995 年度调查与发掘[A]. 东南考古研究,第 2 辑. 厦门:厦门大学出版社,1999.

[424] 中国古代造船发展史编写组. 唐宋时期我国造船技术的发展[J]. 大连理工大学学报,1975,(4).

[425] 中国硅酸盐学会主编. 中国陶瓷史[Z]. 北京:文物出版社,1982.

[426] 中国国家博物馆水下考古研究中心、海南省文物保护管理办公室编

著.西沙水下考古(1998～1999)[Z].北京:科学出版社,2006.

[427]中国科学技术大学科技史与科技考古系、安徽省文物考古研究所、繁昌县文物管理所.安徽繁昌县柯家冲瓷窑遗址发掘简报[J].考古,2006,(4).

[428]中国水下考古研究中心、福建博物院、东山县博物馆.东山县古窑址调查报告[J].福建文博,2007,(4).

[429]中国社会科学院考古研究所编著.中国考古学·夏商卷[Z].北京:中国社会科学出版社,2003.

[430]钟亮.宁德飞鸾窑考古调查与研究[J].福建文博,2008,(4).

[431]周建忠.德清小马山窑址清理简报[A].东方博物,第26辑.杭州:浙江大学出版社,2008.

[432]周仁等.张家坡西周陶瓷烧造地区的研究[J].考古,1961,(8).

[433]周世德.从宝船厂舵杆的鉴定推论郑和宝船[J].文物,1962,(3).

[434]周燕儿、符杏华.绍兴两处六朝青瓷窑址的调查[J].东南文化,1991,(3、4).

[435]周燕儿.略谈绍兴两处唐宋越窑的瓷业成就[J].景德镇陶瓷,1996,(1).

[436]周燕儿.绍兴凤凰山、羊山越窑调查记[J].考古与文物,2001,(2).

[437]周燕儿.绍兴越窑初探[J].南方文物,2004,(1).

[438]周燕儿.浙江绍兴畚箕山、庙屋山古窑址[J].南方文物,1993,(2).

[439]朱伯谦、林士民.我国黑瓷的起源及其影响[J].考古,1983,(12).

[440]朱伯谦.龙泉青瓷简史[A].龙泉青瓷研究.北京:文物出版社,1989.

[441]朱伯谦.战国秦汉时期的陶瓷[A].朱伯谦论文集.北京:紫禁城出版社,1990.

[442]朱伯谦.浙江东阳象塘窑址调查记[J].考古,1964,(4).

[443]朱伯谦.朱伯谦论文集[C].北京:紫禁城出版社,1990.

[444]朱寰主编.世界上古、中古史(下册)[Z].北京:高等教育出版社,1997.

[445]珠海市博物馆等.珠海考古发现与研究[Z].广州:广东人民出版社,1991.

[446]珠海市文物管理委员会.珠海市文物志[Z].广州:广东人民出版社,1994.

[447]禚振西.耀州窑外销陶瓷初析[A].中国古代陶瓷的外销——中国古陶瓷研究会、中国古外销陶瓷研究会1987年福建晋江年会论文集.

北京:紫禁城出版社,1988.

[448]宗毅. 试谈磁州窑在国外的影响及其传播[A]. 中国古代陶瓷的外销——中国古陶瓷研究会、中国古外销陶瓷研究会1987年福建晋江年会论文集. 北京:紫禁城出版社,1988.

英 文

[449] Allison I. Diem, "Relics of a lost Kingdom: ceramics from the Asian maritime trade". *The pearl road, tales of treasure ships in the Philipines.* Christophe Loviny, 1996.

[450] Alya B. Honasan, "The Pandanan junk: the wreck of a fifteenth-century junk is found by chance in a pearl farm off Pandanan island". *The pearl road, tales of treasure ships in the Philippines.* Christophe Loviny, 1996.

[451] Antony Thorncroft, *The Nanking Cargo*, London, 1987.

[452] Berit Wastfelt, Bo Gyllenevard, Jorgen Weibull, *Porcelain from the East Indiaman Gotheborg.* Forlags AB Denmark 1991.

[453] C. L. van der Pijl-ketel, *The ceramic load of the 'Witte Leeum* (1613), Rilks Museum Amsterdam, 1982.

[454] Cynthia Ongpin Valdes, Allison I. Diem, *Saga of the San Diego* (*AD*1600), National Museum, Inc. Philippines, 1993.

[455] Dagget, E. Jay, F. Osada, "The Griffin, An English East Indiaman Lost in the Philippines in 1761", *IJNA* (1990) 19. 1:35 ~41.

[456] Eusebio Z. Dizon, "Anatomy of a shipwreck: archaeology of the 15th century pandanan shipwreck". *The pearl road, tales of treasure ships in the Philippines.* Christophe Loviny, 1996.

[457] Franck Goddio, *Discovery and archaeological excavation of a 16th century trading vessel in the Philippines*, World Wide First, 1988.

[458] G. Bousquet, M. L 'Hour and F. Richez, "The discovery of an English East Indiaman at Bassas da India, a french atoll in the Indian Ocean: the Sussex(1738) ". *IJNA*(1990)19. 1:81 ~85.

[459] James P. Delgado, *Encyclopedia of Underwater and Maritime Archaeology*, Yale University Press 1997, pp. 356 ~358.

[460] James P. Delgado, *Encyclopedia of Underwater and Maritime Archaeology*, Yale University Press 1997, pp. 362.

[461] Jeremy Green and Rosemary Harper, *The excavation of the Pattaya Wreck site and survey of three other sites*, *Thailand*, Australian Institute for Maritime Archaeology Specoal Publication No. 1 , 1983.

[462] Jeremy Green, Rosemary Harper and V. Intakosi, "The Kosichang one shipwreck excavation 1983 ~ 1985, A progress report". *IJNA* (1986) 15.2.

[463] Jeremy Green and Vidya Intakosai, "The Pattaya wreck site excavation, Thailand, An interim report". *IJNA* (1983) 12. 1:3 ~ 13.

[464] Jeremy Green, Rosemary Harper and S. Prishanchittara, *The excavation of the Ko Kradat wrecksite Thailand* (1979 ~ 1980), Special Publication of Western Australian Museum, 1981.

[465] M. L'Hour and F. Richez, "An 18th century French East Indiaman: the Prince de Conty(1746)" , *IJNA* (1990) 19. 1:75 ~ 79.

[466] Michael Flecker, "Excavation of an oriental vessel of c. 1690 off Con Dao, Vietnam". *IJNA* (1992) 21.3:221 ~ 244.

[467] Michael Flecker, "Magnetomter Survey of Malacca Reclamation site". *IJNA* (1996) 25.2:122 ~ 134.

[468] Paul Clark, Eduardo Conese, Norman Nicolas, Jeremy Green, "Philippines Archaeological site survey, February 1988". *IJNA* (1989) 18.3.

[469] Raban, "The Shipwreck off Sharm el-Sheikh", *Archaeology* (1971) 24. 2:146 ~ 155; Cheryl Haldane, "Sadana Island shipwreck, Egypt: Preliminary report". *IJNA* (1996) 25.2:83 ~ 94.

[470] Robert Allan Lightley, "An 18th century Dutch East Indiaman, Found at Cape Town,1971". *IJNA* (1976) 5.4:305 ~ 316.